自动化机器学习

孙亚楠　吕泽琼　冯雨麒　吕建成　著

科学出版社

北　京

内 容 简 介

本书从自动化机器学习（AutoML）的基础知识出发，系统介绍 AutoML 的流程、方法，以及该领域的最新研究进展，重点阐述数据预处理、特征工程、模型选择、超参数优化和神经架构搜索（NAS）等方面的核心技术。内容不仅覆盖自动化传统机器学习方法，还包括自动化深度学习方法和高阶 NAS 策略。为了进一步强化理论与实践的结合，本书还介绍谷歌 Cloud AutoML、百度 EasyDL、阿里云 PAI 等主流 AutoML 平台的应用实例，为读者提供丰富的实践参考。

本书是自动化机器学习课程的教学参考书，适合高等院校计算机科学、数据科学及人工智能等专业的大学生、研究生阅读参考，也可以作为机器学习领域研究者的参考用书。

图书在版编目 (CIP) 数据

自动化机器学习 / 孙亚楠等著. —— 北京：科学出版社，2025.3. —— ISBN 978-7-03-081433-3

I. TP181

中国国家版本馆 CIP 数据核字第 2025EY3543 号

责任编辑：叶苏苏　熊倩莹 / 责任校对：彭　映
责任印制：罗　科 / 封面设计：义和文创

科 学 出 版 社 出版

北京东黄城根北街 16 号
邮政编码：100717
http://www.sciencep.com

四川煤田地质制图印务有限责任公司 印刷
科学出版社发行　各地新华书店经销

*

2025 年 3 月第 一 版　　开本：720×1000　1/16
2025 年 3 月第一次印刷　　印张：20 3/4
字数：420 000

定价：149.00 元
（如有印装质量问题，我社负责调换）

前　　言

随着人工智能技术的飞速发展，机器学习作为其核心支柱，正迅速改变着世界。自动化机器学习（AutoML）作为推动机器学习进一步发展的关键技术，不仅能降低机器学习的应用门槛，还能极大提升研究与工程实践中的效率。2019 年，我在四川大学研究生课程中开设了"自动化机器学习"这一课程，旨在培养具有前瞻性、创新性和实践性的专业人才。在四川大学工程硕博士培养改革专项教改项目资助下，我有幸将多年教学与研究的成果积累凝聚成书。

本书的内容主要基于我在该课程教学过程中使用的讲义、案例分析，以及与学生的互动交流反馈。从绪论到机器学习基础，再到 AutoML 流程及方法，凝聚了我们对自动化机器学习领域的深刻理解和见解。本书不仅系统介绍机器学习的基础知识，还深入探讨自动化机器学习的最新进展和核心方法，包括但不限于数据预处理、特征工程、模型选择、超参数优化，以及神经架构搜索（NAS）等关键技术。

第 1 章对机器学习进行全面的介绍，并探讨其代表性应用，如计算机视觉、自然语言处理和语音识别。这些应用不仅展示了机器学习的强大能力，也揭示了 AutoML 的应用潜力。

第 2 章进一步深入讨论机器学习基础，详细阐述机器学习流程的各个环节，包括数据预处理、特征工程、模型生成及模型的部署和使用，以及传统机器学习方法和深度学习方法。

第 3~5 章专注于介绍 AutoML 的流程及方法，从自动化传统机器学习方法到自动化深度学习基础，再到神经架构搜索和性能评估策略，逐步引导读者深入了解自动化机器学习的技术细节和实际应用。

第 6 章和第 7 章则进一步探讨自动化深度学习方法和高阶 NAS 技术，为读者提供更为深入的技术和策略介绍。

第 8 章介绍现有的 AutoML 平台，包括谷歌 Cloud AutoML、百度 EasyDL、阿里云 PAI 等，这些平台的成功应用展示了 AutoML 的实用价值和发展前景。

本书不仅注重理论知识的系统性，更强调实践技能的培养和创新思维的激发。希望本书能够为机器学习领域学者、研究人员及学生提供有益参考，更期待它能够激发更多人对自动化机器学习的兴趣和探索。

在本书的撰写过程中，我得到了众多同事和学生的宝贵支持与协助，对此我表示衷心的感谢。特别要感谢的是我课题组的刘芸、卢奥军、宋孝天，他们的贡献对本书的完成至关重要。他们不仅在资料搜集、案例分析和文稿校对等方面提供了大量帮助，而且在思想交流和学术探讨时促进了书中许多观点的形成。

　　我深知，没有这样一个卓越团队的共同努力，本书的问世是不可能的。此外，我也期待并欢迎广大读者提出宝贵意见和建议。鉴于自动化机器学习领域的快速发展和作者的知识范围，本书可能存在一些局限性，读者的反馈对我们不断改进和深化自动化机器学习领域的研究具有不可估量的价值。

　　最后，我向所有对本书给予关注和支持的个人和机构表达诚挚的谢意。愿每一位读者在探索自动化机器学习这一激动人心的领域时，能够不断取得进步，发现新知，实现创新。

孙亚楠

2024 年 9 月

目　　录

第 1 章 绪 论

本章是本书的绪论，将用两小节来介绍机器学习（machine learning，ML）及其代表性应用，在最后一节引出本书的主要内容，也是人工智能目前的重要研究方向之一——自动化机器学习（automated machine learning，AutoML）。

1.1 机器学习介绍

机器学习是一门专注于两个问题的学科："如何构建通过经验自动改进计算机的系统？"和"如何运用概率论、统计学、信息论等学科理论来统筹各类学习系统（包括计算机、人类，以及组织）？"。其核心任务是探索如何让计算机系统通过学习数据和模式来获取新的知识或技能，并且不断改善自身的性能。这一学习过程可以通过一个简单的框架来描述：一个计算机系统在经验（E）的指导下搜索大量候选程序，来优化程序在解决某个特定任务（T）下的性能（P）。例如，在学习监测钓鱼电子邮件时，任务 T 为给定的邮件标记"钓鱼"或"非钓鱼"标签（例如，对于给定输入邮件，输出"钓鱼"或"非钓鱼"标签），而待改进的性能 P 可以是钓鱼邮件分类器的准确性；经验 E 可以是历史邮件集，每封邮件都会被标注为"钓鱼"或"非钓鱼"。在这个例子中，一个机器学习方法可以看作在历史邮件集指导下搜索一个钓鱼邮件分类器（也就是一个学习到的程序/模型），以提高在未知邮件中正确标记钓鱼邮件的准确率。机器学习的目标就是考虑学习出什么样的模型及如何学习到最优模型，以使模型能对数据进行准确分析。

在当今数字化时代，机器学习已成为科技领域中的一股强大力量，为人类解决许多复杂问题，其应用涉及医疗、金融、交通、教育等领域。然而，机器学习并非一蹴而就，而是经历了漫长的发展历史，从传统机器学习到深度学习，不断推动着人工智能技术的发展。

传统机器学习，又称作统计机器学习，主要依赖统计学习理论进行数据分析和模式识别。在使用传统机器学习处理问题时，首先需要人工进行特征提取，然后根据提取后的特征进行问题求解，其发展历程可以追溯到 20 世纪 30 年代的线性判别分析（linear discriminant analysis，LDA）[1]，它是一种通过对数据进行线性变换实现分类的方法。随后，贝叶斯分类器（Bayesian classifier）于 1950 年被提出，它利用贝叶斯定理进行分类推断。此后，层次聚类（hierarchical clustering）、k

近邻（k-nearest neighbor，KNN）等方法相继涌现。1995 年，支持向量机（support vector machine，SVM）[2]的提出引领了机器学习的新潮流，其在处理线性和非线性分类问题上表现出色。2001 年，随机森林（random forest）[3]的出现进一步丰富了机器学习算法的类型，它是一种集成学习方法，通过组合多个决策树[4]来提高分类性能。

深度学习是机器学习领域的一个分支，其核心思想是构建深层模型，通过训练大量数据来学习数据的特征表示。目前，深度神经网络是实现深度学习技术的主要模型，尽管深度学习这一概念在 20 世纪 80 年代就已经被提出，但直到 21 世纪初才真正迎来爆发式的发展。反向传播（back propagation）算法[5]为多层神经网络的训练提供了有效的方法。1989 年，LeNet 模型的出现开启了卷积神经网络（convolutional neural network，CNN）[6]在图像识别领域应用的先河。1997 年，长短期记忆（long short-term memory，LSTM）网络[7]的引入解决了传统循环神经网络中的梯度消失和梯度爆炸等问题。2006 年，深度信念网络（deep belief network，DBN）[8]的提出进一步推动了深度学习的发展。2012 年，AlexNet[9]在 ImageNet 图像识别竞赛中取得了巨大成功，证明了深度学习在大规模数据集上的有效性。随后，GoogLeNet[10]、生成对抗网络（generative adversarial network，GAN）[11]等模型相继问世，为图像生成和处理等领域带来了新的突破。2015 年，ResNet 模型通过引入残差连接解决了深度神经网络训练中的梯度消失问题，进一步加深了人们对深度学习的理解。2017 年，Transformer 模型[12]在自然语言处理领域取得了巨大成功，其自注意力机制被广泛应用于文本生成和机器翻译等任务。2020 年，视觉 Transformer（vision transformer，ViT）[13]的出现将 Transformer 模型成功应用于图像分类任务，而在 2022 年年底，ChatGPT 模型的问世标志着语言模型在自然语言处理领域的一次巨大飞跃。

无论是传统机器学习还是深度学习，这些机器学习方法都具有三个核心要素：模型（model）、策略（strategy）和算法（algorithm）[14]。

（1）模型。机器学习首要考虑的是确定适合解决特定任务的模型。模型用于对具体的输入 X 进行相应的输出预测 Y，其通常可以用函数 $Y = f(X)$ 来表示。模型属于由输入空间到输出空间的映射的集合，这个集合通常叫作假设空间（hypothesis space）。假设空间包含了所有可能的函数，其界定机器学习范围，并且通常是一个具有无穷多个模型的集合。

（2）策略。基于模型的假设空间，机器学习需要考虑按照什么准则来学习或训练出最优模型。这通常需要一个度量函数来计算模型的预测值 $f(X)$ 与真实值 Y 之间的差距。在机器学习中，常用度量函数包括损失函数（loss function）、风险函数（risk function）、代价函数（cost function）、目标函数（object function）。

损失函数用于计算 $f(X)$ 与 Y 之间的非负实值差距。损失函数的期望，也称为期望损失（expected loss），构成了风险函数。根据大数定理，当数据样本容量趋于无穷时，模型在数据集（训练集）上的平均损失 [也叫作经验风险（empirical risk）] 趋近于期望损失。度量经验损失的函数称为代价函数。为了防止模型过拟合（overfitting），在机器学习中经常采用结构风险最小化（structural risk minimization，SRM）或正则化（regularization）的方法。风险函数是一个用于度量模型复杂度的函数，定义在假设空间上，通常与模型的复杂性正相关。模型越复杂，其结构风险越大，这意味着模型越容易过拟合。相反，结构风险较小的模型往往在训练和预测数据上表现更好。综合考虑代价函数和结构风险的函数被称为目标函数。最小化目标函数可以被视为一个优化问题，其求解过程涉及选择最优模型的过程。

（3）算法。在机器学习中，由于目标函数的复杂性，传统求解连续函数最小值的解决方法大多不可使用。这时需要提出一些算法来进行最小化目标函数的求解（也就是求解最优模型）。在机器学习中常用算法有最小二乘法、梯度下降法。最小二乘法主要用于线性模型，而梯度下降法则适用于具有可微性的更广泛模型。

不同机器学习方法之间的区别主要在于模型、策略、算法的不同。构建一种机器学习方法就是确定这三个要素。对于模型而言，若确定了错误的假设空间，那么无论如何都难以描述出数据集的正确分布特性。对于策略而言，如果确定了错误的目标函数，那么会导致选择错误的模型，进而会影响实际预测效果。对于算法而言，不同的算法会导致学习效率和效果的显著差异。

需要说明的是，机器学习是一个相当庞大的学科领域，本节仅从机器学习定义和机器学习三要素入手进行介绍，还有很多重要技术和概念没有谈及。读者可以从后续章节了解更多关于机器学习的介绍。

1.2　代表性机器学习应用

机器学习技术经过几十年的沉淀与发展，在当今数字化时代扮演着至关重要的角色。特别是在计算机视觉（computer vision，CV）、自然语言处理（natural language processing，NLP）和语音识别（voice recognition）等领域，机器学习技术的广泛应用正不断推动科技的进步与创新。本节将重点介绍这三大代表性应用。

1.2.1　计算机视觉

计算机视觉（CV）是一种让计算机能够"看懂"图像和视频的技术，它模仿人类视觉系统的工作方式，通过对图像和视频进行处理和分析来理解其内容。这种技术的核心在于从图像或视频中提取有用的信息，然后利用这些信息做出相应的决策或行动。随着深度学习技术的不断发展，计算机在多个视觉任务上的表现已经超过人类，例如：图像识别、物体检测、图像分割和视频理解。接下来，将简要介绍这些视觉任务。

图像识别（image recognition）是指通过计算机对图像进行处理、分析和理解，从而识别出图像中的物体、场景或特征。这一技术依赖于复杂的算法和模型，通过对图像中的颜色、形状、纹理等视觉元素的提取和解析，实现对图像内容的准确识别。图像识别在实际应用中极为广泛。以手写数字识别为例，当人们将一张手写数字的图片输入计算机，通过深度学习模型的处理，计算机能够分析图片中的笔迹特征，从而判断出这张图片上书写的是 0 到 9 中的哪一个数字。图像识别是 CV 领域中最基础、最重要的研究方向之一，也是许多高级 CV 和人工智能任务的基础。对于初学者来说，图像识别是一个很好的入门学习领域，可以帮助他们了解 CV 的基本概念和技术原理，为深入学习和研究提供基础。

物体检测（object detection）的核心目标是从复杂的图像或视频中精准地识别和定位出各种不同类型的物体。这一过程不仅要求系统能够准确识别图像中出现的物体类别，还要求系统精确确定每个物体在图像中的具体位置。为了实现这一目标，物体检测算法通常会利用深度学习模型对图像进行深度分析，通过提取图像中的特征信息来识别物体，并借助矩形边界框等方式来直观地标示出每个物体的位置。在物体检测任务中，算法需要处理的问题比单纯的图像识别更为复杂。它不仅要对图像中的物体进行分类，还要对每个物体的位置进行精确标注。这就要求算法具备强大的特征提取能力和空间定位能力。随着深度学习技术的不断发展，物体检测模型已经能够在实际应用场景中得到应用，例如：自动驾驶汽车中的行人检测、智能安防系统中的异常物体识别、医学影像分析中的病灶定位等场景。

图像分割（image segmentation）旨在将数字图像细分为多个具有特定语义含义或特征的独立区域或像素组合。这一过程的目标在于有效分离图像中的不同物体或区域，使每个分割出的区域都能反映出某种特定的信息或属性。通过图像分割，计算机能够更深入地理解图像内容，为后续的高级视觉任务提供有力的支持。图像分割任务研究方向可以划分为三类：语义分割、实例分割和边界分割。每种分割方式都有其独特的应用场景和技术要求。语义分割是一种对图像中每个像素进行分类的技术，其目标是将图像中的每个像素归属到预定义的类别中。通过语义分割，可以将图像中的不同物体或区域以不同的颜色进行标记，从而清晰地展示出图像中的各个组成部分。实例分割则是一种更为精细的分割方式，它不仅要求对不同物体进行像素级别的分类，还要求将属于同一物体的像素划分为同一个实例。边界分割则主要关注图像中物体的边缘信息。通过边界分割，可以将图像中物体的边界进行精确提取，通常输出的是物体的边缘像素。

视频理解（video understanding）是指对视频内容进行深入分析和理解，从而实现对视频中对象、行为、场景等信息的自动识别和解析的一系列任务。它不仅涉及对视频内容的提取和解析，还包括对视频中蕴含的各种信息的自动识别和解析。这一任务涵盖了多个细分子任务，如视频分类、对象检测与跟踪、动作识别及视频描述生成等。视频分类是视频理解的基础任务之一，它要求模型能够识别并归类视频的主题或内容。对象检测与跟踪则关注在视频流中准确找到并追踪特定的物体或人物。动作识别则更为复杂，需要系统能够理解和识别视频中的动态行为或事件。视频描述生成旨在将视频的内容转换为自然语言描述，使得机器能够像人一样"看懂"视频并解释其内容。视频理解任务的挑战在于视频数据的复杂性和时序性。相比于静态的图像数据，视频数据包含了连续的画面和丰富的时序信息，这意味着模型需要同时处理空间和时间两个维度上的数据，处理难度显著增加。此外，视频中的信息是按照一定的时间顺序排列的，这种时序性对于理解视频内容至关重要。模型需要能够捕捉并理解这种时序信息，以便准确地识别出视频中的事件和行为。

总的来说，CV 作为深度学习技术应用最为广泛与深入的领域，尽管已有成功实践案例，但仍面临一系列挑战。首先，由于图像和视频数据的复杂性和多样性，图像质量、光照条件、视角变化等因素会影响深度学习模型的准确性和稳定性。其次，在目标检测与识别任务中，目标遮挡、形变、尺度变化等问题时常出现，这就要求设计出更加鲁棒的算法以应对这些复杂情况。此外，随着 CV 技术的广泛应用，数据隐私和安全问题日益凸显，特别是在涉及人脸识别等敏感信息的领域，如何确保个人信息安全也是一个亟待解决的问题。综上所述，CV 领域仍需在多个方面不断探索和创新，从而应对日益复杂的视觉任务需求。

1.2.2 自然语言处理

自然语言处理（NLP）是人工智能领域的一个重要分支，旨在使计算机能够理解、解释、处理人类语言，能够架起自然语言和计算机之间的桥梁。在 NLP 领域，有许多重要的技术和应用，包括文本分类、机器翻译和对话系统等。

文本分类（text classification）通常被认为是 NLP 中最基础和简单的任务。它的核心在于将一段文本准确地映射到一组预先定义好的类别中，无须涉及复杂的序列建模或深入的语言理解。虽然文本分类相对简单，但因为许多实际应用都涉及对文本进行分类，所以它仍然是 NLP 中非常重要的任务，例如：将电子邮件分类为垃圾邮件或非垃圾邮件、将新闻文章分类为不同的主题类别。

机器翻译（machine translation）的目标是利用计算机技术，自动地将一种语言的文本转换成另一种语言的文本，同时尽量保持原文的语义和风格。机器翻译能够帮助人们跨越语言障碍，实现不同语言之间的交流和理解。随着深度学习的发展，神经网络机器翻译成为处理该任务的核心技术。该方法利用计算机神经网络技术，模仿大脑神经元的工作方式，进行语言之间的自动翻译。

对话系统（dialogue systems）也称为对话型人工智能，是一类人工智能系统，旨在与用户进行自然语言交流，实现类似于人与人对话的功能。近年来，基于大语言模型的生成式对话系统取得显著进展，对话系统在流畅性和语言表达能力上取得重大突破。基于此，国内外知名企业纷纷布局研发先进对话系统，例如：OpenAI推出的 ChatGPT、百度推出的"文心一言"和阿里云推出的"通义千问"等。

随着先进算法与高端计算能力的发展，NLP 技术在多个领域得到应用。然而，在此过程中，仍有一些亟待解决的问题值得关注。首先，同一句话可能蕴含着多重含义，这就要求相关算法必须具备高度的理解能力，以做出准确且恰当的选择。其次，大语言模型在生成文本时可能受到偏见的影响，这些偏见可能源于训练数据的不均衡或模型自身固有的局限性，进而导致生成的内容无法全面、客观地反映实际情况。因此，在推动 NLP 技术持续发展的同时，需深入思考并应对这些挑战，以确保技术的准确性与客观性。

1.2.3 语音识别

语音识别是指让机器能够识别并理解语音信号，进而将其精准地转换为对应的文本或命令。在实践中，机器处理的大部分语音信号可能具有复杂性，如不同的语速、口音及情感波动等，这些因素都会使得语音信号变得复杂且难以准确预测。此外，不同频率的声音经过组合，其声波会在空间中叠加，形成复杂的混合信号。这些混合信号在时域和频域上都可能存在重叠，使得单个声源的特征变得难以区分。例如，在嘈杂的环境中，背景噪声、其他人说话的声音可能会干扰目标语言信号的识别，增加语音识别的难度。这种复杂的混合信号给语音识别带来了更大的挑战。

运用机器学习模型来处理这些语音信号，需要将连续的音频波形转换成离散的数字序列。这一过程称为数字化处理，它允许将声音的振幅变化量化为一系列具体的数字值，以便于机器学习模型进行后续的分析和处理。具体而言，需要在预设的时间间隔内测量声音的振幅，即采样，从而确保捕捉到声音信号中的关键信息。经过采样后，能够采用机器学习模型完成语音分类、音乐流派分类和语音助手等下游任务。

语音分类（audio classification）是语音识别中最典型的下游任务，它旨在将声音分类为几个不同的类别。例如，任务可能是确定声音的种类或来源，比如汽车启动声、敲击声、警笛声或狗叫声。该技术可以用于识别机械设备的故障声音，并实现对特定事件或场景的监控和响应。

　　音乐流派分类（music genre classification）的目的是根据歌曲的声学特性对其进行识别和分类，它已成为语音识别的一种常见应用。通过对音乐内容进行识别，可以确定其所属的流派，如摇滚、流行、蓝调、朋克等。

　　语音助手（voice assistant）是语音识别中较为复杂的任务，通常涵盖了“语音转文本”和“文本转语音”的双向处理过程。这一任务不仅要求深入地进行声学分析，还需结合 NLP 技术。目前，已有苹果公司的 Siri、微软公司的 Cortana 和华为公司的 Celia 等成熟应用。

1.3　AutoML 介绍

　　尽管机器学习已经在多个领域取得了巨大成功，但其开发过程高度依赖于人工经验，这限制了其在其他领域的应用发展。具体而言，机器学习的开发过程不仅涉及机器学习方法的构建，还包括数据预处理和特征工程等复杂且耗时的工作。为了应对这些挑战，研究人员提出了自动化机器学习（AutoML）的概念。本节将从 AutoML 的研究动机、发展历程及研究意义三个方面展开详细介绍。

1.3.1　研究动机

　　机器学习过程通常涉及多个关键环节，包括问题定义、数据预处理、特征工程、模型生成和模型部署等。这些环节往往需要大量人工干预和调整，导致整个流程既耗时又烦琐。接下来，将逐一探讨这 5 个关键环节对人工操作的依赖性，并阐明 AutoML 的研究动机。

　　首先，问题定义是机器学习的起点，涉及明确业务目标和建模需求。这个阶段需要领域专家的专业知识，以确保问题定义准确地反映实际需求。接下来，在数据预处理环节，需要进行数据清洗、缺失值处理和数据标准化处理等工作。这些工作对数据质量至关重要，通常需要人工干预来保证数据的一致性和准确性。在传统机器学习中，这些数据预处理操作尤为重要，而在深度学习中，虽然数据预处理的需求相对较低，但适当的数据准备仍然有助于提高模型的性能。

　　特征工程是机器学习中的重要环节之一，它包括特征提取、选择和构造，以提供有助于模型学习的输入信息。这些步骤通常需要对数据有深入的了解，并且需要人工进行优化，以确保特征的质量和相关性，从而提升模型的性能。在传统机器学习中，这些步骤极为关键，因为模型的性能依赖于输入特征的质量。尽管深度学习模型可以自动进行特征学习，但适当的特征工程仍然可以提升模型的表现。

　　模型生成则依赖于机器学习方法，在指定的模型假设空间中，通过所确定的优化算法学习到性能优异的模型。为了确保所生成的模型能够有效地解决问题，专家需要优化机器学习方法的三大核心要素，即模型、策略和算法。这些要素的设计和调整通常依赖于专家对数据的深刻理解和大量的试验。模型设计涉及选择适合解决具体问题的模型假设空间。策略设计包括优化算法、损失函数、风险函数、代价函数及目标函数等，这些需要根据具体的数据类型和场景进行有针对性的设计。例如，在图像分类任务中，损失函数的设计可能需要考虑类别样本数不均衡的问题。算法设计则涉及选择适当的算法（如最小二乘法、梯度下降法等）。通过三要素建立一个完整的机器学习方法后，可以学习出一个机器学习模型，基于模型的预测性能评估该方法的有效性。如果模型的性能未达到预期，则需要根据输出结果调整机器学习方法的三要素，包括更换模型类型、调整模型和算法的超参数等操作。这一调整过程是循环迭代的，旨在不断寻找能够实现最优性能的机器学习模型。然而，随着数据的规模和复杂性的增加，手动设计和调整这些要素变得愈发困难，尤其在需要平衡精度、效率与资源消耗的实际应用中，机器学习方法的设计对时间和专业知识的要求极高。

最后，模型应用阶段涉及将学习到的模型部署到生产环境中，并对其进行持续的监控和调整，以确保模型在实际业务中能够持续有效地运行。这一过程同样需要人工干预，以适应数据和业务的变化。

总之，AutoML 的研究动机在于通过自动化这些关键步骤来简化整个机器学习过程，减少人工操作，提高模型性能，并推动机器学习技术的广泛应用。通过AutoML，用户只需提供数据，系统便能够自动完成上述任务，以生成能够有效预测和分析数据的模型，最终获得理想的输出结果。这一自动化过程不仅可以减少对人工经验的依赖，还可以显著降低时间和人力资源的消耗，从而提高机器学习应用的效率和可行性。更重要的是，AutoML 还大幅降低了机器学习的使用门槛，使得非专业用户也能方便地应用先进的机器学习技术，推动了机器学习技术的普及和应用。

1.3.2　发展历程

AutoML 的概念最初可追溯到 20 世纪 90 年代，当时的研究主要集中在自动化模型选择和超参数调优上。这个阶段的研究重点是如何自动选择适合特定任务的模型类型，并优化模型的超参数。为了实现这一目标，研究者广泛应用了网格搜索和随机搜索等方法进行超参数调整。尽管这些方法在一定程度上简化了机器学习过程，但仍然需要人工定义模型类型和数据预处理步骤。进入 21 世纪初，随着计算能力的提升和数据量的增加，AutoML 领域开始引入更加系统化的方法。在这一阶段，研究者不仅关注模型的自动化生成，还关注特征工程的自动化。在21 世纪 10 年代中期，AutoML 的研究进入了一个新的阶段，重点转向端到端自动化。这一阶段的研究旨在自动化整个机器学习流程。自动化机器学习平台（如Auto-Sklearn、TPOT 和 H2O）开始涌现，它们能够实现从数据预处理、特征工程到模型生成等各个环节的自动化,极大地简化了机器学习的应用过程。

在 21 世纪 10 年代后期,AutoML 的研究开始面向深度学习技术。这一阶段的研究主要集中在深度神经网络架构的自动设计及压缩加速。对深度神经网络架构的自动设计而言,实现这一目标的主流技术是神经架构搜索(neural architecture search,NAS)[15, 16]。自 2017 年谷歌提出基于强化学习的 NAS 算法[17]以来,业界研究人员已经对这类算法开展了广泛且深入的研究。目前,主流的 NAS 算法可以分为三类,即基于强化学习的 NAS 算法[17]、基于演化计算的 NAS 算法[18],以及可微 NAS 算法[19]。基于强化学习的 NAS 算法通过构建一个智能体学习如何生成性能较好的神经架构,以实现神经架构的自动化设计。基于演化计算的 NAS 算法将神经架构编码为种群个体,通过种群演化来自动设计神经架构。可微 NAS 算法则通过连续松弛与梯度优化实现深度神经网络架构的自动化设计。对压缩加速而言,早期的压缩加速算法主要集中在剪枝[20]、模型量化[21]上。其中,剪枝主要删除重要性较低的冗余连接,量化则主要将浮点型权重转换为低精度的表示形式,以实现压缩。随着研究的深入,知识蒸馏算法[22]得到了越来越多的关注。这类算法通过使用一个复杂模型(教师模型)训练一个较小的模型(学生模型),使学生模型在保证轻量化的前提下保留尽可能多的教师模型的知识。

为了将深度学习技术应用到更多实际场景中,降低机器学习技术的使用门槛,使各行各业中非计算机专业用户可以高效使用机器学习技术,许多国内外知名企业推出了专门的 AutoML 平台。具有代表性的 AutoML 平台有谷歌的 Cloud AutoML、百度的 EasyDL、阿里云的 PAI、第四范式的 AI Prophet AutoML,以及微软的 NNI 等(详细内容将在本书第 8 章展开介绍)。这些平台不仅推动了深度学习技术的广泛应用,还为企业创造了显著的盈利机会。贝哲斯咨询发布的 AutoML 市场调研报告显示,截至 2022 年,全球 AutoML 的行业容量约为 46.8 亿元(人民币),这一行业容量预计将于 2028 年达到 526.5 亿元(人民币)。这一显著增长趋势表明 AutoML 技术在推动机器学习领域发展中的关键作用,并展示了相关企业在这一迅速扩张的市场中的盈利潜力和发展机遇。

1.3.3 研究意义

开展 AutoML 的相关研究对人工智能领域的发展具有深刻的意义,具体体现在以下三个方面。

第一,AutoML 可以显著减少机器学习方法对领域经验的依赖,降低使用门槛,使得人工智能行业的人才需求可以更灵活地得到满足,从而在一定程度上缓解人才短缺的问题。具体来说,AutoML 通过自动化处理数据、选择模型、调优超参数等过程,避免了人工重复试验,使得机器学习技术更加易于应用。这种简化不仅减少了对领域经验的需求,还使得更多非专业人士能够高效使用机器学习技术。此外，由于机器学习领域的从业人员培养周期通常大于 6 年，如此长的培养周期下培养出的从业人员一般无法跟上人工智能快速发展的脚步，而 AutoML 可以有效地替代人工，一定程度填补了这一人才缺口。

第二，AutoML 可以显著提高机器学习模型的性能。AutoML 利用先进的算法，如贝叶斯优化、遗传算法、梯度下降等，对超参数进行调整。这些算法能够基于历史数据和模型表现来自适应地调整搜索策略，快速收敛到最优解。与传统的网格搜索或随机搜索相比，AutoML 采用的这些智能搜索算法能够更加精细和系统地遍历参数空间，避免无效或低效的尝试，从而提高搜索效率和模型性能。AutoML 在自动化过程中，可以同时考虑多个模型的性能指标，如准确率、召回率、F1 分数等，以及模型的复杂度和训练时间。这种多目标优化方法有助于找到在多个维度上都表现良好的模型，而不仅仅局限于单一的性能指标，这在人工设计过程中往往难以实现。AutoML 系统通常具备自我学习和自我适应的能力。通过对大量历史项目的学习，系统能够积累经验，形成对不同类型问题和数据集的深入理解。这种经验积累使得 AutoML 在面对新的机器学习任务时，能够迅速识别出问题的关键特征和潜在的解决方案，进一步提升模型设计的质量和效率。

第三，AutoML 可以促进学术交流与合作。自 2014 年以来，研究人员和相关从业者开始意识到 AutoML 的重要性，并在国际机器学习大会（International Conference on Machine Learning，ICML）上举办了以 AutoML 为主题的研讨会，旨在为相关研究人员提供交流及展示最新成果的平台。在此之后，其他顶级机器学习会议，包括神经信息处理系统（Neural Information Processing Systems，NeurIPS）会议和国际学习表征大会（International Conference on Learning Representations，ICLR）等，开始陆续举办以 AutoML 为主题的研讨会，以进一步促进 AutoML 相关的学术交流与合作。后来，鉴于 AutoML 的进一步发展，于 2022 年举办了第一届国际自动化机器学习大会（International Conference on Automated Machine Learning，AutoML-Conf），会议于 2022 年 7 月在美国巴尔的摩召开。截至目前，AutoML-Conf 已经成功举办了三届，分别是 2022 年于美国巴尔的摩、2023 年于德国柏林，以及 2024 年于法国巴黎。此外，关于自动化机器学习的香农研讨会邀请了全球大约几十位自动化机器学习领域的代表性学者，共同研讨目前自动化机器学习面临的挑战，并促进国际合作。该会议将于 2025 年 10 月在日本召开，本书作者也有幸受邀参加。

第 2 章　机器学习基础

第 1 章介绍了机器学习基本概念及其代表性应用，探讨了自动化机器学习的进展，揭示了机器学习领域的重要转折点和突破性成就。本章旨在深入挖掘机器学习的基础知识，探讨其背后的机器学习流程和方法。本章将从机器学习的标准流程开始，逐步介绍数据预处理、特征工程、模型生成，以及模型部署和使用等关键步骤。本章还将详细介绍一些经典的传统机器学习和深度学习方法。通过对本章内容的学习，读者将获得必要的理论和技术知识，为深入了解 AutoML 及其在实际问题中的应用做好准备。

2.1　机器学习流程

在机器学习中，构建一个成功的模型来处理数据通常涉及一系列步骤，其大体上可以概括为四阶段：数据预处理、特征工程、模型生成及模型部署和使用。本节对每个阶段的目标和实现细节进行详细阐述，以便于更好地了解如何在机器学习中应用自动化方法。

2.1.1　数据预处理

训练数据的好坏直接关系到机器学习模型训练后的效果，机器学习流程的第一步就是通过数据预处理将原始数据转换为适合模型处理与学习的形式，从而提高模型的性能。在本节中，将详细介绍数据预处理的各个方面，包括数据清洗、数据集成、数据转换和数据规约。

2.1.1.1　数据清洗

数据清洗是数据预处理的第一步，其主要目的是消除原始数据中的噪声和异常值，提高数据质量，主要包括处理缺失值和异常值。处理缺失值的方法主要有删除含有缺失值的数据及对缺失值进行填充或插值。删除含有缺失值的数据是最为简单直接的方法，但会导致数据量减少，从而可能影响模型的性能。因此，在实际应用中，通常会采用对缺失值进行填充或插值的方法来处理缺失值，前者常为使用均值、中位数、众数等统计量来填充缺失值，后者则是根据数据之间的相关性来预测缺失值。异常值是指数据中与正常数据相差很大的值，这些值会对模型的训练产生不利影响，因此需要对其进行检测和处理。检测异常值的常用方法有统计分析、可视化、聚类等，处理异常值的方法则与处理缺失值类似。

2.1.1.2　数据集成

收集的数据可能来自多个不同的数据源，数据集成是将各个数据源中的数据合并成一个统一的数据集的过程，主要包括实体识别和数据融合。首先，由于不同数据源可能采用不同的命名规则或表示方式，因此需要通过实体识别来识别并统一这些实体。实体识别的方法包括基于规则的匹配、基于相似度的匹配和基于机器学习的匹配等。在完成实体的识别与对齐后，即可对数据进行融合，形成一个统一的数据集。

2.1.1.3　数据转换

数据转换是指将数据转换成统一的格式，主要是通过数据归一化和标准化对数据进行规范化处理，将其缩放到一个固定的区间或范围。数据归一化常用最小-最大（min-max）归一化，将数据缩放到 $[0, 1]$ 区间，具体计算如公式 (2.1) 所示。

$$x_{\text{norm}} = \frac{x - x_{\min}}{x_{\max} - x_{\min}} \tag{2.1}$$

其中，x 表示原始数据；$x_{\min}$ 和 $x_{\max}$ 分别表示数据的最小值和最大值。数据标准化常用 Z-score 标准化将数据转换为均值为 0、标准差为 1 的数据，具体计算如公式 (2.2) 所示。

$$x_{\text{std}} = \frac{x - \mu}{\sigma} \tag{2.2}$$

其中，μ 表示数据的均值；σ 表示数据的标准差。

2.1.1.4　数据规约

数据规约是指通过对数据进行采样等手段减少数据量，合理的数据规约可使数据集更精简且不会对训练后的模型性能产生负面影响。例如通过数据采样从原始数据集中随机采集样本构成子集，从而降低数据规模。

2.1.2　特征工程

特征工程涉及从原始数据中构建、提取和选择能够帮助模型更好地学习和预测数据的特征。好的特征能够显著提高模型的性能，而不好的特征则可能导致模型性能不佳，甚至无法拟合数据，因此，特征工程是机器学习流程中至关重要的一环。特征工程主要包括特征构建、特征提取和特征选择。

2.1.2.1　特征构建

特征构建是指在原始数据样本的基础上，构建出新的具有物理或统计意义的特征。这些新特征应当与目标关系紧密，能提升模型表现或更好地解释模型。分箱、编码、属性分割和结合是特征构建时常使用的方法。

分箱方法主要针对连续型数据,通过将连续数据划分为若干个离散的区间,来增强模型的泛化能力。分箱方法可以分为等宽分箱和等频分箱两类。等宽分箱是将特征的范围划分为若干个等宽的区间,每个区间作为一个独立的类别。等宽分箱操作简单,但缺点是对于数据分布不均的情况,可能会导致某些区间内的数据过于密集,而其他区间内的数据则过于稀疏。等频分箱是将数据划分为若干个区间,每个区间包含相同数量的数据点。等频分箱能够更好地适应数据的分布,但区间的边界可能会落在数据点之间,导致极值相同的数据被分到不同区间,从而对最终的预测产生不利影响。

在机器学习中,模型通常需要数值型输入,因此对于类别型数据,需要进行适当的编码处理。常用的编码方法包括独热编码(one-hot encoding)和标签编码(label encoding)等。独热编码为每个类别创建一个二进制向量,其中只有一个元素为 1,其他元素为 0。独热编码能够有效地表示类别型数据,但会增加数据的维度。标签编码是将类别型特征从字符串转换为整数,每个类别对应一个唯一的整数。标签编码适合于类别之间存在自然排序的情况,如"低""中""高"可分别编码为 1、2、3。

此外,属性分割和结合也是特征构建时常使用的方法。属性分割是指将复合属性分解为多个简单属性的过程。例如,一个包含日期信息的特征可以被拆分为年、月、日等独立特征。属性分割能够增加特征的维度,为模型提供更丰富的信息,从而提高模型的性能。属性结合是指将两个或多个特征组合成一个新的特征的过程。例如,在处理包含身高和体重的数据时,可以通过计算体重除以身高的平方来得到身体质量指数(body mass index,BMI)。属性结合能够从现有特征中提取出更具有统计意义的特征。

2.1.2.2 特征提取

特征提取强调通过特征转换的方式得到一组更具代表性的特征。通过特征提取,可以将高维数据转换为更容易处理、更易于分析的低维形式,同时保留数据中最具代表性的信息。特征提取的常用方法包括主成分分析(principal component analysis,PCA)方法和线性判别分析(LDA)方法等。

PCA 是一种无监督的特征提取方法,其通过对协方差矩阵进行特征分解,从而得出特征向量与对应的权值(特征值),并依据权值决定保留哪些主成分。由于权值较大的主成分包含了数据中的大部分信息,因此通常情况下会剔除权值较小的特征,从而在保留数据主要信息的前提下降低数据维数。

LDA 是一种有监督的特征提取方法,主要用于分类问题。它旨在最大化类间差异的同时最小化类内差异,从而找到能够最大程度区分不同类别的特征。LDA可通过求解一个优化问题来实现,该问题的优化目标常设置为最大化类间散度矩阵与类内散度矩阵的比值。

2.1.2.3 特征选择

特征选择是指从特征集合中挑选一组对模型构建最为有益的特征子集，这一过程不仅有助于提升模型的预测性能，还能简化模型并提高计算效率。常见的特征选择方法可以分为过滤式、包裹式和嵌入式三大类。

过滤式方法（filter methods）是一种基于特征的统计特性进行选择的策略。在这一方法中，每个特征根据其与目标变量的相关性或其他统计指标被独立评分，然后根据评分结果筛选出最相关的特征。常见的特征评分方法包括皮尔逊相关系数（Pearson correlation coefficient）、信息增益（information gain）、卡方检验（Chi-square test）等。过滤式特征选择方法的优点在于计算速度快，易于实现，且不依赖于后续的学习算法，但其缺点也很明显，即可能忽略特征之间的相互作用，无法考虑到特征组合的效应。

包裹式方法（wrapper methods）将特征选择视为一个优化问题，通过搜索特征子集的空间来找到最优的特征组合。这种方法通常结合特定的学习算法，并通过评估不同特征子集对算法性能的影响来选择特征。包裹式特征选择方法包括递归特征消除（recursive feature elimination，RFE）、基于模型的特征选择等方法。递归特征消除通过递归地移除特征集合中最不重要的特征，直到达到所需的特征数量为止。基于模型的特征选择则通过使用特定的模型（如决策树、支持向量机等）来评估特征子集的重要性，以确定最终的特征子集。包裹式特征选择方法的优势在于它能够考虑特征之间的相互作用，并找出特征的最优组合。但这种方法计算开销大，时间复杂度高（特别是在特征数量较多时）。

嵌入式方法（embedded methods）将特征选择过程与模型训练过程相结合，通过在模型训练过程中评估特征的重要性来选择特征。最常用的嵌入式特征选择方法为 L_1、L_2 正则化，其通过在损失函数中添加 L_1 或 L_2 惩罚项，使得模型倾向于选择较少的特征，并将不重要的特征系数压缩至零。嵌入式特征选择方法能够在模型训练过程中自动进行特征选择，减少了特征工程的工作量，并能够针对特定模型选择出最合适的特征子集。但是，这也意味着这种方法的效果极度依赖所使用的模型。

2.1.3 模型生成

除了数据和特征，模型也是影响机器学习性能的一大因素。在实际应用中，为了生成一个有效的机器学习模型，首先需要根据具体问题和数据特点选择合适的模型类型。然后，根据所选的模型类型和数据集明确合适的优化算法以训练模型的参数。最后，由于模型生成过程中通常涉及不断尝试和调整以构建候选模型，因此还需要从中选择性能最好的模型作为生成结果。接下来，将从模型类型选择、模型参数优化，以及模型评估与选择三个环节来详细介绍模型生成的流程。

2.1.3.1 模型类型选择

选择合适的模型类型是构建有效机器学习模型的首要步骤。不同类型的模型在处理特定数据和任务时具有不同的优势，需根据实际问题的特点来做出选择。例如，支持向量机适合处理分类任务，尤其适合处理线性可分的数据；而随机森林在处理高维度、非线性数据时表现优越；神经网络则在处理复杂模式识别任务时表现出色。在实际操作中，需综合考虑数据的特点（如线性或非线性关系、特征数量、数据规模等）及任务需求（如预测精度、计算复杂度、模型解释性等）来选择合适的模型类型。

2.1.3.2 模型参数优化

确定好模型类型后,接下来的关键步骤是选择合适的优化算法来训练模型,即通过优化模型参数以更好地拟合数据分布。优化算法的选择通常涉及算法类型与超参数这两个方面。一般而言，特定类型的模型会适配一种或几种优化算法。例如，训练神经网络模型时，随机梯度下降（stochastic gradient descent, SGD）算法是常用选择。此外，不同的优化算法伴随不同的超参数，例如 SGD 中的学习率。超参数的选取需根据具体任务和数据来确定。在确定好优化算法后，模型的参数优化过程便可自动进行，具体细节在此不加赘述。

2.1.3.3 模型评估与选择

在模型生成过程中，为了找到最优或近似最优模型，往往需要不断调整优化算法，甚至调整模型类型。这一过程面临着模型选择（model selection）问题，需要对所有候选模型进行性能评估，以便从中选择出性能最佳的一个作为生成结果。交叉验证方法是一种广泛应用的模型评估方法，它通过将数据集划分为若干互斥子集，并利用这些子集进行训练和测试来评估模型性能。常见的交叉验证方法包括留一法、k 折交叉验证方法等。留一法每次留出一个样本作为测试集，其余样本作为训练集，这一过程会重复进行直到每个样本都被用作测试集。虽然留一法计算较为烦琐，但其样本利用率最高，特别适合小样本的情况。k 折交叉验证方法则是将数据集划分为 k 个子集，每次用 $k-1$ 个子集进行训练，剩下的 1 个子集进行测试。这一过程会重复 k 次，每次选择不同的测试集，最终取各次评估结果的平均值作为模型的性能评估结果。此外，在进行模型评估之前，还需根据具体任务需求选择合适的评估指标来衡量模型性能，如准确率、召回率、均方误差等。

2.1.4　模型部署和使用

在机器学习的整个流程中，模型部署和使用是最后一环。这个环节涉及将经过训练的模型集成到实际的应用程序中，以便使用者能够利用模型的预测能力满足实际需求。

2.1.4.1　模型部署

模型部署是将经过训练的机器学习模型集成到生产环境的过程。模型部署的目标是实现模型的实时或批量预测能力，以便在业务场景中发挥价值。成功的部署需要确保模型在目标环境中稳定、高效地运行，并且易于管理和维护。模型部署方案的选择是便捷性和灵活性之间的权衡。按照从简单到复杂，有 4 种通用的部署方式：离线预测、模型内嵌于应用、以 API（application programming interface，应用程序接口）方式发布及实时推送模型数据。

离线预测适用于对实时性要求不高的场景，例如对大量历史数据进行预测。模型内嵌于应用的方式是将模型直接集成到应用程序中，这种方式可以提供更快的响应速度。以 API 方式发布是将模型封装成一个服务，通过 API 接口对外提供服务，这种方式在使用时更灵活，但需要考虑 API 的负载和安全性。实时推送模型数据是指将模型的预测结果实时推送到用户端，这种方式可以提供更实时的用户体验，但需要考虑数据传输的实时性和稳定性。

2.1.4.2　模型使用

模型部署完成后，用户可以通过各种方式使用模型进行预测，包括实时预测和批量预测。在实时预测场景中，用户通过 API 接口等方式向模型发送数据，模型返回预测结果。批量预测则是指对大量数据进行预测，通常用于离线任务。

2.2　传统机器学习方法

本节将逐一介绍一些经典的传统机器学习方法，包括 k 近邻（KNN）法、支持向量机（SVM）、决策树（decision tree）、随机森林、自适应增强（adaptive boosting，AdaBoost）、朴素贝叶斯法（naive Bayes method，NBM），以及期望最大化算法（expectation maximization algorithm，EM 算法）。这些方法不仅是构建现代机器学习系统的基础，也是理解 AutoML 学习流程及如何优化 AutoML 的关键。

2.2.1　k 近邻法

k 近邻法（KNN）是一种基本分类与回归方法。其基本思想是：对于一个新的输入样本，通过计算其与训练集中所有样本的距离，找出与其最近的 k 个样本，然后根据这 k 个样本的标签（分类问题）或者值（回归问题）来预测新样本的标签或值。因此，k 近邻法不具有显式的学习过程，其实际上利用训练数据集对特征向量空间进行划分，并作为其分类的"模型"。本节将首先介绍 KNN 算法，然后介绍 KNN 模型的 k 值选择和距离度量方法两大核心要素。

2.2.1.1 KNN 算法

KNN 算法流程如下。首先，需要收集一系列样本数据，这些数据包含了特征（如属性、指标等）和目标变量（对于分类问题，目标变量是类别标签；对于回归问题，目标变量是具体的数值），并将这些数据划分为训练集和测试集，其中训练集用于训练，而测试集则用于评估性能。其次，需要依据具体问题选择合适的 k 值。再次，对于测试集中的每个样本，需要计算它与训练集中所有样本之间的距离。依据计算出的距离，找出距离测试集中与该样本最近的 k 个训练样本。最后，依据这 k 个样本进行预测。具体地，对于分类问题，通过多数投票或加权多数投票的方式，确定测试样本的类别。对于回归问题，计算 k 个最近邻的平均值或加权平均值，作为测试样本的预测值。

KNN 算法流程如下。

（1）准备数据集：收集样本数据，并将其划分为训练集和测试集。

（2）选择 k 值：选择一个合适的 k 值，即近邻的数量。

（3）计算距离：对于测试集中的每个样本，计算其与训练集中所有样本的距离。

（4）找出 k 个最近邻：对于每个测试样本，找出距离其最近的 k 个训练样本。

（5）进行预测：对于分类问题，确定测试样本的类别；对于回归问题，计算测试样本的预测值。

2.2.1.2 k 值选择

k 值表示在预测目标点的类别时，要考虑其最近的 k 个近邻的类别。在 KNN 中，k 值的选择对最终性能有着显著的影响。当 k 值较小时，模型对近邻的实例非常敏感，这可能导致过拟合，即模型在训练集上表现良好，但在测试集或新数据上表现不佳；当 k 值较大时，模型对噪声和异常值的容忍度增加，但可能会变得过于平滑，导致欠拟合，即模型在训练集和测试集上的表现都较差。

因此，选择合适的 k 值就显得极为重要。在实践中，一种常用的方法是使用交叉验证来选择最佳的 k 值。将数据集分为训练集和验证集（或更多折的交叉验证），对于每个候选的 k 值，在训练集上训练模型，并在验证集上评估其性能。选择使验证集性能最佳的 k 值。此外，对于某些特定问题或数据集，有时可以根据经验选择一个 k 值。比如，对于数据有明显类别界限的二分类问题，

k 值通常设置为较小的奇数（如 5 或 7），以避免在投票时出现平局情况。但不同数据集和问题的特性通常无法提前知晓，因此这种依赖经验的选择方法并不可靠。

2.2.1.3　距离度量方法

KNN 法的核心思想为找到训练集中与测试实例最邻近的实例。为了找到这些实例，需要对它们之间的距离进行度量。在实践中，欧氏距离和曼哈顿距离为两种常用的距离度量方法。欧氏距离是最常见的距离度量方式，它计算的是二维或多维空间中两个样本之间的直线距离，如公式 (2.3) 所示。

$$d(x,y) = \sqrt{\sum_{k=1}^{n}(x_k - y_k)^2} \tag{2.3}$$

其中，x 和 y 表示多维空间中的两个点或向量；$d(x,y)$ 表示点 x 和点 y 之间的欧氏距离。例如，在二维空间中，x 和 y 可以是形如 (x_1, x_2) 和 (y_1, y_2) 的点；在三维空间中，则可以是形如 (x_1, x_2, x_3) 和 (y_1, y_2, y_3) 的点；以此类推，x_k 和 y_k 分别表示点 x 和点 y 在第 k 维上的坐标值，n 表示空间的维度。

曼哈顿距离也是一种常用的距离度量方式，它在二维或多维空间中计算两个样本之间的距离，如公式 (2.4) 所示。

$$d(x,y) = \sum_{k=1}^{n}|x_k - y_k| \tag{2.4}$$

其中，$d(x,y)$ 表示点 x 和点 y 之间的曼哈顿距离。

除了欧氏距离和曼哈顿距离，KNN 法中还可以使用其他距离度量方法，如切比雪夫距离等。不同的距离度量方法适合不同的应用场景，需要根据具体的数据集和问题特性进行选择。

2.2.1.4　KNN 法的优劣

KNN 法作为一种经典的机器学习方法，具有以下优点。①简单易懂：KNN 法易于理解，易于实现，无须参数估计，无须训练。②对异常值不敏感：KNN 法基于样本间相似度完成分类或者回归任务，对异常数据不敏感。③训练时间短：KNN 法采用了一种无参数学习算法，无须进行显式的训练过程，节省了训练时间。

虽然 KNN 具备上述优点，但仍存在以下缺点，限制了其应用。①性能极度依赖超参数：KNN 法的性能很大程度上取决于 k 值的选择。如果 k 值选择不当，可能会导致性能不佳。②计算复杂度高：当训练集很大时，预测一个新样本的时间复杂度为 $O(m)$，其中，m 为训练样本的数量，计算成本较高。③不适合高维数据：在高维空间中，样本之间的距离可能变得难以度量，这使得 KNN 在高维数据方面的性能下降。

2.2.2 支持向量机

支持向量机（SVM）的基本模型是定义在特征空间 $\mathcal{X}$ 中具有最大间隔的线性分类器，而核技巧的引入使其成为实质上的非线性分类器。SVM 的学习策略是间隔最大化，这可形式化为一个求解凸二次规划（convex quadratic programming）的问题。SVM 的学习算法是求解凸二次规划的最优化算法。接下来，将分别介绍支持向量机的基本概念及三种不同的支持向量机方法。

2.2.2.1 支持向量机基本概念

超平面（hyperplane）是 SVM 的一个重要概念，其能够将特征空间分为两个子空间。在特征空间 $\mathbf{R}^n$ 中的一个超平面 S 的方程可以表示为

$$\boldsymbol{w} \cdot x + b = 0 \tag{2.5}$$

其中，$\boldsymbol{w}$ 表示超平面的法向量；b 表示超平面的截距。超平面 S 又被称为分离超平面（separating hyperplane），可用 $(\boldsymbol{w}, b)$ 来表示。

定义 2.1 (数据集的线性可分性) 给定一个数据集

$$T = \{(x_1, y_1), (x_2, y_2), \ldots, (x_N, y_N)\} \tag{2.6}$$

其中，$x_i \in \mathcal{X} = \mathbf{R}^n$，$y_i \in \mathcal{Y} = \{+1, -1\}$，$i = 1, 2, \ldots, N$，如果存在某个超平面 S 能够将数据集的正实例点和负实例点完全正确地划分到超平面的两侧，即对所有 $y_i = +1$ 的实例 i，有 $\boldsymbol{w} \cdot x_i + b > 0$，对所有 $y_i = -1$ 的实例 i，有 $\boldsymbol{w} \cdot x_i + b < 0$，则称数据集 T 为线性可分数据集（linearly separable data set）；否则，称数据集 T 为线性不可分数据集。

在线性可分情况下，训练数据集的样本点与分离超平面距离最近的样本点的实例称为支持向量（support vector），支持向量上的所有点均满足 $y_i(\boldsymbol{w} \cdot x_i + b) - 1 = 0$。对 $y_i = +1$ 的正实例点，支持向量在超平面 $H_1 : \boldsymbol{w} \cdot x + b = 1$ 上；对 $y_i = -1$ 的负实例点，支持向量在超平面 $H_2 : \boldsymbol{w} \cdot x + b = -1$ 上。如图2.1所示，在 H_1 和 H_2 上的点就是支持向量。注意到 H_1 和 H_2 平行，并且没有实例点落在它们中间。在 H_1 和 H_2 之间形成一条长带，分离超平面与 H_1 和 H_2 平行且位于它们中央。长带的宽度，即 H_1 和 H_2 之间的距离，称为间隔（margin）。间隔依赖于分离超平面的法向量 $\boldsymbol{w}$，等于 $\frac{2}{\|\boldsymbol{w}\|}$。$H_1$ 和 H_2 称为间隔边界。

根据数据集的线性可分性，SVM 学习方法包含三种由简至繁的模型：线性可分支持向量机、线性支持向量机及非线性支持向量机。当训练数据线性可分时，通过硬间隔最大化来学习一个线性分类器，即为线性可分支持向量机，又称为硬

间隔支持向量机；当训练数据近似线性可分时，通过软间隔最大化来学习一个线性的分类器，即为线性支持向量机，又称为软间隔支持向量机；当训练数据线性不可分时，通过使用核技巧及软间隔最大化，学习非线性支持向量机。

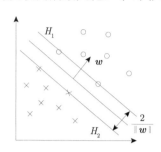

图 2.1　支持向量示意图

以二分类问题为例，SVM 通过将输入数据从输入空间映射到特征空间来进行分类处理。假设输入空间和特征空间是两个不同的空间，输入空间可以是欧氏空间或离散集合，而特征空间可以是欧氏空间或希尔伯特空间。假设线性可分支持向量机和线性支持向量机这两个空间的元素一一对应，并通过将输入空间中的输入映射为特征空间中的特征向量来进行处理，而非线性支持向量机则通过应用一个从输入空间到特征空间的非线性映射，将输入数据映射为特征向量。因此，所有的输入都经过了从输入空间到特征空间的转换，SVM 的学习问题则是在特征空间中进行的。

2.2.2.2　线性可分支持向量机

线性可分支持向量机是一种基于间隔最大化的分类方法，用于处理线性可分的训练数据集。它通过学习得到一个分离超平面和相应的分类决策函数。线性可分支持向量机学习的最优化问题可表示为

$$
\begin{cases}
\min\limits_{\boldsymbol{w},b} \dfrac{1}{2}\|\boldsymbol{w}\|^2 \\
\text{s.t. } y_i(\boldsymbol{w}\cdot x_i + b) - 1 \geqslant 0, \qquad i = 1,2,\ldots,N
\end{cases}
\tag{2.7}
$$

如果求出该问题的解 w^* 和 b^*，那么就可以得到最大间隔分离超平面 $w^*\cdot x + b^* = 0$ 及分类决策函数 $f(x) = \text{sign}(w^*\cdot x + b^*)$，即线性可分支持向量机模型，如定义 2.2所示。

定义 2.2 (线性可分支持向量机)　给定线性可分训练数据集，通过间隔最大化学习得到的分离超平面 $w^*\cdot x + b^* = 0$ 及相应的分类决策函数 $f(x) = \text{sign}(w^* \cdot x + b^*)$，称为线性可分支持向量机。

间隔最大化（这里又称为硬间隔最大化）的直观解释是通过充分大的确信度来对训练数据进行分类，这意味着不仅要将正负实例点分开，还要保持足够大的

确信度将最难以分类的实例点（即离超平面最近的点）分开。因此，所得到的超平面能够具备良好的分类预测能力，可以对未知的新实例进行准确的分类。但需要注意的是，为了使用间隔最大化学习得到线性可分支持向量机，需要明确 w 和 b 的最优解 w^* 和 b^*。因此，为了求解 w^* 和 b^*，可将其作为原始最优化问题，应用拉格朗日对偶性，通过求解对偶问题得到原始问题的最优解，这就是线性可分支持向量机的对偶算法。具体来说，首先构建拉格朗日函数（Lagrange function），即 $L(\boldsymbol{w}, b, \boldsymbol{\alpha}) = \frac{1}{2}||\boldsymbol{w}||^2 - \sum_{i=1}^{N} \alpha_i y_i (\boldsymbol{w} \cdot x_i + b) + \sum_{i=1}^{N} \alpha_i$，其中，$\boldsymbol{\alpha} = (\alpha_1, \alpha_2, \ldots, \alpha_N)^{\mathrm{T}}$ 是拉格朗日乘子向量。根据拉格朗日对偶性，原始最优化问题的对偶问题是极大极小问题。所以，为了得到对偶问题的解，需要先求 $L(\boldsymbol{w}, b, \boldsymbol{\alpha})$ 对 $\boldsymbol{w}$ 和 b 的极小，再求对 $\boldsymbol{\alpha}$ 的极大。

对于线性可分训练数据集，假设对偶最优化问题的解为 $\boldsymbol{\alpha}^* = (\alpha_1^*, \alpha_2^*, \ldots, \alpha_N^*)^{\mathrm{T}}$，可根据定理2.1[①]由 $\boldsymbol{\alpha}^*$ 求得原始最优化问题的解 w^* 和 b^*。

定理 2.1 设 $\boldsymbol{\alpha}^* = (\alpha_1^*, \alpha_2^*, \ldots, \alpha_N^*)^{\mathrm{T}}$ 是对偶问题的解，则存在下标 j，使得 $\alpha_j^* > 0$，并可按公式 (2.8) 和公式 (2.9) 求得原始最优化问题的解 w^* 和 b^*。

$$w^* = \sum_{i=1}^{N} \alpha_i^* y_i x_i \tag{2.8}$$

$$b^* = y_i - \sum_{i=1}^{N} \alpha_i^* y_i (x_i \cdot x_i) \tag{2.9}$$

综上所述，对于给定的线性可分训练数据集，可以首先假设对偶问题的解 $\boldsymbol{\alpha}^*$；再利用公式 (2.8) 和公式 (2.9) 求解原始问题的解 w^* 和 b^*，从而得到分离超平面及分类决策函数。这种算法称为线性可分支持向量机的对偶学习算法，其主要包括如下三个关键环节：以线性可分训练数据集 $T = \{(x_1, y_1), (x_2, y_2), \ldots, (x_N, y_N)\}$ 为输入，其中 $x_i \in \mathbf{R}^n, y_i \in \mathcal{Y} = \{-1, +1\}, i = 1, 2, \ldots, N$，输出分离超平面和分类决策函数。

（1）构造并求解对偶问题：

$$\begin{cases} \min_{\boldsymbol{\alpha}} \dfrac{1}{2} \sum_{i=1}^{N} \sum_{j=1}^{N} \alpha_i \alpha_j y_i y_j (x_i \cdot x_j) - \sum_{i=1}^{N} \alpha_i \\ \text{s.t.} \sum_{i=1}^{N} \alpha_i y_i = 0, \ \alpha_i \geqslant 0, \qquad i = 1, 2, \cdots, N \end{cases} \tag{2.10}$$

求得最优解 $\boldsymbol{\alpha}^* = (\alpha_1^*, \alpha_2^*, \ldots, \alpha_N^*)^{\mathrm{T}}$。

---

① 定理2.1的证明过程详见文献 [14]。

（2）计算 $w^* = \sum_{i=1}^{N} \alpha_i^* y_i x_i$，并选择 $\boldsymbol{\alpha}^*$ 的一个正分量 $\alpha_j > 0$，计算 $b^* = y_i - \sum_{i=1}^{N} \alpha_i^* y_i (x_i \cdot x_i)$。

（3）求得分离超平面 $w^* \cdot x + b^* = 0$，以及分类决策函数 $f(x) = \text{sign}(w^* \cdot x + b^*)$。

由上述过程可以知道，求解对偶问题以获取最优解 $\boldsymbol{\alpha}^* = (\alpha_1^*, \alpha_2^*, \ldots, \alpha_N^*)^{\mathrm{T}}$ 是得到分离超平面及分类决策函数的关键。序列最小最优化（sequential minimal optimization，SMO）算法是求解该问题的经典算法，其可以将原始最优化问题分解为只有两个变量的二次规划子问题，并对子问题进行解析求解，直至所有变量满足条件为止[①]。

2.2.2.3　线性支持向量机

线性可分问题的支持向量机学习方法对线性不可分的训练数据集是不适用的。线性不可分意味着某些样本点 (x_i, y_i) 不能满足函数间隔大于等于 1 的约束条件，为了解决这个问题，可以对每个样本点 (x_i, y_i) 引进一个松弛变量 $\xi_i \geqslant 0$，使函数间隔加上松弛变量大于等于 1。基于此，公式（2.7）中的约束条件变为 $y_i(\boldsymbol{w} \cdot x_i + b) \geqslant 1 - \xi_i$。目标函数由原来的 $\frac{1}{2}\|\boldsymbol{w}\|^2$ 变成 $\frac{1}{2}\|\boldsymbol{w}\|^2 + C\sum_{i=1}^{N}\xi_i$，这里的 $C > 0$ 称为惩罚参数，一般由应用问题决定，C 值大时对误分类的惩罚增大，C 值小时对误分类的惩罚减小。基于此，可以将线性支持向量机学习问题的处理方式扩展到训练数据集线性不可分的情况，并称之为软间隔最大化。线性不可分的线性支持向量机的学习问题如公式（2.11）所示。

$$\begin{cases} \min_{\boldsymbol{w},b,\xi} \dfrac{1}{2}\|\boldsymbol{w}\|^2 + C\sum_{i=1}^{N}\xi_i \\ \text{s.t. } y_i(w \cdot x_i + b) \geqslant 1 - \xi_i, \quad i = 1, 2, \ldots, N, \ \xi_i \geqslant 0 \end{cases} \tag{2.11}$$

定义 2.3（线性支持向量机）　对于给定的线性不可分的训练数据集，通过求解公式（2.11）所示的软间隔最大化问题，得到的分离超平面 $w^* \cdot x + b^* = 0$ 及分类决策函数 $f(x) = \text{sign}(w^* \cdot x + b^*)$，称为线性支持向量机。

显然，线性支持向量机包含线性可分支持向量机。由于现实中训练数据集往往是线性不可分的，线性支持向量机具有更广的适用性。

此外，学习线性支持向量机的过程与线性可分支持向量机基本相同，主要的区别在于受松弛变量的影响，其构造的拉格朗日函数为 $L(\boldsymbol{w}, b, \boldsymbol{\alpha}) = \frac{1}{2}\|\boldsymbol{w}\|^2 + C\sum_{i=1}^{N}\xi_i - \sum_{i=1}^{N}\alpha_i(y_i(\boldsymbol{w} \cdot x_i + b) - 1 + \xi_i) - \sum_{i=1}^{N}\mu\xi_i$，其中，$\alpha_i \geqslant 0$，$\mu \geqslant 0$，导致

---

① 关于 SMO 算法的更多细节可参看文献 [14]。

构造的对偶问题的条件有所差异。基于此，线性支持向量机学习算法输入线性可分训练集 $T = \{(x_1, y_1), (x_2, y_2), \ldots, (x_N, y_N)\}$，其中 $x_i \in \xi = \mathbf{R}^n, y_i \in \mathcal{Y} = \{-1, +1\}, i = 1, 2, \ldots, N$，并通过下述三个关键步骤，输出分离超平面和分类决策函数。

（1）选择惩罚参数 $C > 0$，构造并求解对偶问题：

$$\begin{cases} \min_{\boldsymbol{\alpha}} \dfrac{1}{2} \sum_{i=1}^{N} \sum_{j=1}^{N} \alpha_i \alpha_j y_i y_j (x_i \cdot x_j) - \sum_{i=1}^{N} \alpha_i \\ \text{s.t.} \sum_{i=1}^{N} \alpha_i y_i = 0, \qquad 0 \leqslant \alpha_i \leqslant C, \quad i = 1, 2, \cdots, N \end{cases} \tag{2.12}$$

求得最优解 $\boldsymbol{\alpha}^* = (\alpha_1^*, \alpha_2^*, \ldots, \alpha_N^*)^{\mathrm{T}}$。

（2）计算 $w^* = \sum_{i=1}^{N} \alpha_i^* y_i x_i$，并选择 $\boldsymbol{\alpha}^*$ 的一个分量 $0 < \alpha_j < C$，计算 $b^* = y_i - \sum_{i=1}^{N} \alpha_i^* y_i (x_i \cdot x_i)$。

（3）求得分离超平面 $w^* \cdot x + b^* = 0$，以及分类决策函数 $f(x) = \text{sign}(w^* \cdot x + b^*)$。

2.2.2.4 非线性支持向量机

线性支持向量机是解决线性分类问题非常有效的方法。然而，有时候面对的分类问题是非线性的，这时候可以借助非线性支持向量机来解决。非线性支持向量机通过引入核函数（kernel function），将样本映射到高维特征空间，并在高维空间中找到一个线性可分的超平面，从而实现对非线性数据集的分类。这使得非线性支持向量机能够处理更为复杂的分类问题，并在实际应用中展现出强大的能力。

定义 2.4 (核函数) 设 $\mathcal{X}$ 是输入空间（欧氏空间 $\mathbf{R}^n$ 的子集或离散集合），$\mathcal{H}$ 为特征空间（希尔伯特空间），如果存在一个从 $\mathcal{X}$ 到 $\mathcal{H}$ 的映射 $\phi(x) : \mathcal{X} \to \mathcal{H}$，使得对所有 $x, z \in \mathcal{X}$，函数 $K(x, z)$ 满足条件 $K(x, z) = \phi(x) \cdot \phi(z)$，则称 $K(x, z)$ 为核函数，通常所说的核函数就是正定核函数（positive definite kernel function）。

定义2.4表明，核函数是将输入空间的样本通过映射函数 $\phi(x)$ 映射到一个高维特征空间，从而在高维特征空间中计算样本间的内积 $\phi(x) \cdot \phi(z)$。表2.1列出了几种常见的核函数。使用核函数的一个重要优势是，可以在不显式计算高维特征空间映射 $\phi(x)$ 的情况下，直接计算样本间的内积，从而避免了在高维空间中进行复杂计算的需求。

表 2.1   常见核函数

名称	表达式	参数
多项式核	$K(x,z) = (x \cdot z + c)^p$	$c \geqslant 1$ 为常数，$p \geqslant 1$ 为多项式的次数
高斯核	$K(x,z) = \exp\left(-\frac{-\|x-z\|^2}{2\sigma^2}\right)$	$\sigma > 0$ 为高斯核的带宽，控制数据点之间的相似度
sigmoid 核	$K(x,z) = \tanh\left(\beta(x \cdot z) + \theta\right)$	$\tanh$ 为双曲正切函数，$\beta > 0$，$\theta < 0$
拉普拉斯核	$K(x,z) = \exp\left(\frac{-\|x-z\|}{\sigma}\right)$	$\sigma > 0$

在核函数给定的条件下，可以利用求解线性分类问题的方法求解非线性分类问题的支持向量机。因此，可以将线性分类的学习方法应用到非线性分类问题中去。

定义 2.5 (非线性支持向量机)   从非线性分类训练数据集，通过核函数和软间隔最大化，学习得到的分类决策函数 $f(x) = \mathrm{sign}(\sum\limits_{i=1}^{N} \alpha_i^* y_i K(x, x_i) + b^*)$ 称为非线性支持向量机。

非线性支持向量机参数 $\boldsymbol{\alpha}^*$ 和 b^* 的学习过程与前文所介绍的线性支持向量机的学习过程非常相似。唯一的区别在于，非线性支持向量机采用了核函数，因此只需要将目标函数、决策函数等涉及的输入实例与实例之间的内积 $x_i \cdot x_j$ 替换为核函数 $K(x_i, x_j)$ 即可。这样，非线性支持向量机的对偶问题可以表示为

$$\begin{cases} \min\limits_{\boldsymbol{\alpha}} \dfrac{1}{2} \sum\limits_{i=1}^{N} \sum\limits_{j=1}^{N} \alpha_i \alpha_j y_i y_j K(x_i, x_j) - \sum\limits_{i=1}^{N} \alpha_i \\ \mathrm{s.t.} \ \sum\limits_{i=1}^{N} \alpha_i y_i = 0, \qquad 0 \leqslant \alpha_i \leqslant C, \quad i = 1, 2, \cdots, N \end{cases} \tag{2.13}$$

通过采用 SMO 算法进一步求解这一问题的最优解 $\boldsymbol{\alpha}^* = (\alpha_1^*, \alpha_2^*, \cdots, \alpha_N^*)^{\mathrm{T}}$，从 $\boldsymbol{\alpha}^*$ 中选择一个 α_j^*(其对应于一个样本点 (x_j, x_j))，并将其代入公式 (2.14) 中求解出 b^*，即可得到最终学习到的分类决策函数 $f(x) = \mathrm{sign}(\sum\limits_{i=1}^{N} \alpha_i^* y_i K(x, x_i) + b^*)$。

$$b^* = y_j - \sum\limits_{i=1}^{N} \alpha_i^* y_i K(x_i, x_j) \tag{2.14}$$

随着研究的深入，许多经典的 SVM 变体被提出以解决不同类型的问题和应对数据挑战，例如，模糊支持向量机（fuzzy support vector machine，FSVM）[23]、最小二乘支持向量机（least squares support vector machine，LS-SVM）[24]、加权支持向量机（weighted support vector machine，WSVM）[25]、主动学习支持向量机（active learning support vector machine，AL-SVM）[26]、粗糙集与支持向量机的组合（combination of rough set and support vector machine）[27]、基于决策树的

支持向量机（support vector machine based on decision tree，DT-SVM）[28]、层次聚类支持向量机（hierarchical clustering support vector machine，HC-SVM）[29]。FSVM 引入了模糊逻辑来处理数据的不确定性和模糊性，它允许数据点具有不同程度的隶属度，而不是像传统 SVM 那样进行硬分类。LS-SVM 通过最小化一个与平方误差相关的损失函数来简化 SVM 的训练过程。这种方法使得模型可以通过解析方法直接求解，而不需要迭代优化算法。WSVM 允许对不同类别的数据点赋予不同的权重，这样可以更好地处理不平衡数据集，提高对少数类的识别能力。AL-SVM 结合了主动学习策略，主动选择最有价值的样本进行标注和学习，从而减少标注成本并提高学习效率。粗糙集与支持向量机的组合利用粗糙集理论来识别数据中的不确定性和冗余，然后结合 SVM 进行分类，以提高处理复杂数据集的能力。DT-SVM 首先使用决策树的属性选择能力来提取重要的特征，然后利用 SVM 进行分类，这种方法可以帮助 SVM 更好地处理非线性数据和高维数据。HC-SVM 在分类前使用层次聚类方法来探索数据的结构，通过发现数据的层次关系来改善 SVM 的性能。这些变体通过不同的策略和方法扩展了 SVM 的应用范围，使其能够更灵活地适应各种数据特性和问题需求。

SVM 作为一种在处理高维数据和模式识别任务中表现出色的机器学习方法，具有以下优点。①训练简便：SVM 的训练相对容易，通过解决一个凸优化问题来构建分类器。②具有高维数据处理能力：SVM 在处理高维数据方面表现出色，能够有效地处理复杂模式。③便于权衡复杂度与误差：SVM 允许明确地控制分类器复杂度和误差之间的权衡，通过选择合适的正则化参数来实现。④支持多种类型数据：SVM 不仅能处理传统的特征向量，还能够处理非传统数据类型，如字符串和树。这些优点使得 SVM 成为一个灵活且多功能的机器学习方法，适用于各种应用领域。

但是，SVM 也存在一些缺点。①依赖参数选择：SVM 的性能很大程度上依赖于函数的选择和参数设置，这可能需要大量的实验来确定。②模型更新灵活性差：SVM 模型在添加新数据时通常需要重新训练整个模型。③对数据质量要求高：在多数类和少数类之间存在不平衡时，由于 SVM 的优化目标倾向于整体间隔最大化，模型可能过分关注数量较多的多数类，而忽视了少数类的特征和模式，导致性能不佳。此外，SVM 对噪声数据和异常点敏感，因为这些数据可能成为支持向量，影响决策边界的位置。

2.2.3 决策树

决策树是一种基本的机器学习方法，常用于分类与回归任务。该方法通过构建树形结构的决策树模型，将数据集根据特征进行逐层划分，每个分支代表一个特征的条件判断，最终在叶节点处给出分类或回归的结果。决策树学习通常包括

3 个步骤：特征选择、决策树生成，以及决策树剪枝。下面将针对分类决策树模型，从决策树基本概念、经典决策树生成算法（ID3 算法、C4.5 算法、CART 算法），以及决策树剪枝方法三个方面展开介绍。

2.2.3.1　决策树基本概念

分类决策树模型是一种描述对实例进行分类的树形结构，用于表示基于特征对实例进行分类的过程。同时，一个决策树模型还可以被认为是 if-then 规则的集合，或者是在特征空间及类空间上的条件概率分布。一个分类决策树模型如图 2.2所示，其由节点（node）和有向边（directed edge）组成，其中节点有内部节点（internal node）和叶节点（leaf node）两种类型。内部节点代表输入实例的一个特征或一种属性，叶节点代表一个类别。

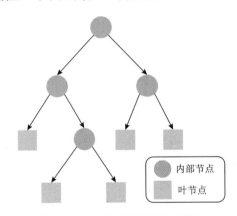

图 2.2　分类决策树模型示意图

在利用决策树模型解决分类任务时，从根节点输入实例的某一特征开始，对该特征进行测试，并根据测试结果将该特征分配到根节点对应的子节点当中。在完成此分配过程后，根节点的每个子节点对应着该特征的一个取值。通过不断递归地执行上述过程，直到到达叶节点为止，最终将待分类的实例分至对应的类别当中，即视为完成一次对实例的分类。

此过程也可以视为一组 if-then 规则的执行过程，即将整个决策树模型视为一组 if-then 规则的集合，并将从决策树根节点到叶节点之间的每一条路径视为一条 if-then 规则。其中，在每条路径上，每个内部节点代表 if-then 规则的一个条件，该条路径对应的叶节点则对应该条 if-then 规则的结论。决策树每条不同路径的 if-then 规则是互斥的，且整个决策树模型对应的 if-then 规则集合是完备的，每个实例仅对应决策树中的一条路径，即一条 if-then 规则。

决策树模型的构建过程也叫决策树学习过程，其本质是从训练数据集中归纳出一组分类规则。这一过程大致分为三步：特征选择、决策树生成，以及决策树剪枝。常用的决策树学习算法有 ID3、C4.5 和 CART 算法,下面将详细介绍这几个算法以理解决策树学习过程。

2.2.3.2 ID3 算法

在介绍 ID3 算法前,需要了解信息熵、条件熵,以及信息增益的概念,具体介绍如下。熵是一种表示随机变量不确定性的度量,若给定一个随机变量 X,其概率分布为 $P(X = x_i) = p_i (i = 1, 2, \ldots, n)$,则 X 的信息熵表示为

$$H(X) = -\sum_{i=1}^{n} p_i \log p_i \tag{2.15}$$

基于对信息熵的定义,即可给出条件熵的定义:设有两个随机变量 (X, Y),其联合概率分布为 $P(X = x_i, Y = y_j) = p_{ij}, \ i = 1, 2, \ldots, n; \ j = 1, 2, \ldots, m$。基于此,随机变量 Y 在随机变量 X 给定条件下的条件熵 $H(Y \mid X)$,定义为随机变量 Y 在随机变量 X 给定条件下条件概率分布的熵对 X 的数学期望,即

$$H(Y \mid X) = \sum_{i=1}^{n} p_i H(Y \mid X = x_i) \tag{2.16}$$

其中,$p_i = P(X = x_i), \ i = 1, 2, \ldots, n$。基于信息熵与条件熵的定义,即可给出信息增益的定义。

定义 2.6 (信息增益) 特征 A 对训练数据集 D 的信息增益 $\mathrm{Gain}(D, A)$,定义为集合 D 的信息熵 $H(D)$ 与特征 A 在 D 给定条件下的条件熵 $H(D \mid A)$ 之差,如公式 (2.17) 所示。

$$\mathrm{Gain}(D, A) = H(D) - H(D \mid A) \tag{2.17}$$

基于上述定义,即可给出 ID3 算法的整体流程。

(1) 初始化特征集合 A 及数据集合 D。

(2) 计算数据集合的信息熵及特征集合中所有特征的条件熵,选择信息增益最大的特征 A_{g} 作为当前决策节点。

(3) 根据 A_{g} 的每一个可能值,将数据集合 D 重新划分为 n 个子集 $D_1, D_2, \cdots, D_n$,将第 i 个子集 D_i 中包含实例数最多的类作为其标记,构建子节点。

(4) 对于构建的每一个子节点,以 D_i 为训练集,$A - \{A_{\mathrm{g}}\}$ 为特征集,递归执行步骤 (1)~(3),若划分的特征子集仅包含单一特征,即将其作为决策树的叶节点。

其中,针对特征集合 A 及数据集合 D 的信息熵、条件熵,以及信息增益的具体计算方法具体阐述如下。设数据集 D 中有 K 类样本,于是数据集 D 的信息熵的计算方法如公式 (2.18) 所示。

$$H(D) = -\sum_{k=1}^{K} \frac{|C_k|}{|D|} \log \frac{|C_k|}{|D|} \tag{2.18}$$

其中，K 表示数据集 D 中的类别数；C_k 表示数据集 D 中属于第 k 类的样本子集。在此基础上，针对特征集合 A 中的某个特征 A^*，其对于数据集 D 的条件熵 $H(D|A^*)$ 如公式 (2.19) 所示。

$$
\begin{aligned}
H(D \mid A^*) &= \sum_{i=1}^{n} \frac{|D_i|}{|D|} H(D_i) \\
&= -\sum_{i=1}^{n} \frac{|D_i|}{|D|} \left(\sum_{k=1}^{K} \frac{|D_{ik}|}{|D_i|} \log \frac{|D_{ik}|}{|D_i|} \right)
\end{aligned}
\tag{2.19}
$$

其中，D_i 表示 D 中特征 A^* 取第 i 个值的样本子集；D_{ik} 表示 D_i 中属于第 k 类的样本子集。基于上述信息熵和条件熵的计算公式，即可得到信息增益的计算公式，如公式 (2.20) 所示。

$$\mathrm{Gain}(D, A^*) = H(D) - H(D \mid A^*) \tag{2.20}$$

2.2.3.3　C4.5 算法

C4.5 算法对 ID3 算法做了一定的改进，采用信息增益比作为选择特征的依据。信息增益比的定义具体阐述如下。

定义 2.7（信息增益比）　特征 A^* 对训练数据集 D 的信息增益比定义为其信息增益 $\mathrm{Gain}(D, A^*)$ 与训练数据集 D 关于特征 A^* 的值的熵 $H_{A^*}(D)$ 之比，如公式 (2.21) 所示。

$$\mathrm{Gain}_R(D, A^*) = \frac{\mathrm{Gain}(D, A^*)}{H_{A^*}(D)} \tag{2.21}$$

其中，$H_{A^*}(D)$ 的具体形式如公式 (2.22) 所示。

$$H_{A^*}(D) = -\sum_{i=1}^{n} \frac{|D_i|}{|D|} \log \frac{|D_i|}{|D|} \tag{2.22}$$

其中，n 表示特征 A^* 可能取值的个数；D_i 表示数据集 D 中特征 A^* 取第 i 个值的样本子集。

基于上述信息增益比的定义，即可给出 C4.5 算法的整体流程。

（1）初始化特征集合 A 及数据集合 D。

（2）基于公式 (2.21) 计算 A 中各特征对数据集合 D 的信息增益比，根据计算结果选择信息增益比最大的特征 A_g。

（3）根据所选择特征 A_g 的每一个可能取值，将数据集合 D 重新划分为若干子集 D_i，将 D_i 中包含实例数最多的类作为其标记，构建子节点。

（4）对于构建的每一个子节点，以 D_i 为训练集，$A - \{A_g\}$ 为特征集，递归执行步骤（1）～（3），若划分的特征子集仅包含单一特征，即将其作为决策树的叶节点。

2.2.3.4 CART 算法

分类与回归树（classification and regression tree，CART）算法由 Breiman 等[30]提出，是目前应用得最广泛的决策树学习算法。在生成决策树时，CART 算法仅可生成二叉树形式的决策树，内部节点特征的取值仅有"是"或"否"两种可能。在生成过程中，CART 算法采用基尼系数选取最优特征，并决定该特征的最优二值切分点。其中，基尼系数的具体定义如定义 2.8所示。

定义 2.8 (基尼系数)　在分类问题中，假设共有 K 个类别，一个样本属于第 k 类的概率记为 p_k，则概率分布的基尼系数定义如公式 (2.23) 所示。

$$
\begin{aligned}
\mathrm{Gini}(p) &= \sum_{k=1}^{K} p_k(1 - p_k) \\
&= 1 - \sum_{k=1}^{K} p_k^2
\end{aligned}
\tag{2.23}
$$

基于上述概率分布的基尼系数定义，可以给出给定数据集 D 的基尼系数定义，如公式 (2.24) 所示。

$$
\mathrm{Gini}(D) = 1 - \sum_{k=1}^{K} \left(\frac{|C_k|}{|D|} \right)^2
\tag{2.24}
$$

其中，C_k 表示 D 中属于第 k 类的样本子集；K 表示 D 中具有类的总数。

根据上述定义，可以进一步得到，如果数据集 D 根据特征 A^* 是否取某一值 a 被分成了 D_1 和 D_2 两部分，则在特征 $A^* = a$ 的条件下，集合 D 的基尼系数定义为公式 (2.25) 的形式。

$$
\mathrm{Gini}(D \mid A^*) = \frac{|D_1|}{|D|}\mathrm{Gini}(D_1) + \frac{|D_2|}{|D|}\mathrm{Gini}(D_2)
\tag{2.25}
$$

基于上述定义，即可给出 CART 算法中的决策树生成流程。

（1）给定数据集 D，对于每个特征 A^* 可能取的每个值 a，根据 D 中的样本对 $A^* = a$ 的测试结果"是"或"否"将 D 分为两部分 D_1 和 D_2，然后根据公式 (2.25) 计算 $A^* = a$ 条件下集合 D 的基尼系数。

（2）对于所有可能的特征 A^* 及它们所有可能的切分点 a，选择基尼系数最小的特征及其对应的切分点，作为最优特征和最优切分点。根据得出的最优特征和最优切分点，从现节点生成两个子节点，并将数据集中的样本根据是否满足 $A^* = a$

分配到两个子节点当中去。

（3）递归执行步骤（1）～（2），直到满足算法的停止条件。

算法的停止条件包含三个方面，满足其中之一算法即可停止，具体包括：①节点中的样本个数小于预先设定的阈值；②样本集的基尼系数小于预定阈值；③没有更多特征可用于切分。

2.2.3.5　决策树剪枝方法

决策树生成方法以递归的方式产生决策树，直到找到叶节点为止，这样产生的树通常对训练数据的分类非常准确，但对于训练数据之外的数据分类准确率欠佳，即产生了过拟合现象。产生过拟合现象的原因是生成方法针对训练数据的具体特征产生了过于复杂的决策树，可以通过降低决策树的复杂度来缓解过拟合现象。在决策树学习过程中对已生成的树进行简化的过程称为剪枝，常用的剪枝方法可以分为两类：预剪枝和后剪枝。

预剪枝是在决策树的生成过程中，在每个节点进行划分前先进行估计，若当前节点的划分不能带来决策树泛化性能的提升，则停止对当前节点的划分并将该节点标记为叶节点。

后剪枝是在完整的决策树生成后开始执行，自底向上对每个内部节点进行考察。在考察过程中，若将该内部节点对应的子树替换成叶节点可以带来决策树泛化性能的提升，则将该子树替换为一个叶节点。

2.2.4　随机森林

随机森林[31]是一种基于集成学习的分类与回归方法。随机森林模型的核心思想是通过构建并组合多个决策树模型来提升预测性能。随机森林模型的"随机"在于其构建过程中的两个方面的随机性：一是训练数据的随机抽样，二是特征的随机选择。具体来说，在构建每棵决策树模型时，通过对原始训练数据集进行有放回的随机抽样来生成一个子训练集，这样不同的树能够基于不同的数据子集进行训练，从而增加了模型的多样性。同时，在每个节点的分裂过程中，会随机选择一部分特征，而非使用所有特征，能够进一步增加模型的随机性。这种双重随机性能够防止过拟合现象，并提升模型的泛化能力。

相比于采用单个决策树模型，随机森林模型具有以下优势。①过拟合风险低：随机森林模型包含多个决策树模型，每个决策树模型只看到部分训练数据和部分特征，模型整体有更好的泛化能力。②模型性能高：随机森林模型能够综合多个决策树模型预测结果，通常比单个决策树模型性能更好。③处理高维数据的能力强：每个决策树模型的节点上，随机森林模型会随机选择一部分特征进行划分，能够充分考虑各个特征的贡献，并找到最佳的划分方式。④鲁棒性强：随机森林模型对噪声和异常值具有较好的容错能力，这是由于随机森林模型的预测结果是综合多个决策树模型结果输出的，这能够减少噪声和异常值对单一决策树模型的影响。

2.2.4.1 随机森林模型构建过程

构建和使用一个随机森林模型通常需要经过以下步骤：首先，需要收集并划分用于训练和测试的数据集，通常按照 70% 的数据用于训练、30% 的数据用于测试的原则划分；之后，需要对这些数据集进行有放回抽样，例如，若想构建一个容量为 N 的样本集合，有放回地抽取 N 次，每次抽取 1 个，最终形成 N 个样本；此外，随机抽取特征（例如，当每个样本有 M 个属性时，在决策树模型的每个节点需要分裂时，随机从这 M 个属性中选取出 m 个属性，满足条件 $m << M$) 用于构建决策树模型；随后，基于这些数据和特征构建单个决策树模型，重复此过程多次，构建出多个决策树模型；最后，将这些决策树模型集成为一个随机森林模型，并使用该模型完成分类或回归任务。

随机森林模型的构建及使用流程如下。

（1）准备数据集：收集并划分用于训练和测试的数据集。

（2）数据随机抽样：对训练数据集进行抽样，用于构建决策树模型。

（3）特征随机抽取：随机抽取特征，用于构建决策树模型。

（4）构建决策树模型：依据数据和特征，使用 CART 等算法构建决策树模型。

（5）集成决策树模型：将所有构建好的决策树模型集成为一个随机森林模型。

（6）进行预测：对于分类任务，通过投票方式选择最终的分类结果；对于回归任务，通过平均方式选择最终的预测结果。

2.2.4.2 随机森林模型的关键参数

在构建随机森林模型时，多个参数的设定对模型的性能和泛化能力具有显著影响。具体而言，以下参数对随机森林模型性能起到了关键作用。①树的数量：该参数代表随机森林模型中所含的决策树模型的总数。一般而言，增加树的数量能够提升随机森林模型的性能，但相应地也会增加计算复杂度。②树的最大深度：该参数决定了每个决策树模型的最大生长深度。较深的树可能使模型过度拟合训练数据，而较浅的树则可能导致模型欠拟合。③内部节点再划分所需最小样本数：这一参数规定了节点在分裂之前所需的最小样本数量。若该值设置过小，可能导致决策树模型过拟合。④叶节点最小样本数：该参数设定了叶节点所需的最小样本数。若该值设置过小，同样可能引发过拟合现象。⑤最大特征数：这一参数决定了在寻找最佳分割时所考虑的特征数量。通过减小该值，可以有效减少过拟合的风险，但也可能导致随机森林模型性能降低。

2.2.4.3　随机森林法的优劣

随机森林法作为一种集成学习方法，在欺诈检测、垃圾邮件检测和预测销售额等方面得到了实践应用，具有以下优点。①准确性高：随机森林法通常具有很高的预测准确性，适用于各种数据集。②具有鲁棒性：随机森林法在处理缺失数据和具有不平衡类别的数据时表现优异。③具有良好的可解释性：相比于其他复杂的机器学习方法，如深度学习方法，随机森林法的结果具备良好的可解释性。

然而，随机森林法仍然存在一些缺点，限制了其求解复杂问题的能力。①性能依赖大量超参数设置：随机森林法的性能依赖大量超参数设置。②容易过拟合：随机森林法容易对训练数据过度拟合，导致其在新数据上表现不佳。

2.2.5　自适应增强

提升（boosting）方法是一种常用的统计学习方法。其中，自适应增强（AdaBoost）[32]算法是最具代表性的提升方法，该算法于 1995 年由 Yoav Freund 和 Robert Schapire 提出。AdaBoost 算法通过组合多个弱学习器来构建一个强学习器，极大地提高了模型的准确性和泛化能力。以分类任务为例，AdaBoost 算法会迭代地训练一系列弱分类器，每一轮训练都会调整样本的权重，使得前一轮分类器分类错误的样本在下一轮中权重变大，从而得到更多关注。通过不断调整样本的权重，AdaBoost 算法能够逐步提升模型整体的性能，自适应性地调整对不同样本的关注程度，提高模型的泛化能力。此外，AdaBoost 算法还有另一个解释，即可以认为 AdaBoost 算法是模型为加法模型、损失函数为指数函数、学习算法为前向分步算法时的二分类学习方法[14]。

2.2.5.1　AdaBoost 算法流程

AdaBoost 算法流程可以分为三部分：①初始化权重分布；②训练弱学习器；③集成强学习器。以分类任务为例，其具体运行过程如下。

对于一个给定的训练数据集 $D = (x_1, y_1), (x_2, y_2), \ldots, (x_i, y_j), \ldots, (x_N, y_N)$，其中 x_i 是训练数据实例，y_i 是其对应的类别标签。

（1）初始化训练的权重分布：对于有 N 个样本的训练数据集 D，初始化每个样本的权重为 $\frac{1}{N}$。训练样本的权重如公式 (2.26) 所示。

$$W_D = (w_1, w_2, \ldots, w_i, \ldots, w_N) \tag{2.26}$$

其中，$w_i = \frac{1}{N}$，$i = 1, 2, \ldots, N$。

（2）对于每个弱分类器 $t = 1, 2, \ldots, T$，执行以下步骤。

第一步，训练弱分类器：使用当前权重分布 W_D 训练弱分类器 $h_t(x)$，并计算其在训练集上的错误率 ϵ_t。

第二步，计算弱分类器 $h_t(x)$ 的权重 α_t，如公式 (2.27) 所示。

$$\alpha_t = \frac{1}{2} \ln\left(\frac{1 - \epsilon_t}{\epsilon_t}\right) \tag{2.27}$$

第三步，更新样本权重：对于所有样本，更新它们对应的权重，如公式 (2.28) 所示。

$$w_i' = \frac{w_i \cdot \exp(-\alpha_t y_i h_t(x_i))}{Z_t} \tag{2.28}$$

其中，Z_t 表示归一化因子。

（3）构建最终的强分类器 $H(x)$，如公式 (2.29) 所示。

$$H(x) = \text{sign}\left(\sum_{t=1}^{T} \alpha_t \cdot h_t(x)\right) \tag{2.29}$$

其中，$\text{sign}(\cdot)$ 表示符号函数，用于将加权求和的结果转换为类别标签。

按照上述步骤执行，直到达到预定的迭代次数或者错误率足够小。此外，AdaBoost 算法也可以用于解决回归问题，只需要将弱分类器改为弱回归器，并相应调整权重更新公式即可。

2.2.5.2　AdaBoost 算法的优劣

AdaBoost 算法在计算机视觉中的目标检测等任务中得到了广泛应用，其具有以下优点。①预测精度高：AdaBoost 算法可以将多个弱学习器组合成一个强学习器，从而提高整体的分类准确性。②泛化能力强：由于 AdaBoost 算法在每一轮迭代中都会调整样本权重，用于训练简单的弱学习器，无须对特征进行筛选，几乎不存在过拟合问题。③便于和多种算法结合：AdaBoost 算法可以与其他多种机器学习算法结合，并提高它们的性能。

但是，AdaBoost 算法仍存在一些缺点限制了其更广泛的应用。①对噪声和异常值敏感：AdaBoost 算法在每次更新训练样本权重时会给难以学习的样本赋予较大权重，而这些样本很可能是噪声或异常值。②训练时间长：为了得到一个性能优异的强学习器，AdaBoost 算法需要反复训练多个弱学习器，该过程极度耗时。③依赖超参数设置：AdaBoost 算法中需要设置很多超参数，如迭代次数和弱学习器个数等，如果这些超参数设置不当，将导致性能不佳。

2.2.6　朴素贝叶斯法

朴素贝叶斯（naive Bayes, NB）法是一种分类方法，它以贝叶斯定理为基础，并结合特征条件独立性假设，通过计算样本属于各个类别的概率，进而选择概率最大的类别作为预测结果。由于其理论基础坚实、实现简单，朴素贝叶斯法在文本分类等众多场景中得到了广泛应用。接下来，将从基本原理、优化算法和常用模型三个方面对朴素贝叶斯法进行详细介绍，并总结其优缺点。

2.2.6.1 朴素贝叶斯法基本原理

朴素贝叶斯法的核心理论依据是贝叶斯定理。贝叶斯定理是概率论与统计学中的一个基本定理，它提供了一种在已知相关条件下计算事件发生概率的方法，在统计学和机器学习中都有着广泛的应用。假设有两个随机事件 A 和 B，那么贝叶斯定理可以表示为

$$P(A \mid B) = \frac{P(B \mid A)P(A)}{P(B)} \tag{2.30}$$

其中，$P(A \mid B)$ 表示在事件 B 发生的条件下，事件 A 发生的概率，称为后验概率；$P(B \mid A)$ 表示在事件 A 发生的条件下，事件 B 发生的概率，称为似然度（likelihood）；$P(A)$ 表示事件 A 发生的概率，称为先验概率；$P(B)$ 表示事件 B 发生的概率。

此外，若事件 A 可以表示为完备事件组 $A_1, A_2, \ldots, A_n$，且各事件发生的概率均大于 0，则对任意一个事件 B 都有公式 (2.31) 成立，即全概率公式。

$$P(B) = \sum_{i=1}^{n} P(B \mid A_i) \cdot P(A_i) \tag{2.31}$$

将全概率公式代入贝叶斯定理中，可以得到

$$P(A \mid B) = \frac{P(B \mid A)P(A)}{\sum_{i=1}^{n} P(B \mid A_i) \cdot P(A_i)} \tag{2.32}$$

贝叶斯定理的核心思想是，可以通过已知的先验概率 $P(A_i)$ 和似然度 $P(B \mid A_i)$ 来计算未知的后验概率 $P(A \mid B)$。这在很多实际问题中非常有用，比如在医疗诊断、垃圾邮件过滤等领域，可以根据已知的症状或特征，来推断出患有某种疾病的概率，或者判断一封邮件是否为垃圾邮件。

2.2.6.2 朴素贝叶斯法优化算法

朴素贝叶斯法的基本思想是，对于给定的训练数据集，可以根据贝叶斯定理计算出每个类别在给定特征条件下的概率，然后选择概率最大的类别作为预测结果。具体来说，假设有一个数据集 D，每个样本由 d 个特征组成，且样本可分为 k 类。用 $\boldsymbol{x}_j$ 表示样本 x 的第 j 个特征向量，那么，对于给定的样本 x，可以通过以下步骤计算它属于类别 y_k 的概率。

（1）统计先验概率 $P(Y = y_k)$，即在训练数据集中类别为 y_k 的样本的概率。

（2）对每个特征 $\boldsymbol{x}_j$，计算条件概率 $P(X = \boldsymbol{x}_j \mid Y = y_i)$，即在类别为 y_i 的样本中，特征 $\boldsymbol{x}_j$ 出现的概率。朴素贝叶斯法假设所有特征是相互独立的，在类别 y_i 下，样本 x 的概率等于所有特征条件概率的乘积，如公式 (2.33) 所示。

$$P(X = x \mid Y = y_i) = \prod_{j=1}^{d} P(X = \boldsymbol{x}_j \mid Y = y_i) \tag{2.33}$$

（3）将公式 (2.33) 代入公式 (2.32)，可以得到样本 x 属于类别 y_k 的概率，如公式 (2.34) 所示。

$$P(Y = y_k \mid X = x) = \frac{P(Y = y_k) \prod\limits_{j=1}^{d} P(X = \boldsymbol{x}_j \mid Y = y_k)}{\sum\limits_{i=1}^{k} P(Y = y_i) \prod\limits_{j=1}^{d} P(X = \boldsymbol{x}_j \mid Y = y_i)} \tag{2.34}$$

（4）对于所有的类别，重复以上步骤，然后选择概率最大的类别作为预测结果。

2.2.6.3 常用朴素贝叶斯模型

在实际应用中，根据特征的不同类型和分布，可以选择不同的朴素贝叶斯模型。常见的模型包括：①高斯朴素贝叶斯（Gaussian naive Bayes）模型：当特征变量是连续变量并且符合高斯分布（正态分布）时，可以使用高斯朴素贝叶斯模型。在这种情况下，假设每个类别下的特征分布都符合高斯分布，并使用均值和方差来参数化每个特征的分布。②多项式朴素贝叶斯（multinomial naive Bayes）模型：在多项式朴素贝叶斯模型中，假设特征的概率分布符合多项式分布，其适用于特征变量是离散的或者是出现次数（频率）的数据，例如文本分类问题中的词频。③伯努利朴素贝叶斯（Bernoulli naive Bayes）模型：当特征变量是二元变量（即只有两种状态，如是/否，成功/失败）时，可以使用伯努利朴素贝叶斯模型，这种模型适用于处理布尔（Boolean）分布的数据，例如判断一个文档是否包含某个单词。

2.2.6.4 朴素贝叶斯法的优劣

朴素贝叶斯法作为一种简单有效的分类方法，在众多领域中得到了广泛的应用。其具有以下优点。①理论坚实：朴素贝叶斯法基于贝叶斯定理和特征条件独立假设，数学理论坚实，易于理解和实现。②训练效率高：由于假设特征之间相互独立，朴素贝叶斯法只需要计算每个特征的条件下各个类别的概率，大大减少了计算量。③泛化能力强：在很多实际应用中，尽管特征条件独立假设并不完全成立，朴素贝叶斯法仍然能够取得较好的分类效果。

但朴素贝叶斯法仍存在一些局限性。①应用场景受到假设限制：朴素贝叶斯

法假设特征之间相互独立，如果特征之间存在较强的关联性，该方法的性能可能
会受到影响。②不适合处理非线性问题：朴素贝叶斯法的本质是线性模型，对于非
线性问题，其分类效果可能不如其他非线性模型，如支持向量机或神经网络。③对
异常值敏感：在计算特征的条件概率时，异常值（outliers）可能会对概率的估计
产生较大影响，从而影响分类结果。

2.2.7   期望最大化算法

期望最大化（expectation-maximization，EM）算法，是一种用于寻找概率
模型参数最大似然估计或者最大后验概率估计的迭代方法。作为最常见的隐变
量估计方法，EM 算法在机器学习领域有着极为广泛的应用，如高斯混合模型
（Gaussian mixture model，GMM）的参数学习和隐马尔可夫模型（hidden Markov
model，HMM）的变分推断等。需要注意的是，EM 算法有些特殊，它是个一般
方法，不具有具体模型[14]。接下来，将详细介绍 EM 算法的流程、原理及其优
缺点。

2.2.7.1   EM 算法流程

在许多实际问题中，面对的数据往往包含隐变量，这些隐变量通常是未观测
到的变量，它们的值不能直接从数据中得到。由于隐变量的存在，无法直接使用
最大似然估计或者最大后验概率估计来求解模型参数。EM 算法通过引入隐变量
的条件概率分布，在每次迭代中，先计算隐变量的期望值（E 步），然后最大化这
个期望值来更新模型参数（M 步）。通过这种方式，EM 算法能够在含有隐变量
的情况下，有效地求解模型参数。具体来讲，设 X 是观测数据，Z 是隐变量，θ
是模型参数，EM 算法的迭代过程如下。

（1）初始化参数估计 $\theta^{(0)}$。

（2）执行 E 步：计算在给定观测数据 X 和当前参数估计 $\theta^{(i)}$ 下隐变量的条
件概率分布，进而得到似然函数关于参数 θ 的期望。

（3）执行 M 步：求使似然函数关于参数 θ 的期望最大化的 θ，即得到第 $i+1$
次迭代的参数的估计值 $\theta^{(t)}$。

（4）重复步骤（2）和（3），直至参数估计收敛（即后续迭代中参数的变化小
于某个预设的阈值）或达到预设的迭代次数。

通过上述迭代过程，EM 算法能够逐步改进模型参数的估计，最终接近最大
似然估计，从而实现对含有隐变量的概率模型参数的有效估计。

2.2.7.2   EM 算法原理

前面叙述了 EM 算法的流程，那么为什么 EM 算法能近似实现对观测数据
的极大似然估计呢？本小节将围绕这一问题对 EM 算法的原理进行讲解和推导。

设 X 是观测数据，Z 是隐变量，θ 是模型参数。想要最大化的是观测数据的对数似然函数，如公式 (2.35) 所示。

$$
\begin{aligned}
\ell(\theta) &= \log P(X \mid \theta) \\
&= \log \sum_{Z} P(X, Z \mid \theta) \\
&= \log\left(\sum_{Z} Q(Z) \frac{P(X, Z \mid \theta)}{Q(Z)}\right)
\end{aligned}
\tag{2.35}
$$

在 E 步中，将 $Q(Z)$ 定义为 Z 的后验概率 $P(Z|X,\theta^{(t)})$。琴生（Jensen）不等式指出，对于任意的下凹函数 f 和随机变量 X，有 $\mathbb{E}[f(X)] \leqslant f(\mathbb{E}[X])$。由于 log 函数是下凹函数，因此根据 Jensen 不等式，代入公式 (2.35) 可以得到公式 (2.36)。

$$
\begin{aligned}
\ell(\theta) &\geqslant \sum_{Z} Q(Z) \log \frac{P(X, Z \mid \theta)}{Q(Z)} \\
&= \sum_{Z} P(Z|X,\theta^{(t)}) \log \frac{P(X, Z \mid \theta)}{P(Z|X,\theta^{(t)})}
\end{aligned}
\tag{2.36}
$$

在 M 步中，通过不断极大化不等式 [式 (2.36)] 的右边，即可提高 $\ell(\theta)$，使其近似极大化。在得到新的使得 $\ell(\theta)$ 近似最大化的参数估计 $\theta^{(t)}$ 后，就可以回到 E 步，进行下一轮迭代。

2.2.7.3 EM 算法的优劣

EM 算法具备许多优点，因此被广泛应用于机器学习和统计模型中的参数估计。①适用于含有隐变量的模型：EM 算法的最大优势在于能够处理含有隐变量的模型，如高斯混合模型和隐马尔可夫模型。②收敛性好：EM 算法通过迭代逐步逼近模型参数的最大似然估计，具有较好的收敛性质，通常可以快速地找到满意的参数估计。③易于理解和实现：EM 算法的核心思想是迭代进行 E 步和 M 步，使得似然函数最大化，易于理解且实现简单。只要能够写出完整数据的似然函数，就可以使用 EM 算法进行参数估计。

但同时，EM 算法的局限性也十分明显。①局部最优问题：EM 算法很容易陷入局部最优解，特别是当似然函数具有多个峰值时。此外，由于不同的初始参数可能导致收敛到不同的局部最优解，因此 EM 算法的性能高度依赖于初始参数的选择。②计算复杂度高：EM 算法需要进行大量的迭代计算，导致计算效率较低，特别是在高维数据或大规模数据集中。③依赖正确的模型假设：EM 算法只是模型参数求解方法，其性能很大程度上取决于模型假设的准确性。如果模型假设与实际数据分布不符，EM 算法可能无法得到满意的参数估计。

2.3　深度学习方法

本节将逐一介绍一些经典的深度学习方法,包括自编码器(autoencoder,AE)、深度信念网络(deep belief network,DBN)、卷积神经网络(convolutional neural network, CNN)、图神经网络(graph neural network,GNN)、循环神经网络(recurrent neural network,RNN)、Transformer。这些方法不仅是构建现代深度学习系统的基础,也是理解自动化深度学习流程的重要组成部分。

2.3.1　自编码器

自编码器(AE)的思想要追溯到 1988 年[33],当时的模型由于面临数据稀疏、维度高和计算复杂度大等挑战,未能得到广泛应用。直到 1993 年,Hinton 和 Zemel[34]利用梯度下降逐层优化受限玻尔兹曼机(restricted Boltzmann machine,RBM),从而实现对原始样本/特征的抽象表示,并在特征降维上取得显著效果,这才使得采用神经网络来构建自编码器的方法得到广泛关注。

自编码器的结构如图 2.3所示。自编码器能够学习输入数据的潜在特征,同时可以使用学习到的新特征来重构出原始输入数据。这一过程包括两个步骤:编码(encoding)和解码(decoding)。编码过程由编码器(encoder)网络完成,它将原始的高维输入数据转换为低维的隐编码,提取出数据中最重要的特征。编码过程可以用函数 $h = f(x)$ 表示,其中 x 是输入数据,h 是低维隐编码。而解码过程则由解码器(decoder)网络完成,它将低维隐编码还原成原始数据的高维形式,可以用函数 $r = g(h) = g(f(x))$ 表示,其中 r 是重构后的数据。

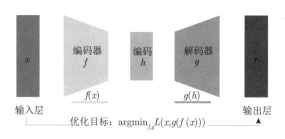

图 2.3　自编码器的结构示意图

自编码器主要由编码器和解码器组成。编码器将输入 x 转换成 h,然后解码器将 h 转换成 r

自编码器的优化目标则是通过最小化重构误差 [例如图 2.3中所示的函数 $\mathrm{argmin}_{f,g} L(x, g(f(x)))$] 来同时优化编码器和解码器,从而学习得到针对样本输入的抽象特征表示 h。可以发现,AE 在优化过程中无须使用样本的标签,本质上是把样本的输入同时作为神经网络的输入和输出。这种方式也就是机器学习中常说的无监督学习。最理想的情况是,解码器的输出能够完美地或者近似地恢复出原来的输入,即 $r \approx x$。

直观来看，自编码器可以用于特征降维，其功能类似于主成分分析（PCA），但相比于 PCA 来说性能更强。这是因为自编码器能够通过神经网络模型提取更有效的新特征。除了用于特征降维，自编码器还可以作为特征提取器，将学习到的新特征输入到有监督学习模型中。基于这一特性，已经提出了许多自编码器的变体，例如卷积神经网络自编码器和长短期记忆网络自编码器。另外，因为在许多任务中希望能够从原始数据中提取出具有高层次、抽象性的特征表示，所以提出了稀疏自编码器来学习稀疏抽象特征。同时，为了缓解神经网络训练过程中的过拟合问题，还提出了去噪自编码器或收缩自编码器等技术。近年来，自编码器通过与潜变量模型理论的结合，将自编码器带到了生成式建模的前沿。关于自编码器的整体发展如图 2.4所示。接下来，将介绍一些经典的自编码器变体。

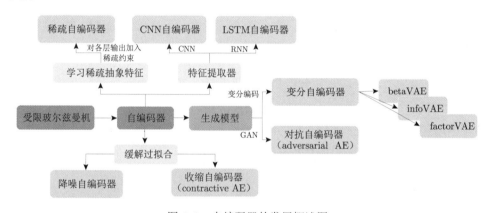

图 2.4   自编码器的发展概述图

2.3.1.1 堆栈自编码器

在当今数据驱动的时代，随着数据的复杂性和规模不断增加，传统的浅层神经网络往往难以捕捉到数据中的深层次结构和高级特征。为了解决这一问题，提出了堆栈自编码器（stacked autoencoder，SAE）[35, 36]，它也称为深度自编码器（deep autoencoder）。SAE 全称中的 "stacked" 就是储层堆叠的意思，当把多个自编码器 "堆叠" 起来之后就是图 2.5所示的 SAE。这样的设计将自编码器转变为了一个深度网络结构。在 SAE 中，每个自编码器的输出作为下一个自编码器的输入。通过逐层训练，将多个浅层的自编码器组合成一个深层网络，可以实现更复杂的特征学习和表示学习。

图 2.5   堆栈自编码器的结构示意图
其由 n 个自编码器（AE）堆叠而成

堆栈自编码器的训练通常分为两个阶段。首先，在预训练阶段，每个自编码器都被单独地训练以最小化重构误差，即原始数据与解码器输出之间的差异。待每一层训练完成后，将所有编码器层串联起来形成预训练的深度神经网络。然后，在微调阶段，整个预训练深度神经网络被端到端地微调，以进一步提高整体性能。这种逐层训练和微调的方法可以有效地训练深层网络，并且通常比直接训练一个深层网络更加稳定和高效。

2.3.1.2　稀疏自编码器

稀疏自编码器（sparse autoencoder）用于将高维稠密数据映射到低维稀疏空间，从而减少数据的冗余和噪声，提高计算效率。为完成这一任务，稀疏自编码器通常在标准自编码器的基础上引入一个额外的稀疏性约束，以促使编码表示尽可能地稀疏。这一稀疏约束通过添加正则项来实现，通常采用 L_1 正则化，即对编码的表示向量施加 L_1 范数惩罚。具体而言，稀疏自编码器在训练时将重构误差和编码层的稀疏惩罚 $\Omega(h)$ 结合起来：

$$L(x, g(f(x))) + \Omega(h) \tag{2.37}$$

其中，L 表示一个损失函数；h 表示编码器的输出；惩罚项 $\Omega(h)$ 通常被视为添加到前馈网络的正则项。这样做的目的是使大多数编码的元素都接近于零，从而实现稀疏性。因此，稀疏自编码器其实就是限制每次得到的隐编码 h，以使其尽可能地稀疏。

除了在代价函数中增加一个惩罚项以外，还可以通过改变重构误差项来设计更加有效的自编码器。下面介绍这样的自编码器变体。

2.3.1.3　降噪自编码器

降噪自编码器（denoising autoencoder，DAE）是在自编码器的基础上，为训练数据添加噪声来学习稳健的特征表示[37]。因此，DAE 的优化目标其实就是最小化

$$L(x, g(f(\tilde{x}))) \tag{2.38}$$

其中，$\tilde{x}$ 表示被某种噪声损坏的样本。

一个 DAE 的结构如图 2.6所示，其具体工作原理为以下两点。在预处理阶段，输入数据会被有意地添加一些噪声，例如高斯噪声或椒盐噪声等。这种噪声模拟了真实世界中的噪声环境，会使输入数据变得不完整或不准确。接着，在训练阶段，降噪自编码器被训练以最小化经过损坏的输入数据与原始输入数据之间的重构误差。通过这样的训练方式，降噪自编码器能够学习到对噪声具有鲁棒性的数据表示。

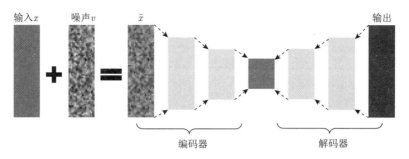

图 2.6　降噪自编码器的结构示意图

DAE 的训练过程/代价函数计算过程如图 2.7所示。该训练过程会引入一个损坏过程 $C(\tilde{x} \mid x)$，这里的条件分布表示的是给定数据样本 x 产生损坏样本 $\tilde{x}$ 的概率。随后，自编码器根据以下训练过程从训练数据对 $(x, \tilde{x})$ 中学习重构分布（reconstruction distribution）$P_{\text{reconstruct}}(x \mid \tilde{x})$。

（1）从训练数据中采样一个训练样本 x。

（2）通过损坏过程 $C(\tilde{x} \mid x)$ 采样一个损坏样本 $\tilde{x}$。

（3）使用 $(x, \tilde{x})$ 作为训练样本，估计自编码器的重构分布 $P_{\text{reconstruct}}(x \mid \tilde{x}) = P_{\text{decoder}}(x \mid h)$，其中 h 是编码器的输出，P_{decoder} 根据解码器的函数 $g(h)$ 定义。

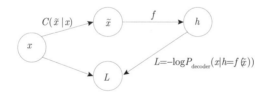

图 2.7　降噪自编码器代价函数计算过程

通常可以简单地对负对数似然 $-\log P_{\text{decoder}}(x \mid h)$ 进行基于梯度法的近似最小化。只要编码器是确定性的，降噪自编码器就是一个前馈网络，并且可以使用与其他前馈网络完全相同的方式进行训练。因此，DAE 可以看作在以下期望下进行随机梯度下降：

$$-\mathbb{E}_{x \sim \hat{P}_{\text{data}}(x)} \mathbb{E}_{\tilde{x} \sim C(\tilde{x}|x)} \log P_{\text{decoder}}(x \mid h = f(\tilde{x})) \tag{2.39}$$

其中，$\hat{P}_{\text{data}}$ 表示训练数据的分布。

2.3.1.4　变分自编码器

变分自编码器（variational autoencoder，VAE）[38] 是 Kingma 和 Welling 于 2013 年提出的基于变分贝叶斯（variational Bayes，VB）推断的生成网络结构。VAE 的工作流程如下：首先，从先验概率分布 $P_{\text{model}}(z)$ 中采样 z（这一分布通常假设为高斯分布）；然后，使样本通过可微生成网络 $g(h)$；最后，从分布 $P_{\text{model}}(x \mid z)$

中采样 x。

在训练阶段，编码器 $q(z \mid x)$ 用于获得隐藏变量 z，而 $P_{\text{model}}(x \mid z)$ 则被视为解码器。VAE 的核心思想是通过最大化与数据点 x 相关联的变分下界 $\mathcal{L}(q)$ 来进行训练，其中 $\mathcal{L}(q)$ 表示为

$$\mathcal{L}(q) = \mathbb{E}_{z \sim q(z|x)} \log P_{\text{model}}(z, x) + \mathcal{H}(q(z \mid x)) \tag{2.40}$$

$$\mathcal{L}(q) = \mathbb{E}_{z \sim q(z|x)} \log P_{\text{model}}(x \mid z) - D_{\text{KL}}(q(z \mid x) \| P_{\text{model}}(z)) \tag{2.41}$$

$$\mathcal{L}(q) \leqslant \log P_{\text{model}}(x) \tag{2.42}$$

在公式 (2.40) 中，等号右边第一项是潜变量 z 的近似后验 $q(z \mid x)$ 下可见和隐藏变量的联合对数似然，第二项是近似后验 $q(z \mid x)$ 的熵。在公式 (2.41) 中，等号右边第一项表示给定 x 编码成 z 再重构成 x 的对数似然函数值的期望，又称作重构对数似然，第二项是试图使近似后验分布 $q(z \mid x)$ 和模型先验分布 $P_{\text{model}}(z)$ 彼此接近，而变分推断中采用 KL 散度来度量两个概率分布的相似程度。如果重构对数似然足够大，表明得到的 z 是关于 x 的一个好的表示，能够提取 x 足够多的特征信息来重构 x。当近似后验分布 $q(z \mid x)$ 和模型先验分布 $P_{\text{model}}(z)$ 完全相同时，D_{KL} 为 0，此时，第一项也仅剩下对数似然 $\log p_{\text{model}}(x)$。

2.3.2　深度信念网络

深度信念网络（DBN）是第一批成功应用深度架构训练的非卷积网络之一，由 Hinton 等于 2006 年提出[8]。DBN 的主要构造块是受限玻尔兹曼机 RBM[39]，下面先简要介绍一下 RBM。

RBM 本身不是一个深层网络，其结构如图 2.8所示，由两层完全连接的神经元组成：可见层（visible layer）和隐藏层（hidden layer）。从图中可以发现 RBM 的连接是无向的，即连接是对称的，同一层中的神经元之间也没有连接（因此称为"受限"，一般的玻尔兹曼机可以具有任意连接）。RBM 的学习过程基于能量函数，它用来描述各种状态的相对可能性。给定可见层的状态和隐藏层的状态，能量函数定义为

$$E(v, h) = -\sum_i \sum_j v_i W_{ij} h_j - \sum_i a_i v_i - \sum_j b_j h_j \tag{2.43}$$

其中，v 表示可见层的状态向量；h 表示隐藏层的状态向量；W_{ij} 表示可见层节点 i 与隐藏层节点 j 之间的连接权重；a_i 和 b_j 分别表示可见层和隐藏层的偏置。RBM 的目标是最大化 $P(v) = \sum_h P(v, h) = \sum_h P(h) P(v \mid h)$。RBM 的联合分布由以下能量函数给出：

$$P(v, h) = \frac{1}{Z} \exp(-E(v, h)) \tag{2.44}$$

其中，Z 表示归一化因子，确保联合概率分布的总和为 1。因此，通过调整权重和偏置，RBM 的目标是最小化能量函数，从而使真实数据的能量低于模型生成的数据能量。

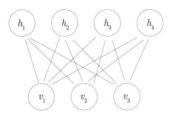

图 2.8 一个画成马尔可夫网络形式的 RBM

DBN 具有若干隐藏层，每个隐藏层中的神经元节点状态是二元的（0 或 1，其中 0 表示关闭，1 表示打开），而可见层中每个节点的状态可以是二元或实数。顶部两个隐藏层之间的连接是无向的，而其他层的连接是有向的且箭头指向最接近数据的层。因此，严格意义上来说 DBN 只有最顶两层是 RBM，其余层实际上是 sigmoid 信念网络（sigmoid belief network）[40]。一个具有两个隐藏层的 DBN 示例见图 2.9，而只具有一个隐藏层的 DBN 是一个 RBM。

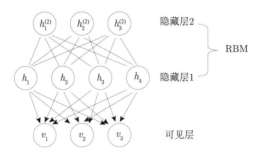

图 2.9 一个具有两个隐藏层的 DBN 示例架构

具有 l 个隐藏层的 DBN 包含权重：$\boldsymbol{W}^{(1)}, \boldsymbol{W}^{(2)}, \ldots, \boldsymbol{W}^{(l)}$，同时还包含 $l+1$ 个偏置向量：$\boldsymbol{b}^{(0)}, \boldsymbol{b}^{(1)}, \ldots, \boldsymbol{b}^{(l)}$，其中 $\boldsymbol{b}^{(0)}$ 是可见层的偏置。DBN 表示的概率分布可以由下述式子给出：

$$P(\boldsymbol{h}^{(l)}, \boldsymbol{h}^{(l-1)}) \propto \exp\left(\boldsymbol{b}^{(l)\top}\boldsymbol{h}^{(l)} + \boldsymbol{b}^{(l-1)\top}\boldsymbol{h}^{(l-1)} + \boldsymbol{h}^{(l-1)\top}\boldsymbol{W}^{(l)}\boldsymbol{h}^{(l)}\right) \quad (2.45)$$

$$P(h_i^{(k)} = 1 \mid \boldsymbol{h}^{(k+1)}) = \sigma\left(b_i^{(k)} + \boldsymbol{W}_{:i}^{(k+1)\top}\boldsymbol{h}^{(k+1)}\right), \forall i, k \in \{1, \ldots, l-2\} \quad (2.46)$$

$$P(v_i = 1 \mid \boldsymbol{h}^{(1)}) = \sigma\left(b_i^{(0)} + \boldsymbol{W}_{:i}^{(1)\top}\boldsymbol{h}^{(1)}\right), \quad \forall i \quad (2.47)$$

在使用实数值来表示可见单元（也就是可见层的状态向量 $\boldsymbol{v}$）时，通常用高

斯分布来建模可见单元 $\boldsymbol{v}$，即

$$\boldsymbol{v} \sim \mathcal{N}(\boldsymbol{v}; \boldsymbol{b}^{(0)} + \boldsymbol{W}^{(1)} \boldsymbol{h}^{(1)}, \boldsymbol{\beta}^{-1}) \tag{2.48}$$

其中，$\boldsymbol{W}^{(1)}$ 表示连接可见层和隐藏层的权重矩阵；$\boldsymbol{h}^{(1)}$ 表示第一个隐藏层的状态向量，为了便于处理，协方差矩阵 $\boldsymbol{\beta}$ 为对角形式。

DBN 的训练思路很简单，使用的是贪婪逐层训练（greedy layer-wise training）的方法。具体而言，它将每层视作一个 RBM 进行训练；然后固定当前层的权值，将其隐藏层的样本作为下一层 RBM 的输入。此外，为了训练 DBN，通常使用对比散度或随机最大似然方法训练 RBM 以最大化 $\mathbb{E}_{\boldsymbol{v} \sim p_{\text{data}}} \log P(\boldsymbol{v})$，其中 P_{data} 表示待拟合的训练数据的真实分布。训练好的 DBN 可以直接用作生成模型。下面是 DBN 训练过程的描述。

（1）将第一层隐藏层视作一个 RBM 进行训练，得到权值 $\boldsymbol{W}^1$。

（2）固定权值 $\boldsymbol{W}^1$，从第一个 RBM 表示的概率分布 $P(\boldsymbol{h}^1 \mid \boldsymbol{v}; \boldsymbol{W}^1)$ 中取样一个 $\boldsymbol{h}^1$ 作为下一个 RBM 的输入。

（3）将 $\boldsymbol{h}^1$ 作为输入，把第二层隐藏层视作 RBM 进行训练，得到权值 $\boldsymbol{W}^2$。

（4）固定权值 $\boldsymbol{W}^2$，从第二个 RBM 表示的概率分布 $P(\boldsymbol{h}^2 \mid \boldsymbol{h}^1; \boldsymbol{W}^2)$ 中取样一个 $\boldsymbol{h}^2$ 作为下一个 RBM 的输入。

（5）依次逐层训练直到最后一层。

2.3.3 卷积神经网络

卷积神经网络（CNN）的设计灵感源自生物学中的视觉系统，旨在模拟人类视觉处理方式。一个 CNN 架构通常包括交替的卷积层和池化层，最后跟随一个或多个全连接层，如图 2.10所示。通过使用卷积操作和深层结构，CNN 能够自动地从原始数据中提取特征，并在图像识别、目标检测、图像生成等领域取得显著的突破。因此，CNN 已经成为计算机视觉和深度学习研究中不可或缺的重要组成部分。接下来，本节将简要回顾 CNN 的发展历程，并详细介绍 CNN 架构的基本组件（卷积层、池化层、全连接层）及一些经典的 CNN。

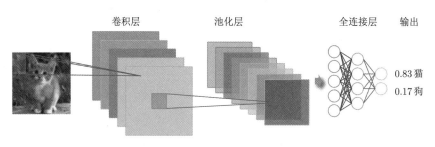

图 2.10　CNN 架构的基本组成

2.3.3.1 CNN 的发展

在过去的几十年里，业界学者进行了不同的努力来推动 CNN 的发展。CNN 的发展可以分为起源、停滞、复苏、复兴，以及快速发展 5 个不同的阶段。

（1）CNN 的起源（1960~1999 年）：CNN 最早可追溯到 1962 年，Hubel 和 Wiesel[41]在对猫大脑视觉系统的研究中提出了感受野的概念，并在视觉系统信息处理方面作出了杰出贡献。1983 年，Fukushima 等[42]提出了一个包含卷积层、池化层的神经网络结构。在此基础上，LeCun 等[43]于 1998 年提出了 LeNet-5，将反向传播算法应用到这个神经网络结构的训练上，形成了当代 CNN 的雏形。在这个时代，LeNet-5 在光学字符识别任务上取得了许多成功的进展，但在其他图像识别问题上表现不佳。

（2）CNN 的停滞（2000 年早期）：在 20 世纪 90 年代末和 2000 年初，研究人员对 CNN 的内部工作情况知之甚少，它被认为是一个黑匣子。复杂的架构设计和繁重的处理给 CNN 的训练带来了困难。在 2000 年初，人们普遍认为用于训练 CNN 的反向传播算法不能有效地收敛到误差曲面的全局最小值。因此，与手工特征相比，CNN 被认为是一种效率较低的特征提取器[44]。此外，当时还没有完整的多类别图像数据集。由于以高计算时间为代价的 CNN 性能提升并不显著，因此很少有人关注其在不同应用中的作用，如目标检测、视频监控等。当时，其他统计方法，特别是 SVM，由于其相对较高的性能，比 CNN 更受欢迎。

（3）CNN 的复苏（2006~2011 年）：深度 CNN 通常具有复杂的架构和时间密集的训练阶段，有时可能跨越数周。在 2000 年初，用于深度网络训练的并行处理技术很少，硬件资源有限。使用典型的激活函数 (如 sigmoid) 训练深度 CNN 可能会遭受指数衰减和梯度爆炸。Glorot 和 Bengio 等[45]指出 sigmoid 激活函数不适用于训练随机初始化权值的深度体系结构。这一局限促进了其他激活函数（如，ReLU 和 Tanh）的产生，并为 CNN 的复兴奠定了基础。

（4）CNN 的复兴（2012~2014 年）：加速 CNN 研究并导致其在图像分类和识别任务中使用的主要驱动力是参数优化策略和新的架构思想。AlexNet 的诞生是突破 CNN 在计算机视觉领域中性能的重要里程碑。这个时代的学者专注探索 CNN 的深度和参数优化策略，显著降低了成本。同时，由于 CNN 深度的加大，每层的过滤器尺寸、步长等超参数难以独立确定，学者开始重复多次设计具有固定拓扑的卷积层，这使得 CNN 从自定义层设计转向模块化和统一层设计。模块化的概念实现了可以毫不费力地为不同任务定制 CNN。因此，在该时期，学者开始探索构建更加灵活的 CNN，并提出了一些新的架构思想，如 VGGNet 和 GoogLeNet，推动了 CNN 在计算机视觉领域的性能提升。

（5）CNN 的快速发展（2015 年至今）：当前，新兴的研究领域更多地聚焦于开发新的连接来提高深度 CNN 架构的收敛速度，如跨多层的信息门控机制、跳跃连接和跨层通道连接。ResNet 等最先进的深度 CNN 架构被提出，并在语义和实例的对象分割、场景解析、场景定位等具有挑战性的问题上表现出了良好效果。此外，2016 年研究人员通过混合现存架构提高了深度 CNN 的性能。2017 年，研究人员侧重于在 CNN 架构的任何学习阶段插入通用块，以提高网络表示。2018 年，信道增强的思想被提出，以通过学习不同的特征及通过迁移学习的概念来提高 CNN 的性能。此后，由于先进的深度 CNN 模型需要大量的乘法运算，增加了推理时间，限制了其在低内存和实践约束应用中的适用性。因此，在不影响性能的情况下设计轻量级架构成为了当前的主要发展趋势。

2.3.3.2　卷积层

卷积层是 CNN 的核心，由一组可训练的卷积核（又被称为过滤器）组成。这些卷积核通过与输入图像的局部区域（称为感受野）进行点积运算，来提取图像的局部特征。在这一过程中，卷积核在图像上进行滑动，通过点积运算来构建特征图，这个过程称为卷积操作[46]。卷积操作可以表示为

$$f_l^k(p,q) = \sum_v \sum_{x,y} i_c(x,y) \cdot e_l^k(u,v) \tag{2.49}$$

其中，$i_c(x,y)$ 表示输入图像张量 $\boldsymbol{I}_C$ 的一个元素，其与第 l 层的第 k 个卷积核 k_l 的 $e_l^k(u,v)$ 索引相乘。第 k 次卷积操作的输出特征图可以表示为 $F_l^k = [f_l^k(1,1), \ldots, f_l^k(p,q), \ldots, f_l^k(P,Q)]$，其中 P 和 Q 分别表示特征矩阵的总行数和总列数，$f_l^k(p,q)$ 表示特征矩阵中第 p 行第 q 列的元素。图 2.11 是一个二维卷积运算的示例，其针对二维图像使用 2×2 的卷积核，且步长为 1，其卷积操作将周围几个像素值经过计算得到一个新的像素值。

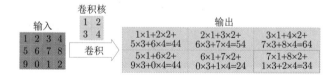

图 2.11　二维卷积运算过程示例

标准卷积是 CNN 架构设计中最常见的结构，假设其输入特征图的维度为 $(1, i_{c_c}, i_H, i_W)$，则每个卷积核的维度为 $(1, i_C, k, k)$，一次卷积操作得到一层特征图的维度是 $(1, 1, o_H, o_W)$，一共有 o_C 个卷积核，则输出的特征图的维度是 $(1, o_C, o_H, o_W)$。图 2.12 为标准卷积计算过程的一个例子，其中，输入特征图的维度为 $(3, 6, 6)$，卷积核的维度为 $(3, 3, 3)$，卷积核的数量为 2。

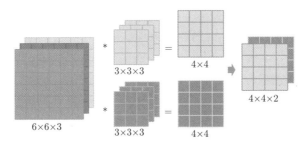

图 2.12　标准卷积计算过程

　　随着 CNN 的发展，在标准卷积结构的基础上衍生出许多其他的卷积结构类型，例如深度卷积（depthwise convolution）、分组卷积（group convolution）、空洞卷积（dilated convolution）、转置卷积（transposed convolution）、可变形卷积（deformable convolution）。其中，深度卷积与标准卷积在处理通道数据时有显著不同。在标准卷积中，每个卷积核遍历输入特征图的所有通道，并产生一个输出通道，因此卷积核的通道数与输入特征图的通道数相同。通过设定卷积核的数量，可以控制输出特征图的通道数。相比之下，深度卷积对每个输入通道使用单独的卷积核，每个卷积核的尺寸为 $1 \times 1 \times k \times k$，其中 k 是卷积核在每个通道内的尺寸，而卷积核的总数等于输入特征图的通道数 i_C。这意味着第 i 个卷积核仅与第 i 个输入通道进行卷积操作，最终输出的特征图尺寸为 $1 \times i_C \times o_H \times o_W$，其中 o_H 和 o_W 分别是输出特征图的高度和宽度。由于深度卷积不改变输出特征图的通道数，通常会在其后接一个 1×1 的标准卷积层，以实现类似于 3×3 或更大尺寸卷积核的效果，同时减少参数和计算量。

　　分组卷积旨在降低显存使用量，通过将特征图分成多个组从而在多个图形处理器（graphics processing unit，GPU）上进行并行处理。在分组卷积的操作中，输入特征图被均匀地划分为 g 个组，每组的特征图尺寸为 $(1, \frac{i_C}{g}, i_H, i_W)$。对于每组，卷积核的尺寸定义为 $(1, \frac{i_C}{g}, k, k)$，并且每组拥有 $\frac{o_C}{g}$ 个卷积核。每组卷积操作的输出尺寸为 $(1, \frac{o_C}{g}, o_H, o_W)$。最终，所有组的输出特征图被拼接起来，形成最终的输出特征图 $(1, o_C, o_H, o_W)$。这种设计不仅提高了训练大型网络时的显存使用效率，还允许通过并行处理加快训练速度。通过这种方式，分组卷积可以实现在保证网络性能的同时，优化计算资源。

　　空洞卷积（也可以称为扩张卷积或膨胀卷积）是针对图像语义分割问题中下采样会降低图像分辨率、丢失信息而提出的一种卷积思路。空洞卷积可以从两个方面进行理解。一是理解为卷积核的扩张。在传统的卷积核中，例如一个 3×3 的卷积核，可以通过在核的中间插入零（即跳过一些位置）来扩展其尺寸，从而形成一个 5×5 的空洞卷积核。这种方法不会增加卷积核的参数数量，但可以有效扩大感受野。二是理解为特征图的稀疏采样。在特征图上进行稀疏采样，即在

应用 3×3 的卷积核时，不是对每一个像素进行卷积，而是跳过一些像素。通过这种方式，卷积核虽然物理尺寸未变，但其实际的感受野范围得到了显著扩展。空洞卷积的优势在于，它允许网络在不显著增加计算负担的情况下，捕获更广泛的上下文信息，这对图像分割等任务至关重要。通过间隔取值的方式，空洞卷积在保持参数量和计算量不变的前提下，显著提升了卷积核的感知范围，从而增强了模型对图像细节的识别能力。

转置卷积又称为解卷积（deconvolution）与空洞卷积的思路正好相反，是一种用于图像上采样的卷积操作。在进行转置卷积之前，输入特征图通过间隔补零的方式进行预处理，即在原始特征图的像素之间插入零，从而增加其尺寸。在转置卷积中，卷积核的尺寸保持不变，与标准卷积使用的卷积核相同。经过预处理的特征图随后通过标准的卷积操作，使用不变的卷积核进行计算，生成尺寸更大的输出特征图。转置卷积的数学表达可以描述为一个逆卷积过程，其中特征图的维度通过补零和卷积操作被调整，以匹配目标分辨率。这种操作不仅在上采样中至关重要，也有助于在深度学习模型中恢复图像的空间维度，尤其是在需要高分辨率输出的场景中，如图像分割任务。

可变形卷积通过为卷积核中的每个元素引入额外的偏移参数，从而增强卷积核的适应性。这些偏移参数在水平和垂直方向上为卷积核的每个单元格指定动态的采样点，从而允许卷积核在特征图上非均匀地采样。与其他几种卷积类型相比，可变形卷积的核心优势在于其灵活性。在上述其他卷积中，卷积核的取样位置是固定的，这意味着无论输入图像的内容如何变化，卷积计算的模式都是不变的。可变形卷积通过动态调整取样点，使得卷积核能够自适应地捕捉图像的特征，即使在面对不同图像时也能保持高效。这种动态取样机制使得可变形卷积核在训练过程中能够覆盖更大的感受野，而无须增加额外的参数或计算量。可变形卷积能够聚焦于输入图像中具有更多信息量的部分，从而提高模型对图像特征的识别能力。

2.3.3.3　池化层

池化层（pooling layer）[47]，也称作汇聚层，其主要目的就是对卷积后得到的特征进行进一步处理，主要是进行降维操作。在 CNN 架构的设计中，池化层被周期性地插入连续的卷积层之间，以实现数据空间维度的逐步降低。这种降维操作的目的是减少网络参数的数量和计算负担，同时有助于控制过拟合现象。池化这个操作比较简单，一般在上采样和下采样的时候用到，没有参数，不可学习。池化层的两种常见形式为最大池化（max-pooling）和平均池化（mean-pooling）。图 2.13 为尺寸为 2×2、步长为 2 的最大池化和平均池化的实例。其中，最大池化因其在实践中显示出的优越性能而成为首选方法。它通过使用尺寸为 2×2 的池化窗口并以步长为 2 进行操作，对每个深度切片进行降采样，这一过程中约有 75% 的激活信息会被舍弃。最大池化的这种操作不仅保留了最具代表性的特征，而且增强了网络对小的位移变化的不变性。平均池化通过计算池化窗口内所有激活值的平均数来实现降采样。尽管这种方法在理论上能够平滑特征，但在实际应用中往往不如最大池化有效，目前已经很少使用。

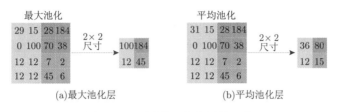

图 2.13 两种常见池化层的形式

2.3.3.4 全连接层

全连接层，又称为密集连接层，可以捕捉特征之间复杂的非线性关系。全连接层可以将前面多个卷积层和池化层提取并转换的局部特征整合成全局特征。在经过多层卷积和池化操作后，输入数据的空间结构被抽象成高维特征向量，全连接层则负责学习这些特征之间的非线性组合。在 CNN 中，全连接层通常位于网络的末端，用来做出最终的决策，如分类标签的预测。它将学习到的高维特征映射到最终的输出，如分类任务中的类别数。在技术实现上，全连接层由多个神经元组成，每个神经元都与前一层的所有输出连接。如果前一层是卷积层或池化层，其输出通常需要先被展平成一维向量，然后这个向量的每个元素都会作为全连接层神经元的输入。全连接层和常规神经网络一样，本质是矩阵乘法再加上偏差，假设输入一个 (B, i_C) 的数据，权重为 (i_C, o_C)，那么输出为 (B, o_C)。

2.3.3.5 经典 CNN

经典 CNN 包括 LeNet-5、AlexNet、VGGNet、GoogLeNet、ResNet 及 DenseNet 等。其中，LeNet-5[48]由 LeCun 等在 20 世纪 90 年代开发，标志着 CNN 在实际应用中的第一个突破性进展，它由两个卷积层和三个池化层组成，组合使用卷积层、非线性激活层和池化层，其结构如图 2.14所示。LeNet-5 的卷积层负责从输入图像中提取局部特征。通过使用一系列可学习的卷积核，卷积层能够捕捉图像的边缘、角点等基本结构信息。在卷积层之后，LeNet-5 应用非线性激活函数，如 sigmoid 或 ReLU，以引入非线性特性。这允许网络学习更复杂的特征表示，并提高其分类和识别能力。在卷积层和全连接层之间，LeNet-5 利用池化层来降低特征的空间维度，同时增加对输入图像平移的不变性。池化操作通常包括最大池化或平均池化，它们通过减少参数数量和计算量来提高网络的效率。LeNet-5 的全连接层位于网络的末端，负责将卷积层和汇聚层提取的局部特征整合成全局特征。这些全连接层能够进一步抽象化特征，为最终的分类任务提供决策依据。LeNet-5 的设计不仅在当时是一项创新，而且其核心思想至今仍对现代卷积神经网络的设计产生深远影响。通过精心设计的层次结构，LeNet-5 能够有效地处理图像数据，并在手写数字识别等任务中取得了显著的成功。

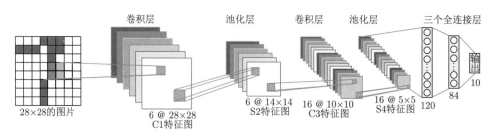

图 2.14 LeNet-5 架构的基本组成

LeNet-5 作为早期卷积神经网络的代表，虽然在小规模数据集上展示了其有效性，但在面对更庞大、更复杂的数据集时，其性能和适用性暴露出需要进一步优化的空间。这一挑战促成了更先进网络结构的发展，其中 AlexNet[49]便是一个突破性的成果。它在大规模视觉识别竞赛（large scale visual recognition challenge, ILSVRC）中超越了传统计算机视觉模型，显著提升了卷积神经网络在计算机视觉任务中的地位。与 LeNet-5 相比，AlexNet 是一个更深更宽的网络，它通过增加卷积层的数量来捕获更复杂的特征表示。AlexNet 由 8 层构成，具体包括 5 个卷积层、2 个全连接隐藏层，以及 1 个全连接输出层。其中，AlexNet 采用了多个连续的卷积层，而不是 LeNet-5 中的单卷积层后紧跟汇聚层的设计。这种设计允许网络在不同层次上提取特征，增强了对输入数据的抽象能力。AlexNet 采用了线性整流（rectified linear unit，ReLU）函数，取代了 LeNet 中的 sigmoid 函数。ReLU 函数在训练深度网络时更为高效，因为它解决了梯度消失问题，加快了收敛速度。为了减少过拟合的风险，AlexNet 在全连接层引入了 Dropout 技术。Dropout 是指在深度学习网络的训练过程中，按照一定概率将神经网络单元暂时从网络中丢弃。通过在训练过程中引入 Dropout 技术来随机地关闭一些神经元的激活，可以强制网络学习更加鲁棒的特征表示。

虽然 AlexNet 展示了深度神经网络在图像识别任务中的潜力，但它并没有为设计后续深层网络提供一个固定的模式。为了进一步推动深度学习领域的发展，牛津大学的视觉几何组（visual geometry group）提出的 VGGNet[50]，通过使用循环核子程序，可以很容易地在任何现代深度学习框架的代码中实现这些重复的结构。VGGNet 采用了重复的卷积块，这种设计使得网络结构更加简洁，易于实现和扩展。并且，与 AlexNet 中使用的较大卷积核（11×11，5×5）相比，VGGNet 采用了连续的 3×3 卷积核。在相同感受野下，多个 3×3 卷积层的组合比单层较大卷积层的参数更少，这有助于减轻过拟合的风险。通过堆叠多个小卷积核，网络可以在保持参数数量较低的同时，增加非线性层的数量，从而允许网络捕捉更复杂的图像特征。VGGNet 通过使用可复用的卷积块来构建整个网络。不同的 VGGNet 变体可以通过调整每个块中卷积层的数量和输出通道的数量来定义,这种模块化的设计方法使得网络设计更加高效和灵活。

在 2014 年的 ImageNet 挑战赛中,GoogLeNet(也称为 Inception v1)[10]以其创新的结构和卓越的性能引起了广泛关注。不同于 AlexNet 与 VGGNet 均是通过增加网络层数来提升训练结果,GoogLeNet 引入了 Inception 结构,有效地提升了网络的性能。在每一个 Inception 模块中,输入数据并行经过四条不同的卷积路径,如图 2.15所示。其中,第一条路径包含一个 1×1 的卷积层,用于降维(减少深度)。1×1 的卷积层可以在不改变空间维度的前提下,有效减少后续层的参数数量和计算成本。第二条路径首先使用 1×1 卷积进行降维,然后接一个 3×3 的卷积。这种设置可以在减少参数的同时,捕捉输入的空间信息。第三条路径同样先进行 1×1 卷积以降低维度,随后应用一个 5×5 的卷积。5×5 卷积能够捕捉更大范围的空间特征,但参数和计算量较大,因此在其前使用 1×1 卷积是为了控制这一开销。第四条路径首先进行 3×3 卷积的最大池化操作,然后通过 1×1 卷积进行降维。池化操作有助于提取稳定的特征并减少过拟合,而后续的 1×1 卷积则用于进一步处理池化后的特征。GoogLeNet 一共使用了 9 个 Inception 模块和全局平均池化层的堆叠来生成其估计值,并采用了全局平均池化层代替传统的全连接层,以减少模型参数并降低过拟合的风险,同时保留了最后的全连接输出层。GoogLeNet 的设计展示了通过创新的模块化设计和多尺度特征提取,可以构建出既强大又高效的深度学习模型。

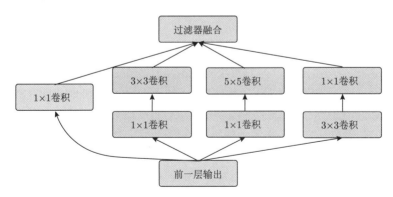

图 2.15 Inception 模块结构图

随着网络深度的进一步增加,CNN 性能反而可能会下降。为了解决此问题,微软亚洲研究院的何恺明等提出了 ResNet[51],并在 2015 年的 ImageNet 图像识别挑战赛中夺冠。ResNet 的核心思想是引入了"残差学习",其基本构建单元是残差块(residual block),即每个残差块不是直接学习未加工的特征,而是通过两条路径学习层间的差异(即残差)。其中,一条路径是权重层,另一条是恒等连接,后者允许输入直接跳过一些层，从而缓解了梯度消失的问题。这两条路径的输出相加以形成残差块的最终输出。这意味着每个残差块的输入可以绕过一些层直接加到输出上，从而允许训练更深层次的网络。图 2.16 中呈现了残差学习中的一个构建模块，其中，在 ResNet 的设计中，每个残差块的目标是让堆叠的非线性层学习一个映射 $\mathcal{F}(X) := \mathcal{H}(X) - X$，该映射是输入 x 和经过残差块后的输出 $\mathcal{H}(X)$ 之间的残差。ResNet 的架构起始于一个 7×7 卷积层，随后是一个 3×3 的最大池化层，与 GoogLeNet 类似，但 ResNet 在每个卷积层后引入批量归一化层以增强模型的稳定性和收敛速度。随后，网络通过 4 个由残差块组成的模块，每个模块的通道数与输入通道数一致，且随着网络的深入，每个模块的通道数翻倍，同时空间维度减半。最终，通过全局平均池化层和全连接层完成输出，整个网络结构共包含 18 层。ResNet 的这种设计允许网络有效地训练深层结构，其中残差块的使用促进了输入数据在网络中的快速前向传播，而批量归一化的应用则显著提升了梯度的传播效率，加快了模型的训练。此外，残差映射的引入简化了网络的学习过程，使得网络能够更容易地逼近恒等映射，从而在深层网络中实现更高效的学习。

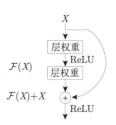

图 2.16　残差学习：一个构建模块

DenseNet[52]，是深度学习领域中对 ResNet 概念的一种扩展。其核心创新在于网络中每一层都与之前所有层的输出进行稠密连接，而非简单的相加操作，这一点与 ResNet 的设计有显著区别。DenseNet 的设计强调了层间信息的充分利用和网络结构的紧凑性，其名称源于网络中变量之间存在的稠密连接。DenseNet 的架构主要由两部分组成：稠密块（dense block）和过渡层（transition layer）。稠密块是 DenseNet 中的关键构建模块，负责定义输入和输出之间的密集连接方式，通过在通道维度上连接每一层的输入和输出特征图，实现了信息的高效聚合。过渡层则用于在稠密块之间调节网络的深度和宽度，通过 1×1 卷积层和可能伴随的步长来减少特征图的尺寸，同时控制通道的数量，以避免网络过于庞大和复杂。图 2.17 中给出了标准 CNN、ResNet 及 DenseNet 的区别。在 DenseNet 中，每一层的输出都是后续所有层的输入，这种设计使得网络能够从之前所有层中直接获得信息，进一步减轻了梯度消失的问题。

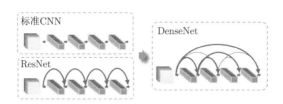

图 2.17 标准 CNN、ResNet 及 DenseNet 的区别

2.3.4 图神经网络

在社交网络分析、生物信息学等众多领域，数据往往以图的形式存在，这些图结构数据蕴含着丰富的信息关系。然而，CNN 在处理这类非欧氏空间数据时常常表现不佳。为了克服这一局限，图神经网络（GNN）应运而生，它们专门用于捕捉和学习图中的复杂关系，因此在这些领域中得到了广泛的应用。接下来，将先给出 GNN 的基本概念，以便读者了解 GNN 的基本构成和原理。随后，将详细介绍几种经典的 GNN 方法，以便读者进一步了解和使用 GNN。

2.3.4.1 图神经网络基本概念

GNN 是一类专门用于处理图结构数据的神经网络。与传统的用于处理欧氏数据的神经网络相比，GNN 可以有效处理非欧氏数据，如有效捕捉和利用图结构中节点之间的关系信息。图神经网络的训练过程可以看作一个关于图特征的学习过程，根据具体任务的不同，可以将这一过程分为两类：侧重于节点任务的学习过程和侧重于图任务的学习过程。具体而言，侧重于节点任务的学习过程旨在学习图结构数据中每个节点的代表性特征，利用学习到的特征，进而实现对图结构数据中每个节点的预测或分类。侧重于图任务的学习过程则旨在学习整个图结构数据的特征，从而对整个图的结构和属性进行建模和预测。在此过程中，图中的每个节点仍然有各自的特征向量，学习节点特征是其中的一个中间步骤。在上述两种任务中，常用的 GNN 基本单元包括图滤波层、图激活层，以及图池化层，下面将针对这三种基本单元进行详细阐述。

图滤波层主要用于在图结构数据上执行滤波操作，可以类比 CNN 中的卷积层。具体而言，图滤波层从图的局部邻域中提取特征，并将提取到的特征用于侧重于节点的任务（如：节点分类）和侧重于图的任务（如：图分类）。一个图滤波层可以表示为公式 (2.50) 的形式。

$$H^{(l+1)} = \sigma \left(\tilde{D}^{-\frac{1}{2}} \tilde{A} \tilde{D}^{-\frac{1}{2}} H^{(l)} W^{(l)} \right) \tag{2.50}$$

其中，$H^{(l)}$ 为输入的特征矩阵，表示第 l 层的节点特征；$H^{(l+1)}$ 为输出的特征矩阵，表示第 $l+1$ 层的节点特征；$W^{(l)}$ 为权重矩阵，用于学习特征的线性变换；$\tilde{A} = A + I$，表示图邻接矩阵 A 和单位矩阵 I 的和；$\tilde{D}$ 表示 $\tilde{A}$ 每一行元素之和构成的对角矩阵；$\sigma(\cdot)$ 表示激活函数。值得注意的是，图滤波层仅改变输入图的节点特征，不会改变图结构。

图激活层主要用于在图结构数据上执行激活操作，类似于 CNN 中的激活函数。图激活层的作用通常是引入非线性变换，从而增强 GNN 的表达能力，使其可以学习更加复杂的函数关系。具体而言，一个图激活层通常可以表示为公式 (2.51) 的形式。

$$H^{(l+1)} = \sigma\left(H^{(l)}\right) \tag{2.51}$$

其中，$H^{(l)}$ 和 $H^{(l+1)}$ 仍分别表示输入和输出的特征矩阵，即第 l 层和第 $l+1$ 层的节点特征；$\sigma(\cdot)$ 表示激活函数，如常用的 ReLU 激活函数等。

一般而言，处理节点特征的任务时，GNN 由图滤波层和图激活层两种基本单元构成。然而，对于侧重于节点的任务来说，除了图滤波层和图激活层这两层外，通常还需要具有图池化层。图池化层用于在图结构数据上执行池化操作，可以类比 CNN 中的池化层。图池化层具有减少节点数量、降低计算复杂度，以及提取图的全局特征等作用，其具体表示形式如公式 (2.52) 所示。

$$H^{(l+1)} = \text{pool}\left(\left\{H_1^{(l)}, H_2^{(l)}, \ldots, H_N^{(l)}\right\}\right) \tag{2.52}$$

其中，$H^{(l+1)}$ 表示输出的特征矩阵；N 表示图中的节点数量；$\left\{H_1^{(l)}, H_2^{(l)}, \ldots, H_N^{(l)}\right\}$ 表示第 l 层中所有节点的特征集合；$\text{pool}(\cdot)$ 表示池化操作，如最大池化、平均池化等。

2.3.4.2　经典 GNN

基于上一小节介绍的图神经网络的基本概念，本小节将介绍常用的 4 种图神经网络：图卷积网络（graph convolutional network，GCN）[53]、图注意力网络（graph attention network，GAT）[54]、图采样聚合（graph sample and aggregate，GraphSAGE）[55]，以及图同构网络（graph isomorphism network，GIN）[56]。

GCN 是最早提出的 GNN 之一，由 Kipf 和 Welling 于 2017 年提出。GCN 的工作原理可以类比 CNN 的工作原理，本质上是一个针对图数据的特征提取器。基于上一小节中概述的图滤波器的工作原理，下面将详细阐述 GCN 的工作原理。给定一个包含 N 个节点的图 G，其中节点之间的邻接关系以邻接矩阵 A 表示，A_{ij} 表示节点 i 和节点 j 之间是否存在边。此外，每个节点均具有一个特征向量表示其自身的特征信息，用 H 来表示所有节点特征构成的矩阵。基于上述定义，GCN 一层的计算过程可以用公式 (2.50) 表示。进而可以将整个 GCN 的计算过程描述为：初始化节点特征矩阵 $H^{(0)}$，根据公式 (2.50) 计算每一层的节点特征 $H^{(l+1)}$，并将最终得到的节点特征用于具体的任务，如侧重节点的任务和侧重图的任务。

GAT 由 Velickovic 等于 2018 年提出, 其引入了注意力机制来处理图中的节点特征。GAT 的主要思想是通过学习输入图中每个节点及其邻居节点之间的重要性权重, 实现对输入图的有效表示和处理。GAT 的具体工作原理阐述如下: 给定一个包含 N 个节点的图 $G = (V, E)$, 其中 V 表示节点集合, E 表示边的集合。每个节点的特征向量表示为 $\boldsymbol{x}_i \in \mathbb{R}^F$ (F 是每个节点特征的维度)。图中节点之间的连接关系由邻接矩阵 $\boldsymbol{A} \in \{0, 1\}^{N \times N}$ 表示。在上述条件下, GAT 可以为每个节点的邻居节点分配不同的注意力权重, 从而更有效地聚焦于重要的邻居节点, 具体而言: 给定节点 v_i 和其邻居节点 v_j, 注意力权重 α_{ij} 可以通过公式 (2.53) 计算得到。

$$\alpha_{ij} = \frac{\exp(\text{LeakyReLU}(\boldsymbol{a}^{\mathrm{T}}[\boldsymbol{W}\boldsymbol{x}_i || \boldsymbol{W}\boldsymbol{x}_j]))}{\sum\limits_{k \in \mathcal{N}_i} \exp(\text{LeakyReLU}(\boldsymbol{a}^{\mathrm{T}}[\boldsymbol{W}\boldsymbol{x}_i || \boldsymbol{W}\boldsymbol{x}_k]))} \tag{2.53}$$

其中, $\boldsymbol{W}$ 表示 GAT 当前层的权重矩阵; $\mathcal{N}_i$ 表示节点 v_i 的邻居节点集合; $||$ 表示向量拼接操作; $\text{LeakyReLU}(\cdot)$ 表示激活函数; $\boldsymbol{a}$ 表示学习到的 GAT 中的注意力权重参数。基于计算得出的 α_{ij}, 即可通过将邻居节点的特征加权求和的方式更新节点 v_i 的特征, 如公式 (2.54) 所示。

$$\boldsymbol{h}_i^{(l+1)} = \sigma\left(\sum_{j \in \mathcal{N}_i} \alpha_{ij} \boldsymbol{W}^{(l)} \boldsymbol{x}_j\right) \tag{2.54}$$

其中, $\boldsymbol{h}_i^{(l+1)}$ 表示节点 v_i 在第 $l+1$ 层的特征; $\sigma(\cdot)$ 表示激活函数。此外, 为了提高模型的表达能力, GAT 通常会采用多头注意力机制, 即使用多组注意力权重参数 $\{\alpha^{(1)}, \alpha^{(2)}, \dots, \alpha^{(K)}\}$ 并将每个头的输出进行拼接, 得出最终的节点特征, 如公式 (2.55) 所示。

$$\boldsymbol{h}_i^{(l+1)} = \sigma\left(\sum_{k=1}^{K} \sum_{j \in \mathcal{N}_i} \alpha_{ij}^{(k)} \boldsymbol{W}_k^{(l)} \boldsymbol{x}_j\right) \tag{2.55}$$

其中, K 表示注意力头的数量。基于上述计算过程, GAT 即可完成侧重节点的任务或侧重图的任务。

GraphSAGE 由 Hamilton 等于 2017 年提出, 其通过采样邻居节点并聚合它们的特征来学习节点表征。GraphSAGE 的核心思想在于随机采样邻居节点来构建节点邻域, 并通过聚合邻域中节点的特征来更新中心节点的表征, 其工作原理具体阐述如下: 首先, 对于每个节点 v_i, 从其邻居节点中随机采样一定数量的节点作为邻居节点集合 $\mathcal{N}_i$。随后, 对 $\mathcal{N}_i$ 中节点的特征进行聚合, 得到聚合后的特征 $\boldsymbol{h}_i'$, 这一过程中常用的聚合方式有均值聚合和最大聚合, 分别如公式 (2.56) 和

公式 (2.57) 所示。

$$h_i' = \mathrm{mean}\left(h_j, \forall j \in \mathcal{N}_i\right) \tag{2.56}$$

$$h_i' = \mathrm{max}\left(h_j, \forall j \in \mathcal{N}_i\right) \tag{2.57}$$

最后，基于聚合后的特征 h_i'，即可使用函数 $f_{\mathrm{agg}}(\cdot)$ 将特征 h_i' 与节点 v_i 自身的特征进行结合，更新节点 v_i 的特征，如公式 (2.58) 所示。

$$h_i = f_{\mathrm{agg}}(h_i, h_i') \tag{2.58}$$

其中，$f_{\mathrm{agg}}(\cdot)$ 可以表示连接操作或加权平均等。基于上述计算过程，GraphSAGE 即可实现对节点在局部邻域内的表征学习。

GIN 由 Xu 等于 2018 年提出，可以学习图中每个节点的表征及整个图的表征。GIN 的核心思想在于通过迭代聚合节点的邻居信息来更新节点表征，最终将所有的节点表征进行汇总以获得整个图的表征，其工作原理具体阐述如下：对于每个节点 v_i，将其初始特征 $h_i^{(0)}$ 作为输入特征，通过多层的 GIN 进行更新，每一层的更新方法如公式 (2.59) 所示。

$$h_i^{(k+1)} = \mathrm{MLP}^{(k)}\left((1 + \epsilon^{(k)})h_i^{(k)} + \sum_{j \in \mathcal{N}_i} h_j^{(k)}\right) \tag{2.59}$$

其中，$\mathcal{N}_i$ 表示节点 v_i 的邻居节点集合；$\mathrm{MLP}^{(k)}$ 表示 MLP 的第 k 层；$\epsilon^{(k)}$ 表示可学习的标量参数。然后，通过将所有节点的表征进行聚合，从而获取整个图的表征，如公式 (2.60) 所示。

$$h_{\mathrm{graph}} = \frac{1}{N}\sum_{i=1}^{N} h_i^{(K)} \tag{2.60}$$

其中，K 表示 GIN 最后一层的索引；N 表示图中节点的数量。至此，即可完成 GIN 中针对节点表征和图表征的计算过程。

2.3.5　循环神经网络

循环神经网络（RNN），是一种专门用于处理序列数据的神经网络。它以序列化的数据作为输入，沿着序列输入的方向进行递归运算，并通过链式连接的方式将所有节点（循环单元）紧密串联。与 DBN 和 CNN 等神经网络相比，RNN 最大的特点在于其具有"记忆"特性，具体来说，RNN 中的链式连接不仅能够对当前时刻的输入进行处理，还能够保存并利用之前时刻的信息。这种记忆机制使得 RNN 能够更好地理解序列数据的内在规律和模式，从而在处理诸如文本、语音、时间序列等序列数据时展现出强大的能力。在本节中，将从 RNN 的历史与发展、RNN 的基础结构和经典 RNN 方法三个方面对 RNN 进行详细介绍。

2.3.5.1 RNN 历史与发展

RNN 的起源可以追溯到 Hopfield 网络[57]，它是最早的反馈神经网络，虽然当时该网络并非专门用于处理时序数据，但其为 RNN 的发展奠定了基础。随后，J.L.Elman 于 1990 年首次针对语音处理问题提出的 Elman 神经网络[58]，被认为是第一个全连接的 RNN。然而，最引人注目的进展之一是 1997 年由 Hochreiter 和 Schmidhuber 提出的长短期记忆网络[7]。它在语音识别和自然语言处理等任务上展现了优异性能，成为最流行的 RNN 方法之一。

随着深度学习的兴起，RNN 在语音识别、机器翻译、自然语言生成等领域中不断发展和优化。近年来，随着计算能力的增强和新的架构设计的提出，例如门控循环单元[59]（gated recurrent unit，GRU），RNN 的性能和效率得到了进一步提升。尽管在处理长期依赖关系方面仍存在挑战，但 RNN 仍然是许多序列数据处理任务的首选。此外，随着深度学习领域的不断发展，基于 RNN 的变种和改进不断涌现，为解决序列数据建模和处理问题提供了更多选择。其中，引入注意力机制的 RNN 逐渐成为处理长序列数据的主流选择之一，适用于机器翻译、文本生成等任务。

2.3.5.2 RNN 基础结构

如图 2.18所示，RNN 的结构主要由输入层、隐藏层和输出层三个关键部分构成。具体来说，输入层负责接收外部输入数据，其中，X 代表一个向量，它包

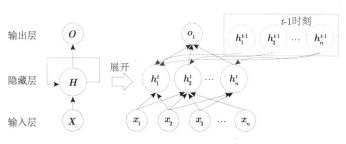

图 2.18 RNN 结构图

含了在特定时刻输入给 RNN 的数据。这些数据可以是文本数据（例如，单词的独热编码或词嵌入向量）、数值数据（如时间序列数据中的连续值）或其他任何形式的序列化信息。隐藏层是 RNN 的核心部分，它负责处理输入数据并捕捉序列中的关键特征。在隐藏层中，H 是一个向量，表示在当前时刻下隐藏层的内部状态。这个状态不仅取决于当前时刻的输入 X，还受到之前时间步中隐藏层状态的影响。通过这种称为"循环"或"反馈"的连接机制，RNN 能够将先前的信息传递给当前时刻，并允许网络在序列的不同位置之间共享参数。这种特性使得 RNN

能够学习序列中的长期依赖关系。输出层负责产生 RNN 的最终输出，它的输出取决于当前时间步的隐藏层状态 $\boldsymbol{H}$，并且可以通过一个全连接层或其他类型的层（如 softmax 层）来产生最终的预测结果。通过迭代地将输入数据序列中的每个元素依次传递给 RNN，最终得到一个随时间变化的隐藏层状态序列，以及与之对应的输出序列。

　　为了使读者更直观地理解 RNN 对时序数据的处理流程，以 RNN 中最经典的 $N - to - N$ 结构（即输入为序列，输出也为序列的情况）为例，在图 2.19中给出了其详细的处理流程。首先，假设 RNN 的输入向量 $\boldsymbol{X} = (\boldsymbol{x_1}, \boldsymbol{x_2}, \boldsymbol{x_3})$，其中 $\boldsymbol{x}_i$ 是每个词的词向量。为了建模序列问题，RNN 中采用隐状态 $\boldsymbol{h}^i$ 来表示网络在处理不同时刻序列数据时所保存的信息。RNN 中每个时刻的隐状态通常是基于当前时刻的输入和前一时刻的隐状态计算得到，其计算过程如公式 (2.61)所示。

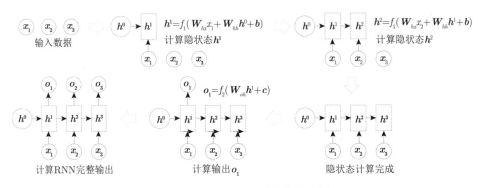

图 2.19　RNN 处理时序数据流程

$$\boldsymbol{h}^t = f_1(\boldsymbol{W}_{hx}\boldsymbol{x}_t + \boldsymbol{W}_{hh}\boldsymbol{h}^{t-1} + \boldsymbol{b}) \tag{2.61}$$

其中，$\boldsymbol{h}^t$ 表示当前时刻的隐状态；$\boldsymbol{x}_t$ 表示当前时刻的输入；$\boldsymbol{h}^{t-1}$ 表示前一个时间步的隐状态；$\boldsymbol{W}_{hx}$ 和 $\boldsymbol{W}_{hh}$ 分别表示当前时刻输入数据和前一时刻隐状态的权重矩阵；$\boldsymbol{b}$ 表示偏置向量；$f_1(\cdot)$ 表示 RNN 中的隐状态的激活函数，如 tanh 函数等。基于此，RNN 依次计算输入 $\boldsymbol{x}_1, \boldsymbol{x}_2$ 和 $\boldsymbol{x}_3$ 对应的隐状态。随后，RNN 的输出是通过对隐状态应用另一个线性变换和激活函数得到的，该过程可以被表示为公式 (2.62)。

$$\boldsymbol{o}_t = f_2(\boldsymbol{W}_{oh}\boldsymbol{h}^t + \boldsymbol{c}) \tag{2.62}$$

其中，$\boldsymbol{h}^t$ 表示当前时刻的输出；$\boldsymbol{W}_{oh}$ 表示连接隐状态和输出层的权重矩阵；$\boldsymbol{c}$ 表示输出层的偏置向量；$f_2(\cdot)$ 表示输出层的激活函数，通常选用 softmax 函数。通过上述步骤计算出所有时刻的输出后，最终得到了输入向量 $\boldsymbol{X} = (\boldsymbol{x}_1, \boldsymbol{x}_2, \boldsymbol{x}_3)$ 对应的输出向量 $\boldsymbol{O} = (\boldsymbol{o}_1, \boldsymbol{o}_2, \boldsymbol{o}_3)$。

2.3.5.3 经典 RNN

基于长短期记忆（LSTM）[7]的 RNN 由 Hochreiter 和 Schmidhuber 提出，是最经典的 RNN 之一。需要说明的是，由 LSTM 单元组成的 RNN 通常称为 LSTM 网络或仅称为 LSTM。LSTM 通过引入三个精心设计的门控机制（输入、遗忘和输出）来控制信息的流动和保存，同时还引入了一个记忆单元来保留历史信息，解决了 RNN 无法处理长期依赖关系的问题。如图 2.20所示，LSTM 的输入门 I^t 决定了新输入的信息有多少可以被添加到记忆单元中。具体而言，通过 σ 函数计算得到的激活值决定了信息流入的程度，仅当该值较高时，新信息才会被加入到记忆单元中。此外，遗忘门 F^t 决定了在上一个时间步的记忆单元中有多少信息可以被保留下来。遗忘门同样使用 σ 函数来计算一个遗忘因子，该因子表示每个状态中的信息应该被保留的程度。通过将经过 tanh 函数处理过的信息与遗忘因子相乘，决定哪些信息应该被保留下来，哪些信息应该被遗忘。最后，输出门 Y^t 决定了记忆单元中的信息如何被输出到下一层或者作为最终的输出。它使用 σ 函数来控制输出信息的流出程度。此外，最终 t 时刻的隐状态需经过 tanh 函数处理，以保证输出值在 -1 到 1 之间。

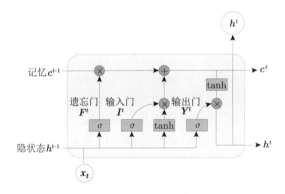

图 2.20　LSTM 单元

基于门控循环单元（GRU）[59]的 RNN 是除 LSTM 外另一种应用广泛的门控 RNN（gated RNN）。相比于 LSTM，GRU 具有更简单的结构，只有重置门和更新门两个门控机制。如图 2.21所示，重置门的主要作用是决定前一时刻的状态信息有多少需要被遗忘，以便生成当前时刻的候选状态。具体来说，当重置门的值接近 0 时，意味着几乎完全忽略前一时刻的状态信息；而当其值接近 1 时，则意味着保留大部分前一时刻的状态信息。这种机制使得 GRU 能够灵活地捕捉不同时间尺度上的依赖关系。此外，更新门则决定了如何将当前时刻的候选状态与前一时刻的状态相结合，以产生新的状态。具体来说，当更新门的值接近 1 时，意味着几乎完全保留前一时刻的状态信息；而当其值接近 0 时，则意味着几乎完全使用当前时刻的候选状态信息。这种机制使得 GRU 能够有效地控制信息的流动，避免梯度消失和梯度爆炸的问题。得益于上述设计，GRU 在计算上更加高效，同时它在处理长序列问题时能够表现出与 LSTM 相当甚至更好的性能。此外，GRU 还拥有较少的参数，因此在训练时仅需很少的计算资源。

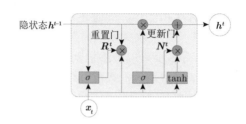

图 2.21　GRU 单元

2.3.6　Transformer 方法

Transformer 方法是一种基于自注意力机制的深度学习方法，它在自然语言处理、计算机视觉等领域取得了显著的成果。为了便于读者了解这一方法，在本节内容中，将对自注意力机制、Transformer 模型架构及其经典变体进行详细介绍。

2.3.6.1　自注意力机制

自注意力（self-attention）机制是 Transformer 模型[12]中的一种关键组成部分。它能够使模型自动地关注到输入序列中的重要部分，从而提高模型的表现力和泛化能力。自注意力机制的核心思想是，对于输入序列中的每个元素，模型会根据其与其他元素之间的关系来计算一个权重，从而得到该元素在序列中的重要性。这个权重的大小反映了模型对其他元素的依赖程度，即注意力强度。通过这种方式，模型能够在处理长序列问题时，自动地捕捉到序列中的重要信息，并忽略不重要的部分。

具体而言，自注意力机制的计算通常包括以下几个步骤。

（1）查询（query）、键（key）和值（value）的计算：对于输入序列中的每个元素，通过三个不同的线性变换（可学习的权重矩阵）分别计算出其对应的 query、key 和 value。这三个矩阵通常是从共享的参数矩阵中分离出来的。

（2）注意力权重的计算：对于序列中的每个元素，计算其 query 与所有元素的 key 之间的相似度，常用的计算方法包括点积、缩放点积等。然后，通过 softmax 函数将这些相似度转换为概率分布，即注意力权重。

（3）元素在序列中的重要性的计算：根据计算得到的注意力权重，对输入序列中的所有元素的 Value 进行加权平均。这个加权平均的结果表示在当前上下文中输入序列每个元素的重要性。

多头自注意力（multi-head self-attention）机制是自注意力机制的一种扩展，其核心动机是希望模型能够从不同的角度和层面捕捉到输入序列中的重要信息。具体来讲，它使用多个注意力头对计算输出序列应用自注意力机制，然后，将所有注意力头的输出拼接起来，得到最终的输出序列。由于不同注意力头可以关注输入序列的不同部分，多头自注意力机制可以捕捉到更丰富的信息，从而提高模型在处理复杂任务时的表现力和泛化能力。

2.3.6.2 Transformer 模型架构

Transformer 模型架构如图2.22所示，由输入、编码器、解码器和输出四部分组成。编码器和解码器均由相同的多个块组成，图中仅展示了每部分的一个块。下面以自然语言处理任务为背景，介绍 Transformer 的各个组成部分。

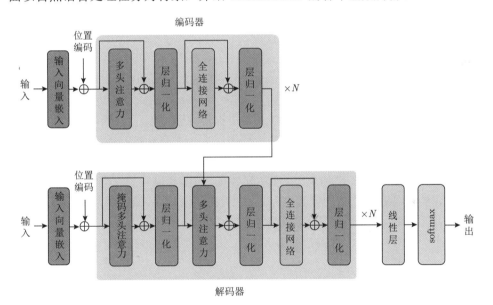

图 2.22　Transformer 模型架构

Transformer 的输入是一个序列数据，在自然语言处理中，这可以是任意形式的词向量，如 word2vec、GloVe 或 one-hot 编码。由于自注意力无法直接获取词语位置信息，因此需要一种方法在序列中引入词（word）的位置信息。Transformer 模型通过添加位置编码来实现这一点，即将输入序列的嵌入表示与对应位置编码相加，从而使模型能够区分不同位置的词。在 Transformer 的原始论文中，位置编码是通过人为设定的，而近些年来的改进 Transformer（如 Bert）中，位置编码与词向量一样是通过训练学习得到的。

编码器的每一个块包括两个子层：多头自注意力层和全连接前馈神经网络（feedforward neural network，FNN）。多头注意力层即利用前文讲到的多头注意力机制对输入序列进行处理。FNN 则是由两个全连接层组成的简单神经网络，两层中间含有一个 ReLU 非线性激活函数。此外，每个子层间都有一个残差连接，将该层的输出序列与上一层的输出进行相加，然后对得到的序列进行层归一化（layer normalization）处理，即在同一个样本的不同通道进行归一化处理。

解码器的结构和编码器类似，但额外引入了一个带有掩码（masked）的多头注意力来对序列的某些值进行掩盖，以使其在参数更新时不产生效果。掩码一般是为了使得训练时解码器不能"看见"未来的信息，从而和推理时的实际情况保持一致。例如在文本续写等任务中，解码输出应该只能依赖于当前时刻之前的输出，而不能依赖之后的输出。

Transformer 的输出则非常简单，首先经过一个线性层，然后通过 softmax 激活函数得到输出的概率分布，输出概率最大的词向量对应的词作为最终的预测输出。

2.3.6.3　视觉 Transformer

视觉 Transformer（ViT）由 Google 团队在 2020 年提出[13]，微软团队在 2021 年进一步扩展了该领域的研究[60]。ViT 模型将 Transformer 架构应用于图像分类任务，以其设计简洁、效果显著和强大的可扩展性获得了广泛应用。ViT 的最大意义在于展现了 Transformer 强大的跨模态能力，尤其在统一不同模态的网络结构上具有重要意义。

由于 Transformer 主要用于处理序列数据，而图像通常是二维矩阵，因此 ViT 在处理图像任务时首先将图像数据序列化。具体操作是将输入图片分为多个小块（patch），再将每个 patch 投影为固定长度的向量送入 Transformer。例如，输入图片大小为 224×224，将图片分为大小为 16×16 的 patch，则每张图像会生成 196（$224 \times 224/(16 \times 16)$）个 patch，每个 patch 的维度为 $16 \times 16 \times 3 = 768$，即转换后序列维度为 196×768。ViT 还在序列中额外引入了一个用于分类的类别令牌（class token）作为附加向量，因此最终的输入序列为 197×768。此外，同原始的 Transformer 一样，ViT 也将输入序列与位置编码相加，以在序列中引入图像中的位置信息。

在结构方面，ViT 仅包含编码器部分，而没有解码器部分。在 ViT 中，编码器的操作和原始 Transformer 中编码器的操作相同，故在此不再赘述。其输出部分是一个简单线性分类器，与原始 Transformer 也基本一致。总的来说，ViT 的结构十分简单。输入序列在通过编码器进行特征提取后，再传入线性层中，然后通过激活函数得到输出的概率分布，输出概率最大的类别即为最终的预测输出。

最后值得一提的是，尽管 ViT 的性能十分强大，但其对数据量大小要求较高，且计算量相对较大。因此，在中小规模图像数据集上，CNN 仍然有较大的优势。

第 3 章　AutoML 流程及方法

为了减少传统机器学习及深度学习算法设计对人工经验的依赖，研究者提出了自动化机器学习方法，即 AutoML。针对其适用场景的不同，现有的 AutoML 方法主要分为两类：自动化传统机器学习方法及自动化深度学习方法。本章将针对现有的自动化传统机器学习方法、自动化深度学习方法，以及经典自动化方法展开详细介绍。

3.1　自动化传统机器学习

自动化传统机器学习的整体流程主要分为四步，给定输入数据、自动化数据预处理、特征工程、模型选择与超参数优化 4 个关键步骤，即可得到可以有效处理对应任务数据的传统机器学习模型。本节将针对后续 3 个关键步骤展开详细介绍。

3.1.1　数据预处理

数据是自动化机器学习的基础。在自动化传统机器学习的整体流程中，第一步是自动化数据预处理。自动化数据预处理指的是通过自动化的方式对数据进行更新和处理，从而替代传统手工处理的方式。自动化数据预处理主要包含三个步骤，即数据收集、数据清洗，以及数据增广。

首先，数据收集指的是根据待解决的机器学习问题，自动化地对该问题对应的数据进行收集和整理。例如，当待解决的机器学习问题为股票预测问题时，数据收集过程中应该针对网络上相应的股票数据进行收集。

其次，数据清洗指的是对收集到的数据以一定的变换方法进行格式统一、审查校验，以及异常值处理等。具体而言，格式统一通常需要将数据的存储方式进行统一（例如，整型存储、浮点型存储等），或将数据的格式进行统一，例如将图片数据的格式统一存储为 JPG 或 PNG 格式。审查校验则通常需要对数据的维度进行检查，将维度不同的数据统一成相同维度的数据，还可能需要进行数据的归一化等操作以限定数据的范围。异常值处理指的是将数据中的缺失值进行填补，以及将数据中的异常值进行修正等。

最后，数据增广指的是通过一定的增广规则，对现有的数据进行扩增，以获取更多可用于训练机器学习模型的数据。例如，对于图像数据而言，可以通过翻转、颜色变换，以及剪切变换等增广规则生成新的图像数据，进而实现数据增广。数据增广可以在一定程度上解决机器学习模型训练数据稀缺的问题，同时缓解模型的过拟合问题。

3.1.2　特征工程

特征工程指的是在构建机器学习模型的过程中，利用相应的领域知识从原始数据中进行特征提取的过程。自动化特征工程则旨在减少特征工程中对于领域知识的依赖，主要包含四大核心步骤，即自动化的特征创建、特征转换、特征提取，以及特征选择。上述流程可以有效提升机器学习算法的精度，同时减轻过拟合现象并减少泛化误差。

具体而言，自动化特征创建指的是可以从输入数据中自动创建新特征的一类方法，创建出的特征可以作为机器学习算法的输入。目前，这一过程通常需要涉及识别输入数据中最有用的变量。自动化特征转换指的是以某种方式操纵预测变量，从而提高其在预测模型中性能的一类方法。例如，输入数据中的两个变量存在非线性关系时，通常需要对其中一个变量进行特征转换，从而提升预测模型的性能。自动化特征提取指的是一类可以自动化提取输入数据中关键特征的方法。这类方法在输入数据的变量数量较多的条件下，确定其中的关键变量，进而减少处理输入数据所需的内存和算力，也可减少模型对输入数据的过度拟合。此外，自动化特征选择指的是在进行自动化特征提取后，对提取到的特征进行自动化选择的一类方法。这类方法可以去除冗余和无用的特征，减少所需的计算资源和提升模型的准确性；同时，这类方法还可以根据当前所使用的机器学习模型，选择出最适合该模型的特征，从而进一步提升模型性能。

3.1.3　模型选择与超参数优化

通过前面小节介绍的数据预处理与特征工程方法，可以对输入数据进行有效筛选、修正与统一，并对其中的特征进行一定程度的处理，从而有效提升机器学习模型的性能。然而，在自动化传统机器学习中，仍面临两方面问题：第一，不存在一种传统机器学习模型或算法可以在所有类型的任务或数据上均表现良好；第二，一个传统机器学习模型或算法在指定任务或数据上的表现极度依赖其超参数设置，超参数设置不当可能会导致模型或算法性能显著下降。为了解决上述问题，可以基于数据预处理与特征工程的结果，通过自动化的模型选择与超参数优化，为当前任务选择最适合的机器学习模型及其对应的超参数设置方式，进而在当前任务下取得最优的结果。

具体而言，自动化传统机器学习中的模型选择和超参数优化可以看作解决一个组合方法选择与超参数优化问题（combined algorithm selection and hyperpa-

rameter optimization，CASH）。在解决这一问题的过程中，基于经过数据预处理
及特征工程后的数据，在候选算法（模型）构成的集合及候选超参数设置构成的
集合当中，对所有的候选算法及其对应的超参数依据在当前任务下的性能进行排
序，最终确定当前任务下最优的算法类型及其对应的超参数设置。CASH 的具体
定义如下[61]。

设 $\mathcal{A} = \{A^{(1)}, A^{(2)}, \ldots, A^{(R)}\}$ 为候选算法（模型）构成的集合。对其中任意
候选算法 $A^{(j)}, j \in \{1, 2, \ldots, R\}$ 而言，其所有可能的超参数设置构成的集合记
为 $\Lambda^{(j)}$。同时，训练数据集记为 $D_{\text{train}} = \{(x_1, y_1), (x_2, y_2), \ldots, (x_n, y_n)\}$。在优
化过程中，需要采用 K 折交叉验证的方法，该方法将训练集分为 K 个子集，记
为 $\{D_{\text{train}}^{(1)}, D_{\text{train}}^{(2)}, \ldots, D_{\text{train}}^{(K)}\}$，共进行 K 次训练。对于第 i 次训练而言，该次训
练使用的测试数据 $D_{\text{valid}}^{(i)}$ 即为从 K 个子集中取出的 $D_{\text{train}}^{(i)}$ 中所包含的数据，训
练数据则为除去 $D_{\text{train}}^{(i)}$ 后训练集所剩的数据。令 $\mathcal{L}(A_\lambda^{(j)}, D_{\text{train}}^{(i)}, D_{\text{valid}}^{(i)})$ 为在超参
数设置 λ 下，候选的机器学习算法 $A^{(j)}$ 在验证集 $D_{\text{valid}}^{(i)}$ 对应的训练集进行训
练后，在该验证集上的损失。基于上述定义，CASH 可以表示为通过最小化损失
$\mathcal{L}(A_\lambda^{(j)}, D_{\text{train}}^{(i)}, D_{\text{valid}}^{(i)})$，确定对当前数据和任务最优的机器学习算法（模型）及其
对应的超参数，如公式 (3.1) 所示。

$$A^*, \lambda_* \in \mathop{\mathrm{argmin}}_{A^{(j)} \in \mathcal{A}, \lambda \in \Lambda^{(j)}} \frac{1}{K} \sum_{i=1}^{K} \mathcal{L}(A_\lambda^{(j)}, D_{\text{train}}^{(i)}, D_{\text{valid}}^{(i)}) \tag{3.1}$$

在自动化传统机器学习当中，Thornton 等[62]在其构建的 Auto-WEKA 系统
中，首次尝试解决了上述 CASH 问题。Auto-WEKA 系统的构建借助了 Hall 等
提出的传统机器学习框架 WEKA[63]，并采用贝叶斯优化[64]的方式在解决 CASH
问题的过程中进行超参数优化。具体而言，贝叶斯优化通过构建一个概率模型，以
建立传统机器学习模型超参数与其在指定的验证指标下性能的关系。基于概率模
型得到的上述关系，即可确定对于当前任务或数据最优的超参数设置方式，并基
于这一超参数设置方式对当前选择的传统机器学习模型或算法进行训练。一般而
言，利用贝叶斯优化对基于高斯过程的机器学习模型进行超参数优化时，得到的
机器学习模型在低维问题上的表现良好；而利用贝叶斯优化对基于树的机器学习
模型进行超参数优化时，得到的机器学习模型通常在高维问题或离散问题上的表
现较好。

在 Auto-WEKA 系统的基础之上，相关研究人员后续提出了可以更好地解决
CASH 问题的自动化传统机器学习系统，例如 Feurer 等[61]提出的 Auto-Sklearn
自动化传统机器学习系统。Auto-Sklearn 系统沿用了 Auto-WEKA 系统中所使用
的基于贝叶斯优化的超参数优化方法，并在此基础上加入了基于元学习的贝叶斯
优化器初始化方法，以进一步提升最终传统机器学习模型的性能。

3.2　自动化深度学习

自动化深度学习的整体流程主要分为两步，首先是为具体任务设计相应的神经网络模型架构，该步骤通过神经架构搜索方法实现。其次是通过自动化模型压缩与加速技术对设计出的神经网络模型进行优化，得到能够在实践中方便使用的模型。本节将对上述两个关键步骤展开详细介绍。

3.2.1　神经架构搜索

随着高性能深度神经网络在图像分类、自然语言处理和语音识别等领域的成功应用，它已成为人工智能领域应用最广泛的方法之一。一般来说，深度神经网络模型的性能取决于其架构和与之对应的权重两部分。只有当这两部分均最佳时，深度神经网络的性能才能得到保证。在实践中，最佳权重通常通过学习过程获得，即使用连续损失函数来衡量实际输出与期望输出之间的差异，然后使用基于梯度的算法来最小化该损失。当满足终止条件（如最大迭代次数等）时，算法通常能找到一组好的权重。另外，网络架构包含合理的网络拓扑结构、高效的网络节点连接方式等信息，而获得最佳架构无法直接使用连续函数表示，甚至寻找最佳架构的过程都无法被建模为确切的函数。

因此，长期以来，高性能的深度神经网络架构通常由专家手工设计得到，比如 ResNet[51] 和 DenseNet[52] 等。虽然这些网络模型在当时获得了优异性能，但它们的架构设计强烈依赖专家经验且设计效率低下。在实践中，许多对深度神经网络感兴趣的用户并不具备这些专业知识。此外，深度神经网络的架构是依赖具体问题的，即当问题发生变化时，需要根据问题特性手动设计一个新的网络架构。例如，处理 CIFAR-10 分类问题的最佳 ResNet 架构是 ResNet110，而处理 ImageNet 分类问题的最佳 ResNet 架构是 ResNet152。上述问题阻碍了神经网络技术的大规模应用。

针对上述问题，越来越多的研究人员开始寻找自动设计深度神经网络架构的方法。这直接开创了一个新的研究方向，即神经架构搜索（neural architecture search, NAS）[65]。NAS 是一种自动化设计深度神经网络架构的技术，它将网络架构设计建模为优化问题[66]，该优化问题面对复杂约束条件、离散搜索空间、双层迭代优化、计算代价昂贵和多目标冲突等挑战，如公式 (3.2) 所示。

$$\underset{A \in \mathcal{A}}{\arg\min} \mathcal{L}(A, \mathcal{D}_{\text{train}}, \mathcal{D}_{\text{fitness}}) \tag{3.2}$$

其中，$\mathcal{A}$ 表示一组网络架构；A 表示其中的一个架构；$\mathcal{L}(\cdot)$ 衡量的是在训练数据集 $\mathcal{D}_{\text{train}}$ 上对 A 进行训练后，A 在适应度评估数据集 $\mathcal{D}_{\text{fitness}}$ 上的性能。例如，当卷积神经网络（CNN）用于图像分类任务时，A 是一个 CNN 架构，$\mathcal{L}(\cdot)$ 是将

A 应用在图像分类数据集上的分类误差。

总的来说，基于 NAS 设计的网络架构，已经展现出强大的能力，不仅能够与业界顶尖专家设计的网络架构相媲美，更为重要的是，它能够自主发现那些尚未被人工探索过、极具创新性的网络架构。正如美国工程院院士、谷歌人工智能团队负责人 Jeff Dean 博士在人工智能领域的顶级会议 CVPR2019 上所指出的那样，NAS 是实现通用人工智能的必备基础。Jeff Dean 博士认为，随着数据量和计算能力的不断增长，传统的、依赖人工经验的网络架构设计方法已经难以满足日益增长的需求，而 NAS 技术通过自动化方法，能够快速探索和优化网络架构，为人工智能的发展提供了有力支持。

3.2.2　模型压缩与加速

随着深度神经网络在多任务中展现出了优异的性能，它在计算机视觉、自然语言处理、搜索推荐广告等领域取得了广泛应用。但这些应用大多部署在服务端，即依赖服务端大量的计算资源。随着移动端设备计算能力的不断提升，移动端 AI 落地也成为了可能。相比于服务端，移动端模型的优势有：①实时推理：在移动设备上部署深度神经网络模型可以实现实时的推理和响应，无须依赖网络连接或远程服务器，这对于需要即时决策或反馈的应用非常重要，如智能摄像头、语音助手和增强现实应用等。②隐私保护：在设备本地执行深度神经网络模型可以有效保护用户的隐私数据，因为数据不需要传输到云端进行处理，这样能够降低数据泄露和隐私侵犯的风险。③离线支持：移动设备上部署的模型可以在无网络连接或低带宽环境下运行，因此非常适合离线使用场景。综上所述，在移动端部署深度神经网络模型具有实时性、隐私保护和离线支持等优势。然而，一般而言，深度神经网络模型相比传统机器学习模型规模更大，限制了其在移动端设备的应用。

目前业界普遍采用以下方式实现对深度神经网络模型的自动化压缩与加速：首先，对模型进行权重剪枝，即通过删除模型中不重要的连接或参数来减小模型的大小并提升推理速度。其次，通过量化手段将模型参数从浮点数（如 32 比特等）转换为较低位宽的表示（如 4 比特等），从而减少存储需求和计算成本。再次，通过知识蒸馏将一个大型模型（教师模型）压缩到一个小型模型（学生模型）。最后，通过第 3.2.1 小节提到的 NAS 技术自动化地设计模型架构，找到适合特定任务的紧凑且高效的模型结构，也是实现模型压缩与加速的一个路径。

3.3　经典自动化方法

了解了自动化传统机器学习和自动化深度学习的流程之后，将介绍一些经典的自动化优化方法，这些方法在模型优化中扮演了重要角色。包括网格/随机搜索、贝叶斯优化、强化学习、演化计算和梯度下降等，它们各自具有独特的优点和适用场景。接下来，将简要介绍这些经典方法的基本原理。

3.3.1   网格/随机搜索

3.3.1.1   网格搜索

网格搜索（grid search）是最为简单、直观的优化算法，常用于参数数量较少的情况，其基本思路是将每个超参数的取值范围划分为一系列离散的点，形成一个参数的"网格"，而后通过遍历每个参数组合来找到最优参数。在网格搜索过程中，指定的参数组合列表中的每一组参数都会被评估一次，从而选取其中性能最好的参数组合。

网格搜索的实现步骤十分简单。首先，需要确定要优化的参数及它们可能的取值范围，对于连续型的超参数，则需要对其可行域进行网格划分，选取一些典型值；而后，根据参数空间生成所有可能的参数组合，即构建网格；最后，遍历每一个参数组合，并对其进行评估，从而选取出最优的参数组合。网格搜索的优点在于原理和实现都比较简单，易于理解和应用，且可以确保能够找到参数空间内的最优解。但是，随着参数数量的增加，参数组合的数量将呈指数级增长，网格搜索计算量将会变得巨大。

3.3.1.2   随机搜索

随机搜索（random search）是一种更为通用的优化算法，其适用于参数空间连续的情形。与网格搜索的穷举不同，随机搜索通过从预先定义的参数空间中随机采样参数组合并评估，从而搜索最优参数。随机搜索的主要优势在于其简单性和对高维参数空间的高效搜索能力，它虽然不能像网格搜索那样保证找到搜索空间内的最优解，但在实践中往往能以较低的成本找到接近最优的解决方案。此外，随机搜索算法的执行与具体场景无关，这使得它具备良好的通用性，因而常作为基准方法以验证其他优化方法的性能。

3.3.2   贝叶斯优化

贝叶斯优化（Bayesian optimization）是一种基于概率模型的优化方法，常用于解决黑盒优化问题，即目标函数形式复杂或不明确的优化问题。与网格搜索和随机搜索不同，贝叶斯优化利用已搜索点的信息指导搜索过程以提高结果的质量及搜索的速度。具体来讲，贝叶斯优化的思路是首先生成一个初始候选解集合，然后根据这些点寻找下一个最有可能是极值的点，将该点加入集合中，重复这一步骤，直至迭代终止。最后从这些点中找出函数值最大的点作为问题的解。

3.3.2.1 基本要素

贝叶斯优化基于贝叶斯定理，其通过构建一个概率代理模型来模拟目标函数，并不断地利用采集函数（acquisition function，AC）来更新这一概率模型，进而实现优化求解。

贝叶斯优化中最常用的概率代理模型为高斯过程（Gaussian process）[67]，可表示为公式 (3.3)。

$$f(x) \sim \text{GP}(m(x), k(x, x')) \tag{3.3}$$

其中，$m(x)$ 表示均值函数；$k(x, x')$ 表示协方差函数（核函数）。通过已有数据，可以估计出均值函数和协方差函数的参数，从而构建出一个概率代理模型。

利用贝叶斯优化寻优的核心在于采集函数（acquisition function，AC），即用于平衡探索（exploration）和利用（exploitation）的策略。常用的采集函数有概率改进（probability of improvement，PI）、期望改进（expected improvement，EI）、置信度上界（upper confidence bound，UCB）等。

PI 的基本思想是选择一个样本点 x，使得概率代理模型在该点的预测值 $f(x)$ 优于当前最优目标函数值 $f(x)^*$。以最小化目标函数为例，PI 可以表示为

$$\text{PI}(x) = \mathbb{P}(f(x) < f(x)^*) \tag{3.4}$$

EI 的基本思想是在下一次迭代中选择一个样本点，使得改进的期望值最大。具体来说，EI 可以表示为公式 (3.5)。

$$\text{EI}(x) = \mathbb{E}\left[\max(0, f(x)^* - f(x))\right] \tag{3.5}$$

期望改进值越大，表示在 x 点获得更好目标函数值的可能性越高。当使用高斯过程作为概率代理模型时，可以得到在 x 点的预测值 $f(x)$ 和预测方差 $\sigma^2(x)$。此时，期望改进可以表示为公式 (3.6)。

$$\text{EI}(x) = (f(x)^* - f(x))\Phi(Z) + \sigma(x)\phi(Z) \tag{3.6}$$

其中，$Z = (f(x)^* - f(x))/\sigma(x)$；$\Phi$ 表示标准正态分布的累积分布函数；ϕ 表示标准正态分布的概率密度函数。

UCB 是另一种常用的采集函数。其可以表示为公式 (3.7)。

$$\text{UCB}(x) = f(x) + \beta\sigma(x) \tag{3.7}$$

其中，$f(x)$ 表示概率代理模型在 x 点的预测值；$\sigma(x)$ 表示预测的标准差；β 是一个超参数，用于平衡探索和利用。

3.3.2.2   算法流程

贝叶斯优化算法流程涉及初始化概率代理模型、选择采集函数、更新模型和迭代优化，直至满足停止条件，最终输出最优解。具体来讲，首先选择一个概率代理模型（如高斯过程）作为目标函数的代理模型，并根据初始数据集对代理模型进行训练；其次根据问题的性质和先验知识选择合适的采集函数；最后根据采集函数选择新的采样点，进而更新代理模型，重复执行这一迭代优化的过程，直到满足停止条件。

3.3.3   强化学习

强化学习（reinforcement learning，RL）是一种机器学习方法，它由智能体与环境两大主体组成，其中，智能体能够在环境中通过试错来学习如何取得最佳行动策略。在这个学习过程中，智能体通过与环境的交互获得奖励或惩罚，以最大化其获得的总奖励。这种学习方法依赖智能体对环境状态的感知，根据状态做出决策，然后执行动作，最终接收环境的反馈来调整其决策过程，如图 3.1 所示。

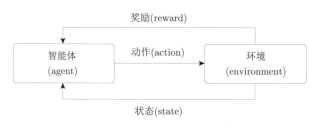

图 3.1   强化学习的序列化过程

RL 的发展历程可以追溯到 20 世纪 50 年代，当时心理学家通过动物行为实验开始探索奖励和惩罚对行为的影响。在随后的几十年里，这些心理学原理逐渐与计算机科学交汇，尤其是在智能体决策过程和自动化学习方面。到了 20 世纪 80 年代，随着算法和计算能力的进步，RL 作为一个独立的领域得到了明确的界定。20 世纪 90 年代，随着 Sutton 和 Barto 的开创性工作，尤其是在他们的书籍 *Reinforcement Learning: An Introduction*[68] 中，RL 理论得到了系统化的总结，为研究者提供了一个坚实的理论基础。进入 21 世纪，RL 在复杂的、多变的环境中显示出强大的潜力，特别是在 DeepMind 的 AlphaGo 击败人类围棋冠军后 RL 的潜能被全世界认知，此后该领域得到了快速的发展和广泛的应用。目前，RL 算法可以分为基于策略学习的算法、基于价值学习的算法和组合方法三大类。接下来将依次介绍 RL 中涉及的基本概念，以及三类方法的具体细节。

3.3.3.1 基本概念

在 RL 中主要包含 4 个基本概念，即马尔可夫决策过程、策略、回报，以及价值函数，本节将依次介绍上述 4 个基本概念。

马尔可夫决策过程是 RL 的数学建模基础，这一过程主要由状态空间、动作空间、奖励函数，以及状态转移函数等构成。具体而言，状态空间指的是当前环境所有可能状态构成的集合，通常以符号 $\mathcal{S}$ 表示。动作空间 $\mathcal{A}$ 指的是智能体在当前状态下可以做出的所有动作构成的集合，其中动作指的是智能体根据当前状态对应做出的决策。奖励函数 $\mathcal{R}$ 指的是在智能体完成一个动作之后，环境返回给智能体奖励值的计算方式，其中奖励指的是在智能体完成该动作后环境返回给智能体的一个数值。在实际场景当中，奖励函数通常要根据具体的任务人为设定。此外，状态转移函数则主要用来描述状态转移的过程，即智能体从当前 t 时刻的状态 s 转移到下一个时刻的状态 s' 的过程。状态转移函数通常可以表示为

$$p_t(s' \mid s, a) = \mathbb{P}(\mathcal{S}'_{t+1} = s' \mid \mathcal{S}_t = s, \mathcal{A}_t = a) \tag{3.8}$$

其中，s 表示环境当前的状态；a 表示在当前环境状态下智能体执行的动作；s' 表示智能体执行动作后环境的状态。

策略指的是智能体根据当前环境状态做出决策的方法，即从动作空间中选择一个动作的方法。策略通常需要借助一个策略函数进行实现。可以采用的策略函数分为两种，即确定性的策略函数及随机性的策略函数。其中，在确定性的策略函数中，给定一个状态 s，其计算得出的动作 a 是一个确定的值，而不是一个概率分布。若将确定性的策略记作 $\mu : \mathcal{S} \to \mathcal{A}$，则确定性策略函数 $\pi(a \mid s)$ 的计算过程可以表示为

$$\pi(a \mid s) = \begin{cases} 1, & \mu(s) = a \\ 0, & \text{其他} \end{cases} \tag{3.9}$$

与确定性的策略函数不同，随机性的策略函数则计算得到一个概率值，代表在当前状态下选择特定动作的概率，表示为

$$\pi(a \mid s) = \mathbb{P}(\mathcal{A} = a \mid \mathcal{S} = s) \tag{3.10}$$

回报也可称为累计奖励，表示从当前时刻开始到整个过程结束获得的奖励总和。t 时刻的回报 U_t 可以表示为

$$U_t = R_t + R_{t+1} + \ldots + R_n \tag{3.11}$$

其中，R_t 表示 t 时刻的奖励；n 表示整个过程将在 n 时刻结束。因为回报表示未来获得奖励的总和，所以智能体的目标通常为将回报最大化，以达到理想的优化效果。

价值函数指的是回报的期望，即未来获得的奖励之和的数学期望。价值函数主要用于衡量当前环境状态的好坏，价值函数值越大，则表明当前环境状态越有利。价值函数主要分为两类，即动作价值函数 $Q^\pi(s,a)$ 与状态价值函数 $V^\pi(s)$。其中，$Q^\pi(s,a)$ 评估在 s 下采取动作 a 的预期回报，$V^\pi(s)$ 评估处于状态 s 的预期回报。

3.3.3.2　基于策略学习的算法

基于策略学习的算法直接对智能体的决策策略（policy）进行优化，目的是学习一个策略，该策略能够告诉智能体在给定状态下选择最佳动作以最大化累积奖励。基于策略学习的算法是一类非常通用的优化方法，通常利用策略梯度（policy gradient）技术来实现，适用于处理任何动作类型（离散的、连续的或混合的）的问题。

REINFORCE 算法是最著名的基于策略学习的算法，其包括三个主要组成部分，即一种参数化的策略、一个可被最大化的目标函数，以及一种更新策略参数的方法。其中，策略是一种将状态映射为动作概率的函数，智能体学习一种策略并依靠它在某种环境下选择动作。通常地，可以使用一个由可学习的参数 θ 构成的神经网络来表示策略，称为策略网络。REINFORCE 算法的关键思想就是通过搜索一组最优的 θ 来学习一个好的策略，使得累积折扣奖励最大化。基于此，策略学习的目标函数可以定义为

$$J(\theta) = \mathbb{E}_{\tau \sim \pi_\theta}[R(\tau)] = \mathbb{E}_{\tau \sim \pi_\theta}[\sum_{t=0}^{T} \gamma^t r_t] \tag{3.12}$$

其中，τ 表示智能体在环境中行动产生的一条轨迹，可以表示为 $\tau = s_0, a_0\ r_0,$ $\ldots, s_T, a_T, r_T$；$R(\tau) = \sum_{t=0}^{T} \gamma^t r_t$ 表示从时间步 t 到轨迹结束的奖励的折扣总和。为了最大化目标，可对策略参数 π 进行梯度上升操作，即通过不断地计算梯度并用它更新参数，如公式（3.13）所示。

$$\theta = \theta + \alpha \nabla_\theta J(\pi_\theta) \tag{3.13}$$

其中，α 表示学习率，用来控制参数更新的频率；$\nabla_\theta J(\pi_\theta) = \mathbb{E}_{\tau \sim \pi_\theta}[\sum_{t=0}^{T} R_t(\tau)\nabla_\theta \log \pi_\theta(a_t \mid s_t)]$ 表示策略梯度，其中，$\pi_\theta(a_t \mid s_t)$ 是智能体在时间步 t 所采取动作的概率。

综上，REINFORCE 算法的内容如算法1所示，其中，一个策略网络 π_θ 被随机初始化（第 1 行）。然后，进入到训练阶段（第 2～10 行）。在训练的过程中，首先，对某个事件使用 π_θ 生成轨迹 τ（第 3 行）；然后，对于 τ 中的每个时间步 t 计算回报 $R_t(\tau)$（第 4 行），并使用 $R_t(\tau)$ 估算策略梯度（第 7 行）。接着，对多个时间步的策略梯度求和（第 8 行），并使用求和结果更新策略网络参数 θ（第 10 行）。

算法 1: REINFORCE 算法

输入: 学习率 α，最大训练次数 MAX_EPISODE

输出: 最优的策略网络

1 初始化一个参数为 θ 的策略网络 π_θ

2 **for** episode $\leftarrow 0$ **to** MAX_EPISODE **do**

3   采样一个轨迹 $\tau = s_0, a_0\ r_0, \ldots, s_T, a_T, r_T$

4     $R(\tau) = \sum\limits_{t=0}^{T} \gamma^t r_t$

5   设置 $\nabla_\theta J(\pi_\theta) = 0$

6   **for** $t \leftarrow 0$ **to** T **do**

7         $R_t(\tau) = \sum\limits_{t'=t}^{T} \gamma^{t'-t} r_{t'}$

8         $\nabla_\theta J(\pi_\theta) = \nabla_\theta J(\pi_\theta) + R_t(\tau) \nabla_\theta \log \pi_\theta(a_t \mid s_t)$

9   **end**

10     $\theta = \theta + \alpha \nabla_\theta J(\pi_\theta)$

11 **end**

Sutton 等[69]在策略梯度定理中已经证明这种基于策略学习的算法能够保证收敛到局部的最优策略，但是，这类算法的方差高，样本效率低。

3.3.3.3 基于价值学习的算法

基于价值学习的算法旨在通过学习一个价值函数来指导决策过程，其通过估计状态或状态-动作对的价值来解决决策问题。这种方法的核心是学习一个价值函数，该函数是 $V^\pi(s)$ 或 $Q^\pi(s,a)$。基于价值学习的方法不直接学习策略，相反地，策略是通过最大化价值函数的动作间接计算得到的。SARSA 与深度 Q 网络（deep Q-network，DQN）是该类算法的代表。

SARSA 算法[70]是首个基于价值学习的算法，在执行更新之前需要了解经验数据，即状态-动作-奖励-状态-动作（state-action-reward-state-action）。SARSA 算法涉及时序差分（temporal difference，TD）学习和 ϵ-贪心策略。TD 学习提供了一种如何评估动作的方法，其核心思想是利用下一步估计 $\hat{q}_{t+1}$ 来更新当前的估计 $\hat{q}_t$，这种方法不需要模型的完整知识，也不需要等待一整个序列的完成来进行学习，因此它可以在不知道环境模型的情况下，从实际经验中直接学习。在 TD 学习中，智能体从初始状态开始，通过与环境的交互产生状态和奖励的序列作为经验数据。每进行一步操作，智能体都会接收到下一个状态的信息及相应的即时奖励。TD 学习使用这些即时奖励来连续更新其对未来奖励的估计，即 TD 目标 $\hat{y}_t = r_t + \gamma \hat{q}_{t+1}$，这种更新使用的是差分形式，即当前估计与先前估计之间的差异，就是 TD 误差。ϵ-贪心策略提供了一种动作选择机制。具体来说，如果智能体始终选择每个状态的最大 Q 值所对应的动作，这意味着智能体无法充分探索整个状态-动作空间，即无法了解状态-动作空间的随机部分，因此智能体可能会执行次优动作并陷入局部最优问题。为了缓解这个问题，ϵ-贪心策略允许智能体以 $1 - \epsilon$ 的概率贪婪地选择动作，以 ϵ 的概率随机选择动作。

算法 2 给出了 SARSA 算法的伪代码。首先，算法初始化一个策略网络和探索率 ϵ（第 1～2 行）。在每一步迭代中，它通过执行 ϵ-贪心策略从环境中收集 N 条经验（第 4 行），每条经验包括当前状态、采取的动作、获得的奖励、下一个状态及在该状态下采取的动作。接着，对每条经验计算目标 Q 值（第 6 行）。之后，算法通过这些目标 Q 值和策略网络预测的 Q 值，利用均方误差计算损失，并用此更新策略网络的参数，以优化网络性能（第 8～9 行）。整个过程重复进行，直到达到最大训练次数 MAX_STEPS，最终输出训练好的最优策略网络。这种算法允许策略网络在与环境的实时交互中学习和适应，以达到更好的决策效果。

算法 2: SARSA 算法

输入: 学习率 α，最大训练次数 MAX_STEPS

输出: 最优的策略网络

1　初始化一个参数为 θ 的策略网络 π_θ

2　初始化 ϵ

3　**for** $t \leftarrow 0$ to MAX_STEPS **do**

4　　基于 ϵ-贪心策略收集 N 条经验 (s, a, r, s', a')

5　　**for** $i \leftarrow 0$ to N **do**

6　　　基于每条经验计算目标 Q 值 $\hat{y}_i = r_i + \gamma \delta_{s'_i} Q_{\pi_\theta}(s'_i, a'_i)$，其中当 s'_i 未终止状态时，$\delta_{s'_i} = 0$；反之为 1

7　　**end**

8　　利用均方误差计算损失 $L(\theta) = \frac{1}{N} \sum_{i=1}^{N} [\hat{y}_i - Q_{\pi_\theta}(s_i, a_i)]^2$

9　　基于 $L(\theta)$ 更新 θ

10　**end**

DQN 算法与 SARSA 算法一样，通过 TD 学习过程来学习 Q 函数。不同的是 SARSA 算法是同策略算法，而 DQN 算法通过使用异策略学习和深度学习网络来逼近 Q 函数，可以有效地处理大规模状态空间问题，并且，在估计目标 Q 值时，DQN 算法没有使用下一状态 s' 中实际采取的动作 a'，而是使用该状态中所有可用的潜在动作的最大值，如公式（3.14）所示。

$$\hat{y} = r + \gamma \delta_{s'} \max_{a' \in \boldsymbol{A}} Q_{\pi_\theta}(s', a') \tag{3.14}$$

　　DQN 算法的一大特色是使用了两个神经网络，如图 3.2所示。其中，策略 Q 网络负责对当前策略进行学习和更新。在 DQN 的每次迭代中，策略 Q 网络用于评估给定状态下每个可能动作的 Q 值，并根据这些 Q 值选择动作。目标 Q 网络负责计算损失函数中的目标 Q 值，从而稳定学习过程。DQN 算法的另一个特色是使用了经验回放。因为强化学习过程中搜集到的数据是一个时序的序列，不同序列之间的样本相关度高，使得网络学习比较困难。因此，DQN 存储了每次探索获得的数据，并从中取出一个批次的数据进行网络权重更新。在进行网络权重更新时，首先，计算批次中每个元素的目标 Q 值；然后，通过目标 Q 值与策略 Q 网络估计的 Q 值计算损失；最后，计算损失的梯度并更新策略 Q 网络的参数。注意，目标 Q 网络的参数是从策略 Q 网络中定期复制过来的，并且在多个训练步骤中保持不变。这种参数更新策略减少了目标 Q 值与估计 Q 值之间的相关性，有助于避免学习过程中的发散或震荡。

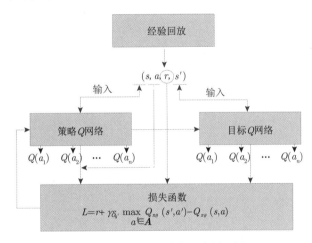

图 3.2　DQN 算法的基本原理图

　　这类基于值的方法具有较低的方差，且能够更好地利用从环境中收集到的数据，因此，具有更高的样本训练效率。但是，这类方法并不能够保证收敛到最优，并且，从标准的公式来看，它们也仅面向基于离散的动作空间。

3.3.3.4　组合方法

　　组合方法通过充分利用上述两类方法的优势，尝试将它们结合起来，以学习两个或多个策略和价值函数。演员-评论家（actor-critic，AC）算法是一类使用得最广泛的组合方法。AC 算法具有两个可学习的组成部分，一个是"演员"，负责学习参数化的策略 π_θ；另一个是"评论家"，负责学习一个价值函数以评估在特定状态下采取某个动作的潜在价值。相较于根据动作由 Q 值估计的绝对值来进行动作选择，AC 算法根据动作相对于特定状态下可用的其他动作的执行情况来进行选择。基于此，优势函数 $A^\pi(s,a) = Q^\pi(s,a) - V^\pi(s,a)$ 被引入 AC 算法作为强化信号，这种学习了优势函数的 AC 算法被称为优化演员-评论家（advantage actor-critic，A2C）算法。在 A2C 算法中，演员使用策略梯度来学习参数化的策略 π_θ，这与 REINFORCE 算法非常相似，主要的区别在于 A2C 算法将 REINFORCE 中用于计算强化信号的回报 $R_t\tau$ 替换成了优势函数 A_t^π，如公式（3.15）所示。

$$\nabla_\theta J(\pi_\theta) = \mathbb{E}_{\tau \sim \pi_\theta} \left[\sum_{t=0}^{\tau} A_t^\pi(s_t, a_t) \nabla_\theta \log \pi_\theta(a_t \mid s_t) \right] \qquad (3.15)$$

评论家负责学习如何评价 (s,a) 对，并计算优势 A^π。优势也是一种相对度量，它基于特定状态下的状态-动作对的预期回报 Q^π，分析该动作是否能够提升或降低当前策略带来的期望回报 $V^\pi(s)$。简而言之，评论家通过评估动作 a 相对于策略 π 下状态 s 的期望回报 $V^\pi(s)$，来判断这个动作是提升还是降低了策略的整体性能。Schulman 等[71]解释了优势函数能够揭示动作对未来长期效果的影响，因为它会考虑从当前状态开始的所有后续步骤，而忽略之前采取的所有动作对当前状态的影响。

A2C 算法将演员和评论家组合在一起，如算法3所示。具体来说，首先初始化演员网络和评论家网络的参数（第1行）；然后，使用当前的演员网络与环境进行交互

算法 3: A2C 算法

输入: 演员学习率 $\alpha_A \geqslant 0$，评论家学习率 $\alpha_C \geqslant 0$，最大训练次数 MAX_STEPS

输出: 最优的演员网络

1　初始化一个演员网络 π_{θ_A} 和评论家网络 π_{θ_C}

2　**for** $t \leftarrow 1$ to MAX_STEPS **do**

3　　使用当前的演员与环境进行交互以收集经验数据 (s_t, a_t, r_t, s_t')

4　　**for** $i \leftarrow 0$ to T **do**

5　　　使用 π_{θ_C} 计算 V 值 $\hat{V}^\pi(s_t)$

6　　　使用 π_{θ_C} 计算优势 $\hat{A}^\pi(s_t, a_t)$

7　　　基于轨迹数据使用 π_{θ_C} 计算 n 步估计 V 值 $\hat{V}_{\text{tar}}^\pi(s_t) = r_t + \hat{V}^\pi(s_t')$

8　　**end**

9　　利用均方误差计算损失 $L(\theta_C) = \frac{1}{T} \sum_{t=1}^{T} \left[\hat{V}^\pi(S_t) - \hat{V}_{\text{tar}}^\pi(S_t) \right]^2$

10　　计算策略损失 $L(\theta_A) = \frac{1}{T} \sum_{t=1}^{T} \left[-\hat{A}^\pi(s_t, a_t) \log \pi_{\theta_A}(a_t \mid s_t) \right]$

11　　更新评论家参数 $\theta_C = \theta_C + \alpha_C \nabla_{\theta_C} L(\theta_C)$

12　　更新演员参数 $\theta_A = \theta_A + \alpha_A \nabla_{\theta_A} L(\theta_A)$

13 **end**

以收集经验数据（第3行）。接着，对于经验数据中的每一个数据 (s_t, a_t, r_t, s'_t)，使用评论家网络计算其相应的 $\hat{V}^\pi(s_t)$、$\hat{A}^\pi(s_t, a_t)$，以及 $\hat{V}^\pi_{\text{tar}}(s_t)$（第4~8行）。基于此，计算值损失（第9行）与策略损失（第10行）。最后，使用值损失更新评论家网络参数（第11行），并使用策略损失更新演员网络参数（第12行）。A2C 算法因其效率和稳定性，在许多强化学习任务中被广泛应用，特别是在需要处理高维状态空间和动作空间的场景中。

3.3.4 演化计算

演化计算（evolutionary computation，EC）又称进化计算，是一类受生物进化理论启发的优化算法。其核心思想是通过模拟自然界中的生物现象来实现搜索过程，例如基因遗传、物种演化、群体行为等自然现象。演化计算通过对这些自然过程进行抽象和模拟，将优化问题转换为一个个体在解空间中的演化过程。

将达尔文原理应用于自动解决问题的想法可以追溯到 20 世纪 40 年代，远早于计算机的突破[72]。早在 1948 年，图灵就提出了"遗传或进化搜索"，到 1962 年 Bremermann 实际上已经进行了"通过进化和重组进行优化"的计算机实验。20 世纪 60 年代，不同科学家开发了基本思想的三种不同实现方式。在美国，Fogel、Owens 和 Walsh 引入了进化规划（evolutionary programming，EP）[73]，美国的 Holland 则开发了遗传算法[74-76]。与此同时，在德国，Rechenberg 和 Schwefel 发明了演化策略（evolutionary strategy，ES）[77, 78]。大约之后的 15 年，这些领域各自发展。但自 20 世纪 90 年代初以来，它们一直被视为一种技术的不同代表（"方言"），该技术后来被称为演化计算（EC）[79-86]。20 世纪 90 年代初期，继一般思想之后出现了第四个流派，即由 Koza 倡导的遗传规划（genetic programming，GP）[87, 88]。现代术语用演化计算来表示整个领域，其包括演化算法（evolutionary algorithm，EA）、进化规划、演化策略、遗传算法和遗传规划等算法。

在演化计算中，候选解被表示为个体，它们通过一系列操作（如选择、交叉和变异）来进行演化。这些操作模拟了生物进化中的遗传机制和选择压力，从而使得更好的个体在群体中逐渐占据主导地位。通过不断迭代演化过程，演化计算试图找到最优解或者近似最优解。下面将详细介绍演化计算的算法流程（图 3.3）中涉及的基本要素。

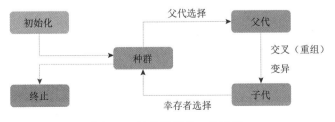

图 3.3 演化计算的一般流程

3.3.4.1　基本要素

种群初始化是演化计算的第一步，其目的是生成初始候选解集合，构建起演化过程的起始状态。在这一步之前，首先需要致力于解的表示（representation），即个体的定义。需要说明的是，原始问题背景中的一个解指的是表型（phenotype），而其基因编码后叫基因型（genotype）。因此第一步"表示"所需要做的是：设计一个步骤将解从表型映射到基因型。例如，当考虑一个解是整数的优化问题时，给定的整数集将形成表型。在这种情况下，可以使用二进制编码来表示解。例如，对于值为 18 的表型，10010 将代表它的基因型。通过在算法迭代次数终止后解码最佳基因型来获得解决方案（即一个良好的表型）。需要注意的是，问题的解决方案（一个表型）都应有且仅有一个相对应的基因型。因此，所采用的"表示"方式应该能够将所有可行解都表示。

常用的表示方式除了二进制表示（binary representation）方式外，还有实数表示（integer representation）法、实值或浮点数表示（real-valued or floating-point representation）法，以及树表示（tree representation）法。在对所有候选解空间完成"表示"后，便可以开始算法的种群初始化操作。一个种群是基因型的多重集合。在几乎所有的演化算法应用中，种群大小都是恒定的，在演化搜索过程中不会改变，这会产生有限的资源来创建竞争。如果将父代种群大小设置为 μ，子代种群大小设置为 λ，那么种群初始化就是产生 μ 个基因型（解/个体）作为初始种群。通常采用随机或者启发式的方法生成一组初始解。

适应度函数（fitness function）也叫评估函数，用于衡量一个个体（基因型）或种群的质量，进而指导算法的演化过程。需要注意的是"适应度"一词通常与最大化相关联。很多时候，演化算法用于求解优化问题。在这种情况下，优化问题通常使用"目标函数"这个名称，并且适应度函数可以与给定的目标函数相同，或者是其简单转换的函数。

父代选择旨在根据适应度值选择用于生成下一代个体的父代。父代选择的方法通常包括适应度比例选择（fitness proportional selection）、排序选择（ranking selection）、锦标赛选择（tournament selection），以及均匀父代选择（uniform parent selection）等。下面详细介绍 4 种常用的选择策略。

（1）适应度比例选择：每一个个体 i 被选中的概率取决于它的绝对适应度值与整个种群中其他个体的绝对适应度值的比值，即 $f_i / \sum\limits_{j=1}^{\mu} f_j$。这种选择机制是在文献[76]中引入的，但其存在一些问题，例如：①出色的个体非常快地接管了整个种群，使得算法不太可能彻底搜索可能解的空间；②在运行的后期，当一些收敛已经发生并且最差的个体已经消失时，平均种群适应度增加得非常缓慢。为避免这一问题，通常使用一种称为窗口化（windowing）的过程。例如，使用 σ 缩放[89]从当前种群中减去一定的值来维持适应度差异。这一方法结合了种群中适应度的平均值 $\hat{f}$ 和标准差 σ_f 的信息。具体来说，个体的适应度值 $f(x)$ 被更新为

$$f'(x) = \max(f(x) - (\hat{f} - c \cdot \sigma_f), 0) \tag{3.16}$$

其中，c 是一个常数，通常设置为 2。

（2）排序选择：该方法是一种受到适应度比例选择的缺点启发的另一种父代选择的方法[90]。它通过将种群按适应度排序，然后根据它们的排序而不是实际适应度值为个体分配选择概率来保持恒定的选择压力。从排序编号到选择概率的映射可以用许多方法来完成，例如线性或指数递减。线性排序方案的选择概率通常由一个值 s（$1 < s \leqslant 2$）来进行参数化处理。具体来说，排序为 i 的个体被选中的概率是

$$P_{\text{lin-rank}}(i) = \frac{(2 - s) \cdot (\mu + 1) + 2i \cdot (s - 1)}{\mu \cdot (\mu - 1)} \tag{3.17}$$

其中，μ 表示种群大小。由于比例是线性的，令 $s > 2$ 将导致最差个体的选择概率为负数。如果需要更高的选择压力，即更强调选择高于平均适应度的个体，通常使用指数排序方案，形式如下：

$$P_{\text{exp-rank}}(i) = \frac{1 - \mathrm{e}^{-i}}{c} \tag{3.18}$$

其中，归一化因子 c 被选择为使概率之和为 1 的值，即它是关于种群大小的函数。

（3）锦标赛选择：重复执行 λ 次以下操作：从 μ 个个体的池子中随机选择 k 个个体（可以重复选择也可以不重复选择），然后从中选择最优者。

（4）均匀父代选择：每个个体被选择的机会相同。演化策略通常使用均匀随机选择将父代放入配对池中，即对于每个 $1 \leqslant i \leqslant \mu$，有 $P_{\text{uniform}}(i) = 1/\mu$。

变异是实现种群更新的重要操作，其应用于一个基因型并产生一个（稍微）修改过的突变体作为子代或后代。通常，变异算子按照变异的点的个数可分为单点变异（one-position mutation）和多点变异（n-position mutation）算子，其中单点变异算子意味着一个解仅执行一次变异策略，而多点变异算子意味着一个解需要执行多次变异策略。这其中所说的变异策略可以根据具体问题来设计。例如，当解对应为神经网络架构时，变异策略一般是针对神经元节点个数和操作进行的"修改""添加""删除"操作。需要说明的是，对于多点变异算子来说，需要确定一个解执行多少次变异操作，而这个次数么是一开始就固定好的，要么是根据概率分布决定的。对于变异次数固定的解来说，只需要确定针对解的基因型编码来选择变异位置即可，而对于变异次数不固定的解来说，通常会提前设置好解的基因型编码的每个位置发生变异的概率 p，然后算法依次判断每个位置是否发生变异，这也就是常见的按位变异（bitwise mutation）算子的思路。此外，还有通

过概率分布（例如泊松分布）来确定变异次数的变异算子。变异在各种演化计算的不同方面中扮演了不同的角色。例如，在遗传规划中，突变通常完全不被使用；而在遗传算法中，传统上将其视为一种背景算子，为基因库提供"新鲜血液"；在演化编程中，它是唯一的变异算子，完全负责生成新个体。

交叉（重组）是实现种群更新的重要操作，其将来自两个父代基因型的信息合并成一个或两个后代基因型。通常，交叉算子按照交叉位置个数可分为三类：单点交叉（one-position crossover）、多点交叉（n-position crossover）以及均匀交叉（uniform crossover）。单点交叉的工作方式是选择一个在 $[1, l-1]$ 范围内的随机数 r（其中 l 是编码的长度），然后在该点将两个父代进行分割，通过交换分割后的部分来创建两个子代。单点交叉可以轻松推广为 n 点交叉，其中染色体被分成多个连续基因片段，并通过从父代中交替取出片段来创建子代。实际上，这意味着在 $[1, l-1]$ 范围内选择 n 个随机交叉点。前两个算子通过将父代分成若干连续基因段并重新组装它们来产生子代。与此相反，均匀交叉[91]通过独立处理每个基因，随机选择它应该继承自哪个父代来工作。这通过从 $[0, 1]$ 的均匀分布生成一个包含 l 个随机变量的字符串来实现。在每个位置上，如果值低于参数 p（通常为 0.5），则基因从第一个父代继承；否则从第二个父代继承。第二个子代使用反向映射创建。交叉在演化计算的不同方面起到的作用也有所不同：在遗传规划中，交叉通常是唯一的演化算子；在遗传算法中，它被视为主要的搜索算子；而在演化编程中，它从未被使用。

幸存者选择旨在从 μ 个父代和 λ 个子代中选择进入下一代的 μ 个个体的过程。原则上，任何用于父代选择的机制也可以用于选择幸存者。然而，在演化计算的历史上，已经提出并广泛使用了许多特殊的幸存者选择策略。总的来说，这些选择策略通常分为两类：基于年龄（age-based）的选择策略和基于适应度值（fitness-based）的选择策略。其中，基于年龄的选择策略有三种：①每个个体仅存在一个周期，并且父代被整套后代替换；②采用先进先出的队列形式选择最老父代进行替换；③随机选择一个父代进行替换。基于适应度值的选择策略通常有以几种。

（1）替换最差个体：选择种群中最差的 λ 个成员进行替换。这种策略会导致种群迅速聚焦到当前存在的最适应个体，从而导致过早收敛。因此，通常会与大种群、"无重复个体"策略一起使用。

（2）精英选择策略：当前适应度最优的成员始终保持在种群中。这种选择策略通常与基于年龄和基于随机适应度的选择策略结合使用，以防止丢失种群中当前最适应的成员。

（3）轮换比赛（round-robin tournament）：该方法通过以循环赛的形式举行两两比赛来运作，其中每个个体从合并的父代和后代种群中随机选择 q 个个体作为对手来进行比较。对于每次比较，如果个体优于其对手，则分配"胜利"。完成所有比赛后,选择具有最多胜利次数的 μ 个个体。

(4)($\mu+\lambda$)选择:将后代和父代集合合并,并根据(估计的)适应度排名,保留前 μ 个作为下一代种群。

(5)(μ,λ)选择:所有父代都被丢弃,并且按照适应度值排名从 λ 个子代中选择 μ 个形成下一代。该方法混合了年龄和适应度策略。

下面对一些经典的演化计算展开介绍,包括遗传算法(genetic algorithm,GA)、演化策略(evolutionary strategy,ES)、遗传规划(genetic programming,GP)等。

3.3.4.2 遗传算法

遗传算法(GA)是最广为人知的一种演化算法。最初,由 Holland 提出遗传算法可作为研究自适应行为的一种手段[75]。一个简单的 GA,如 SGA(standard genetic algorithm)包括:①表示方式:二进制;②重组算子:单点交叉算子;③变异算子:bitwise 变异算子;④父代选择:适应度比例选择策略;⑤幸存者选择:世代生存。

SGA 固有的工作流程:给定一个含有 μ 个个体的种群,通过父代选择可重复地选择 μ 个个体填充中间种群(用作交叉变异);然后,中间种群被洗牌以创建随机对,对每对个体应用交叉概率为 p_c 的交叉算子,并且子代立即替换中间种群里的父代;新的中间种群通过逐一执行变异概率为 p_m 的变异算子进行修改;新的中间种群完全替换上一代作为下一代(也就是基于世代生存选择后代)。需要注意的是,在这新一代种群中,可能存在一些来自上一代的片段(也许是完整的个体),经过交叉和变异而没有被修改,但是这种情况的可能性非常低(取决于参数 μ、p_c、p_m)。

尽管 SGA 非常简单,但其仍然被广泛应用,不仅在教学和新算法的基准测试中发挥作用,也适用于那些可以用二进制形式有效表示的问题。此外,它也被理论研究者广泛建模使用。

3.3.4.3 演化策略

演化策略(ES)是由 Rechenberg 和 Schwefel 在 1963 年提出的,他们当时在柏林工业大学从事形状优化方面的应用研究(有关简要历史请参见文献 [92])。最早的演化策略是简单的两成员算法,称为 (1+1)-ES,其工作在向量空间中,通过将一个随机数独立地添加到父向量的每个元素上以生成一个后代,并在更适应时接受。另一种简单的演化策略则总是使用后代来替换父代,称为 (1,1)-ES。通常,随机从均值为 0、标准差为 σ 的高斯分布中抽取,其中的 σ 称为变异步长(mutation step size)。ES 研究的一个关键突破是提出了 ES 参数自适应,例如 1973 年 Rechenberg 提出的 1/5 成功规则来自适应变异步长机制[77]。一般而言,ES 参数被包含在染色体中，并随着解一起演化。因此，大部分 ES 使用的是扩展染色体 $<\boldsymbol{x},\boldsymbol{p}>$，其中 $<\boldsymbol{x}>$ 是一个解的表示，$\boldsymbol{p}$ 是一个算法的参数（例如变异步长）。随着"种群"概念的引入，产生了 $(\mu+\lambda)$-ES 和 (μ,λ)-ES，其中 μ 和 λ 分别是父代和子代种群大小。一个典型的 ES 算法通常包括：①表示方式：实数；②重组算子：离散或中间；③变异算子：高斯扰动；④父代选择策略：均匀随机；⑤幸存者选择：确定性精英选择替换为 $(\mu+\lambda)$ 或 (μ,λ)；⑥步长：自适应变异步长。

1. 重组算子

在 ES 中，基本的重组方案涉及两个父代生成一个子代。为了获得 λ 个后代，需要进行 λ 次重组。通常使用两种重组变体的方法：离散重组和中间重组。在离散重组（discrete recombination）中，随机选择一个父代的等位基因，其中任一父代被选中的机会均等。在中间重组（intermediate recombination）中，父代等位基因的值将被平均。

2. 变异算子

在 ES 中子代是通过交叉（重组）和高斯变异来生成的，将解表示 $\boldsymbol{x}$ 的每个向量值 x_i 替换成 $x_i' = x_i + \mathcal{N}(0,\sigma)$。鉴于大多数 ES 都已是自适应的，这里介绍三种自适应变异步长机制。

（1）为了随时间调整 σ，使用一个函数 $\sigma(t)$，由某种启发式规则和给定的时间度量 t 定义。例如，可以将变异步长定义为

$$\sigma(t) = 1 - 0.9 \cdot \frac{t}{T} \tag{3.19}$$

其中，$t \in [0,T]$，T 表示最大代数。在这里，变异步长 $\sigma(t)$ 用于群体中所有向量的所有变量，并且在运行开始时（$t=0$）从 1 缓慢减小到代数编号 t 接近 T 时的 0.1。

（2）除了上述确定性的参数更改方式，还可以在 σ 不变的前提下，基于搜索过程的反馈来改变变异步长。例如，Rechenberg 的 1/5 成功规则规定成功变异与所有变异的比率应为 1/5。因此，如果比率大于 1/5，则应增加步长；如果比率小于 1/5，则应减小步长。规则在定期间隔后执行，例如，每经过 k 次迭代，每个 σ 都通过以下方式重置：

$$\sigma' = \begin{cases} \sigma/c, & p_{\mathrm{s}} > 1/5 \\ \sigma \cdot c, & p_{\mathrm{s}} < 1/5 \\ \sigma, & p_{\mathrm{s}} = 1/5 \end{cases} \tag{3.20}$$

其中，p_{s} 表示成功变异的比率，在多次实验测试后发现参数 c 应满足 $0.817 \leqslant c \leqslant 1$。

（3）还可以为每个解分配一个独立的变异步长，并使其与编码候选解的值一起协同演化。为此，一个个体的表示长度将扩展为 $n+1$，即 $<x_1, x_2, \ldots, x_n, \sigma>$，

并将某些变异操作（例如，高斯变异和算术交叉）应用于 x_i 及 σ。通过这种方式，不仅解向量的值 x_i 会发生变化，个体的变异步长也会发生变化。在这种自适应方案中，某个 σ 值作用于单个个体的所有值。此外，还可以为每个 x_i 使用一个单独的 σ_i，进而将表示扩展为 $<x_1, x_2, \ldots, x_n, \sigma_1, \sigma_2, \ldots, \sigma_n>$。在这种方式中，算法同时演化 n 个参数，而不仅是一个参数。

3. 幸存者选择

关于选择机制，ES 通常使用的是 (μ,λ) 而不是 $(\mu+\lambda)$，原因如下。

（1）(μ,λ) 方案丢弃了所有父代，因此原则上可以保留局部最优解，这对多模态问题是有利的。

（2）如果适应度函数随时间变化，那么 $(\mu+\lambda)$ 选择会保留过时的解，因此难以跟踪移动的最优解。

（3）$(\mu+\lambda)$ 选择会阻碍自适应，因为不适应的策略参数 $\bar{p}$ 可能会在相当多的代中幸存下来。例如，如果一个个体的解表示 $\bar{x}$ 相对较好，但 ES 参数较差，那么通常其所有子代都会很差。因此，它们将被精英选择策略移除，而父代中的不适应策略参数可能会幸存更长时间，这不是理想的情况。

3.3.4.4 遗传规划

遗传规划（GP）是演化算法家族中一个相对年轻的成员，GP 是在 GA 和 ES 等演化算法的基础上发展而来的。它继承了这些算法的演化思想，但同时又引入了树状结构作为染色体，使得 GP 在求解复杂问题时具有更高的灵活性和多样性。GP 最初由 Koza 提出[93]，因其自动生成 LIPS 计算机程序的能力而闻名。GP 可以轻松地用层次语法树来表示计算机程序，这意味着 GP 适用于自动编程。有了这种树结构，程序的大小、形状和内容都可以通过 GP 的遗传算子动态改变。虽然 GP 的发展历史相对较短，但其在很多优化问题的求解中已经展现出了强大的潜力和应用价值。一个典型的 GP 算法可以总结为以下五部分。①个体表示方法：树结构表示；②重组操作：交换子树；③变异操作：随机改变树中的节点；④父代选择：适应度比例；⑤幸存者选择：逐代替换。

在 GP 中，每个染色体（即树结构）都可以表示特定形式的语法表达式。根据 GP 使用者待处理的任务，如算术表达式的语法、一阶谓词逻辑中的公式或用编程语言编写的代码等。为了便于理解，以公式 (3.21) 为例，给出 GP 处理表达式的过程。

$$\frac{3}{\pi} - (y \times 5 + x) \tag{3.21}$$

该公式使用波兰表示法可以被表示为

$$-(/(3,\pi), +(\times(y,5)), x) \tag{3.22}$$

对于可执行的 LIPS 代码而言，公式 (3.22) 被转换为

$$-(/3\pi)(+((\times y5), x)) \tag{3.23}$$

基于以上过程，GP 可以通过用自然选择的方法为计算机编程，或实现计算机程序的自动演化。GP 相对于 GA 等算法有一些独有的特点，接下来将详细介绍这些特点。

1. 种群初始化

对于 GP 中的每一个个体（即一棵 GP 树）而言，最常用的初始化方法是所谓的混合初始化方法。在这种方法中，先选择树的最大初始深度 $D_{\max}$，然后使用以下两种方法中的一种，以相等的概率从函数集 F 和终端集 T 中创建初始种群的每个个体。

（1）Full 方法：在这种方法中，树的每个分支的深度为 $D_{\max}$。如果深度 $d < D_{\max}$，则从 F 中选择深度 d 节点；如果深度 $d = D_{\max}$，则从 T 中选择深度 d 节点。

（2）Grow 方法：在这种方法中，树的每个分支可能有不同的深度，但最大深度为 $D_{\max}$。每棵树都从根节点开始构建，如果 $d < D_{\max}$，节点将从 $F \cup T$ 中随机选择。

2. 单一变异算子的随机选择

如图 3.4所示，GA 算法的新个体是先经过重组后进行变异产生的，而 GP 的新个体是通过重组和变异分别产生的。

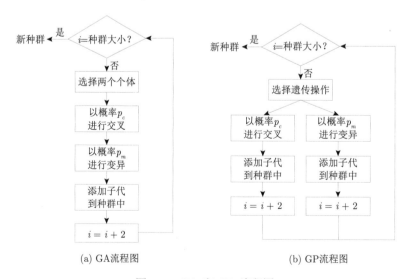

图 3.4   GA 和 GP 流程图

3. 低变异概率/零变异概率

与 GA 等算法中设置的变异概率（通常大于 0）不同，在早期的 GP 研究中，

变异概率通常被设置为 0，即 GP 在没有变异的情况下进行工作。这是因为研究人员普遍认为 GP 中的交叉算子能够起到变异的作用[94]。近年来，有一些研究表明纯交叉的 GP 性能更差，但在实践中，GP 仍然设置极小的变异概率[95]。

4. 个体选择

在 GP 中，一代种群中通常会有数千甚至上万个个体，为了从这些个体中选择合适的个体进行演化，GP 中采用超选（over-selection）法进行选择，该方法首先对种群进行排序，然后将其分为两组，一组包含前 $x\%$ 的种群，另一组包含其他 $(100 - x)\%$ 的种群。在进行个体选择时，80% 个体来自第一组，另外 20% 来自第二组。所使用的 x 取决于种群的大小，目的是使大多数亲本从中选出的个体数量保持在数百个以内，也就是说，种群越大，选择压力就越大。

5. 膨胀

膨胀现象指的是在 GP 运行过程中，随着演化代数的增加，个体的长度（如 LIPS 程序的复杂度）会显著增加，但这种增长通常并不带来性能的显著提高，甚至有时会导致性能下降。防止膨胀的最简单方法可能就是引入一个最大的树深度，如果变异算子的大小超过了这个最大值，就禁止使用变异算子[96]。在这种情况下，这个阈值可以看作 GP 中重组和变异的附加参数。此外，研究人员还提出了几种先进的技术，比如限制种群大小[97]或使用多目标技术[98]，可以有效应对 GP 的膨胀问题。

目前，GP 面临着算法效率低下，难以处理大规模和高复杂度问题的挑战。面对这个挑战，一方面可以通过引入分布式计算和并行处理技术，加速遗传规划的计算过程；另一方面，结合深度学习中的一些高效优化策略（梯度优化等），提升遗传规划在高维空间中的搜索能力。此外，GP 也极具与其他混合优化方法（如粒子群优化、差分进化等）相结合的能力，通过研究基于 GP 的混合优化方法，能够发挥 GP 可解释特性，进一步提升解的质量和搜索效率。综上所述，GP 在解决复杂问题和自动化编程方面具有广阔的发展前景，通过克服现有 GP 方法的瓶颈，能够实现更高效、更智能的优化过程。

总体而言，演化计算的优势在于其能够处理复杂的、高维度的优化问题，并且不需要对问题的具体形式进行假设。相比传统的优化方法，演化计算具有更强的全局搜索能力和鲁棒性，在处理非线性、非凸、多模态等复杂问题时表现更加出色。

3.3.4.5 粒子群优化

粒子群优化（particle swarm optimization，PSO）是一种基于群体的随机演化计算算法，受鱼群或鸟群社会行为的启发[99, 100]，常用于解决无需领域知识的优化问题。与其他启发式算法相比，PSO 具有概念简单、易于实现和计算效率高的特点。在 PSO 中，个体被称为粒子，每个粒子维护自己记忆中的最佳解（第 i

个粒子表示为 p_{BEST_i}），而群体记录所有粒子历史中的最佳解（表示为 g_{BEST}）。在这个过程中，粒子通过与自身的历史最佳位置 p_{BEST_i} 和群体的全局最佳位置 g_{BEST} 进行协同工作和相互作用，以提高其搜索能力并趋向最优解。一个典型的 PSO 算法步骤如下。

（1）初始化：初始化粒子位置和速度，预定义最大迭代次数 $\max_t$，并初始化计数器 $t = 0$。

（2）适应度评估：评估每个粒子的适应度。

（3）更新个体最佳位置：对每个粒子，选择其历史上最好的位置，记为 p_{BEST_i}。

（4）更新全局最佳位置：从所有粒子中选择全局最好的位置，记为 g_{BEST}。

（5）计算速度：计算每个粒子的速度 $\boldsymbol{v}_i$

$$\boldsymbol{v}_i \leftarrow \underbrace{\omega \cdot \boldsymbol{v}_i}_{\text{惯性}} + \underbrace{c_1 \cdot r_1 \cdot (\boldsymbol{p}_g - \boldsymbol{p}_i)}_{\text{全局搜索}} + \underbrace{c_2 \cdot r_2 \cdot (\boldsymbol{p}_p - \boldsymbol{p}_i)}_{\text{局部搜索}} \tag{3.24}$$

其中，ω 表示惯性（inertia）权重；c_1 和 c_2 表示加速常数；r_1 和 r_2 表示介于 0 和 1 之间的随机数；$\boldsymbol{p}_g$ 及 $\boldsymbol{p}_p$ 分别表示 g_{BEST} 和 p_{BEST_i} 的位置；而 $\boldsymbol{p}_i$ 表示粒子 x_i 的当前位置和速度。通过将"惯性项"、"全局搜索"和"局部搜索"整合到速度更新中，粒子的位置可以在搜索空间中找到最优解。

（6）更新位置：更新每个粒子的位置 $\boldsymbol{p}_i$

$$\boldsymbol{p}_i \leftarrow \boldsymbol{p}_i + \boldsymbol{v}_i \tag{3.25}$$

（7）迭代：将 t 增加 1，如果 $t < \max_t$，则重复步骤（2）～（6），否则转到步骤（8）。

（8）返回：将 g_{BEST} 的位置作为最优解。

需要注意的是，在步骤（5）中，全局搜索和局部搜索通过两个减法操作来实现。为了更好地理解这些操作，以"全局搜索"中的 $\boldsymbol{p}_g - \boldsymbol{p}_i$ 为例进行详细解释。假设待优化的问题定义为 $f(z_1, z_2, \ldots, z_n)$，其中有 n 个决策变量。当使用 PSO 解决此问题时，粒子 i 将从搜索空间中随机采样，并初始化位置为 $\boldsymbol{p}_i = z_1^i, z_2^i, \ldots, z_n^i$。通过迭代执行公式 (3.24) 和公式 (3.25)，粒子 i 的位置将不断更新，直至优化问题被解决，最终解即为全局最佳粒子 g_{BEST} 的位置。在此示例中，粒子的长度为 n，即决策变量的数量，粒子的维度也由此决定。显然，$\boldsymbol{p}_g - \boldsymbol{p}_i = z_1^g - z_1^i, z_2^g - z_2^i, \ldots, z_n^g - z_n^i$。

PSO 的核心思想在于将每个粒子视作空间中的一个点，具有位置和速度，通过速度来更新位置。这种方法不仅充分利用了粒子之间的协同效应，而且有效地结合了全局搜索和局部搜索策略，从而在复杂的优化问题中取得良好的性能。

3.3.5 梯度下降

梯度下降是一种常用的优化算法，其基本思想是通过迭代更新参数，沿着目标函数梯度的反方向寻找最小值。梯度下降算法可以非常快速地找到目标函数的局部乃至全局最小值，因此在机器学习（尤其是深度学习）中应用极为广泛。

3.3.5.1 梯度下降的原理

在介绍梯度下降算法之前，需要先了解目标函数和梯度的概念。目标函数（或损失函数）是衡量被优化模型的性能的一种方式，它表示了模型预测值与真实值之间的差异，因而优化过程可以被转换为找到一组参数，使得目标函数取得最小值。梯度是目标函数在参数空间中的变化率，它指向目标函数增长最快的方向。在多维空间中，梯度是一个向量，其每个分量表示目标函数对应参数的偏导数。

梯度下降算法的基本思想是迭代地更新参数，使其沿着目标函数梯度的反方向移动。由于梯度指向目标函数增长最快的方向，因此沿着梯度的反方向移动将使得目标函数值减小。通过多次迭代，可以逐渐接近目标函数的局部最小值。

具体来讲，梯度下降算法的迭代更新公式可以表示为

$$\boldsymbol{\theta} = \boldsymbol{\theta} - \alpha * \boldsymbol{\Delta}_{\boldsymbol{\theta}} J(\boldsymbol{\theta}) \tag{3.26}$$

其中，$\boldsymbol{\theta}$ 表示参数向量；α 表示学习率；$\boldsymbol{\Delta}_{\boldsymbol{\theta}} J(\boldsymbol{\theta})$ 表示目标函数 $J(\boldsymbol{\theta})$ 关于参数 $\boldsymbol{\theta}$ 的梯度。在每次迭代中，将参数向量沿着梯度的反方向更新，更新的大小由学习率 α 决定。需要注意的是，学习率是一个超参数，需要预先设定或通过交叉验证等方法选择合适的值。

3.3.5.2 梯度下降的变体

梯度下降算法主要有三种变体：批量梯度下降（batch gradient descent）、随机梯度下降（stochastic gradient descent）和小批量随机梯度下降（stochastic mini-batch gradient descent）。这些变体在计算梯度和更新参数时采用不同的数据集利用策略，各有优势和局限性。

批量梯度下降在每次迭代时使用整个训练集来计算梯度，其通常具备良好的收敛性，能够快速收敛到最优值，但计算成本较高，特别是在训练集较大时。随机梯度下降在每次迭代时只使用一个随机样本来计算梯度。其更新公式为

$$\boldsymbol{\theta} = \boldsymbol{\theta} - \alpha * \boldsymbol{\Delta}_{\boldsymbol{\theta}} J(\boldsymbol{\theta}; x_i, y_i) \tag{3.27}$$

其中，$\boldsymbol{\theta}$ 表示参数向量；α 表示学习率；$\boldsymbol{\Delta}_{\boldsymbol{\theta}} J(\boldsymbol{\theta}; x_i, y_i)$ 表示目标函数 $J(\boldsymbol{\theta})$ 关于参数 $\boldsymbol{\theta}$ 在样本 (x_i, y_i) 处的梯度。由于随机梯度下降在每次迭代时只处理一个样本，因此其计算成本较低。此外，由于随机性，随机梯度下降有可能跳出局部最小值，从而找到更好的解。然而，随机梯度下降的收敛速度较慢，且由于每次迭

代的梯度估计具有较高的方差，因此它的收敛路径可能较为波动。

小批量随机梯度下降可视为批量梯度下降和随机梯度下降的一种折中方案。在每次迭代时，它使用一小批样本（例如 32 或 64 个）来计算梯度。其结合了批量梯度下降和随机梯度下降的优点：它在每次迭代时的计算成本低于批量梯度下降，同时减少了梯度估计的方差，使得收敛路径比随机梯度下降更稳定。在实际应用中，小批量随机梯度下降受到了广泛的使用，特别是在处理大规模数据集时。

3.3.5.3　梯度下降算法的挑战与改进

虽然梯度下降算法在优化问题中得到了广泛应用，但它也存在一些挑战和局限性。为了克服这些问题，研究人员提出了一系列改进方法。本小节将讨论梯度下降算法面临的挑战及相应的改进策略。

1. 局部最小值问题

对于非凸优化问题，梯度下降算法可能会陷入局部最小值，即鞍点，而不是全局最小值。特别是在神经网络等复杂模型中，目标函数通常是非凸的，存在多个局部最小值。解决这个问题的一个方法是使用随机梯度下降或其变体，通过引入随机性来跳出局部最小值。

此外，动量（momentum）法[101]也可以有效解决局部最小值问题。动量法是一种在梯度下降算法中引入"惯性"的方法。它将前几次迭代的梯度方向考虑进来，使得算法在梯度方向上具有累积效应。动量法的更新公式为

$$\boldsymbol{v}(t) = \mu\boldsymbol{v}(t-1) - \alpha * \boldsymbol{\Delta_\theta} J(\boldsymbol{\theta})\boldsymbol{\theta} = \boldsymbol{\theta} + \boldsymbol{v}(t) \tag{3.28}$$

其中，$\boldsymbol{v}(t)$ 表示第 t 次迭代的速度；μ 表示动量系数（通常取 0.9 左右）；$\boldsymbol{\theta}$ 表示参数向量；α 表示学习率；$\boldsymbol{\Delta_\theta} J(\boldsymbol{\theta})$ 表示目标函数 $J(\boldsymbol{\theta})$ 关于参数 $\boldsymbol{\theta}$ 的梯度。除了帮助算法跳出鞍点，动量法可以帮助算法更快地穿过平坦区域，减少震荡，从而加速收敛。

2. 学习率选择

梯度下降算法的性能很大程度上取决于学习率的设置。学习率过大可能导致算法无法收敛，而学习率过小则可能导致收敛速度缓慢。为了解决学习率选择问题，人们提出了自适应学习率算法，如 AdaGrad、RMSprop、Adam 算法[102]等。AdaGrad 算法根据梯度的平方和来调整学习率。它适合处理稀疏数据，但在非凸优化问题中可能导致学习率过早减小。RMSprop 算法是 AdaGrad 算法的改进版本，它通过引入一个衰减系数来累积梯度的平方，从而解决学习率过早减小的问题。Adam 算法结合了动量法和 RMSprop 算法的优点，它为每个参数分配一个自适应学习率，并利用动量来加速收敛。

3.3.5.4 梯度下降算法的优势与局限

梯度下降算法作为一种优化算法, 在机器学习和深度学习领域具有广泛的应用。其主要优势包括: ①简单易懂: 梯度下降算法的基本思想简单, 易于理解和实现。②适用性广: 梯度下降算法适用于多种模型, 如线性回归、逻辑回归、神经网络等。③计算效率较高: 相较于一些复杂优化算法, 梯度下降算法的计算效率较高, 特别是在处理大规模数据时。

然而, 尽管已有许多改进方法, 梯度下降算法仍存在一些局限性。①局部最优: 对于非凸优化问题, 梯度下降算法容易陷入局部最小值, 无法保证收敛到局部最优。②超参数选择: 梯度下降算法的性能很大程度上取决于超参数的选择, 如学习率、批量大小等。合适的选择依赖丰富的经验和大量的实验。

第 4 章   自动化传统机器学习方法

自动化传统机器学习方法整体流程可以分为三步，即自动化数据处理、自动化特征工程、自动化模型选择与超参数优化。本章将针对这几个流程展开详细介绍。

4.1   自动化数据处理

机器学习模型的构建需要以大量的数据作为基础。因此，在自动化传统机器学习的流程当中，第一步即为自动化数据处理。这一步的目的在于为后续的自动化特征工程、自动化模型选择，以及自动化超参数优化等步骤提供高质量的数据，以保证这些步骤的正常执行。通常而言，自动化数据处理包含数据收集、数据清洗，以及数据增广三个核心环节，本节将针对上述三个核心环节，以及现有的自动化数据处理工具分别进行介绍。

4.1.1   数据收集

在自动化数据处理中，数据收集指的是以一定的策略对现有的数据进行收集，或是以一定的方式新生成数据的过程。具体而言，目前主流的实现数据收集的方法可以分为两类，即数据搜索与数据合成。下面，将针对上述两种技术展开详细介绍。

针对数据搜索技术而言，目前主流的技术是基于数据挖掘的相关技术，对互联网中现有的数据进行自动收集。其中，最具代表性的数据挖掘技术为爬虫技术[103]。具体而言，爬虫技术是一种可以自动化地从互联网中获取信息的技术，其别名有网络爬虫、网络蜘蛛，以及网络机器人等。爬虫技术的大致工作原理为，通过设计好的程序自动地访问互联网中的文本、图像、视频，以及音频等一系列资源，将满足条件的部分资源从网页中抓取下来，并将获取到的资源保存在本地或远程服务器中。具体而言，爬虫的整体工作流程可以分为四步。第一步为 URL 管理器的构建，即通过构建数据库或文件系统等方式，对待爬取的 URL 和已经爬取过的 URL 列表进行存储，并在爬虫运行过程中实时更新构建的 URL 管理器。第二步为目标网页的请求，即爬虫程序通过网络请求的方式访问目标网站，获取到目标网站中的资源。在这一步骤当中，为了防止目标网站识别爬虫从而禁止爬虫程序访问，通常需要在发送的请求当中加入一部分请求头信息，例如 User-Agent，以模拟浏览器发出的请求。第三步为目标网页的解析，即通过爬虫程序解析目标网页中包含的内容，并从解析得到的内容当中按照一定的规则提取出目标内容。其中，常用的网页解析方法包括基于正则表达式的方法，或 Python 中自带的 BeautifulSoup 库等。第四步为数据存储，即将从网页中获取到的数据存储于本地或远程服务器当中，从而方便后续使用。

针对数据合成技术而言，目前较为常用的技术路线主要是在预训练模型的辅助之下，自动地按照一定规则合成数据进而用于机器学习模型的训练。以文本数据为例，随着大语言模型（large language model，LLM）技术的兴起，借助 LLM 进行文本数据合成的相关工作也随之涌现。例如，Nayak 等提出的 Bonito 方法[104]，将预训练的 LLM 作为基座模型，基于未标注的语料，为多种自然语言处理任务（例如，是非问题回答、抽取式问题回答等）自动地合成高质量的训练数据。具体而言，Bonito 中使用的 LLM 基座模型是通过一个含有 165 万个示例的大规模预训练数据集训练得到的。然后，这一 LLM 基座模型在包含指令精调模板数据上进行微调后，即可按照用户指定的规则，基于未标注的文本数据生成高质量的训练数据。为了便于理解，此处给出一个 Bonito 针对是非问题回答任务进行数据合成的示例。

（1）未标注的文本数据：沃尔科特也因此成为自 2001 年迈克尔·欧文以来首位在比赛中上演帽子戏法的英格兰球员。2010 年 3 月 3 日，沃尔科特在对阵埃及的友谊赛中重返国际赛场。

（2）Bonito 合成的数据：[输入] 给定"沃尔科特……友谊赛中重返国际赛场"，这句话是否表明了沃尔科特在这场比赛中进了三个球？回答是、否，或不确定。[输出] 否。

上面所给出的 Bonito 合成的数据即可直接用于是非问题回答任务的微调当中，搭建起了未标注文本数据与针对特定自然语言处理任务的微调之间的桥梁，有效实现了数据合成，在 LLM 相关领域中具有广阔的应用前景和研究价值。

4.1.2 数据清洗

在训练机器学习模型时，因为互联网上获取到的数据通常具有拼写错误、值缺失，以及值重复等一系列问题，所以这类数据通常无法直接用于训练机器学习模型。为了解决上述问题，相关研究人员提出了数据清洗的概念，即通过人工手段修正训练数据中的错误、缺失值等。然而，用于训练机器学习模型的数据规模庞大，以人工方法进行数据清洗需要较大的时间成本，同时效率较低。相关调查结果显示，在构建一个机器学习模型的过程中，数据清洗可能会占到构建过程四分之一的时间，足以表明其耗时较长。鉴于此，相关研究人员提出了自动化的数据清洗方法，通过自动化的手段，实现训练数据中错误、缺失值等的自动化处理，以提升数据清洗的效率。本小节以麻省理工学院科研团队提出的 PClean 自动化数据清洗工具[105]为例，展开详细介绍。

具体而言，PClean 是一种高层次的概率编程库，用户在导入需要进行清洗的数据后，即可使用该语言定义类（例如数据中每个对象或实体包含的属性等）及数据清洗规则，并执行自动化数据清洗的过程。其数据清洗的过程可以概括为对输入数据进行建模后，使用贝叶斯概率模型进行推理，计算每个对象的属性值存在错误的概率，或每个对象缺失的属性值可能的取值，并将计算结果返回给用户，由用户决定是否对检测出的问题进行修改。下面，将针对 PClean 中建模（modeling）和推理（inference）两大核心环节展开详细介绍，并在最后给出一个 PClean 编程的简单示例，便于读者理解与学习。

PClean 的建模过程包含三个核心步骤，即数据建模、先验分布的定义，以及似然函数的定义。对数据建模而言，PClean 会根据输入的数据，构建对应的数据模型。假设用户输入的数据为 D，其中包含 n 条记录（n 个实例）$\{d_1, d_2, \ldots, d_n\}$。每条记录均包含多个属性，而且记录与记录之间包含的属性是相同的。例如，当输入数据中的实体是人员信息的时候，则每条记录代表一个人员的信息，且每条记录包含姓名、地址，以及电话号码等属性。PClean 将上述数据建模为

$$P(D, Z) = P(Z)P(D \mid Z) \tag{4.1}$$

其中，D 表示用户输入的数据，也称为观测数据；Z 表示隐变量，即输入数据中潜在的错误模式（如缺失值、不合法的值等）；$P(Z)$ 表示隐变量 Z 的先验分布；$P(D \mid Z)$ 则表示观测数据在给定隐变量下的条件分布。

由于上述数据建模过程涉及先验分布的计算，接下来给出先验分布的具体计算形式。具体而言，先验分布 $P(Z)$ 表示在获取到观测数据之前对隐变量 Z 的观察结果，在 PClean 中，先验分布 $P(Z)$ 表示为公式 (4.2) 的形式。

$$P(Z) \sim \text{Dirichlet}(\alpha) \tag{4.2}$$

其中，$\text{Dirichlet}(\alpha)$ 表示以 α 为超参数的 Dirichlet 分布。Dirichlet 分布是贝叶斯统计中一种常用的先验分布，适用于处理服从多项式分布的参数。在多项式分布中，参数通常是样本属于每个类别（数据清洗过程中会遇到的每种异常类型）的概率，且这些概率的求和结果为 1。Dirichlet 分布中的超参数 α 可以写成 $\alpha = (\alpha_1, \alpha_2, \ldots, \alpha_K)$ 的形式。基于此，Dirichlet 分布的概率密度函数为

$$P(\theta_1, \theta_2, \ldots, \theta_K | \alpha_1, \alpha_2, \ldots, \alpha_K) = \frac{1}{B(\alpha)} \prod_{i=1}^{K} \theta_i^{\alpha_i - 1} \tag{4.3}$$

其中，θ_i 表示每个类别的概率；α_i 表示 Dirichlet 分布的超参数，通常指定为正

实数；$B(\alpha)$ 表示标准化常数，是 Beta 函数的多维推广，具体定义如下：

$$B(\alpha) = \frac{\prod_{i=1}^{K} \Gamma(\alpha_i)}{\Gamma(\sum_{i=1}^{K} \alpha_i)} \tag{4.4}$$

其中，$\Gamma(\cdot)$ 表示 Gamma 函数。

此外，PClean 在建模过程中还涉及似然函数的定义。具体而言，似然函数 $P(D \mid Z)$ 表示在给定隐变量 Z 的条件下，观测数据 D 出现的概率，用于描述观测数据如何依赖于隐变量。此处仍将 Z 作为输入数据中潜在的错误模式，则似然函数可以表示为

$$P(D \mid Z) = \prod_{i=1}^{n} P(d_i \mid z_i) \tag{4.5}$$

在 PClean 的建模过程执行完毕后，PClean 需要继续执行推理过程，以生成对输入数据进行调整的相关建议，便于用户对调整方案进行确认。PClean 采用序列蒙特卡罗（sequential Monte Carlo，SMC）方法以实现推理过程。具体而言，SMC 是一种贝叶斯推理技术，用于在概率模型中估计较为复杂的后验分布。SMC 主要通过生成与更新一组粒子来实现后验分布的近似，其具体过程可以分为 4 个步骤，即粒子初始化、权重初始化、迭代更新，以及后验估计。

在粒子初始化过程中，每个粒子 $Z^{(i)}$ 表示一个可能的清洗状态，即当前实例中潜在的错误模式及对应的修正建议。初始的粒子集 $\{Z_0^{(i)}\}_{i=1}^{N}$ 是从先验分布 $P(Z)$ 中采样得到的，其中的每个粒子即为隐变量 Z 的一个可能取值。在完成粒子的初始化之后，还需要进行粒子权重的初始化。具体而言，权重初始化过程为每个粒子 $Z_0^{(i)}$ 赋予一个初始权重 $w_0^{(i)}$，这一权重反映了粒子在目标分布中的相对重要性。所有的初始权重通常被设置为均等的权重。

在完成上述初始化过程后，即可进行粒子的迭代更新，更新过程分为三部分，即权重更新、重采样，以及状态更新。对于每个时刻 $t = 1, 2, \ldots, T$，上述三部分过程均需按顺序执行。在权重更新过程中，对于每个粒子 $Z_t^{(i)}$，根据当前的观测数据 X_t 计算其权重 $w_t^{(i)}$，具体的权重计算如公式 (4.6) 所示。

$$w_t^{(i)} \propto w_{t-1}^{(i)} \cdot P(X_t | Z_t^{(i)}) \tag{4.6}$$

其中，$P(X_t | Z_t^{(i)})$ 表示粒子 $Z_t^{(i)}$ 在当前观测数据 X_t 条件下得到的似然。权重计算的目的在于评估每个粒子所对应的数据清洗操作的合理性。在完成粒子的权重更新后，为了防止出现粒子退化问题（即大部分粒子的权重趋于零），通常需要执行重采样过程。重采样通过在当前的粒子集中去除低权重的粒子，保留高权重的粒子，生成一个新的粒子集 $\{Z_t^{(i)}\}_{i=1}^{N}$，并对这一粒子集中的粒子重新赋予均等的

权重, 如公式 (4.7) 所示。

$$w_t^{(i)} = \frac{1}{N} \tag{4.7}$$

最后进行粒子状态的更新, 更新过程需要借助转移概率 $P(Z_t|Z_{t-1})$ 的计算来实现, 如公式 (4.8) 所示。

$$Z_{t+1}^{(i)} \sim P(Z_{t+1}|Z_t^{(i)}) \tag{4.8}$$

在迭代执行完上述计算过程后, 最终得到的粒子集状态 $\{Z_T^{(i)}\}_{i=1}^N$, 即为隐变量 Z 的后验分布, 进而可以获取最终的数据清洗方案。

为方便读者理解, 此处给出一个 PClean 数据清洗工具的使用案例。PClean 工具有多种编程语言下的实现版本, 此处仅给出 Python 编程语言下的代码示例。

```
#示例数据
data = {
        'record_id': [1, 2, 3, 4],
        'name': ['Alice', 'Bob', 'Charlie', 'David'],
        'age': [25, 30, None, 40]
}
```

上面给出了一个简单的待清洗的数据集合, 针对这一数据集合, 可以定义如下的 PClean 模型。

```
# 定义模型
class MyPCleanModel(pc.Model):
  def model(self, data):
    # 假设age的先验分布是Dirichlet分布
    alpha = torch.tensor([2.0, 2.0, 2.0, 2.0])
    age_prior = Dirichlet(alpha).sample()

    for i, record in enumerate(data):
      age = pc.sample('age_{}'.format(i),
        pc.Categorical(age_prior))

    # 模型假设：观测到的年龄来自一个分布, 可能有缺失值
    if record['age'] is not None:
      pc.observe('obs_age_{}'.format(i),
          record['age'], pc.Normal(age, 1.0))
```

基于上面定义的 PClean 模型，下面可以直接实现推理过程和结果输出。

```
# 创建模型实例
model = MyPCleanModel()
# 初始化PClean
pclean = pc.PClean(model)
# 运行推理过程
result = pclean.infer(data)
```

4.1.3 数据增广

数据增广是一类用于扩增现有数据，增加样本数量的技术。常用的数据增广方法大都根据一定的增广规则，在现有数据的基础上，生成一定数量的新样本，从而达到数据增广的目的，进而提升机器学习模型的训练效果。以图像数据为例，常用的数据增广方法包括对原有图片进行平移、旋转、剪切变换，以及颜色变换等方式，以生成新的样本。除了上述基于单一增广规则的数据增广方法之外，相关研究人员还提出了可以基于多种增广规则自动化设计新增广规则的方法，以进一步提升数据增广的质量及自动化程度。本小节针对自动化数据增广方法中的代表性工作 AutoAugment[106]展开详细介绍。

AutoAugment 方法共包含三个核心组件，即搜索空间、RNN 控制器，以及用于评估数据增广效果的子网络。其中，搜索空间包含了所有候选的数据增广操作。搜索空间中的数据增广操作可以相互组合，进而共同构成最优的增广策略。每个增广操作包含三个属性，即增广操作的具体增广模式（如平移、旋转等）、该操作在增广过程中被执行的概率（0%～100%，以 10% 为增量，共 11 个可能的取值），以及该操作的超参数范围（将给定的范围等间距划分为 10 份，共 10 个可能的取值）。搜索空间中每个增广操作的增广模式、概率，以及对应的超参数范围如表 4.1所示。

基于上述搜索空间，AutoAugment 的目的是从该搜索空间中为每张图片搜索到最佳的数据增广策略。搜索过程被建模为一个强化学习过程，如图 4.1所示，RNN 控制器的作用为生成数据增广策略的表征，子网络则在按照该增广策略进行增广后的数据上训练，训练后得到的子网络分类准确率作为当前数据增广策略的评估结果，并作为奖励信号用于更新 RNN 控制器的参数。

在搜索过程结束后，AutoAugment 即可将最终确定的数据增广策略用于在该数据集上训练神经网络。实验结果表明，在中等规模的图像分类数据集（如 CIFAR-10、CIFAR-100 等）及大规模图像分类数据集（如 ImageNet）上，利用 AutoAugment 搜索出的增广策略进行数据增广后，均可以显著提升神经网络的训练效果，证明了 AutoAugment 方法的有效性。

表 4.1   AutoAugment 方法搜索空间中所包含的数据增广操作

操作名称	操作描述	超参数范围
剪切变换	对图像沿横向或纵向以一定强度进行剪切变换	[−0.3, 0.3]
平移	沿横向或纵向以指定的像素点个数平移图像	[−150, 150]
旋转	以一定的角度旋转图像	[−30, 30]
自动对比度	使图像中最暗的像素点变黑，最亮的像素点变白，以最大化图像的对比度	-
像素反转	将图像中所有的像素值反转	-
直方图均衡	通过直方图均衡操作，提升图像的对比度	-
曝光	使所有像素值都大于指定的阈值，改变图像的曝光度	[0, 256]
海报化	减少每个像素点的位数至指定值	[4, 8]
调整对比度	以指定的倍率调整图像的对比度	[0.1, 1.9]
调整颜色	以指定倍率调整图像的颜色	[0.1, 1.9]
调整亮度	以指定的倍率调整图像的亮度	[0.1, 1.9]
调整锐度	以指定的倍率调整图像的锐度	[0.1, 1.9]
裁剪	以指定的边长裁剪掉图像中随机的正方形区域	[0, 60]
图像叠加	以指定的权重将两张图片重叠在一起	[0, 0.4]

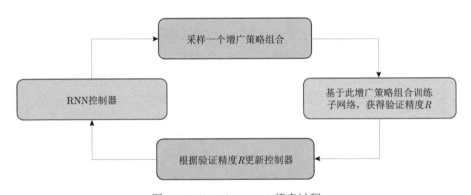

图 4.1   AutoAugment 搜索过程

4.1.4   现有自动化数据处理工具

前面两小节中介绍的 PClean 和 AutoAugment 工具均针对特定的数据处理任务，即数据清洗与数据增广任务，现缺少一种具有解决多种数据处理任务能力的工具。为了实现这一目标，InfoChimps Labs 的相关研究人员提出了 Wukong 自动化数据处理工具。具体而言，Wukong 可以简化并加速数据清洗及数据转换等多个过程，同时可以轻松地读取和写入数据，以及提供数据分析结果。本小节将针对 Wukong 的应用场景及主要特性两个方面展开介绍。

Wukong 的应用场景主要包含三个方面，即数据清洗和预处理、数据的转换和聚合，以及数据的分析和可视化。在数据清洗和预处理方面，Wukong 同时具有数据清洗和数据预处理的功能，可以处理原始数据中出现的异常值或缺失值，并将原始数据预处理为适合进行分析的格式。在数据的转换和聚合方面，Wukong 可以支持多种数据类型的操作，如字符串、数值，以及时间序列数据等。用户可以直接使用 Wukong 对上述类型的数据进行转换和聚合，从而更好地理解用户所提供的数据。此外，Wukong 还提供了数据分析和数据可视化的功能，可以直接给出数据分析的相关结论，同时也可以将分析结果直接导出到可视化工具当中进行数据的进一步分析及可视化。

Wukong 主要包含三个方面的特性。第一，Wukong 支持多种数据源和格式，包括关系型数据库、NoSQL 数据库、大数据平台及常见的文件格式，能够高效地处理大规模数据，并提供直观的界面和丰富的功能模块，适用于各类数据科学和机器学习项目。第二，Wukong 提供了强大的数据清洗功能，包括缺失值处理、异常值检测、数据类型转换，以及重复数据删除等，能够根据用户设定的规则自动执行数据清洗任务。它还支持复杂的数据转换和集成操作，如数据合并、分组汇总、数据透视，以及数据分片等，帮助用户快速实现数据的转换和整合。第三，Wukong 还提供了用户友好的图形界面，用户可以通过拖拽操作进行数据处理任务的配置，同时它还支持插件机制，允许用户开发和集成自定义的功能模块，利用分布式计算技术实现高效处理，并支持构建和管理复杂的数据处理管道，从而实现自动化的数据处理流程。

4.2 自动化特征工程

在机器学习领域，特征可以被视为数据的"表示"，它们捕捉了数据的本质属性和关键信息。好的特征能够准确反映数据的内在结构和模式，从而使模型能够更好地拟合数据并做出准确的预测。相反，如果特征选择不当或构造不合理，模型可能无法学习到有效的信息，导致其性能不佳甚至无法工作。在实践中，机器学习模型处理的数据集具有规模大、组成复杂、数据缺失和异常多等特点，手工从中提取特征极具挑战，该过程耗时耗力且性能不佳。自动化特征工程通过自动方式从原始数据中创建、选择和提取有意义的特征，以减少对人工干预的依赖，提高特征工程的效率和准确性。通常一个自动化特征工程包含特征构造、特征提取和特征选择三个方面，接下来将对这三个方面分别进行介绍。

4.2.1 特征构造

特征构造是创建新特征的过程，这些新特征可能来自原始数据的转换、组合或基于特定领域的知识。特征构造的目的在于揭示数据中隐藏的信息，为机器学习模型提供更丰富、更准确的输入，进而提升模型的预测能力和泛化性能。自动化特征构造通过算法或工具（如：Featuretools 等）分析原始数据的结构、属性和关系，并根据预设的规则或学习到的模式，生成新的特征。这些新特征可能是原始数据的某种转换（如对数变换、标准化等），也可能是多个原始特征的组合（如交叉特征、多项式特征等）。这些新特征能够更准确地描述数据的特性，使得模型在训练时能够学习到更有效的表示，从而在预测时能够做出更准确的判断。

4.2.2　特征提取

特征提取旨在从原始的、杂乱无章的数据中提炼出具有实质性和代表性的信息。在实际应用中，特征提取通常涵盖了对数据的多维度、多角度分析和处理，这些处理手段包括但不限于数据清洗、标准化、归一化，以及更为复杂的数据转换和降维技术。随着技术的发展，自动化特征提取技术或工具（如：Tsfresh 等）应运而生。这些工具集合了多种先进的算法和技术，能够自动地识别、选择和创建特征，极大地提升了特征提取的效率和准确性。通过自动化特征提取，可以显著减少对人工经验的依赖以提高特征选择的客观性，还能够快速地发现数据的潜在模式，为后续的建模和分析提供依据。

4.2.3　特征选择

特征选择的目的是从原始数据集中筛选出与目标变量最为相关的或最具影响力的特征子集。这一过程不仅能够减少数据的维度，还能够使模型的关注点更为聚焦，从而提升模型的准确性和泛化能力。自动化特征选择技术或工具（如：Borutapy 和 Trane 等）通过一系列算法和策略自动地识别并保留与目标变量紧密相关的特征，同时有效地排除那些不相关或冗余的特征。这种技术的优势在于，它能够在不依赖人工干预的情况下，快速而准确地完成特征选择，从而节省了人力和时间成本。通过自动化特征选择技术或工具，用户可以高效优化特征集，从而提升模型预测准确性并减少模型过拟合现象。

综上所述，自动化特征工程是机器学习项目中不可或缺的一部分。它通过利用算法和工具来自动处理烦琐且耗时的特征构造、提取和选择任务，从而极大地提升了机器学习项目的效率和准确性。在自动化特征工程的帮助下，机器学习模型能够更准确地捕捉数据中的潜在模式和规律，从而提升模型的预测性能和泛化能力。此外，由于减少了对专家经验的依赖，机器学习的构建和使用门槛也进一步降低，使得各行各业的用户都能够方便地使用机器学习模型。

4.2.4　现有自动化特征工程工具

4.2.4.1　Featuretools

Featuretools[107]是一个用于自动化特征工程的开源框架，由 Feature Labs 使用 Python 语言实现。该框架能够自动提取出数据集中的特征，特别是对于时间和关系的数据集。这两种类型的数据在现实中非常常见，但通常较难直接用于机器学习模型。通过 Featuretools，用户可以轻松地将这些复杂的数据集转换为适合机器学习的特征矩阵。为了实现上述目标，Featuretools 设计了以下三个关键组件：①实体集；②特征基元；③深度特征合成（deep feature synthesis，DFS）。接下来将详细介绍这三个组件及其具体的使用步骤与示例，为了方便阅读，在示例代码中将 Featuretools 简写为 ft。

1. 实体集

由于 Featuretools 处理的是关系型数据集，这种类型的数据集可使用数据帧和关系划分表示，这些数据帧和关系的集合被称为实体集。实体集是为特征工程准备的原始的结构化数据集，通过该数据集，Featuretools 可以更简便地处理原始数据。为了便于理解，以用户交易数据为例给出构建一个实体集的步骤。具体地，表 4.2 为交易信息和客户信息的合并表，该表存储了交易编号、交易时间、交易设备和产品编号等信息，能够反映出用户的具体交易情况。表 4.3 是这些交易涉及的品牌列表，能够反映出每笔交易对应的具体品牌信息。

表 4.2 交易信息和客户信息的合并表（交易表）

主键	交易编号	交易时间	产品编号	总价/万元	用户编号	交易设备
0	345	2023-10-30	7	2390.45	77	手机
56	77	2023-02-15	2	97.34	45	平板电脑
7	12	2024-01-09	3	74.32	65	手机
18	46	2022-12-09	1	34.56	12	台式电脑
34	23	2023-11-11	3	150.45	20	平板电脑
125	54	2021-06-18	4	13.13	34	手机
85	60	2023-08-20	6	232.56	45	平板电脑

表 4.3 品牌信息表（品牌表）

主键	产品编号	品牌名称	品牌类别	经营状态	注册资本/万元	注册时间
0	1	A	日用品	正常	200	2000-12-12
56	2	B	服饰	正常	500	2005-05-12
7	3	C	食品	正常	100	2010-07-03
18	4	D	服饰	注销	50	2020-10-20
34	5	E	食品	正常	150	2018-04-05
125	6	F	化妆品	正常	500	2008-08-08
85	7	G	数码产品	正常	2000	2003-06-16

基于这两张表，首先创建一个初始化的实体集并将表4.2添加为实体，伪代码如下。

```
es = ft.EntitySet(id='customer_data')
es = es.entity_from_dataframe(entity_id='交易表')
```

经过上述环节后，表4.2中的信息被转换为 Featuretools 能识别的对象。之后需要给这个对象添加依赖关系，即建模表4.2和表4.3的关系，伪代码如下。

```
relationship = ft.Relationship(es['交易表']['产品编号'],
                               es['品牌表']['产品编号'])
es = es.add_relationship(relationship)
```

创建好关系后，实体集就能够被用来提取特征。

2. 特征基元

特征基元是 Featuretools 的特征基础构建模块。它定义了可应用于实体集的各种运算（如：计数、求和等），通过这些运算能够创建新特征。由于基元只限制输入和输出数据类型，因此这些基元可以跨数据集使用。在 Featuretools 中，一共有两种不同的基元，分别是聚合基元和转换基元。接下来将具体描述这两种基元。

（1）聚合基元：这类基元有多个信息输入，经过聚合操作后输出单一值，在实际中常用于实体集中的父子关系。这类基元的代表为：计数（count）、求和（sum）、计算平均用时（avg_time_between）等。

（2）转换基元：这类基元将一个实体的一个或多个特征作为输入，并为该实体输出一个新特征，它只适用于单个实体。这类基元的代表为：统计时间（hour）、统计耗时（time_since_previous）、计算绝对值（absolute）等。

除了上述 Featuretools 已经定义好的基元之外，用户也可以方便地使用 Featuretools 提供的"make_agg_primitive"和"make_trans_primitive"接口定制自己的聚合基元和转换基元。

3.DFS

DFS 作为 Featuretools 的核心，能够代替传统的人工编写或使用统计技术（如：add、average、sum 等）来量化提取数据集特征的过程。DFS 通过自动叠加聚合和转换等操作来生成对应数据集中的特征，让用户能够更加容易了解各种数据集的特征，显著提高了特征选择效率。

DFS 需要结构化数据集（即实体集）才能执行特征工程。因此，基于在实体集部分创建好的 es 实体集，给出一个 DFS 的伪代码：

```
feature_matrix, feature_defs = ft.dfs(entityset=es,
                                      target_entity='品牌表',
                                      agg_primitives=['count'],
                                      trans_primitives=['month'],
                                      max_depth=1)
```

其中，entityset 表示实体集的名称，target_entity 表示生成的新表的主键来源，agg_primitives 和 trans_primitives 分别表示选用的聚合基元和转换基元类型。经过上述 DFS 操作后，生成的特征矩阵形式如下。

产品编号	COUNT(交易)	MONTH(注册时间)
1	2	281
2	3	227
3	1	168
4	4	43
5	7	71

此外，DFS 还可以堆叠基元生成更复杂的特征，堆叠产生的特征比使用单个基元生成的特征更具表现力，这样就能为机器学习自动创建复杂的模式。具体来说，每堆叠一次基元，特征的"深度"就会增加一次。深度为 2 的堆叠伪代码如下。

```
feature_matrix, feature_defs = ft.dfs(entityset=es,
                    target_entity='品牌表',
                    agg_primitives=['mean', 'sum'],
                    trans_primitives=['month', 'hour'],
                    max_depth=2)
```

通过上述方法，从原始数据中提取出的特征显著增多，这些特征被机器学习算法充分利用后，能够提升算法的性能。

总的来说，Featuretools 能够分析自动数据集中的各个实体（或表格）之间的关系（如父子关系、一对一关系或一对多关系等），并利用这些关系来创建新的特征，这些特征可能涉及聚合、转换等操作。此外，Featuretools 还提供了丰富的配置选项和 API 接口，使得用户可以根据自己的需求定制特征生成的过程，包括调整特征生成的深度、选择特定的聚合函数等。这些优点使得 Featuretools 成为了一个强大而灵活的工具，可以帮助数据科学家和机器学习工程师更加高效地完成特征工程任务。

4.2.4.2 Boruta-py

Boruta-py 是一种用于特征选择的工具，它基于 Python 实现，背后的算法是 Boruta 算法[108]，而 Boruta 算法是一种基于随机森林的包装式特征选择方法。它的核心思想是通过随机打乱特征的值来构建"影子特征"（shadow features），然后将这些影子特征与原始特征一起输入随机森林分类器。通过比较原始特征和影子特征在分类器中的重要性得分，Boruta 能够精确识别出与目标变量真正相关的特征，并区分出无关的特征。为了实现上述目标，Boruta 算法采用以下关键步骤实现。

（1）初始化：该部分包括准备数据集（包括目标变量和候选特征）及确定要使用的随机森林的数量。

（2）创建影子特征：对于数据集中的每个原始特征，创建多个影子特征。其中，影子特征是通过随机打乱原始特征的值（保持与原始特征相同的分布）来生成的，以模拟与目标变量无关的随机特征。

（3）构建随机森林：在包含原始特征和影子特征的数据集上构建随机森林。随机森林通过 bootstrap 随机采样技术从原始数据集中抽取多个子集，并在每个子集上构建决策树。

（4）计算特征重要性：在随机森林中，评估每个特征的重要性。在 Boruta 算法中，该重要性通过 z 分数（z-score）表示。

（5）比较原始特征与影子特征的重要性：对于每个原始特征，将其重要性得分与相应的影子特征的重要性得分进行比较。如果原始特征的重要性得分显著高于其影子特征（基于设定的阈值），则将该原始特征标记为与目标变量相关。如果原始特征的重要性得分低于其所有影子特征的重要性得分，则将该原始特征标记为与目标变量无关，并将这些特征从特征集中删除。

（6）重复与迭代：重复步骤（2）～（5），直到所有特征的重要性都已分配完毕，或者算法运行次数达到了预定的上限。

为了便于读者理解，给出一个 Boruta-py 工具的使用示例，首先需要安装 Boruta 和 scikit-learn 相关依赖包。之后的初始化环节可以采用以下伪代码实现：

```python
import pandas as pd
from sklearn.ensemble import RandomForestClassifier
from boruta import BorutaPy
# 加载数据集
X = pd.read_csv('examples/test_X.csv').values
y = pd.read_csv('examples/test_y.csv').values
y = y.ravel()
# 初始化随机森林
rf = RandomForestClassifier(n_jobs=-1, max_depth=5)
```

接下来是构建特征与随机森林并进行特征选择的过程，伪代码如下：

```python
# 构建特征与随机森林
feat_selector = BorutaPy(rf, n_estimators='auto')
```

```
# 依据特征重要性进行特征选择（该过程需多次迭代）
feat_selector.fit(X, y)
```

从以上示例中可以看到，Boruta-py 工具的使用代码非常简单，用户可以方便地使用该工具实现自动化特征选择。

Boruta-py 相比其他特征选择工具具有以下优势。①特征评估更全面：Boruta 算法通过引入阴影特征进行比较，能够更全面地考虑特征的显著性。通过将原始特征的重要性得分与相应的阴影特征进行比较，Boruta 算法能够更准确地评估每个特征的重要性。②自适应选择：Boruta 算法能够自适应地调整对于显著性的判定标准。在迭代过程中，算法会不断地根据原始特征和阴影特征的重要性得分，动态地决定哪些特征是重要的。这种自适应性使得 Boruta 算法在处理不同类型的数据集时，都能够获得很好的效果。③鲁棒性：Boruta 算法能够自适应地处理缺失值和噪声，并对数据的分布情况不敏感。这使得它在现实世界的复杂数据集上表现出较高的鲁棒性。即使数据中存在一些异常值或噪声，Boruta 算法依然能够准确地识别出重要的特征。④灵活性：Boruta 算法可以与其他分类器或回归器相结合。这使得它可以根据具体问题的需求选择合适的特征选择方法和预测模型，从而提高整体的预测性能。此外，Boruta 算法也支持多种搜索方法，如网格搜索或随机搜索等，能够进一步优化特征选择的结果。

综上所述，Boruta-py 算法作为一种特征选择方法，具备了许多显著的优势，这些优势使其在众多领域，尤其是金融、医学、工业制造等领域中取得了成功的应用。该工具可以使特征选择的过程变得简便，帮助用户更好地理解数据并构建高性能的机器学习模型。

4.2.4.3 Tsfresh

Tsfresh（time series feature extraction in Python）[109]是一个开源 Python 库，专门用于时间序列数据的特征提取，其能够自动化地从时间序列数据中提取有意义的统计特征和时间序列特征，从而极大地简化了特征工程这一复杂过程。在本小节中，先简要介绍时间序列数据中的一些特征，以便于讲解 Tsfresh 的功能特点和工作流程。而后，将对 Tsfresh 的核心功能、工作流程及其在实际应用中的强大潜力进行详细介绍和分析。

时间序列数据的特征包括统计特征、时域特征和频域特征等。统计特征是最基本且广泛应用的一类特征，它们概括了数据集的中心趋势、离散程度及分布特性。对于时间序列数据，典型的统计特征包括均值、中位数、方差、偏度（skewness）、峰度（kurtosis）等。其中，偏度用于衡量数据分布的不对称性，正偏斜表示长尾在右侧，负偏斜反之；峰度则描述与正态分布相比，数据分布的尖峭程度或平坦程度。偏度和峰度的计算如公式 (4.9) 所示。

$$
\begin{aligned}
\text{skewness}(X) &= \mathbb{E}\left[\left(\frac{X-\mu}{\sigma}\right)^3\right] = \frac{1}{n}\sum_{i=1}^{n}\frac{(x_i-\mu)^3}{\sigma^3} \\
\text{kurtosis}(X) &= \mathbb{E}\left[\left(\frac{X-\mu}{\sigma}\right)^4\right] = \frac{1}{n}\sum_{i=1}^{n}\frac{(x_i-\mu)^4}{\sigma^4}
\end{aligned}
\tag{4.9}
$$

其中，μ 表示数据的均值；σ 表示数据的标准差。

时域特征则关注数据随时间的变化特性，捕捉时间序列的动态模式，包括自相关和各种滑动窗口统计量等。自相关测量一个时间序列与其滞后版本的相关性，用于检测时间序列中的周期性或趋势；滑动窗口统计量包括滑动均值、滑动标准差，通过在序列上移动固定大小的窗口来捕获局部特征。频域特征通过傅里叶变换将时间序列数据转换到频域，揭示数据中的周期性成分，其常用特征有频谱密度、主导频率和频带能量。其中，频谱密度表示不同频率成分的能量分布，可用于识别数据中的主要周期；主导频率指的是频谱中能量最高的频率，对应数据的主要周期；频带能量为特定频率范围内信号的能量总和，用于量化特定周期的强度。

通过上述介绍不难看出，时间序列数据的特征十分多样，进行特征提取往往需要一定的领域知识和数学功底，对许多机器学习研究者或使用者而言存在一定障碍。为此，Tsfresh 应运而生，其提供了丰富多样的特征提取功能，能够自动从单变量或多变量时间序列中提取大量统计学、时域和频域相关的特征。通过 Tsfresh，使用者无须具备深入的领域知识，即可快速生成可用于后续分析或建模的特征集合。具体地，作为最流行的时间序列数据特征提取工具，Tsfresh 具备以下功能特点。①特征提取函数丰富：Tsfresh 内置超过 70 种特征提取函数，涵盖基本统计量、导数特性、复杂频谱分析等，满足不同应用场景的需求。②配置灵活：使用者可以根据具体任务需求，自定义特征选择列表，甚至添加自定义特征提取函数，实现高度定制化。③计算高效：Tsfresh 基于 NumPy 和 Pandas 库进行计算优化，同时支持多线程并行计算以进一步提升特征提取效率，即便在大规模数据集上也能保持较快的处理速度。④具备可解释性：提取的每个特征都有明确的数学定义，便于使用者理解特征含义，增强模型或算法的可解释性。

应用 Tsfresh 进行时间序列特征提取十分简单，具体可分为以下几步。

（1）数据准备：首先需要确保时间序列数据格式正确，通常而言，需要将数据整理为 Pandas 的 DataFrame 形式并存储，其中两列为数据的编号和时间顺序标识值，其余列包含实际的时间序列数值。例如，一个简单的 DataFrame 可能包含三列——"id"、"time" 和 "value"。

（2）数据清洗：在进行特征提取之前，对数据进行必要的清洗，比如处理缺失值、异常值，以确保时间序列的连续性和一致性。

（3）特征提取：核心步骤是调用 Tsfresh 的 tsfresh.extract_features 函数。这

个函数接收两个主要参数：一个是包含了时间序列数据的 DataFrame，另一个是可以自定义地选择要提取的特征列表，其预定义了大量时间序列数据的常见特征，可以十分便捷地选取。而后，Tsfresh 会遍历每一段时间序列，自动计算所选特征，这个过程是高度并行化的，因此计算十分迅速。

（4）特征选择：由于 Tsfresh 能够生成大量的特征（有时成百上千个），因此接下来的步骤是通过特征选择来减少特征空间的维度。这一步骤对避免过拟合、提升模型训练速度和解释性至关重要。

（5）模型训练与应用：经过特征选择后，将保留下来的特征用于后续的机器学习或深度学习模型训练。此外，如果训练后模型性能不佳，可以重新考虑特征选择，以优化模型的表现。

接下来，为了便于读者理解 Tsfresh 的使用方法，以最简单的三列数据为例，给出使用 Tsfresh 处理时序时间的 python 代码：

```python
# 加载pandas和tsfresh包
import pandas as pd
import tsfresh
# 读取数据文件
data_df = pd.read_csv('data.csv')
# 特征提取
ex_features = tsfresh.extract_features(data_df,
    column_id='id', column_sort='time')
# 给提取的特征命名，方便后续管理
id_str = 'feature_001'
ex_features.insert(0, 'feature_id', id_str)
# 保存结果文件
ex_features.to_csv('{}.csv'.format(id_str),index=False
    )
```

总的来说，Tsfresh 以其自动化和高效的特征提取能力，在时间序列数据分析领域展现出了巨大的价值，为解决各种预测、分类和异常检测等任务提供了强有力的工具支持。它不仅极大地加速了时间序列数据特征工程的过程，还降低了进入该领域的门槛，使得不具备时间序列分析背景的非专业人士也能有效处理复杂的时序数据。

4.2.4.4 Trane

Trane[110]特征工具旨在帮助数据科学家和机器学习工程师高效地处理和分析时间序列数据，通过自动化生成与预测问题相关的特征，提升模型在预测未来事件、趋势和行为方面的准确性和可靠性。该工具结合了先进的数据处理技术和领域知识，使得用户可以轻松地将原始数据转换为富含信息量的特征集，进而构建出更加高效和智能的预测模型。在本小节中，首先，将详细介绍 Trane 的核心功能；其次，将通过具体示例展示如何使用 Trane 进行特征工程操作；最后，将对 Trane 工具进行总结。

Trane 的核心功能包括数据转换、预测问题生成、截断时间处理及与 Pandas 库的集成。

（1）数据转换：Trane 具备强大的数据转换能力，能够将原始的时间序列数据转换为模型训练所需的格式。在数据转换过程中，Trane 会考虑时间戳、时间间隔等关键因素，确保数据的准确性和完整性。同时，它还提供了一系列的数据清洗和预处理功能，帮助用户去除噪声、填充缺失值等。

（2）预测问题生成：Trane 能够基于输入的时间序列数据自动生成预测问题。这些问题通常与未来的某个事件、趋势或行为相关，是构建预测模型的基础。其中，预测问题的生成过程是基于数据中的历史模式和趋势进行的。

（3）截断时间处理：在时间序列数据分析中，截断时间的设置对模型训练和评估至关重要。Trane 允许用户自定义截断时间，以便将数据集划分为训练集和测试集。此外，Trane 还会根据截断时间自动计算模型的评估指标，帮助用户更好地了解模型的性能。

（4）与 Pandas 库的集成：Trane 与 Pandas 库无缝集成，使得用户可以更加便捷地进行数据处理和特征工程。例如用户可以在 Pandas 的 DataFrame 对象上直接调用 Trane 的函数和方法，无须进行额外的数据转换和格式调整。

接下来，为了便于读者理解，以 Trane 最具特色的预测问题为例，给出一个 Trane 的实际使用示例。需要注意的是，用户需要安装 Trane 和 Pandas 依赖包。伪代码如下：

```python
import trane
# 加载数据集
data, metadata = trane.load_airbnb()
# 生成预测问题
problem_generator = trane.ProblemGenerator(
    metadata=metadata,
    entity_columns=['location']
)
problems = problem_generator.generate()
```

显而易见，仅需简单的代码即可预测问题的生成，这对非专业用户而言极为便捷。

总的来说，Trane 在特征工程和时间序列数据处理方面具有优势和价值，其具有出色的处理时间关系的能力、简便的使用流程和高性能的模型，为构建处理时间数据的机器学习模型提供了强大的工具支撑。

4.3　自动化模型选择与超参数优化

机器学习社区通过开源软件包（如 WEKA[63]和 Scikit-learn[111]）提供了各种复杂的学习算法和特征选择方法，极大地便利了用户的使用。每个软件包都要求用户做出两类关键选择：选择一种适当的机器学习算法，以及设置适当的超参数来定制一个可执行任务的机器学习模型。然而，面对这些选择，做出正确的决定会很有挑战性，导致许多用户根据算法声誉或直觉选择算法，并使用默认的超参数设置。这种方式会使得其性能远远不如最佳方法和超参数设置。在 3.1.3 小节中，这一问题被描述为 CASH 问题。为了解决这一问题，自动化模型选择与超参数优化（即模型生成）方法应运而生。其核心思想是自动化地选择最佳的机器学习算法和相应的超参数设置，从而最大化模型在给定任务上的性能。该方法包括无模型的优化方法和基于模型的优化方法。无模型的优化方法主要依赖于随机搜索或网格搜索，而基于模型的优化方法则使用贝叶斯优化等技术来指导搜索过程。为了加速搜索过程，还提出了多保真度优化方法，这些方法需要与无模型的优化方法和基于模型的优化方法结合使用。在本节最后，介绍一些常见的自动化模型选择与超参数优化工具，如 Auto-WEKA、Auto-Sklearn 和 TPOT 等，它们将自动化模型选择与超参数优化集成到一个框架中，使用户可以自动化地找到最佳的模型和超参数设置。这些工具不仅简化了机器学习工作流，还显著提升了模型的性能，使模型能够在更广泛的场景下达到更优的性能表现。

4.3.1　无模型的优化方法

无模型的优化方法，也称为无代理的优化方法，直接在超参数空间中进行搜索，不依赖于构建目标函数的预测模型。这类方法通过系统地探索参数空间，来找到最优化的参数配置，包括网格搜索和随机搜索，这些方法简单直接，易于实现，但可能需要较多的计算资源和时间（特别是在面对复杂或大规模的参数空间时），本小节将对上述两种方法展开详细的介绍。

4.3.1.1　基于网格搜索的优化方法

在超参数优化中，网格搜索是一种最为简单且直观的策略，其在超参数数量相对较少的情况下被广泛使用。基于网格搜索的超参数优化方法的基本思想是将每个超参数的取值范围划分为一系列离散的点，形成一个超参数的"网格"，然后遍历这个网格中的每一个组合，评估对应模型的表现，最终选择性能最佳的超参数组合。

具体而言，基于网格搜索的优化方法的主要步骤如下。

（1）定义超参数空间：首先确定需要优化的超参数及其可能的取值范围。例如，假设需要优化的超参数为学习率和批量大小（batch size），可以将学习率的取值范围定为 $[0.1, 0.01, 0.001]$，批量大小定为 $[64, 96, 128]$。

（2）构建网格：依据上述定义，生成所有可能的超参数组合。在上述例子中，网格包含 $3 \times 3 = 9$ 个点，每个点代表一组特定的超参数配置。

（3）模型训练与评估：对于网格中的每一个超参数组合，使用其对模型进行训练，而后评估模型性能指标并记录。

（4）选择最优配置：遍历完所有组合后，比较并选出使得评估指标最优的超参数配置。此配置为当前搜索空间下的最佳超参数设置。

尽管网格搜索方法简单直接，能够系统地搜索所有预设的超参数组合，保证找到网格内的全局最优解，但其主要缺点在于计算成本随着超参数数量增加和取值细化快速增长，因此，在实际应用中，网格搜索常与其他更高效的优化方法（如随机搜索或贝叶斯优化）结合使用，以平衡搜索效率与解决方案的质量。

4.3.1.2　基于随机搜索的优化方法

随机搜索是一种实用且灵活的超参数优化方法，尤其适用于处理超参数空间连续的情形。与网格搜索的穷举不同，随机搜索通过在预先定义的超参数范围内随机抽样，来搜索可能的超参数组合。这种方法在保持一定搜索效率的同时，减少了计算资源的需求。下面是基于随机搜索的超参数优化方法的一个典型流程。

（1）定义超参数空间：与网格搜索一样，首先确定需要优化的超参数及其可能的取值范围，这一范围可以是连续的。例如，规定学习率的取值范围为 $[0.1, 0.001]$。

（2）设定搜索预算：确定总共尝试的超参数配置数量，这通常取决于可用的计算资源和时间限制。

（3）随机抽样：基于定义的超参数空间和搜索预算，对每种超参数独立地进行随机抽样，形成若干组超参数配置。

（4）模型训练与评估：对于抽取到的超参数配置，使用其对模型进行训练，而后评估模型性能指标并记录。

（5）选择最优配置：比较并选出使得评估指标最优的超参数配置。

随机搜索的主要优势在于其简单性和对高维参数空间的高效搜索能力，虽然它不能像网格搜索那样保证找到搜索空间内的最优解，但它在实践中往往能以较低的成本找到接近最优的解决方案。

4.3.2　基于模型的优化方法

基于模型的优化（model-based optimization）方法是一种使用预先定义的数学模型来指导搜索最优模型及其超参数的方法。这种方法依赖于一个代理模型来近似和预测目标函数的行为，从而找到最佳的超参数设置。该类方法主要包括基于序列模型的优化方法和基于种群的优化方法。这两种优化方法能够基于已有的评估结果预测未探索参数配置的表现，选择可能带来最佳性能的超参数进行实际评估。这不仅提高了搜索效率，还能在有限的计算资源下探索更大的参数空间，本小节将对这两种方法展开详细的介绍。

4.3.2.1 基于序列模型的优化方法

基于序列模型的优化（sequential model-based optimization, SMBO）方法是解决自动化模型选择与超参数优化问题的一种高效的方法，它通过构建和迭代优化代理模型来预测和指导模型选择及其参数配置。SMBO 可以在有限的迭代轮次内，按照损失函数的期望值最小同时方差最大的方式选择参数，其基本流程如算法4所示。SMBO 首先构建一个概率代理模型 $\mathcal{H}_L$，该模型可以捕捉损失函数在超参数设置中的依赖（第1行）。然后通过迭代地执行以下过程搜索到最优的模型及其超参数：首先，通过使用 $\mathcal{M}_L$ 最大化采集函数（acquisition function）来确定下一个有希望的候选超参数 λ 配置以进行下一步估计（第4行）；然后，在超参数 λ 下计算模型 A_λ 的损失 c（第5行）；最后，使用获得的新数据点 (λ, c) 更新模型 $\mathcal{M}_L$（第6~7行）。

算法 4: SMBO 算法

输入: 用于优化的时间成本 T

输出: $\mathcal{H}$ 中 c 最小的 λ

1   $\mathcal{H} \leftarrow \emptyset$

2   初始化一个概率代理模型 $\mathcal{M}_L$

3   **for** $t \leftarrow 0$ **to** T **do**

4      $\lambda \leftarrow$ 基于 $\mathcal{M}_L$ 最大化采集函数以确定下一个候选配置 λ

5      $c \leftarrow \mathcal{L}(A_\lambda, D_{\text{train}}^{(i)}, D_{\text{vaild}}^{(i)})$

6      $\mathcal{H} \leftarrow \mathcal{H} \cup \{(\lambda, c)\}$

7   基于给定的 $\mathcal{H}$ 更新 $\mathcal{M}_L$

8   **end**

根据上述的整体流程可知，SMBO 主要包括概率代理模型与采集函数两个关键组件。其中，概率代理模型即使用一个概率模型 $P(y \mid x)$ 来代理目标函数，通过这个模型对目标函数进行评估。具体来说，在深度学习中，给定一组超参数，如果想要确定在这组超参数的设置下模型的损失，需要经过模型训练与评估两个环节。然而，如果要训练的模型规模较大，如 GPT 和 BERT 等，需要消耗大量的计算时间。概率代理模型用于模拟模型的训练过程，通过一个概率代理模型来拟合真实目标函数，并可以在一个较短的时间内直接给出模型的训练损失，其基本

过程如图 4.2所示。

(a) 传统深度学习中超参数评估   (b) SMBO中超参数评估

图 4.2   基于概率代理模型评估超参数

采集函数 $a_{\mathcal{M}_L}: \Lambda \to \mathbb{R}$ 通常用于评估候选超参数组合 $\lambda \in \Lambda$ 的质量，它反映了 λ 与对应的目标函数值 $v = f(\lambda) \in \mathbb{R}$ 之间的关系。采集函数的主要任务是在探索（exploration）和利用（exploitation）之间找到一个合理的平衡。探索是指在参数空间中搜索尚未被充分测试的区域，以发现更有潜能的区域；利用则是在已知表现良好的区域内进一步优化，以精确找到最优解。选择哪种采集函数取决于具体的应用场景和优化目标。通常，期望改进（EI）因其平衡的性质而被广泛使用。然而，在一些需要更激进探索的场景中，可能会选择置信度上界（UCB）。选择合适的采集函数可以显著影响优化过程的效率和最终找到的解的质量。目前已经有多种 SMBO 算法取得了不错的成果，现有 SMBO 算法之间的一个主要区别在于它们使用的概率代理模型不同。接下来，将介绍 3 种经典的 SMBO 算法。

基于高斯过程先验的贝叶斯优化算法是最经典的 SMBO 算法。在该算法中，概率代理模型为高斯过程回归模型，可以对输入 x 计算预测均值 $u(x)$，其初始参数为 $m(x) = 0, \text{cov}(x, x') = K(x, x')$。其中，$m(x) = 0$ 是一种零信息的先验假设，代表对真实分布一无所知；$K(x, x')$ 是核函数，刻画了超参数组之间的相关性。高斯回归模型对 $m(x)$ 的依赖较小，但比较依赖核函数的选择。目前，最常用的核函数包括 Matern 核、平方指数核，以及有理二次核等。其采集函数即前文提到的概率改进（PI）、EI、UCB，在基于高斯过程概率代理模型下的 PI、EI、UCB 具体的计算如下所示：

$$\text{PI}(X) = \int_{-\infty}^{f'} \mathcal{N}(f; u(x), K(x, x')) \, \mathrm{d}f \tag{4.10}$$

$$\text{EI}(X) = \int_{-\infty}^{f'} (f' - f) \mathcal{N}(f; u(x), K(x, x')) \, \mathrm{d}f \tag{4.11}$$

$$\text{UCB}(X) = U(X) - \beta \sqrt{K(x, x')} \tag{4.12}$$

基于高斯过程先验的贝叶斯优化算法适用于大部分机器学习算法，其迭代过程平稳,且在不同的随机种子下结果相近,相较于评估元模型速度极快。但是其不适用于高维情况,方法的本身也依赖于超参数选择。Scikit-Optimize,简称"skopt",是一个专为优化机器学习模型参数而设计的 Python 库,尤其擅长于高效的超参数优化,它基于"scikit-learn"构建,扩展了其功能及处理参数优化任务。Scikit-Optimize 支持基于高斯过程先验的贝叶斯优化算法,通过使用高斯过程,skopt 可以建立目标函数的概率模型,并利用该模型预测未探索参数的性能,从而指导搜索过程,优化资源的使用,其详细内容可见 https://scikit-optimize.github.io/stable/。

树结构 Parzen 估计(tree-structured Parzen estimator, TPE)是一种基于树形结构的 SMBO 算法,它将 $P(\lambda \mid c)$ 建模为两个密度估计器,且在一定的条件下决定使用其中的哪一个,如公式(4.13)所示。

$$P(\lambda \mid c) = \begin{cases} \ell(\lambda), & c < c^* \\ g(\lambda), & c \geqslant c^* \end{cases} \tag{4.13}$$

其中,c^* 表示一个阈值,被选作 TPE 迄今为止获取损失的 γ 分位数(γ 是一个算法参数,其默认值为 1.5);$\ell(\lambda)$ 表示从先前的超参数 λ 中学习到的密度估计器,其相应的损失小于 c^*;使用剩下的超参数建立另一个密度估计器,即 $g(\lambda)$,其相应的损失大于等于 c^*。直观地说,这表示为看起来表现好的超参数创建了一个概率密度估计器 $\ell(\lambda)$,为看起来相对于阈值表现差的超参数创建了一个不同的密度估计器 $g(\lambda)$。TPE 使用 EI 作为采集函数,并且 Bergstra 等已经证明期望的改进 $\mathbb{E}_{\mathcal{M}_L}$ 与 γ、$g(\lambda)$ 及 $\ell(\lambda)$ 以封闭形式计算的量成正比,如公式(4.14)所示。

$$\mathbb{E}[I_{c_{\min}}(\lambda)] = \left[\gamma + \frac{g(\lambda)}{\ell(\lambda)} \cdot (1 - \gamma)\right]^{-1} \tag{4.14}$$

TPE 通过随机生成多个候选超参数配置并选择有最小 $g(\lambda)/\ell(\lambda)$ 的 λ 来最大化该表达式。TPE 通过使用 Parzen 窗(Parzen-Rosenblatt window)来得到 $g(\lambda)$ 和 $\ell(\lambda)$。Parzen 窗是在核密度估计问题(kernel density estimation)中,由 Emanuel Parzen 和 Rosenblatt 提出的能够根据当前的观察值和先验分布类型估计的概率密度。从任意给定 x 的未知密度 f 的单变量分布中得到一组独立同分布的样本 $(x_1, x_2, \ldots, x_n)$,其概率密度估计公式为

$$\hat{f}(x) = \frac{1}{nh} \sum_{i=1}^{n} K\left(\frac{x - x_i}{h}\right) \tag{4.15}$$

其中,n 表示样本的大小;$K(\cdot)$ 表示核函数;h 表示带宽,是一个重要的平滑参数,决定了核宽度,带宽越大则估计的密度越平滑;反之,估计的密度越峰值化。

在 TPE 中，密度估计器 $g(\lambda)$ 和 $\ell(\lambda)$ 采用层次结构，包括离散、连续和条件变量，这些变量反映了超参数及其依赖关系。在这种树形结构中的每个节点上，会创建一个一维 Parzen 估计器来模拟该节点对应的超参数的密度。当将一个给定的超参数配置 λ 添加到 ℓ 或 g 中时，仅更新与 λ 中活跃的超参数相对应的一维估计器。对于连续的超参数，这些一维估计器通过在每个超参数值 λ_i 处放置一个高斯密度形式来构建，标准偏差设置为每个点左右邻居中的较大者。离散超参数的估计则根据观测集中特定选择出现的次数按比例估计概率。为了评估候选超参数 λ 的概率估计，TPE 从树的根部开始，仅通过活跃的超参数路径向下遍历到叶节点。在此遍历的每个节点，根据其一维估计器计算相应超参数的概率，并在返回树根的过程中将这些单独的概率组合起来。值得注意的是，这意味着 TPE 假设那些在从树的根到其叶子的任何路径上未一起出现的超参数是独立的。基于组合起来的概率，算出 $g(\lambda)$ 和 $\ell(\lambda)$。选取其中 $g(\lambda)/\ell(\lambda)$ 最小的 λ 作为这一次迭代选取的超参数。

目前有一些 Python 库可以实现 TPE，为模型调参提供了便利，例如 Hyperopt 及 HpBandSter。Hyperopt 是 Python 的分布式异步超参数优化库，它通过提供关于函数定义未知的更多信息，以及用户认为最佳值的位置，可以实现更有效地搜索，其详细使用规则可参见 `https://hyperopt.github.io/hyperopt/`。另外，HpBandSter 可以利用 TPE 的建模能力来优化超参数的搜索过程，同时结合快速迭代和资源管理策略，可以提高整体的搜索效率和效果，其详细使用规则可参见 `https://automl.github.io/HpBandSter/build/html/index.html`。

基于顺序模型的算法配置（sequencing model-based algorithm configuration, SMAC）[112]支持多种模型来建立超参数 λ 与损失 c 之间的依赖关系 $P(c \mid \lambda)$。SMAC 采用随机森林（RF）建立代理模型，因为 RF 通常在离散和高维数据上表现良好。具体来说，SMAC 算法通过在模型训练和预测时，将 λ 中的非活跃条件参数实例化为默认值，从而专注于那些活跃的超参数。这允许各个决策树能够针对活跃的超参数进行分割，例如检查 "λ_i 是否活跃"。随机森林通常不被视为概率模型，SMAC 通过对其各个决策树对于 λ 的预测进行频率估计，得到了损失函数 c 关于超参数 λ 的预测均值 $\mu\lambda$ 和方差 $\sigma\lambda^2$。随后，SMAC 将损失函数 c 关于超参数 λ 的概率分布 $P_{\mathcal{M}_L}(c \mid \lambda)$ 建模为高斯 $\mathcal{N}(\mu\lambda, \sigma\lambda^2)$。

SMAC 同样使用了 EI 准则作为其采集函数生成采样点，采集函数会根据代理模型选取均值小或方差大的点进行采样。在 SMAC 的预测分布 $P_{\mathcal{M}_L}(c \mid \lambda) = \mathcal{N}(\mu\lambda, \sigma\lambda^2)$ 的条件下，这个期望可以表示为

$$\mathbb{E}_{\mathcal{M}_L}[I_{c_{\min}}(\lambda)] = \sigma_\lambda \cdot [u \cdot \Phi(u) + \varphi(u)] \tag{4.16}$$

其中，$u = \frac{c_{\min} - \mu_\lambda}{\sigma_\lambda}$；$\Phi$ 和 φ 分别表示累计分布函数和标准正态分布的概率密度[113]。

SMAC 是专门为在噪声函数干扰的评估下进行文件优化而设计的。因此，它采用了特殊机制来跟踪已知的最佳配置，并确保对该配置性能估计的高度置信。这种对噪声函数评估的鲁棒性可以在算法选择和超参数优化的结合中发挥作用，因为待优化的函数是一组损失项的平均值，每个损失项对应一对从训练集构建的训练数据集 $D(i)_{\text{train}}$ 和验证数据集 $D(i)_{\text{valid}}$。SMAC 的一个关键思想是通过逐个评估这些损失项来逐步更好地评估这个平均值，从而在准确性和计算成本之间进行权衡。为了使新配置成为新的主导配置，它必须在每次比较中都超过现有的主导配置，这包括只考虑单折（one fold）、两折（two fold），直到达到之前用于评估主导配置的总折数。此外，每当现有主导配置在这样的比较中存活下来，它就会在一个新的折数上进行评估，直到达到可用的总折数，这意味着用于评估主导配置的折数数量会随时间增长。这样一个表现不佳的配置可能在仅评估一个折数后就被放弃。为了增强算法在模型预测出错时的稳健性，SMAC 引入了一种多样化机制：随机选取每两个配置中的一个。由于前面描述的评估程序，这种安全措施所需的额外开销实际上比看起来的要少。具体来说，这种方法通过引入随机性来避免过度依赖可能误导优化过程的模型预测，从而增强了算法在面对不确定和复杂环境时的鲁棒性。这种随机选择配置的策略确保了搜索空间得到更广泛的探索，同时通过之前提到的逐步评估过程，有效地控制了由此带来的计算成本。

汉诺威大学和弗莱堡大学的 AutoML 小组推出了一个用于超参数优化的贝叶斯优化包 SMAC3[114]，提供了一个健壮且灵活的框架，支持多目标、多保真度和多线程，允许用户从离开的地方继续运行，可以帮助用户为算法、数据集和应用确定良好的参数配置。关于 SMAC3 的详细内容可访问 `https://automl.github.io/SMAC3/main/1_installation.html`。

4.3.2.2 基于种群的优化方法

基于种群的优化方法，例如演化算法，可以通过维持一个种群。即一组超参数配置，并通过局部扰动（如变异操作）和不同个体的组合（如交叉操作）改进种群，以获得新一代更好的超参数配置。这些方法在概念上是非常简单的，可以处理不同的数据类型，并且可以容易地实现并行计算，因为种群中个体之间的处理不会相互影响。

其中，最著名的一个基于种群的优化方法是基于协方差矩阵自适应演化策略（covariance matrix adaptation evolutionary strategy，CMA-ES）的方法[115]。CMA-ES 的核心思想是通过对正态分布 $N(m_t, \sigma_t^2 C_t)$ 中的协方差 C_t 进行调整，以处理变量之间的依赖关系和缩放比例。CMA-ES 主要包括三个关键步骤：首先通过运用高斯正态分布产生 P 个新解，构成一个种群；然后，计算新解对应的目标函数值，并从种群中采样出性能最好的 k 个解；最后，根据筛选出来的解调整初始的个体分布，以自适应地更新分布参数。重复上述三个关键步骤，如算法 5 所示，

CMA-ES 会逐渐趋于参数空间中的最优值。

算法 5: CMA-ES 算法

　　输入: 最大迭代次数 T

　　输出: m_t、C_t、σ_t

1 初始化两个进化路径 p_c^0 和 p_σ^0

2 初始化平均向量 m_0 和步长 σ_0

3 **for** $t \leftarrow 0$ **to** T **do**

4 　　$X \rightarrow$ 根据公式（4.17）生成新的解

5 　　计算 X 中每个解的目标函数值并从中选择性能最好的 k 个解

6 　　m_t、C_t、$\sigma_t \rightarrow$ 根据公式（4.18）~公式（4.20）更新平均向量、协方　　　差，以及步长

7 **end**

　　在产生新解的过程中，CMA-ES 每一次迭代都会从 $N(m_t, \sigma_t^2 C_t)$ 中产生 P 个解，组成种群 X，其中每一个解的生成如公式 (4.17) 所示。

$$x_i = m_t + \sigma_t y_i, y_i \sim \mathcal{N}(0, C_t) \tag{4.17}$$

其中，$y_i \in \mathbf{R}^n$ 是一个搜索方向，通常通过对协方差矩阵 C_t 进行特征值分解 $C_t = BD^2 B^{\mathrm{T}}$ 或者 Cholesky 分解来生成标准正态分布的向量 $\mathbb{Z}_i$ 从而得到 $y_i = BD z_i \sim \mathcal{N}(0, I)$。

　　在计算新产生的解对应的目标函数值 $f(x_i)$ 时，首先对计算得到的目标值进行排序，即 $f(x_{1:P}) \leqslant f(x_{2:P}) \leqslant \cdots \leqslant f(x_{P:P})$，其中，$x_{i:P}$ 表示该解在新生成的 P 个解中排第 i 位。根据截断选择，取前 $\mu = \lfloor \frac{P}{2} \rfloor$ 个解用于更新分布参数。在更新分布参数时，使用所选择的 μ 个解对分布参数 m_t、C_t，以及 σ_t 分别进行独立更新。具体来说，均值 m_t 是通过对所选择的 μ 个解进行加权求最大似然估计进行更新，如公式（4.18）所示。

$$m_{t+1} = \sum_{i=1}^{\mu} \omega_i x_{i:k} = m_t + \sum_{i=1}^{\mu} \omega_i (x_{i:k} - m_t) \tag{4.18}$$

其中，ω_i 为权重稀疏，在实际的算法中，通常取 $\omega_1 \geqslant \omega_2 \geqslant \cdots \omega_\mu > 0$。

　　CMA-ES 中，对协方差矩阵 C_t 的更新包含 rank-1 更新和 rank-μ 更新两项，如公式（4.19）所示。其中，rank-1 更新（即 $c_1 s_{t+1}^c (s_{t+1}^c)^{\mathrm{T}}$）有效利用了连续两步之间步长的相关关系，可以理解成直接将进化路径（即历史搜索信息）看作一个成功的搜索方向；rank-μ 更新（即 $c_\mu \sum\limits_{i=1}^{\mu} \omega_i y_{i:k} y_{i:k}^{\mathrm{T}}$）能够有效利用一代中所有已经选择的搜索点的信息以生成稳定可靠的协方差矩阵更新信息，其实际上是使用所选择的 μ 个解的加权最大似然估计。

$$C_{t+1} = (1 - c_1 - c_\mu)C_t + c_1 s_{t+1}^c (s_{t+1}^c)^\mathrm{T} + c_\mu \sum_{i=1}^{\mu} \omega_i \boldsymbol{y}_{i:k} \boldsymbol{y}_{i:k}^\mathrm{T} \tag{4.19}$$

其中，$c_1 \approx \frac{2}{n^2}$ 和 $c_\mu \approx \frac{\mu_\omega}{n^2}$ 为学习率，其与所调整的变量自由度（即参数个数）成反比。一个进化路径 $\boldsymbol{s}_{t+1}^c \sim \mathcal{N}(0, \boldsymbol{C}_t)$ 是一个从当前分布中产生的搜索方向，像一步变异操作一样来更新协方差矩阵。

CMA-ES 默认使用累积式步长调整（cumulative step-size adaptation，CSA）来更新步长，如公式（4.20）所示。

$$\sigma_{t+1} = \sigma_t \exp\left(\frac{c_\sigma}{d_\sigma}\left(\frac{||\boldsymbol{s}_{t+1}^\sigma||}{E||N(0, I)||} - 1\right)\right) \tag{4.20}$$

其中，c_σ 和 d_σ 是调整步长变化幅度的控制参数，通常 $c_\sigma \propto \frac{1}{n}$ 和 $d_\sigma > 1$。在平稳性条件下，另一个进化路径 $s_{t+1}^\sigma \sim N(0, \boldsymbol{I})$，即可以将搜索路径看成一个 n 维标准正态分布的随机向量，其模长服从卡方分布 $|s_{t+1}^\sigma| \sim \chi(n)$ 且 $E|N(0, \boldsymbol{I})| = \sqrt{n}$。基于此，如果模长大于平均值，则指数上是正的，步长变大，否则指数上是负的，步长减小。

4.3.3 多保真度超参数优化

不断增加的数据集大小和日益复杂的模型，使得黑盒超参数优化中的性能评估非常昂贵。目前，在大型数据集上训练单个超参数配置很容易就会超过几个小时，甚至需要几天的时间[49]。因此，为了加速手动模型选择与超参数优化过程，常见的策略包括在数据集的子集上评估模型和超参数配置。具体的手段包括限制训练迭代次数、仅利用数据集的部分特征、选择交叉验证中的部分折数进行评估，以及在计算机视觉任务中采用降采样图像。多保真度超参数优化方法将这些经验性策略形式化，利用低保真度近似来替代实际损失函数进行优化。虽然这种方法在优化性能和计算效率之间引入了权衡，但在实际操作中，通过低保真度近似获得的加速效果往往能够弥补其引入的近似误差。本小节将从通过基于学习曲线外推法来预测训练的迭代次数，并通过基于 Bandit 选择方法来进一步优化超参数选择过程。

4.3.3.1 基于学习曲线外推的方法

在手工选择模型和调试模型超参数时，通常不会每次都等到模型迭代完成后再修改超参数，而是待模型训练到一定的次数后，通过观察学习曲线（learning curve）来判断是否继续训练。

基于学习曲线外推的方法使用一个学习曲线模型来对一个部分观察的学习曲线进行推测，如果在优化过程中，预测该曲线在后续过程中都不可能超过目前所训练的最佳模型的性能，则停止训练。该方法重复以下 4 个关键步骤直到找到最优的超参数配置或达到其他预定停止条件。首先，选择一组初始超参数配置，并在训练集上训练模型若干轮次，并记录模型在每一轮迭代后的性能（例如，验证集上的准确率）。这些性能指标构成了学习曲线。然后，使用曲线拟合技术（如多项式回归、指数平滑等）来拟合学习曲线。拟合的目的是捕捉模型性能随迭代次数增加的变化趋势。接着，基于拟合的学习曲线模型，预测如果继续训练，模型在未来迭代轮数的性能。最后，进行超参数优化决策，如果预测的性能已经达到满意的水平或超过了事先设定的目标，则可能选择停止训练以节省资源。如果预测的性能未达到事先设定的目标，或者学习曲线显示出仍有提升空间，则根据预测结果调整超参数，并开始新一轮的超参数优化。

4.3.3.2   基于 Bandit 选择的方法

多保真度超参数优化与 Bandit 算法之间存在紧密的联系，因为随着模型训练的深入，对当前参数配置的预测效果将变得更加准确。因此，可以应用各种 Bandit 算法来优化预期的产出。Bandit 算法起源于赌博问题，其经典的模型是多臂老虎机（multi-armed bandit，MAB）问题。在这个问题中，有多个老虎机，每个老虎机都有一个未知的概率分布，玩家需要在有限的尝试次数内，通过选择不同的老虎机来最大化收益。

在实际应用中，一个广泛采用的方法是由 Jamieson 和 Talwalkar 在 2016 年提出的连续减半（successive halving，SH）算法。这种算法通过逐步减少候选解的数量，同时淘汰掉性能较差的选项，来提高优化过程的效率和效果。连续减半算法以其简洁性和高效性而著称，成为了执行多保真度算法选择时广泛采用的策略。具体操作流程为：首先，为所有算法分配一个初始的预算；接着，淘汰掉表现最差的一半算法，并将剩余算法的预算增加一倍；最后，重复上述过程，直至最终筛选出最优的算法。尽管连续减半算法在实践中被证明是有效的，但它需要在预算分配和配置尝试次数之间做出权衡。面对固定的总预算，用户需要决定是探索多种配置但为每种配置提供较少的预算，还是只尝试少数几种配置但为每种配置提供较多的预算。如果预算分配过少，可能会导致过早地淘汰掉有潜力的配置；如果预算分配过多，则可能会在性能较差的配置上耗费过长时间，造成资源的浪费。

HyperBand 是一种高效的选择策略，它通过将总预算分配成不同的配置数量和预算大小的组合来解决从随机采样的配置中进行选择的问题。该策略在每个随机配置的集合中运用 SH 作为子程序。由于 HyperBand 的设计只允许在最大预算上运行某些配置，因此在最坏的情况下，它的运行时间最多只比在最大预算上进行的普通随机搜索多一个常数倍。在实际应用中，HyperBand 通过使用成本较低的低保真度评估方法，已经在数据子集、特征子集和迭代算法上显示出比普通的随机搜索和黑盒贝叶斯优化（例如深度神经网络中的随机梯度下降）更好的性能。这使得 HyperBand 能够在资源有限的情况下，更有效地从大量候选配置中识别出性能最优的配置。

4.3.4 常规模型选择与超参数优化工具

现有自动化模型选择与超参数优化工具中，最具有代表性和影响力的有两大类。一类是基于贝叶斯优化框架进行模型选择和超参数优化，其中最典型的系统是 Auto-WEKA 和 Auto-Sklearn。另一类是基于演化计算的框架，其中领军产品是 TPOT 系统。它利用遗传规划手段自动构建和优化完整的机器学习管道，成为这一类框架中的代表作。此外，还有一些分布式自动化模型选择工具，如 H2O，它不仅支持自动化机器学习，还具有分布式训练和预测等诸多能力。下面，将分别介绍这几个代表性工具的使用流程。

4.3.4.1 Auto-WEKA

Auto-WEKA 是一种基于贝叶斯优化的自动化机器学习工具，其不仅可以进行模型选择和超参数优化，还可以进行数据预处理。图 4.3 是 Auto-WEKA 的工作流程，ML 框内表示标准机器学习框架，包含导入数据、预处理等步骤，浅蓝

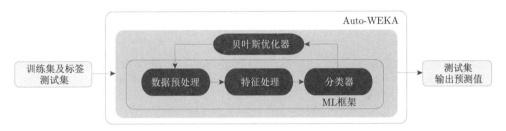

图 4.3　Auto-WEKA 的工作流程

色部分是 Auto 部分，它通过引入贝叶斯优化器实现自动化。具体来说，首先导入训练集和标签测试集，然后 Auto-WEKA 会对数据和特征进行预处理，如舍弃脏数据、缺失值等。如果涉及分类任务，预处理数据和特征会输入给分类器 (如 SVM)。与此同时，贝叶斯优化器不断迭代选择模型和超参数。贝叶斯优化器会基于不同的模型和超参数对训练集进行训练，并使用交叉验证法评估模型性能。通过优化选择出性能最佳的组合。最后，使用优选模型和超参数对测试集数据进行预测，输出预测值。

工具 Auto-WEKA 最初是由 Thornton 等于 2013 年提出的[62]，其当时主要关注 WEKA 包[63]中的分类算法。这一版本（Auto-WEKA 1.0）的搜索空间包含以下基本元素。

（1）可独立使用的基分类器，例如 KNN、SVM、LR 等。

（2）可接受单个基分类器及其参数作为输入的元（meta）分类器，例如

AdaBoostM1、LogitBoost 等。

（3）可接受任意数量的基分类器作为输入的集成（ensemble）方法，例如 vote 和 stacking。

其中，元分类器可以任选基分类器作为输入，集成方法允许使用最多 5 个带有任意超参数设置的基分类器作为输入。此外，在搜索策略方面，Auto-WEKA 将 AutoML 看作 CASH 问题，并使用了 SMBO 算法中的两种方法进行优化：SMAC、TPE 算法。这两种方法已在4.3.2.1小节中展开了详细介绍，此处不再赘述。

2017 年，Kotthoff 等扩展了 Auto-WEKA 工具，提出了改进版 Auto-WEKA 2.0[116]。这个最新版本支持回归算法，扩展了 Auto-WEKA 之前仅关注分类的范围（表4.4中的加星条目）。还有个关键点是 Auto-WEKA 2.0 版本现在完全集成到 WEKA 中。这使得 Auto-WEKA 工具更加简便：提供一个一键式界面，无须了解可用的学习算法或它们的超参数，只要求用户除了提供要处理的数据集外，还提供一个内存限制（默认 1GB）和整个学习过程的总时间预算（默认 15 分钟，以适应急于求成的用户；较长的运行时间允许贝叶斯优化器更彻底地搜索空间；建议时间允许下至少运行几个小时）。

表 4.4　Auto-WEKA 2.0 支持的基学习器、方法及对应的超参数数量

基学习器					
Bayes Net	2	Logistic	1	REPTree*	6
Decision Stump*	0	M5P	4	SGD*	0
Decision Table*	4	M5Rules	4	Simple Linear Regression*	5
Gaussian Processes	10	Multilayer Perceptron*	8	Simple Logistic	11
IBk*	5	Naive Bayes	2	SMO	13
J48	9	Naive Bayes Multinomial	0	SMOreg*	3
JRip	4	OneR	1	Voted Perceptron	0
KStar*	3	PART	4	ZeroR*	0
Linear Regression*	3	Random Forest	7		
LMT	9	Random Tree*	11		
集成方法					
Stacking	2	Vote	2		
元方法					
LWL	5	Attribute Selected Classifier	2	Random SubSpace	3
AdaBoost M1	6	Bagging	4		
Additive Regression	4	Random Committee	2		
属性选择方法					
BestFirst	2	Greedy Stepwise	4		

注：每个基学习器都支持分类；带星号的基学习器额外还支持回归。

现在 Auto-WEKA 2.0 可以通过 WEKA 的包管理器获得。用户无须单独安装软件，所有内容都包含在包中，并在请求时自动安装。安装后，Auto-WEKA

2.0 可以通过两种不同的方式使用。

（1）作为一个元分类器：Auto-WEKA 工具可以像 WEKA 中的其他机器学习算法一样运行——通过 GUI、命令行界面或公共 API。

（2）通过 Auto-WEKA 工具选项卡：这提供了一个定制的界面，隐藏了一些复杂选项。

接下来，为了便于读者了解 Auto-WEKA 工具的使用过程，以鸢尾花卉数据集 Iris 为例，介绍如何通过 Auto-WEKA 工具选项卡使用 Auto-WEKA 2.0 解决分类任务。具体使用流程如下。

（1）加载数据集："Weka GUI Chooser"-> "Explorer"-> "Preprocess"-> "Open file"-> 选择鸢尾花卉数据集 "iris.arff"。

（2）选择分类器：切换到 "Classify" 面板-> 按下 Classifier 中的 "Choose" -> 选择 "weka.classifiers.meta.AutoWEKAClassifier"。

（3）建立模型：在 "Test options" 中选择 "Use training set"-> 按 "Start" 按钮开始分析，直到界面 "Classifier output" 出现分析结果。

（4）解析分析结果：找到 "You can use the chosen classifier in your own code as follows:"，下面就是一个结果示例：①最后找到的分类器和参数：Classifier classifier = AbstractClassifier.forName("weka.classifiers.functions.SimpleLogistic"，new String[] "-W"，"0"）；②正确率：Correctly Classified Instances 144 96%。

（5）套用所得分类器：将上一步所得分类器转换成如下设定："weka.classifiers.functions.SimpleLogistic -W 0"-> 在选择分类器栏的 AutoWEKAClassifier 粗体字处按右键来开启 "Enter configuration"-> 输入在这一步转换的分类器设定。

4.3.4.2　Auto-Sklearn

Auto-Sklearn 工具最初由 Feurer 等于 2015 年提出[117]，其与 Auto-WEKA 非常相似，但它基于 scikit-learn 包（一种 Python 库）。图 4.4展示了 Auto-Sklearn

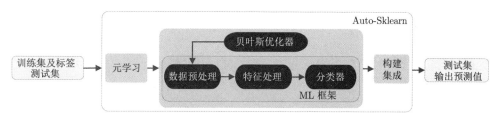

图 4.4　Auto-Sklearn 的工作流程

其为基于贝叶斯优化的自动化模型选择管道添加了两个组件：元学习和自动集成构建

的工作流程。在 Auto-WEKA 的基础上，Auto-Sklearn 为贝叶斯超参数优化添加了两个组件：用于初始化贝叶斯优化器的元学习算法和在优化期间自动构建模型集成的部件。下面详细介绍 Auto-Sklearn 的主要部件：搜索空间、元学习、自动集成构建。

1. 搜索空间

Auto-Sklearn 的搜索空间包括 15 种分类算法、14 种特征预处理方法、4 种数据预处理方法。所有的分类算法和预处理方法都列在了表4.5中。与 Auto-WEKA 不同，Auto-Sklearn 将配置空间集中在基分类器上，并排除本身由一个或多个基分类器参数化的元模型和集成。

表 4.5   **Auto-Sklearn** 支持的分类算法和预处理方法及对应的超参数数量

分类算法

AdaBoost (AB)	4	gradient boosting (GB)	6	multinomial naive Bayes	2
Bernoulli naive Bayes	2	KNN	3	passive aggressive	4
decision tree (DT)	4	LDA	4	QDA	2
extrem.rand.trees	5	linear SVM	4	random forest (RF)	5
Gaussian naive Bayes	-	kernel SVM	7	Linear Class. (SGD)	10

特征预处理方法

extrem. rand. trees prepr.	5	linear SVM prepr.	3	random trees embed.	4
fast ICA	-	no preprocessing	-	select percentile	2
feature agglomeration	4	nystroem sampler	5	select rates	3
kernel PCA	5	PCA	2	truncated SVD	1
rand.kitchen sinks	2	polynomial	3		

数据预处理方法

one-hot encoding	2	balancing	1
imputation	1	rescaling	1

2. 元学习

元学习[118]的概念源自模仿领域专家从以往任务中获取知识的策略，通过推理算法在不同数据集上的表现来获取知识。在 Auto-Sklearn 中，应用元学习来选择可能在新数据集上表现良好的机器学习框架实例。具体来说，通过为大量数据集收集性能数据和一组元特征，以有效计算数据集特征，进而有助于确定在新数据集上使用哪种算法。元学习方法是对基于贝叶斯优化的 AutoML 框架的补充。元学习可以快速建立一些可能表现良好的 ML 框架实例，但无法提供细致的性能信息。相比之下，对于像整个 ML 框架这样大的超参数空间，贝叶斯优化启动缓慢，但可以随着时间的推移进行性能微调。利用这种互补性，基于元学习选择 k 个配置，并用其结果来初始化贝叶斯优化。

具体地，Auto-Sklearn 中使用的元学习方法介绍如下。首先，在离线阶段，对数据集库中的每个机器学习数据集（例如 OpenML[119]库中的 140 个数据集）进行评估以得到一组元特征，并使用贝叶斯优化来确定在该数据集上具有强大经验性能的 ML 框架实例。这一步的具体执行过程示例：运行 SMAC[120] 24 小时，对三分之二的数据进行 10 倍交叉验证（10-fold cross-validation），并存储在剩下三分之一数据上表现最好的 ML 框架示例。然后，给定一个新的数据集 $\mathcal{D}$，计算其元特征[121, 122]，根据在元特征空间中与 $\mathcal{D}$ 的 L_1 距离对所有数据集进行排序，选出 $k = 25$ 个最近邻数据来评估存储的 ML 框架示例，最后用评估结果来启动贝叶斯优化。

3. 自动集成模型构建

虽然贝叶斯超参数优化在找到最佳性能的超参数设置方面数据效率很高，但在仅仅为了做出良好预测的目标下，这种方法非常浪费：训练的所有模型都会被丢弃，包括表现几乎和最佳模型一样好的模型。为了更好地利用这些模型，Auto-Sklearn 提出自动化构建它们的集成。简单地构建贝叶斯优化找到的模型的均匀加权集成效果并不好，因此使用所有单个模型在保留集上的预测来调整这些权重至关重要。

Auto-Sklearn 团队尝试了不同的方法来优化这些权重：堆栈（stacking）、无梯度数值优化（gradient-free numerical optimization），以及集成选择（ensemble selection）。他们发现数值优化和堆栈方法都容易对验证集过拟合且计算成本高，而集成选择方法既快速又稳健。实际上，集成选择是一个贪婪过程，它从一个空的集成开始，然后迭代地添加模型来最大化集成的验证性能（使用均匀权重，但允许重复）。总的来说，自动化集成模型构建方法避免了单一超参数设置的限制，因此比传统的超参数优化结果更稳健（且不容易过拟合）。这种简单的观察可以应用于改进任何贝叶斯超参数优化方法，提高其性能和鲁棒性。

与 Auto-WEKA 相比，Auto-Sklearn 摒弃了那些本身由一个或多个基分类器参数化的元模型和集成模型，减少了超参数的数量（Auto-WEKA 为 786 个，Auto-Sklearn 为 110 个）。通过使用上述介绍的方法来构建复杂的集成模型，而无须像 Auto-WEKA 那样评估多个模型，因此更加高效。

2020 年，Feurer 等又扩展了 Auto-Sklearn 工具，提出了改进版 Auto-Sklearn 2.0[123]。在这个版本中该团队增加了一项算法选择功能，来为一个数据集自动匹配最佳 AutoML 系统配置。具体而言，系统会自动选择适合当前数据集的模型选择策略和预算分配策略，从而优化整体性能。在实现上，Auto-Sklearn 2.0 采用了一种名为 Portfolio Successive Halving（PoSH）的策略。这个策略结合了逐次减半（successive halving，SH）的预算分配方法和一个优化的元学习组件，能够在有限的时间内快速识别出性能优异的机器学习流水线（pipeline）。

接下来，为了便于读者了解 Auto-Sklearn 的使用流程，给出 Auto-Sklearn 的一个运行实例：

```
# 导入用于预处理数据集和可视化的基本包
import autosklearn.classification
```

```
import sklearn.model_selection
import sklearn.datasets
import sklearn.metrics
# 加载数据集
X, y = sklearn.datasets.load_breast_cancer(return_X_y=True) X_train,
    X_test, y_train, y_test = sklearn.model_selection.train_test_split(
    X, y, random_state=1)
# 构建并拟合一个分类器
automl = autosklearn.classification.AutoSklearnClassifier(
time_left_for_this_task=120,
per_run_time_limit=30,
tmp_folder='/tmp/autosklearn_classification_example_tmp',)
automl.fit(X_train, y_train, dataset_name='breast_cancer')
out: AutoSklearnClassifier(ensemble_class=<class 'autosklearn.ensembles.
    ensemble_selection.EnsembleSelection'>,
per_run_time_limit=30, time_left_for_this_task=120, tmp_folder='/
    tmp/autosklearn_classification_example_tmp')
# 得到集成的最终性能
predictions = automl.predict(X_test)
print('Accuracy score:', sklearn.metrics.accuracy_score(y_test,
    predictions))
```

需要注意的是，用户在安装好 Auto-Sklearn 包（pip install auto-sklearn）后，在使用前还需要导入 autosklearn.classification 和常用的 sklearn 包中的数据处理工具。在拟合好一个分类器后，可以通过打印 automl.leaderboard() 来查看 auto-sklearn 找到的模型，还可以通过打印 automl.show_models() 来查看最终构建的集成。

4.3.4.3　TPOT

TPOT（tree-based pipeline optimization tool）[124, 125]是一个强大的自动化机器学习工具，它通过结合高效的遗传规划算法与 scikit-learn 库，实现了自动创建并优化机器学习流水线（pipeline），包括模型的选取、调优等。本小节将对 TPOT 进行详细介绍，内容涵盖其核心功能、搜索空间、搜索策略和使用方法等方面。

TPOT 的核心在于应用遗传规划（genetic programming，GP）来搜索机器学习 pipeline 的复杂空间，并优化一个端到端的解决方案，从而自动完成整个机器学习 pipeline 的构建。图 4.5展示了机器学习的 pipeline 及 TPOT 自动化处理的部分流程。可以看到，TPOT 的功能十分丰富，本节内容将侧重于介绍其自动化模型选择与调优。TPOT 内置广泛的 scikit-learn 模型，从简单的线性回归到复杂的各种集成学习方法，其可以自动选择合适的模型并调整这些模型的参数，从而实现性能的最大化。在完成搜索后，TPOT 的输出不仅是一个优化后的机器学习 pipeline，还包括该 pipeline 的 Python 代码，可以将其直接嵌入到使用者的程序中，大大地简化机器学习的整个工作流程。

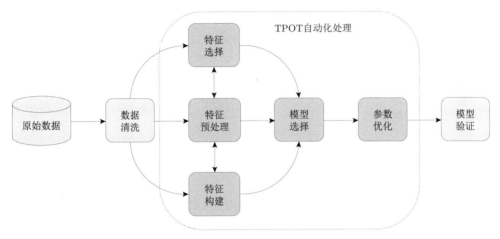

图 4.5　机器学习 pipeline 及 TPOT 自动化处理的部分流程

TPOT 的搜索空间十分广泛，覆盖了 scikit-learn 库中的绝大多数模型和预处理方法。对于前者，TPOT 既支持各种分类器，如 SVM、决策树、随机森林，也支持各种回归器，如线性回归、岭回归、弹性网络等。同时，TPOT 还支持模型的集成，比如通过 bagging 或 stacking 等方式集成多个基础模型以提高性能。

对于搜索策略方面，TPOT 采用遗传算法来遍历上述庞大而复杂的搜索空间。每个个体（solution）代表一个完整的机器学习 pipeline，包括特征预处理、模型选择、参数优化等步骤。具体来说，TPOT 初始化时会随机生成一个由多个个体（即不同的 pipeline 配置）组成的种群。然后，通过以下三个基本遗传操作对这一种群进行迭代优化。

（1）选择 (selection)：基于个体的适应度评分（验证得到的准确率等）进行选择，得分高的个体有更高的概率被选中用于繁殖下一代，这模拟了自然界中"适者生存"的原则。

（2）交叉 (crossover)：从被选中的两个父代个体中交换部分结构或参数，生成新的子代个体。结合选择操作，这一过程可以实现优良解决方案的组合，有助于探索搜索空间中的高性能配置。

（3）变异 (mutation)：在某些个体上随机改变一个或多个组成部分，比如更换模型、调整参数设置或改变特征预处理方法。变异增加了种群的多样性，有助于避免早熟（即收敛于局部最优解）。

此外，TPOT 支持用户根据具体问题和资源限制调整运行参数，例如设定交叉和变异的概率、种群大小、最大迭代次数和运行时间限制，以及是否启用并行计算以加速搜索过程。

接下来，为了便于读者了解 TPOT 的使用流程，给出 TPOT 的一个运行实例：

```
# 导入 TPOT 包及用于数据加载的基本包
from tpot import TPOT
from sklearn.datasets import load_digits
from sklearn.cross_validation import train_test_split
# 加载数据集
digits = load_digits()
X_train, X_test, y_train, y_test = train_test_split(
    digits.data, digits.target, train_size=0.75)
# 设定最大迭代次数为 5，其他参数使用默认设置，运行 TPOT
tpot = TPOT(generations=5)
tpot.fit(X_train, y_train)
tpot.score(X_train, y_train, X_test, y_test)
```

总的来说，TPOT 的优势在于其高效的搜索策略和易用性，为使用者提供了一个简单而强大的自动化机器学习平台，极大地简化了模型选择与调优的流程，同时提高了模型开发的效率和预测性能。

4.3.4.4　H2O

H2O[126] AutoML 由 Erin LeDell 于 2017 年 6 月 6 日在 H2O 3.12.0.1 中首次发布。它是一个用于分布式、可扩展机器学习的内存平台，其支持用户使用熟悉的 APIs，如 R、Python、Scale，以及 web GUI 等，并与 Hadoop 和 Spark 等大数据技术无缝协作。自首次发布以来，H2O 的每个主要版本都增加了新功能并改进了性能。

H2O 版本 (3.32.1.2)[127] 可以训练和交叉验证以下算法：三个预先指定的 XG-Boost GBM（梯度提升机）模型、一个 GLM（广义线性模型）、一个默认的分布式随机森林（distributed random forest，DRF）、五个预先指定的 H2O GBMs、一个接近默认的深度神经网络、一个极度随机森林（XRT）、一个 XGBoost GBM 的随机网格、一个 H2O GBM 的随机网格，以及一个深度神经网络的随机网格。

在运行过程中会使用现有模型训练（最多）两个额外的堆叠集成模型。目前有两种类型的堆叠集成模型：一种是包含所有基模型的集成，另一种是仅包含每个算法家族中最佳模型的集成。

接下来，为了便于读者理解 H2O 的使用流程，给出在 Python 中运行 iris 数据集的实例：

```python
# 导入所需的库
import H2O
from h2o.automl import H2OAutoML
from sklearn.datasets import load_iris
import pandas as pd
# 启动 H2O 服务
h2o.init()
# 加载 Iris 数据集并转换为 Pandas DataFrame
iris = load_iris()
df = pd.DataFrame(data=iris.data, columns=iris.
    feature_names)
df['target'] = iris.target
# 将数据集划分为训练集和测试集，并将 Pandas DataFrame 转换为
    H2OFrame
train_df, test_df = train_test_split(df, test_size
    =0.2, random_state=1)
train_hf = h2o.H2OFrame(train_df)
test_hf = h2o.H2OFrame(test_df)
# 指定特征和目标列，并将目标列转换为分类列
x = train_hf.columns[:-1]
y = 'target'
train_hf[y] = train_hf[y].asfactor()
test_hf[y] = test_hf[y].asfactor()
# 使用 H2O AutoML 进行自动化模型训练
aml = H2OAutoML(max_models=20, seed=1)
aml.train(x=x, y=y, training_frame=train_hf)
# 查看运行结果
lb = aml.leaderboard
print(lb.head(rows=lb.nrows))
# 使用最优模型进行预测
```

```
best_model = aml.leader
predictions = best_model.predict(test_hf)
# 查看模型的参数
best_model.params.keys()
```

运行结果将显示 AutoML 训练出的模型排行榜, 其默认情况下包括 5 倍交叉验证的模型性能。需要注意的是, 除了 aml.leader, 用户还可以通过 get_best_model() 来获取每种模型类型的最佳模型, 例如通过 aml.get_best_model(algorithm="xgboost") 可以获取最好的 XGBoost 模型。

第 5 章　自动化深度学习基础

第4章主要介绍了自动化传统机器学习方法,本章将介绍自动化深度学习(AutoDL)。本章的重点是对自动化深度学习的核心部分——神经架构搜索(NAS)进行初步介绍。更多前沿的技术、方法及实际应用将在接下来的章节中详细展开介绍。

5.1　自动化深度学习特点

自动化深度学习(AutoDL)是自动化机器学习(AutoML)的一个分支,专注于深度学习模型的自动设计和优化。相比于自动化传统机器学习,AutoDL 的主要特点如下。

(1)在模型方面:自动化传统机器学习通常使用的是线性模型、树模型(如决策树、随机森林、梯度提升树)等,这些模型在处理简单和中等复杂度的数据集时表现良好,但在面对高维、非线性和高度复杂的数据(如图像、音频、文本)时可能表现不佳。AutoDL 主要依赖于深度学习模型,如卷积神经网络(CNN)、循环神经网络(RNN)和 Transformer 等,这些模型在处理高维和复杂数据时具有更强的表现力和建模能力。

(2)在特征工程方面:自动化传统机器学习工具通常会尝试不同的特征组合和变化,以找到最佳特征集,而 AutoDL 通过深度学习模型从原始数据中自动提取出有用的特征,避免了手动特征工程。

(3)在超参数调优方面:自动化传统机器学习的超参数调优主要集中在模型参数上,如树的深度、核函数参数等,而 AutoDL 除了需要进行传统的超参数调优,还需要调整深度学习模型的架构参数,如网络层数、每层的神经元数量、激活函数等。神经架构搜索(NAS)就是 AutoDL 中特有的一部分,用于自动化地寻找最佳架构。

(4)在计算资源和运行时间方面:一般来说,训练和优化传统机器学习模型所需的计算资源和时间较少,尤其是在数据集规模较小时,而 AutoDL 所处理的深度学习模型通常需要大量的计算资源(如 GPU)和时间来训练,尤其是在处理大规模数据集或进行神经架构搜索时。

(5)在应用领域:传统机器学习模型在结构化数据(如表格数据)上表现较

好，这使得自动化传统机器学习通常用于金融、医疗等领域的分类、回归任务。AutoDL 在结构化数据（如图像、音频、文本）上表现尤为出色，广泛应用于计算机视觉、自然语言处理、语音识别等领域。

总的来说，AutoDL 通过自动化深度学习技术提升了模型在处理复杂和高维数据时的表现，但也带来了计算资源和时间上的挑战。随着硬件和算法的进步，AutoDL 在越来越多的实际应用中显示出其优势。

5.2   神经架构搜索流程概述

神经架构搜索（NAS）是自动化深度学习的核心技术之一，用于设计和优化深度学习模型的架构。一个完整的 NAS 方法包含三个关键组成部分：搜索空间、搜索策略和性能评估策略。以下是对每个组成部分的概述。

（1）搜索空间：定义了所有可能的神经网络架构。它决定了哪些架构在理论上是可行的。通过将一些先验经验（如适合特定任务的典型架构特性）纳入搜索空间，可以减少搜索空间的大小，进而加快搜索过程。然而，这样也会引入人为偏见，可能会阻碍发现超越当前人类知识的新型架构。

（2）搜索策略：决定了如何从搜索空间中寻找最优或近似最优的架构。由于搜索空间通常呈指数级增长，搜索策略需要在探索和利用之间权衡。一方面，希望快速找到性能良好的架构；另一方面，应避免过早收敛到局部最优区域。

（3）性能评估策略：用于评估所搜索到的架构在未见数据上的性能。最简单的方法是对架构进行标准的训练和验证，但是这种方法计算成本高，有限的计算资源限制了可探索的架构数量。因此，近年来的研究主要集中在开发降低性能评估成本的方法，具体方法将在第5.5节介绍。

在神经架构搜索（NAS）方法的流程中，如图 5.1所示，首先，搜索策略从预定义的搜索空间 $\mathcal{A}$ 中选择一个候选架构 A。然后，这个架构 A 被传递给性能评估策略，性能评估策略通过训练和验证过程对架构 A 进行评估，并返回其性能指标（例如准确率、损失值等）给搜索策略。搜索策略根据这个性能反馈，调整下一步的选择，迭代地从搜索空间中选取新的架构进行评估，直到找到最优或近似最优的神经网络架构。

图 5.1   NAS 方法的流程示意图

一个搜索策略从搜索空间 $\mathcal{A}$ 中选择一个架构 A，该架构被传递给性能评估策略，性能评估策略返回架构 A 的性能给搜索策略

5.3　搜索空间

搜索空间定义了优化目标和所有可能的个体，神经网络架构将被编码为该空间下的表示。采用合适的搜索空间是神经架构搜索的关键所在，否则会导致搜索所需的计算资源过多甚至无法找到性能优秀的架构。为了加快搜索进程，常需要根据具体任务及人工设计网络的先验知识，引入各种约束条件来划定一个较小规模的搜索空间。现有的搜索空间可以分为四类：层级搜索空间、基于 block 的搜索空间、基于 cell 的搜索空间及基于拓扑结构的空间，本节将逐一介绍它们。

5.3.1　层级搜索空间

在层级搜索空间中，整个神经网络由一系列的卷积层、池化层和全连接层堆叠而成，呈现为链式网络结构。由于纯粹的链式网络结构本身存在易出现梯度消失和梯度爆炸等问题，层级搜索空间也往往允许跨层连接，例如使用 ResNet[51] 中提出的残差连接。在使用层级搜索空间的 NAS 方法中，需要逐层确定网络各个层的超参数，包括层的类型，以及不同类型的层特有的一些参数，如卷积层的卷积核大小、个数和卷积的类型、步长。在这类搜索空间中，神经网络可以看作一个位于输入和输出节点之间的有向无环图（directed acyclic graph，DAG），那么神经网络的运算可以表述为

$$z^{(i)} = o^{(i)} \left(\left\{ z^{(i-1)} \right\} \odot \left\{ z^k \right\} \right) \tag{5.1}$$

其中，$o^{(i)}$ 表示候选集中的一个操作，即网络结构中的第 i 个操作；特征 $z^{(i)}$ 表示 $o^{(i)}$ 运算的结果；$\odot$ 表示求和或者合并操作。层级搜索空间相当于在神经网络这个有向无环图中搜索所有的层，网络架构的简要框架如图 5.2所示。

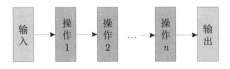

图 5.2　层级搜索空间中网络架构的简要框架

基于层级搜索空间的 NAS 方法的代表是 Large-Scale Evolution[128]，该方法采用有向图表示形式表示神经网络架构的基因编码，有向图中的每个顶点表示特征图，边表示卷积操作或直接映射。该方法使用演化算法的思想来搜索这样一个搜索空间，其变异操作包括插入一个卷积层、移除卷积层、改变一个卷积层的卷积核步长，改变一个卷积层的通道数等。此外，该方法还将激活函数的类型也加入搜索空间，具体来讲，激活函数可以是两种类型，一是 ReLU 函数，二是线性激活函数，即不做任何操作。实验表明，Large-Scale Evolution 可以搜索到新颖且性能相对不错的架构，但其搜索过程极为费时（250 个 GPU 运行 10 天）。

　　总的来说，层级搜索空间的一个优点在于其涉及的人工经验非常少，可以有效避免过往经验带来的偏见，从而有潜力探索出新颖且高性能的架构。另一个优点在于其设计和实现十分简单。然而，由于大部分深度神经网络都会包含几十个甚至上百个层，因此搜索空间的规模巨大，搜索这样一个空间常需要消耗巨大的计算资源。

5.3.2　基于 block 的搜索空间

　　基于 block 的搜索空间与层级搜索空间的整体结构类似，不同之处在于前者采用多个层组成的块（block）作为搜索空间中网络架构的基本单元。此类搜索空间往往会借助人工设计网络的经验来构建 block，比如使用 ResNet 中的 Bottle-Block，或是基于一些人工经验自行设计。图 5.3 展示了两种经典的 block 结构。在应用此类搜索空间时，NAS 过程涉及对每个 block 的超参数的搜索，例如 block 的类型、输出通道数、block 包含的层数等。由于一个 block 包含多个层，因此在同样深度下，此类搜索空间需要搜索的 block 数要明显小于层级搜索空间需要搜索的层数，从而大幅减小了搜索空间的规模。

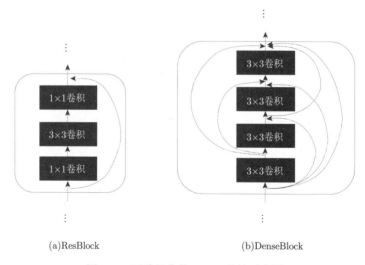

(a)ResBlock　　　　　　　　　　(b)DenseBlock

图 5.3　两种经典的 block 结构示意图

　　应用基于 block 的搜索空间的代表性 NAS 方法为 AE-CNN[129]，该方法采用基于 ResNet 和 DenseNet 设计的两种 block（即 ResBlock 和 DenseBlock）及池化层作为组成搜索空间中架构的基本单元。具体来讲，搜索空间中的架构由若干个 block 及池化层链式连接而成，每个 block 的类型、包含的卷积层数量、输入输出通道数等则通过搜索确定。同时，该方法还将 block 的数量也加入搜索空间中进行自动设计，以更好地适应各种任务的需求。由于引入基于人工经验设计的 block，该方法的搜索空间规模相对于基于层级搜索空间的方法更小，且搜索空间中架构的性能整体较好，该方法可以实现在相对较少的资源消耗下搜索出性能较好的架构。具体而言，该方法使用 3 个 GPU 运行大约 10 天即可搜索出一个架构，且该架构对应神经网络的性能超过了人工设计的网络，如 ResNet、DenseNet 等。

相较于层级搜索空间，基于 block 的搜索空间的设计是有利有弊的。一方面，由于搜索规模更小，同时采用了现有的性能优异的 block 作为基本单元，应用基于 block 的搜索空间可以在耗费更少计算资源的前提下搜索到不错的神经网络架构。但另一方面，此类方法的性能在一定程度取决于基于人工经验手动设计的 block，且预先设定的 block 结构也会限制对新颖网络架构的探索。

5.3.3 基于 cell 的搜索空间

基于 cell 的搜索空间的设计参照了人工设计的神经网络架构通常会重复使用相同模块这一经验，使用相同结构的 cell（一个小的网络架构）堆叠起来组成最终的网络架构。在应用此类搜索空间时，NAS 只会搜索 cell 内部的架构，而 cell 的个数、堆叠规则等则预先设定。具体来讲，在此类架构中，cell 通常被分为 normal cell 和 reduction cell 两种。其中 normal cell 返回与输入特征图相同大小的特征图，reduction cell 实现下采样并对通道数进行加倍。按照人工设计神经网络结构的经验，通常连续堆叠若干个 normal cell 后加一个 reduction cell，便于减少网络参数和提取高维特征。图 5.4展示了基于 cell 的搜索空间中，网络架构的整体框架和 cell 的内部结构。

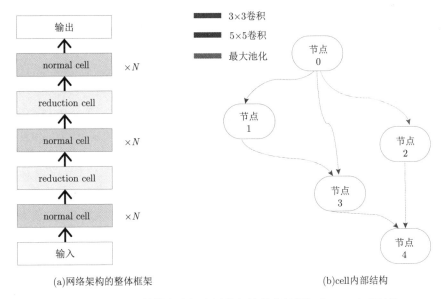

图 5.4 基于 cell 的搜索空间中网络架构的整体框架和 cell 内部结构

　　DARTs 是经典的应用基于 cell 的搜索空间的 NAS 方法。该方法使用两类 cell（即 normal cell 和 reduction cell）链式连接构成搜索空间中的架构，同类 cell 的内部结构完全相同。其中 reduction cell 的第一个层的步长被设定为 2，以减少特征图大小，且输出通道数被设定为输入的两倍。此外，该方法基于人工经验预先设定了网络架构中 cell 的个数和初始通道数，并规定位于网络的 1/3 和 2/3 处的 cell 为 reduction cell，其他的则为 normal cell，从而人为构建了网络的整体架构。在 NAS 过程中，DARTs 采用梯度下降的方法对两类 cell 的内部结构进行搜索，以得到最终的神经网络架构。

　　由于同类别 cell 的结构是相同的，基于 cell 的搜索空间的优势在于其将 NAS 过程简化为对两种 cell 内部结构的搜索，大幅提高了搜索效率。但这一设计带来的主要问题在于 cell 的个数、初始通道数等需要手动设计，而这些超参数本身是高度影响模型性能的，因此该类搜索空间的自动化程度相对较低。此外，为每个 cell 使用相同的结构，也会在很大程度上限制对新颖的网络架构的探索。

5.3.4　基于拓扑结构的空间

　　上述的搜索空间主要注重于组成神经网络架构的基本单元（层、block 或 cell），与这些空间不同，基于拓扑结构的搜索空间则注重于这些基本单元间的拓扑结构。在基于拓扑结构的搜索空间中，神经网络架构被视为节点和边组成的图，其中边为对特征图进行不同的操作，如卷积、池化等，节点常设置为对由不同操作处理后的特征进行相加或拼接。具体而言，此类搜索空间常采用固定数量的节点，而在 NAS 过程中，只对节点间的连接（即边）进行搜索，例如两节点间连接的有无，连接对应的操作类型等。

　　Genetic CNN[130] 是基于拓扑结构的搜索空间中比较有代表性的工作，其只搜索节点与节点之间是否有连接。虽然该方法将每个节点定义为卷积操作，边定义为操作间的连接，但也可等价于每个连接均为一个卷积操作，节点为将来自各个卷积操作的特征进行相加。具体地，该方法规定架构分为若干个阶段（stage），阶段与阶段之间通过池化操作进行连接，每个阶段由若干个节点组成，每个节点都包含一个编号，一个阶段中的节点通过若干个有向边连接（可视为卷积操作），每个节点只能连接比自己编号大的节点。该方法使用遗传算法对每个阶段的节点连接进行搜索，其实验结果显示虽然搜索到的网络架构不及某些基于人工经验手动设计的网络架构，但至少具有较好的性能。

　　基于拓扑结构的搜索空间易于实现，并且充分考虑了不同操作之间的连接。但是其缺点在于非常依赖手动定义搜索空间中网络架构的操作连接规则，否则难以达到较高的性能。

5.4 搜索策略

通常而言，NAS 算法被定义为一个优化问题，其中的搜索策略一般指的是用于解决这一优化问题的优化算法。这一优化算法可以按照一定的规则从搜索空间中搜索出满足条件的架构，并对搜索出的架构进行性能评估，然后将评估得到的架构性能反馈给搜索策略，用于在下个迭代中进行优化，以得到性能更优的神经网络架构。目前，主流的搜索策略共有三种，即基于强化学习的搜索策略、基于梯度的搜索策略，以及基于演化计算的搜索策略。本节将针对上述三种搜索策略进行详细介绍。

5.4.1 基于强化学习的搜索策略

基于强化学习的搜索策略[65]通过将神经网络架构设计视为一个序列决策过程，利用强化学习算法自动设计和优化网络结构。如图 5.5 所示，在这类搜索策略中，构造的控制器在预先设计好的搜索空间中进行采样，每次从搜索空间中选择出一组基本单元，形成一个完整的神经架构。然后，设计出的神经网络架构在特定任务上被训练和评估，评估得到的性能指标作为奖励信号 R 反馈并更新控制器。智能体通过这一反馈信号，利用策略梯度、Q-learning 等强化学习相关的算法不断调整和优化其选择策略，从而在后续的搜索过程中能够做出更优的决策。这类搜索策略的特点是可以通过大量的实验和试错过程积累知识，找到在特定任务上表现最优的架构。此外，这类搜索策略具有很强的灵活性和适应性，可以应用于不同类型的任务和数据集。通过不断地学习和优化，强化学习智能体能够逐渐收敛到性能优异的神经架构，从而有效地提高神经网络的性能并减少神经架构的设计时间。

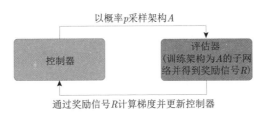

图 5.5 基于强化学习的 NAS 方法的流程示意图

具体而言，基于强化学习的搜索策略通常包括两个关键组件：控制器和评估器。控制器的主要作用是基于搜索空间中的基本单元生成架构，而评估器则负责对生成的架构进行训练和评估，并将得到的架构性能评估指标反馈给控制器。通常来说，控制器大多采用循环神经网络（RNN）或长短期记忆（LSTM）网络来生成架构参数序列，通过策略梯度方法优化其生成策略，以最大化奖励信号。评估器则可以是一个预训练的代理模型，用于预测候选架构的性能，或者通过从头训练神经架构的方式来获取其性能指标。

相关研究表明，基于强化学习的搜索策略可以对神经架构进行全局搜索，即针对整个神经网络的结构进行设计，同时对较大规模的复杂搜索空间也具有较强的适用性[65]。这类基于强化学习的搜索策略可以通过长期的积累和优化，使其中的智能体能够逐渐形成一套有效的架构设计规则，进而显著提高架构搜索的效果。然而，基于强化学习的搜索策略也具有一些缺点，例如计算资源消耗量较大。具体而言，基于强化学习的搜索策略通常需要在目标数据集上对生成的神经架构进行训练和评估，以获得奖励信号值。这导致在搜索过程中，需要进行大量的训练和架构评估，这一过程需要消耗大量的计算资源。例如，谷歌公司曾使用 800 个GPU，耗时 28 天在 CIFAR-10 上完成了一次架构搜索过程[65]。这样的计算资源消耗不仅对研究机构构成挑战，对于资源有限的中小型企业和个人研究者来说，更是难以承受。这种高昂的计算成本限制了强化学习在实际应用中的普及和广泛使用。

5.4.2　基于梯度的搜索策略

除基于强化学习的搜索策略之外，基于梯度的搜索策略是另一种常用的搜索策略。这类搜索策略通常利用梯度信息，将架构搜索问题转换为一个可微优化问题，从而高效地探索架构空间[19]。在这类搜索策略中，通常将架构参数化为可学习的权重，并使用反向传播算法计算梯度，直接优化这些参数，以实现架构的搜索与选择。

具体而言，基于梯度的搜索策略的搜索过程大致可以分为两个部分，分别是架构搜索部分及架构重训练部分。在第一部分中，通常需要将离散的架构空间连续化。这一过程通常需要引入可微分的参数化策略，即对架构参数进行连续松弛，使得原本离散的选择变为连续的架构参数。通过这一操作，搜索过程即可在连续的空间中进行，并允许使用梯度下降算法进行优化。通过在训练过程中对架构参数进行迭代更新，即可在搜索过程结束后，根据架构参数确定最终搜索到的架构。在第二部分中，基于第一部分中确定的架构，基于梯度的 NAS 方法通常需要在完整的数据集上对这一确定的架构重新进行训练以获得最终架构的性能。这一做法的主要原因是基于梯度的搜索策略通常只会使用数据集中较小的一部分进行架构搜索。因此，在完成架构搜索过程后，搜索出的架构通常需要在完整的数据集上重新进行训练，进而达到目标任务上的最佳性能。

现有研究表明，基于梯度的搜索策略具有计算效率高、搜索速度快的优点。这一优点的主要原因是基于梯度的搜索策略中隐含地使用了基于权重继承的性能评估方法，这一方法相比基于从头训练的架构评估方法具有效率上的显著优势，从而大幅提升了基于梯度的 NAS 方法的效率。同时，基于梯度的优化方法使其在搜索空间中高效探索,并快速收敛到优良架构。然而,尽管基于梯度的搜索策略具有上述优势,其仍然具有一定的缺点并面临一定的挑战。主要的缺点包含两个方面。第一,基于梯度的搜索策略通常需要借助一个预先设计好的超网,并从超网中进行架构的训练和采样。然而,超网设计的好坏直接关系到最终搜索到的架构的性能。要设计一个性能良好的超网,超网的设计者通常需要借助对相关领域专业经验的依赖。因此,基于梯度的 NAS 方法无法实现全自动的架构搜索。第二,对于基于梯度的搜索策略,由于梯度优化算法对于局部最优解的敏感性,其更容易陷入局部最优,从而无法找到性能更佳的神经架构。

尽管基于梯度的搜索策略具有上述两方面的缺点,但是得益于其高效的特性,其仍被广泛用于搜索面向各种任务的神经网络架构,如面向图像分类的 CNN 架构、面向序列数据的 Transformer[12] 架构,以及面向图结构数据处理的图神经网络架构[53] 等,在 AutoML 领域具有广阔的应用前景。

5.4.3 基于演化计算的搜索策略

演化计算(EC)用于搜索神经网络已经有超过 30 年的历史,这段历史可以被分为三个阶段[131]。第一阶段被称为演化神经网络(evolving neural networks)阶段,该阶段以 1999 年的综述为结束标志[132]。在这一阶段,EC 通常用于寻找神经网络架构和它对应的最优权重。这一阶段的神经网络通常规模较小,即演化的网络中通常只有几个隐藏层。第二阶段从 2000 年持续到 2016 年,该阶段被称为神经演化(neuroevolution)阶段[133]。与第一阶段不同的是,神经演化阶段侧重于中等规模的神经网络。例如关于增强拓扑(neuroevolution of augmenting topologies, NEAT)[134] 的一系列工作,如 rtNEAT[135] 和 HyperNEAT[136],就是这一阶段的代表工作。自 2017 年起,EC 开始用于解决 NAS 问题。自此,EC 用于搜索神经网络进入第三阶段,即演化神经架构搜索(evolutionary NAS, ENAS)阶段。第三阶段与前两个阶段存在明显区别。首先,前两个阶段的工作经常使用 EC 来演化架构或权重(或两者的组合),这一过程非常耗时。相比之下,ENAS 阶段主要侧重于搜索架构,并通过基于梯度的优化算法得到良好的权重值。此外,前两个阶段通常应用于小型和中型神经网络,而 ENAS 阶段通常应用于 DNN,如深度 CNN[18, 128] 和深度 SAE[137]。LargeEvo 算法[128] 通常被认为是 ENAS 阶段的开创性工作,该算法由谷歌研究人员提出,并于 2017 年被第 24 届国际机器学习大会(ICML)录用发表。LargeEvo 算法采用 GA 搜索 CNN 的最佳架构,在 CIFAR-10 和 CIFAR-100[138] 上的实验结果证明了其有效性。此后,ENAS 算法在图像分类和信号处理等各种任务中不断取得突破[18]。

如图 5.6所示,基于 EC 的搜索策略可以分为基于演化算法(EA)、基于群智能(SI)和其他三个类别。具体来说,在现有的 ENAS 算法中,基于 EA 的方法占了大部分,而基于遗传算法(GA)又是其中的重要组成部分。其他类别的 EC 方法也是实现 ENAS 算法的重要组成部分,如遗传规划(GP)、演化策略(ES)、粒子群优化(particle swarm optimization, PSO)、蚁群优化(ant colony optimization, ACO)、文化基因算法(memetic algorithm)和演化多目标算法(multi-objective evolutionary algorithms, MOEAs)等。接下来将以基于 GA 的 ENAS 算法为例,介绍 ENAS 算法的基本流程及其关键步骤。

图 5.6　ENAS 算法按照 EC 搜索策略的分类

图 5.7展示了 ENAS 算法的流程图。具体来说,首先需要在定义好的初始空间内初始化一个种群,该种群由多个个体组成,其中每个个体都代表一个可行的解决方案(即 DNN 架构)。在加入种群之前,每个架构都需要编码为一个个体。之后需要对生成个体的性能进行评估(也称适应度评估)。在性能评估之后,进入种群更新阶段,即种群在搜索空间内进行演化。在演化过程中,首先需要通过

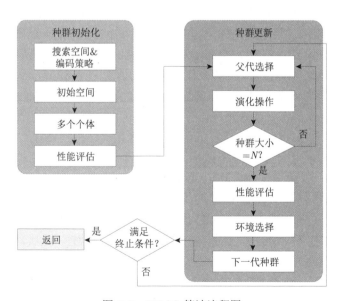

图 5.7　ENAS 算法流程图

父代选择选出父代个体，之后这些个体通过演化操作生成子代，直到满足种群大小为 N 的约束。然后需要对这些子代进行性能评估，得到它们的适应度用于环境选择生成下一代种群。种群更新会持续多次，直到满足预定义的终止条件（如最大迭代次数等），得到一个完成演化的种群。接下来将详细介绍种群初始化和种群更新的关键环节。

5.4.3.1 种群初始化

种群初始化的关键步骤：选定搜索空间；将搜索空间中的网络架构编码表示为个体；将搜索空间缩小为初始空间；对得到的多个个体进行性能评估。其中搜索空间的设计与选择部分已经在 5.3 节中详细讨论和描述，对个体进行性能评估将在 5.5 节进行讨论。因此，本小节将关注编码策略和初始空间划分方法。

首先，将详细介绍编码策略。具体来说，ENAS 方法中不同编码策略最直观的区别在于编码个体的长度。根据个体长度在演化过程中是否发生变化，编码策略可以分为两种不同的类别，即定长编码策略和变长编码策略。对于定长编码策略而言，个体在演化过程中的长度是相同的。相反，如果采用变长编码策略，个体在演化过程中的长度则不同。定长编码策略的优势在于，它易于使用标准的演化操作（如交叉和变异操作），这些操作原本就是为等长个体设计的。例如，在 Genetic CNN[130] 中，固定长度的二进制字符串能够便于实现演化操作（特别是交叉操作）。另一个例子是 Loni 等[139] 使用固定长度的基因串来表示架构，从而在相应的编码信息中实现单点交叉。然而，定长编码策略必须预先设定合适的最大长度。这个最大长度通常与 DNN 架构的最佳深度有关，而最佳深度是事先未知的，因此基于定长编码策略的 ENAS 算法仍然依赖于专业知识和经验。与定长编码策略相比，变长编码策略不需要人工事先确定 DNN 架构的最佳深度，因此具备实现全自动化架构设计的能力。此外，这种编码策略的优势还在于可以自由定义更多的架构细节。例如，在完成一项新任务时，如果不知道 DNN 架构的最佳深度，只需以随机深度初始化个体，而最佳深度可以通过变长编码策略找到，在演化过程中，相应 DNN 架构的深度可以改变。然而，变长编码策略也有一些缺点。由于传统的演化算子可能不适合这种编码策略，因此相应的演化算子需要重新设计[140]。此外，由于变长编码策略的灵活性，它通常会导致架构深度过大，有时会进一步导致更耗时的性能评估过程。

接下来，将介绍初始化空间划分方法。一般来说，初始空间的架构初始化方法有三种：从平凡的初始条件开始[128]、从编码空间随机初始化[140] 和从精心设计的架构开始（也称丰富初始化）[141]。这三种类型的初始化对应三种不同的初始空间：平凡空间、随机空间和精心设计的空间。其中，平凡空间通常只包含几个原始层。例如，LargeEvo 算法[128] 在平凡空间中初始化种群，其中每个个体只构成一个没有卷积的单层模型。Xie 等[130]的实验证明，平凡空间可以演化出有竞争力的架构。相反，精心设计的空间包含了最优秀的架构。通过这种初始化方式，一个优秀的架构可以在演化的开始阶段得到，但这种方法很难演化出其他新的架构。实际上，许多采用这种初始空间的 ENAS 方法都侧重于提高精心设计的架构的性能。例如，架构剪枝的目的是通过删除重要性低的连接来压缩 DNN[142]。对于随机初始化方法，初始种群中的所有个体都是在有限空间内随机生成的[129, 140, 143]。这类初始化方法能够减少专家经验对初始群体的干预，有助于发现全新的架构。

5.4.3.2　种群更新

种群更新的重点在于通过父代选择和演化操作生成子代种群，对子代种群中的个体进行性能评估，通过环境选择从父代种群和子代种群中选出下一代种群。我们将依次讨论以上各个步骤，需要注意的是，种群更新的性能评估方法与种群初始化中的性能评估一致，将在 5.5 节进行介绍。

首先是父代选择，通过该步骤，能够从父代中选择出用于进行演化操作的子代个体。选择策略的有效性直接关系到整个演化算法的表现。常见的选择策略包括轮盘赌选择（roulette wheel selection）[130, 144]和锦标赛选择（tournament selection）[129, 140]等。不同的选择策略在平衡探索和开发能力方面各有优劣，需根据具体问题进行选择和调整。

其次是演化操作，这一步骤包含了交叉（也称重组）和变异两种基本操作。交叉操作通过交换两个或多个父代个体的基因片段产生新的子代个体，从而为种群引入多样性和新的潜在解决方案。变异操作则是对个体的基因进行小幅度的随机改变，以保持种群的多样性并防止种群发生"早熟"现象[83]。在具体应用中，交叉和变异操作的概率参数需根据实际情况设定，以平衡多样性和求解效率。

最后是环境选择，指的是从当前种群和新生成的子代个体中选择出下一代个体，形成新一代种群。环境选择策略通常遵循适者生存的原则，将具有更高适应度的个体保留在种群中。常见的环境选择方法包括精英保留策略[145, 146]、去除最差或者最老个体[147, 148]及非支配排序策略[149, 150]等。通过合理的环境选择，演化算法能够逐步提高种群的整体适应度，向最优解逼近。

5.5　性能评估策略

神经架构搜索（NAS）的性能评估策略旨在准确衡量各候选架构在实际任务中的表现，从而选择出最佳的神经网络结构。最传统的评估方法是：将待预测架构在训练数据集上经过完整的训练后，进而在验证数据集上验证架构性能。尽管传统评估方法通常耗时且资源消耗大，但它们依然是理解和比较各种加速评估方法的基础。因此，首先介绍传统的评估方法，然后介绍一些加速评估的方法。

5.5.1　传统评估方法

传统评估方法会对每个搜索到的架构在训练集（test set）上进行训练，然后在验证集（validation set）上验证架构性能以得到最终性能。也就是说，在 NAS 过程中，每个架构都需要进行模型训练以得到最优或近似最优的模型参数。因此，传统评估这一过程可以被表示为如下优化问题：

$$\mathbb{E}_{\text{validation}}\left(A, \operatorname*{argmin}_{\theta_A} \mathbb{E}_{\text{train}}(A, \theta_A, D_{\text{train}}), D_{\text{validation}}\right) \tag{5.2}$$

其中，$\mathbb{E}_{\text{validation}}$ 表示架构 A 在验证集 $D_{\text{validation}}$ 上的性能；θ_A 表示架构 A 的一个带参数模型；$\mathbb{E}_{\text{train}}$ 表示 θ_A 在训练集 D_{train} 上的性能。

这种方法的主要缺点在于计算代价是非常高的，因为每个架构都需要进行完整的训练和验证，这在大规模搜索空间中尤为耗时。这对神经架构搜索的学术研究和工程应用造成了不小的阻碍，因此如何加速神经架构搜索中的评估过程成为当务之急。为了加速性能评估过程，现在已经相继提出了许多加速评估的性能评估策略，这些方法大都分为低保真度估计、权重重利用，以及性能预测器等类型。

5.5.2　低保真度估计

低保真度估计（lower fidelity estimates）方法采用部分训练数据集、代理数据集或者不充足的训练轮次对架构进行训练，以降低整个架构的训练时间。

使用部分训练数据集最简单的方法是从原始数据集中随机选择一些样本。例如，Liu 等[151]从整个数据集中随机选择少量医学图像来训练搜索到的架构。但是，随机采样无法避免剔除掉一些具有代表性的样本，从而难以保证在子集中训练架构的泛化能力，同时也难以保证对性能的准确评估[152]。为了缓解这一问题，一些研究设计了新的采样方法。例如，Park 等[152]和 Na 等[153]设计了一个探测网络来衡量每条数据样本对架构性能排名的影响。然后，他们删除了对架构性能影响较小的样本。

低保真度估计中的另一种方法是使用代理数据集（proxy dataset），找到与原始数据集具有相似属性的较小数据集来训练所搜索到的架构。代理数据集是原始数据集的一个子集或变体，用于快速评估模型性能和进行超参数调优。与原始数据集相比，代理数据集具有更少的样本，所以能够加速训练。例如，在图像分类任务上，Zoph 等[154]使用 CIFAR-10 数据集作为 ImageNet 数据集的代理。他们在 CIFAR-10 上训练每个架构，以获得其对应的性能。由于 CIFAR-10 数据集中的数据量比 ImageNet 数据集少，所以可以有效地缩短训练时间。

不充足的训练轮次也是低保真度估计中的一种常见策略，减少训练轮次将直接减少训练成本，从而加速评估过程。Sun 等[137]在训练中固定了训练轮次的数量，每一个架构训练到规定的轮次即可停止训练，然后在验证集上评估该架构的性能作为近似值。So 等[155]对这种策略进行了改进，他们在固定的训练轮次后对架构的性能进行评估。性能不佳的架构的训练被直接停止，性能优秀的架构能够得到进一步的训练，进而得到更精确的评估。该类方法实现简单，但是当训练数据不足或者训练不充分时，性能评估结果与神经架构的实际性能相差较大[15]。

5.5.3　种群记忆

种群记忆在演化计算（EC）中被广泛应用于加速适应度评估，用于记录和利用历史搜索过程中的优良解。在演化神经架构搜索中，由于前一代种群中的个体可能会在后续种群中再次出现，重新评估这些个体将浪费计算资源。种群记忆通过记录和利用历史搜索过程中的优良解，算法更快地找到高性能的模型结构和超参数配置，从而避免重复评估相同的架构，以提高搜索效率。实际上，种群记忆相当于一个缓存（cache）系统，通过重用已出现过的架构信息来节省时间。

对于种群记忆，已训练的架构集 $\mathcal{A}_t$ 是已搜索架构集 $\mathcal{A}_s$ 的一个子集。基于种群记忆的架构性能评估流程如图 5.8所示。通过这种方法，当遇到与先前相同的架构时，可以避免重复评估这些架构。许多基于 EC 的 NAS 采用这种方法来减少不必要的计算成本。例如，Fujino 等[141]使用种群记忆存储个体的性能值，当遇到编码与先前架构相同的架构时，从记忆中检索其性能值。类似地，Sun 等[18]设计了一个全局缓存系统，记录架构的哈希码和性能值，当遇到编码已存储在缓存中的架构时，可以直接获取其性能。

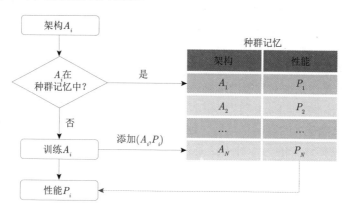

图 5.8　基于种群记忆的架构性能评估流程

对于每个搜索到的架构 A_i，如果它的架构信息存储在种群记忆（存有搜索过的架构及其对应的性能）中，那么就可以直接获取其性能 P_i。否则，这个架构需要通过训练的方式来获取其性能 P_i。架构信息及其性能对 (A_i, P_i) 将会被存储到种群记忆中

5.5.4　学习曲线外推法

学习曲线外推（learning curve extrapolation）法在完全训练的架构集上训练一个模型，以预测仅经过少量训练周期的架构的实际性能。通过这种方式，可以减少对所搜索到的架构的训练周期，进而减少整体架构搜索的性能评估时间。为

了介绍学习曲线外推法的原理，首先介绍三个术语：学习曲线（learning curve）、最终学习曲线（final learning curve）和部分学习曲线（partial learning curve）。

学习曲线通常指的是机器学习算法随着迭代次数增加而表现出的性能变化。最终学习曲线表示从训练开始到结束的整个学习曲线 $f_t = (p_1, p_2, \ldots, p_t)$，其中 p_i 表示第 i 次迭代的性能，p_t 表示最终性能。部分学习曲线则指截至第 l 次迭代时的学习曲线，即 $f_l = (p_1, p_2, \ldots, p_l)$（$l < t$）。

学习曲线外推法的工作流程如下：首先，从预定义的搜索空间中采样一些架构，然后完全训练这些架构以构建架构集 $\mathcal{A}^f = \{(x^1, f_t^1), (x^2, f_t^2), \ldots, (x^k, f_t^k)\}$，其中 f_t^i 表示架构 x^i 的最终学习曲线；然后，将这些架构的部分学习曲线与其对应的最终性能结合，并将架构集转换为另一种形式，即 $\mathcal{A}^f = \{(x^1, f_l^1, p_t^1), (x^2, f_l^2, p_t^2), \ldots, (x^k, f_l^k, p_t^k)\}$，其中 f_l^i 表示部分学习曲线，p_t^i 表示架构 x^i 的最终性能；接下来，学习曲线外推法通过训练 $\mathcal{A}^f$ 来建立一个预测模型 $p_t^i = \mathcal{P}'(x^i, f_l^i)$，该模型 $\mathcal{P}'(\cdot)$ 能够通过输入搜索到的架构及其部分学习曲线来预测它们的最终性能；最后，利用该模型预测已知部分学习曲线的架构的最终性能。

值得一提的是，早停策略（early-stopping strategy）作为一种流行的高效评估方法，可以被看作学习曲线外推法的特例。具体来说，早停策略直接将经过少量训练周期后的性能 p_l 视为最终性能 p_t。

5.5.5　权重继承

权重重利用方法通过重新利用先前训练过程中得到的权重来达到加速的目的，主要分成两种方式：权重继承（weight inheritance）[128]和权重共享（weight sharing）[155]。首先介绍权重继承，在5.5.6小节再介绍权重共享。

权重继承方法基于相似架构可能具有相似权重的假设，利用之前训练过的神经网络的权重信息，对新搜索到的网络架构赋予权重。因此，其主要在新搜索到的网络架构与已经训练过的老网络架构相似的情形下使用。该技术在演化神经架构搜索（ENAS）算法中得到了广泛应用，因为在演化过程中，通过交叉和变异生成的后代通常包含其父代的部分结构，相同部分的权重可以被继承，从而减少了新架构从头开始训练的需求，进而显著减少搜索时间。例如，Real 等[128]观察到在基于演化计算的神经架构搜索中，因为演化算子不会破坏性地改变原有架构，所以大多数新产生的架构都与已经训练过的老架构相似，适合使用权重继承方法。他们通过让新架构继承与老架构相同部分的网络权重，避免整个网络从头开始训练以减少训练时间。

为了更详细地介绍权重继承的工作原理，图 5.9展示了一个具体的例子。图中左侧是一个带权重信息的架构 #1，它有三个节点，按顺序编号为 1 到 3，并依次连接。图中右侧是一个新搜索到的架构 #2，它有 4 个节点，编号为 1 到 4。除了编号为 4

的节点，其他三个节点与架构 #1 具有相同的拓扑关系。因此，这三个节点可以直接继承架构 #1 中对应节点的权重，而只有编号为 4 的节点需要从头开始训练。通过权重继承技术，神经网络架构只需进行少量周期的微调，大幅降低了搜索成本。

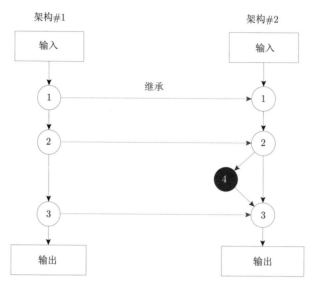

图 5.9   权重继承示例

5.5.6   权重共享

权重共享方法在神经架构搜索（NAS）中得到广泛应用，特别是在基于梯度的 NAS 方法中。这种方法通过构建一个包含所有候选网络架构的超网（supernet），使得各个子网可以直接使用超网中的权重进行性能评估，从而避免了对每个候选架构进行独立训练的高计算成本。

具体来说，超网包含搜索空间中的所有候选操作和连接。每次选择一个子网进行训练时，子网直接使用超网中相应部分的权重。这样，超网的训练就可以在一次训练中涵盖所有候选架构，从而显著减少了训练时间和资源消耗。由于只需要对超网一个网络进行训练，因此权重共享方法可以有效降低整个神经架构搜索算法的计算复杂度。Liu 等[19]在 2018 年提出的 DARTS 就是其中的代表性方法，他们通过使用加权混合候选操作的方式构建了一个超网。超网训练和候选操作权重更新在搜索的过程中迭代进行。因为加权混合候选操作将搜索空间建模成为一个连续的空间，所以经常搭配基于梯度的搜索策略进行搜索。

5.5.7   网络态射

网络态射（network morphism）是一种通过对现有神经网络进行结构变换（如添加、删除或修改网络层）来生成新网络的方法。态射操作可在保持原有网络性能的同时，探索新的网络结构。最初，网络态射是在迁移学习的背景下提出的，目的是将一个完全训练好的网络（即父网络）的知识快速转移到另一个网络（即子网络）中。由于其可以有效加速子网络的训练，很快被应用于 NAS 领域，以避免从头开始训练每个新架构。

具体来说，网络态射是一种保持功能的操作，通过这种操作将一个完全训练好的父网络转换为一个完全保留父网络功能的子网络[156]。这一过程包括三个步骤：首先，父网络通过预定义的态射操作转换为一个不同的子网络；其次，子网络直接继承父网络的权重，并具有与父网络相同的功能和输出；最后，子网络在数据集上进行训练以获得最终的性能。由于子网络不需要从头开始训练，达到收敛所需的训练时间自然减少。由于继承过程不需要大量资源，网络态射能够显著加速子网络的训练。

态射操作（即保持功能的操作）主要包括宽度态射、深度态射、核大小态射等。不同类型的态射改变父网络的不同部分以生成新的子网络。为了便于理解，图 5.10 展示了一个宽度态射的例子。在该图中，父网络是一个完全训练好的网络，子网络是通过宽度态射操作从父网络变换而来的。具体来说，在子网络中，节点 6 是节点 3 的复制品，并且节点 3 的权重也被转移到节点 6。为了保持两个网络的功能一致，权重 b 的值被除以 2，而权重 a、c、d 和 e 的值保持不变。通过这种方式，如果将相同的输入分别输入父网络和子网络中，两个网络的输出将会相同，这意味着父网络的功能在子网络中得到了保留。

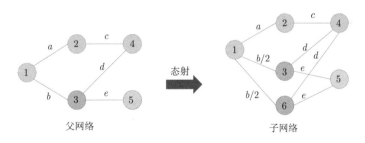

图 5.10　一个宽度态射的示例
其中不同类型节点表示不同操作（如卷积层、池化层），边上的标签表示对应的权重值

由于网络态射的使用需要存在已完全训练好的父网络，因此，通常将 NAS 中第一轮搜索到的架构完全训练作为后续轮次中搜索到的架构的父网络。具体来说，NAS 第一轮搜索到的架构被完全训练作为父网络，然后对这些父网络应用各种态射操作生成子网络。这些子网络继承父网络的权重，并通过较少的训练时间获得其性能。随后，这些子网络被视为新的父网络，以上过程迭代进行。由于除第一轮搜索到的架构，其余所有搜索到的架构都通过较少的训练时间进行训练，因此总体来说可以减少搜索时间。

5.5.8　性能预测器

性能预测器（performance predictor）是一种利用机器学习模型来预测候选模型性能的方法。在 NAS 中，性能预测器根据模型的结构特征快速估计其在目标任务上的表现，从而减少大量不必要的模型训练，加速了神经架构搜索过程。

性能预测器的基本流程如图 5.11所示，分为采样、训练和预测三个阶段。在采样阶段，采样策略将在神经架构搜索的目标搜索空间中随机采样若干架构，并对这些架构进行完整的训练以得到它们在验证集上的性能作为真实标签。每一个采样架构 A 及其对应的真实性能 p 构成一对训练数据 (A,p)，若干条训练数据即可构成训练性能预测器的训练数据集 $\mathcal{A}^t$。

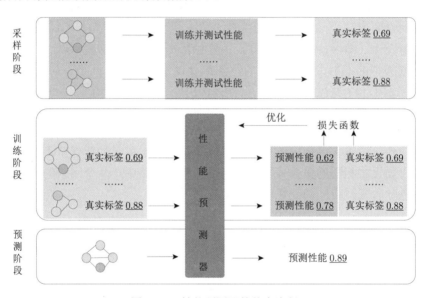

图 5.11　性能预测器的基本流程

性能预测器属于机器学习中的回归模型，其训练阶段与机器学习的一般训练过程类似：输入架构有关信息（即 $\mathcal{A}^t$），经性能预测器映射后得到该架构的预测性能，通过损失函数计算出预测性能和真实标签的差异后再对性能预测器进行优化，使得性能预测器最终能够对架构进行准确的预测。性能预测器的这一训练过程可以被表示为

$$\min_{T_{\text{parms}}} \mathcal{L}\left(R\left(T_p, A\right), p\right) \tag{5.3}$$

其中，T_{parms} 表示回归模型 R 的待训练参数；$\mathcal{L}(\cdot)$ 表示损失函数；p 表示架构 A 的真实标签 $[(A,p) \in \mathcal{A}^t]$。关于回归模型，常用的回归模型包括长短时记忆（LSTM）网络、随机森林和图卷积神经网络（GCN）。

在使用性能预测器对一个架构进行性能预测时，只需输入待预测架构的信息，

就能给出对该架构的预测性能。根据性能预测器选用模型类型的不同，评估时间
也有所差异，但是均能在一秒或几秒内完成对架构的评估。

第 6 章　自动化深度学习方法

第5章详细介绍了 AutoDL 的特点及关键组件，本章将进一步介绍实现 AutoDL 的具体方法。3.2节中介绍了自动化深度学习主要包括神经架构搜索及自动化模型压缩两个关键环节。接下来，本章将详细介绍实现这两个环节的经典技术与算法。本章作为本书的核心章节，旨在介绍强化学习、梯度下降和演化计算在实现神经架构搜索中的技术路线，以及如何从搜索空间设计、搜索策略设计和整体模型压缩角度实现自动化模型压缩与加速。

6.1　基于强化学习的 NAS

强化学习（RL）在 NAS 中的应用是一个前沿领域，涉及使用 RL 算法来自动设计和优化神经网络架构。在这个过程中，RL 代理通过探索和评估不同的网络架构，学习如何挑选或生成最优化的网络结构以提高模型性能。基于 RL 的 NAS 方法能够在无需人工干预的情况下搜索到性能优异的网络架构。根据不同的优化策略，基于 RL 的 NAS 方法可以分为基于策略学习的 NAS、基于价值学习的 NAS，以及基于组合方法的 NAS。本节内容将详细讨论这三类方法，并对每类方法中的典型算法进行详细介绍。

6.1.1　策略学习

本节将围绕如何利用策略学习搜索最优的网络架构。这类方法的核心思想是直接优化智能体的决策策略，通过调整策略函数的参数来改善策略的表现。在 NAS 中，智能体（即控制器）的决策策略可以被视为采样架构的策略，也就是说，基于策略学习的 NAS 算法涉及直接对采样架构的策略进行优化。首先，将介绍基于策略学习的 NAS 的基本原理，包括如何定义策略函数及如何利用这些函数指导架构搜索。随后，将详细介绍经典的基于策略学习的 NAS 算法。通过本节的学习，读者将能够理解基于策略学习的方法如何有效地优化采样架构的策略，探索复杂的架构空间，从而找到性能优越的网络架构。

在基于策略学习的 NAS 方法中，策略函数是核心概念，其定义为在给定状态下，智能体选择不同动作的概率分布。在 NAS 中，策略函数通常表示在架构搜索空间中采样的概率分布，用于指导网络架构的选择。在搜索的过程中，策略函数可以指导智能体选择具有最高预期回报的架构。这一过程涉及以下几个关键步骤。①探索和数据收集：在初期阶段，系统会根据策略函数探索多种不同的架构并评估它们的性能，收集数据用于训练策略函数模型。②策略网络构建：使用收集到的数据训练一个策略网络，来优化策略函数。③架构采样：根据构建好的策略函数网络，选择预期性能最佳的架构以对搜索空间进行探索。④策略优化：使用新探索的架构性能数据对策略函数的参数进行更新，用于进一步优化策略函数的准确性。通过迭代架构采样和策略优化，可以不断搜索较高性能的架构，直到达到预设的停止条件。REINFORCE 是最著名的基于策略学习的算法，接下来，本节将详细介绍基于这一算法的 NAS 方法。

6.1.1.1 NAS-RL

NAS-RL[17]是最为经典的基于策略学习的 NAS 算法，其使用了 REINFORCE 作为搜索策略。该方法的整体流程非常简单直观，如图 6.1所示。首先，该方法初始化一个循环神经网络（RNN）控制器，其负责采样生成网络架构编码。接着，依据生成的架构参数配置构建一个神经网络，对其进行训练后，在验证集上进行验证以获取其性能（对于图像分类任务而言，即为分类准确率）。在获取到网络性能后，再以其作为反馈信号计算策略梯度以更新 RNN 控制器，从而使得控制器在下一次采样时能够有更大的概率生成性能更好的网络架构，进而更好地探索预设的搜索空间。通过迭代执行架构生成和控制器更新，控制器可以不断地被改善以搜索出搜索空间中的高性能架构，直到达到预设的停止条件。

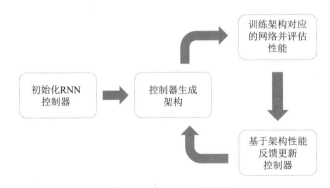

图 6.1   NAS-RL 流程图

6.1.1.2 网络架构表示

为了实现通过 RNN 控制器生成神经网络架构，NAS-RL 将神经网络架构编码为序列化的 tokens，从而将 RNN 的输出和神经网络架构映射起来。为了更清晰地介绍这一过程，先假设网络架构仅由卷积层链式连接组成，在这一场景下，RNN 的输出和神经网络的映射关系如图 6.2所示。具体地，对于单个卷积层，可以将其映射为一个包含卷积核高度、卷积核宽度、步长高度、步长宽度、卷积核数量的序列。通过多个 RNN 单元连接而成的 RNN 控制器，可以非常简单地实现输出一个表征卷积层的序列，并重复这一过程以生成若干个卷积层序列，直到达到网络深度限制。最后，将这些序列对应的卷积层链式连接起来，就组成了一个最为简单的神经网络架构。

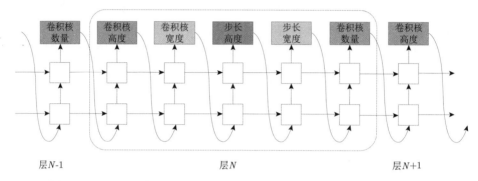

图 6.2　NAS-RL 中 RNN 控制器的输出与神经网络架构的映射关系示意图

　　为设计出高性能的神经网络架构，简单的链式连接是不够的，往往还需要引入一些跳跃连接。为了让 RNN 控制器能够输出这些跳跃连接，NAS-RL 使用了一种基于注意力机制的集合选择性注意力（selective attention）。具体地，该方法为每一层添加一个锚点（anchor point），用于指示之前的层哪些需要与该层连接，这些连接被定义为概率分布，从而可以使用 REINFORCE 进行优化。为了保证这些层和连接能够组成一个正确的神经网络架构，NAS-RL 制定了几条简单的规则：①当一个层有多个输入层时，这些输入层将被拼接起来以作为该层的输入；②当一个层没有输入层时，原始的图像数据将作为该层的输入；③当某些层没有与后续层连接时，这些层将会作为最后一层的输入，并经由最后一层处理后输入到分类器中；④当需要被拼接的输入层特征图大小不一致时，为较小的层填充 0 以对齐所有层的大小。NAS-RL 在最终应用时还将层的类型也加入架构编码中，以实现设计出包含多种类型层（卷积层、批标准化层等）的神经网络架构。值得一提的是，NAS-RL 还能同时优化学习率，以达到更优的模型性能。

　　最后，NAS-RL 搜索空间中的架构由卷积层（含 ReLu 激活函数）、批标准化层及层之间的跳跃连接组成。对于每个卷积层，RNN 输出的卷积核高度和宽度可为 1、3、5、7，步长可为 1、2、3，卷积核数量可为 24、36、48、64。

6.1.1.3　控制器更新

　　RNN 控制器输出的表征架构的序列化 tokens 可以被视为一系列动作 $a_{1:T}$，从而利用强化学习进行更新优化。简单而言，在控制器生成一个架构后，通过对架构对应的神经网络进行训练并评估，以得到其准确率，再将这一准确率作为反馈信号即可应用强化学习训练更新控制器。具体地，为了搜索到最优的架构，控制器需要最大化预期奖励 $J(\theta_c)$，如公式 (6.1) 所示。

$$J(\theta_c) = \mathbb{E}_{P(a_{1:T};\theta_c)}[R] \tag{6.1}$$

其中，θ_c 表示控制器的参数；R 表示反馈的奖励信号。由于奖励信号是不可微的，因此需要采用策略梯度的方法来迭代更新控制器的参数。如前文提到的，NAS-RL 使用 REINFORCE 来执行更新，如公式 (6.2) 所示。

$$\begin{aligned} \nabla_{\theta_c} J(\theta_c) &= \sum_{t=1}^{T} \mathbb{E}_{P(a_{1:T};\theta_c)} \left[\nabla_{\theta_c} \log P\left(a_t \mid a_{(t-1):1};\theta_c\right) R \right] \\ &\approx \frac{1}{m} \sum_{k=1}^{m} \sum_{t=1}^{T} \nabla_{\theta_c} \log P\left(a_t \mid a_{(t-1):1};\theta_c\right) R_k \end{aligned} \tag{6.2}$$

其中，m 表示控制器在一个批次中采样的不同架构的数量；T 表示控制器为设计一个神经网络架构而需要预测的超参数的数量；a_t 表示控制器在 t 时刻所采取的动作；$a_{(t-1):1}$ 表示从第 1 个时刻到 $t-1$ 时刻，控制器所采取的一系列动作；R_k 表示第 k 个神经网络架构在训练集上训练后在验证集达到的分类精度。此外，虽然公式 (6.2) 是梯度的无偏估计，但是方差却相对较大，因此 NAS-RL 应用一个基准函数 b 对其进行了修正以减少方差，如公式 (6.3) 所示。

$$\nabla_{\theta_c} J(\theta_c) = \frac{1}{m} \sum_{k=1}^{m} \sum_{t=1}^{T} \nabla_{\theta_c} \log P\left(a_t \mid a_{(t-1):1};\theta_c\right) (R_k - b) \tag{6.3}$$

在该方法中，基准 b 是之前架构精度的指数移动平均值，由于其与当前动作无关，因此该式依然是梯度的无偏估计。

6.1.1.4 并行更新

在 NAS-RL 中，每一次对控制器参数的梯度更新都对应着将一个生成的网络训练到收敛并评估其性能。训练一个神经网络相对而言是很耗时的，通常需要花费数个小时，而 NAS 过程中往往需要评估成百上千个网络架构，如果这一过程完全串行执行，那么时间消耗将会是无法接受的。因此，NAS-RL 提出了一种并行的训练方法和异步的参数更新方法，以加速 RNN 控制器的学习过程，如图 6.3所示。具体地，该方法应用了一种名叫参数服务器（parameter server）的方案，即使用多个分片组成的参数服务器，为若干个控制器副本存储共享参数，每个控制器副本会对不同的并行训练后的架构进行采样。在对这些架构进行评估后，控制器根据收敛时多个架构的小批量结果收集梯度，并将其发送到参数服务器，以便更新所有控制器副本的权重。

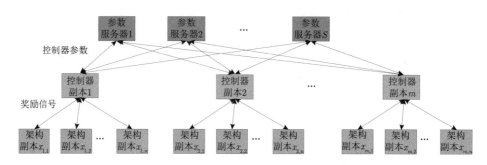

图 6.3　NAS-RL 中的并行更新策略

6.1.2　价值学习

本节将深入讨论如何利用价值学习搜索最优的网络架构。这类方法利用价值函数来评估不同神经网络架构的潜在效益，旨在通过最大化预期回报来指导搜索过程。首先，将介绍基于价值学习的 NAS 的基本原理，包括如何定义价值函数及如何利用这些函数指导架构搜索。随后，将详细介绍几种主要的基于价值学习的 NAS 算法，如 DQN 算法，并解析它们在实际中的应用情况和所面临的挑战。通过本节的学习，读者将能够理解基于价值学习的方法如何在保持计算效率的同时，有效地探索复杂的架构空间，从而找到性能优越的网络架构。

在基于价值学习的 NAS 方法中，价值函数是核心概念，其定义为在给定架构下，模型从当前状态到结束时所获得的预期奖励的总和。在 NAS 中，价值函数通常表示网络架构的预期精度或其他性能指标，用于评估不同神经网络架构的潜在价值。在搜索的过程中，价值函数可以指导选择具有最高预期回报的架构。这一过程涉及以下几个关键步骤。①探索和数据收集：在初期阶段，系统会探索多种不同的架构并评估它们的性能，收集数据用于训练价值函数模型。②模型训练：使用收集到的数据训练一个模型，如 Q-网络，来估计不同架构的价值。③策略优化：根据训练好的价值函数模型，采用贪婪策略等选择预期性能最佳的架构进行更深入的探索。④反馈与迭代：新探索的架构性能数据被反馈到模型中，用于进一步优化价值函数的准确性，训练迭代该过程，直到达到预期的搜索资源限制或满足性能需求。对价值函数的估计是上述过程的核心环节，最常见的方法为 **Q** learning(Q 学习)。接下来，本节将详细介绍基于 **Q** learning 的 NAS 方法。

基于 **Q** learning 的 NAS 方法，记为 BlockQNN[157]，是使用基于强化学习算法进行神经架构搜索的方法。与那些致力于直接构建完整网络模型的自动设计方法不同，BlockQNN 专注于构建网络的基本块结构。通过这种模块化的设计方法，不仅能提升网络的性能，还能增强其对多样化数据集和任务的适应性和泛化性。该方法的大致流程如图 6.4所示。首先，智能体对一组网络架构编码进行采样以设计网络块的体系结构，在此基础上顺序堆叠这些块来构建整个网络。然后，对生成的网络进行特定任务的训练，并验证精度作为更新 Q 值的奖励。最后，智能体选择另一组结构编码以获得更好的块结构。为了保证智能体能够在搜索空间中有效地探索并找到表现出色的模型，BlockQNN 采用了 Q learning 进行训练。关于网络架构如何编码、如何设计网络块、如何在一个任务上训练网络，以及智能体如何训练将在下述内容中详细阐述。

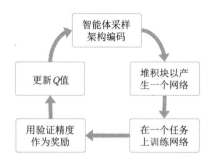

图 6.4 Q learning 程序的流程图

6.1.2.1 网络架构编码

由于 CNN 包含一个前馈计算过程，可利用有向无环图来表示这一过程，其中，每一个节点对应于 CNN 中的一个层，而有向边代表数据从一层流向另一层。为了将这种图转换为统一的表示，研究人员提出了一种新的层表示方法，称为网络架构编码 (network structure code，NSC)，如表 6.1 所示。其中，这个网络架构的编码空间包括其中常用的层。层索引表示当前层在块中的位置，参数取值范围为 $T = \{1, 2, \ldots, D\}$，D 为最大层索引。卷积层考虑了三种核大小，池化层考虑了两种核大小。Pred1 和 Pred2 为前驱层的参数，用于表示前驱层的索引，允许取值范围为 $K = \{1, 2, \ldots, \mathrm{ID} - 1\}$，ID 为当前层索引。基于上述的编码空间，使用一组 5 维的 NSC 向量来描述每个块。在 NSC 中，前三个数字分别代表层索引、层类型和核大小，后两个数字是前驱层的参数，指的是当前层的前驱层在结构代码中的位置。若当前层有两个前驱层，将 Pred2 设置为当前层位置；若当前层仅有一个前驱层，将 Pred2 设置为 0。这种设计可以有效地编码具有特殊块结构的网络架构，例如，Inception 和 ResNet，它们包含更复杂的连接（例如，快捷连接和多分支连接）。并且，通过这种编码方式可以将块中没有后继层的所有层连接在一起。注意与 ResNet 中声明的一样，每个卷积操作都涉及一个预激活卷积单元，即 ReLU、卷积、批归一化。这种编码方式使得搜索空间比三个组件单独可搜索的搜索空间更小，可以通过快速的训练过程获得更好的初始化来搜索和生成最优块结构。基于上述定义的块，这些结构可以被依次堆叠，从而将普通的平面网络编成对应的块，并构建完整的网络。

表 6.1　网络架构的编码空间

名称	层索引	层类型	核大小	Pred1	Pred2
卷积	T	1	1, 3, 5	K	0
最大池化	T	2	1, 3	K	0
平均池化	T	3	1, 3	K	0
Identity	T	4	0	K	0
元素级加	T	5	0	K	K
拼接	T	6	0	K	K
终止	T	7	0	0	0

6.1.2.2　设计网络块

虽然通过上述的编码方式可以压缩整个网络模型设计的搜索空间，但仍然有大量可能的结构需要寻找。因此，BlockQNN 采用 Q learning 而不是随机抽样来进行自动设计，Q learning 关注的是智能体应该采取什么行动以最大化累计奖励。Q learning 由一个智能体、状态和一组动作组成。在 BlockQNN 中，状态 $s \in S$ 表示当前层的状态，由上述的 NSC 表示，即 5 维向量（层索引、层类型、核大小、Pred1、Pred2）。动作 $a \in A$ 是下一层的决策。由于定义的 NSC 具有有限数量的选择，因此状态和动作空间都是有限和离散的，以确保相对较小的搜索空间。状态转换过程 $(s_t, a_t) \leftarrow (s_{t+1})$ 如图 6.5所示。

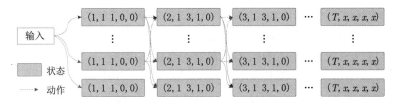

图 6.5　Q learning 中通过选择不同动作的状态转移过程

学习智能体的任务是依次选择块的 NSC，块的结构可以看作一个动作选择轨迹 $\tau_{a_1:T}$，即一个 NSC 序列。BlockQNN 将层选择的过程建模为马尔可夫决策过程，并假设在一个块中表现良好的层在另一个区块中也应该表现良好[158]。为了找到最优的体系结构，智能体在所有可能的轨迹上最大化其期望奖励，用 R_τ 表示。

$$R_\tau = \mathbb{E}_{P(\tau_{a_1:T})}[\mathbb{R}] \tag{6.4}$$

其中，$\mathbb{R}$ 表示累计奖励。期望的奖励可以通过递归贝尔曼方程实现最大化。给定状态 $s_t \in S$ 和后续动作 $a \in A(s_t)$ 的最大期望奖励为 $Q^*(s_t, a)$，即状态-动作对的 Q 值。递归的贝尔曼方程如公式（6.5）所示。

$$Q^*(s_t, a) = \mathbb{E}_{s_{t+1}|s_t,a}\left[\mathbb{E}_{r|s_t,a,s_{t+1}}[r \mid s_t, a, s_{t+1}]\right] + \gamma \max_{a' \in A(s_{t+1})} Q^*(s_{t+1,a'}) \tag{6.5}$$

上述公式可以被公式化为一个迭代的更新过程，如公式（6.6）～公式（6.8）所示。

$$Q(s_T, a) = 0 \tag{6.6}$$

$$Q(s_{T-1}, a_T) = (1 - \alpha)Q(S_{T-1}, a_T) + \alpha r_T \tag{6.7}$$

$$Q(s_t, a) = (1 - \alpha)Q(S_t, a) + \alpha[r_t + \gamma \max_{a' \in \mathbf{A}} Q(s_{t+1,a'})], t \in \{1, 2, \dots, T-2\} \tag{6.8}$$

其中，α 表示学习率，它决定了新获得的信息如何覆盖旧的信息；γ 表示衡量未来奖励重要性的折扣因子；r_t 表示当前状态 s_t 观察到的中间奖励；s_T 表示最终状态，即终端层；r_T 表示 a_T 相应的神经网络在训练集上训练收敛的验证精度。由于模型设计在工作任务中没有办法被明确测量，因此，BlockQNN 使用奖励塑造来加速训练[159]。这个塑造的中间奖励的定义如公式（6.9）所示。

$$r_t = \frac{r_T}{T} \tag{6.9}$$

以前的工作[158]在迭代过程中忽略了这些中间奖励，即将它们设置为 0，这可能会导致开始时收敛缓慢，使得 RL 的学习过程非常耗时，这被称为时间信用分配问题[159]。在这种情况下，s_T 的 Q 值在训练的早期远远高于其他 Q 值，从而导致智能体倾向于在一开始就停止搜索，即倾向于构建层数较少的块。BlockQNN 的这种重塑奖励函数可以使得智能体的学习过程比以前的工作收敛得快得多。

6.1.2.3 早停策略

在一个任务上训练网络的过程是非常耗时的，尤其是在面对大型数据集和复杂模型时。为了加快训练的过程，BlockQNN 使用了一种早停策略。然而，早停策略可能会导致准确性差，并且浮点运算次数（floating point operations, FLOPs）和相应块的密度（Density）与最终的精度呈现负相关关系。其中，FLOPs 用于评估块在执行时所需的计算量[160]，Density 通过有向图中的边数除以点数来获得。基于此，BlockQNN 重新定义奖励函数，如公式（6.10）所示。

$$\text{reward} = \text{ACC}_{\text{EarlyStop}} - \mu \log(\text{FLOPs}) - \rho \log(\text{Density}) \tag{6.10}$$

其中，μ 和 ρ 表示两个用于平衡 FLOPs 和 Density 的超参数。通过这个奖励函数，奖励与最终的准确性更加相关。

6.1.2.4 智能体的训练

智能体使用配备经验回放和 Epsilon 贪心策略的 Q learning 进行训练，并且，使用分布式异步框架加速智能体的训练过程。

（1）Epsilon 贪心策略：对于 Epsilon 贪心策略，采用随机策略选择动作的概率为 ϵ，并且以 $1-\epsilon$ 的概率选择贪心策略[161]。随着 ϵ 从 1.0 减小到 0.1，智能体从勘探转变为开发，并且随着勘探的时间变长，搜索的范围将会变得更大，智能体能够在随机开发阶段看到更多的块结构，获取的模型性能会更好[162]。

（2）经验回放：采用一个重放存储器去存储每次迭代后的验证精度和块描述[163]。在一个给定的时间间隔内，即每次训练迭代，智能体从内存中采样 64 个具有相应验证精度的块，并更新 Q 值 64 次。

（3）分布式异构框架：为了加速智能体的训练，使用一个分布式异构框架，这个框架主要包括主控节点、控制节点和计算节点三个组件。智能体在主控节点上采样一系列网络块结构，这些结构随后被送至控制节点。控制节点负责根据采样得到的块结构组装成完整的网络，并把这些网络分配到计算节点上。这一过程类似于简化版的参数服务器架构[164, 165]。具体来说，各个计算节点会并行地对网络进行训练，并将验证的准确率作为奖励反馈给控制节点，以供智能体更新其策略。通过这种架构，能够在装备有多个 GPU 的多台机器上高效地产生网络结构。

6.1.3　组合方法

本节将围绕如何利用组合方法搜索最优的网络架构。这类方法融合了策略学习的直接优化和价值学习的预期汇报估计，通过策略梯度和价值迭代的有机结合，实现了对神经网络架构的高效探索与精确评估。这种方法利用策略网络的生成能力来探索架构空间，并借助价值网络对潜在性能进行评估，以此平衡探索的广度和利用的深度，加速发现最优或近似最优的网络设计。同时，它还能够适应多任务学习场景，通过元学习提高搜索的泛化能力，以及通过并行化和分布式计算提升搜索效率，为自动化机器学习领域带来了强大的动力。AC 算法（详见3.3.3小节）作为该方法中的一个突出代表，其有效性与流行度已在学术界和工业界得到广泛认可。本节将深入探讨 AC 算法在 NAS 应用中的工作流程，详细解读其如何通过策略网络的生成机制探索多样化的网络架构，以及如何利用价值网络对这些架构性能进行准确评估。

基于 AC 算法的 NAS 方法[166]由 Balaprakash 等于 2019 年首次提出，主要包括 actor 网络与 critic 网络。其中，actor 网络负责在搜索空间中搜索候选的神经网络架构，而 critic 网络则在训练过程中评估这些架构的性能。这种策略和价值函数的结合实现了在搜索空间中的高效搜索，同时确保了架构的性能评估的准确性。通过迭代优化，AC 方法能够逐渐学习到如何设计高性能模型架构。本节将围绕搜索空间、搜索策略，以及性能评估三个主要方面进行阐述。

6.1.3.1 搜索空间

采用图结构来描述神经架构的搜索空间。其基本的构建块是一组可选择的节点。通常来说，这些选择是非序数，即无法在数值尺度上进行排序的值。一个架构块 B 可以表示为一个有向无环图 $(\mathcal{N} = (\mathcal{N}^I, \mathcal{N}^O, \mathcal{N}^R), \mathcal{R}_{\mathcal{N}})$，其中涉及的节点集合由输入节点 $\mathcal{N}^I$、中间节点 $\mathcal{N}^R$ 和输出节点 $\mathcal{N}^O$ 组成，而 $\mathcal{R}(\mathcal{N}^I \cup \mathcal{N}^R) \times (\mathcal{N}^R \cup \mathcal{N}^O)$ 描述了 $\mathcal{N}$ 中节点直接连接的二元关系集合。一个单元 C_i 由一组块组成，即 $B_i^0, \ldots, B_i^{L_i-1}$ 和一个规则 $R_{C_{\text{out}}}$ 来构建 C_i 的输出。基于此，一个网络模型的架构 S 由集合 $\{(I_S^0, \ldots, I_S^{P-1}), (C_0, \ldots, C_{K-1})\}, R_{S_{\text{out}}}$ 给出，其中，$(I_S^0, \ldots, I_S^{P-1})$ 是 P 个输入的元组，$(C_0, \ldots, C_{K-1})$ 是包含 K 个单元的元组，$R_{S_{\text{out}}}$ 是创建 S 输出的规则。用户可以定义特定于单元的块和特定于块的输入、中间和输出节点。图 6.6给出了一个搜索空间的实例。这个架构由三个单元 (C_0, C_1, C_2) 组成，其中，$\text{Dense}(x, y)$ 代表具有 x 个单元和激活函数 y 的稠密层（dense layer），$\text{Dropout}(r)$ 意味着一个丢弃率为 $r\%$ 的层，Concatenate 是单元的输出规则。

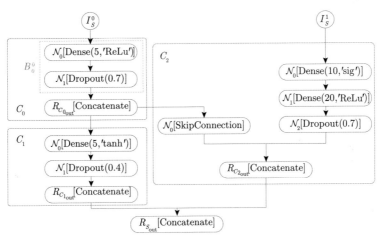

图 6.6 一个搜索空间实例

6.1.3.2 搜索策略

在基于 AC 算法[167]进行神经架构搜索时，一个智能体生成一个网络模型架构，然后在训练数据集上训练这个生成的模型，并在验证集上计算准确性。如果这个搜索到的模型准确率增加，这个智能体接受一个正反馈，反之，则接受一个负反馈。这个智能体的目标是通过最大化奖励学习生成高精度的网络模型架构。AC 方法通过使用一个单独的 critic 网络来估计每个状态的价值，提高了对 actor 网络（又称策略网络）训练的稳定性和收敛速度。在 actor 网络当前状态下收集的奖励之间的差异比 critic 网络输出的估计值更好（更差）时，优势函数将为正（负）值，并且 actor 网络将通过使用梯度和优势函数值进行更新网络参数。该工作使用了 AC 算法中的主流算法 A2C 作为搜索策略，其学习范式如图 6.7所示。在 A2C 中，N 个智能体从相同的策略网络 π_θ 开始。在每一个时间步 t，智能体 i 生成 M 个网络模型架构，在训练集和测试集上并行评估这些网络模型的性能，并根据公式（3.15）计算梯度估计 $\nabla_\theta J(\pi_\theta)$。一个参数服务器（parameter sever，PS）接受来自 N 个智能体的策略梯度，并在计算平均梯度之后将其发送给每个智能体。每个智能体的策略网络根据平均梯度来进行更新。

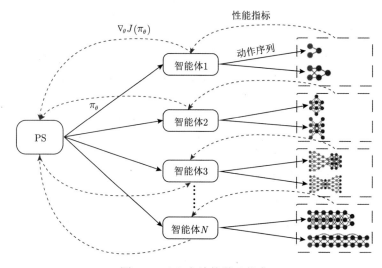

图 6.7   AC 方法的学习范式

6.1.3.3   性能评估

基于 RL 的 NAS 方法在进行性能评估时，在完整的训练集上从头开始训练每个架构是昂贵的，可能需要数千个 GPU[15]。因此，该工作采用了一种低保真度的训练方法，其通过使用更少的训练周期[168]、原始训练集的子集[169]，以及一个超市策略以减少智能体生成网络架构的奖励所需的训练时间。对于图像数据集，有研究表明低保真度训练可能会在奖励估计中引入偏差，这需要随着搜索的进行逐渐增加保真度。

6.2   基于梯度的 NAS

基于梯度的 AutoDL 方法主要利用梯度信息指导架构搜索过程，借助于梯度下降等优化算法，能够快速收敛到最优或接近最优的模型参数和结构。通过自动化搜索和优化，基于梯度的 AutoDL 不仅减少了人工设计神经网络架构的时间和成本，还能够生成高度适应特定任务需求的神经网络模型，广泛应用于图像识别、自然语言处理，以及语音识别等领域。目前，基于梯度的 AutoDL 方法主要分为两类，即基于连续松弛的方法及基于概率建模的方法。本节将针对上述两类方法展开详细介绍。

6.2.1 连续松弛

基于连续松弛的 NAS 方法主要通过将离散的搜索空间通过连续松弛的方式转换成连续的搜索空间，进而采用可微的优化算法在该搜索空间中进行架构搜索，以获取在目标任务上具有良好性能的神经网络架构。在这类方法当中，最为经典的方法是可微架构搜索（differentiable architecture search，DARTS）。本小节将针对 DARTS 算法及其常见的变体展开详细介绍。

6.2.1.1 DARTS 算法

如图 6.8所示，DARTS 算法的主要流程可以分为三步，即搜索空间的初始化、架构搜索过程，以及架构搜索结果的确定。下面将针对上述三大核心步骤进行介绍。请注意，为了便于读者理解，本小节中关于 DARTS 算法的相关介绍均基于 CNN 展开。除了可以搜索 CNN 架构之外，DARTS 算法同样可以搜索其他类型的神经架构，例如循环神经网络架构及图神经网络架构等。

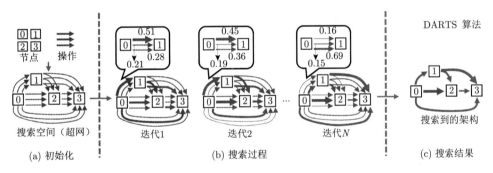

图 6.8 DARTS 算法整体流程

DARTS 算法的搜索空间采用基于 cell 的搜索空间。在这类搜索空间中，整个神经架构由多个 cell 堆叠而成。在架构搜索的过程中，仅需搜索单个 cell 的架构，然后将搜索到的 cell 架构堆叠形成最终的神经架构即可。如图 6.9所示，DARTS 搜索空间中的 cell 分为两种，分别是 normal cell[如图 6.9(a) 所示] 及 reduction cell[如图 6.9(b) 所示]。在构建最终的神经架构时，reduction cell 被放置于网络整体深度的 1/3 和 2/3 处，normal cell 则被放置于网络的其他剩余位置上。每个 cell 均由节点和边组成，其中节点代表一个数据或一种潜在表征（如一个特征图），边则代表一种操作，这一操作作用于该有向边的输入节点，并将操作后得到的结果传递给该有向边的输出节点。下面，将针对节点和边分别展开详细介绍。

对节点而言，由于 DARTS 搜索空间中每个 cell 均被表示成一个有向无环图的形式，每个节点所包含的数据均由其所有的前继节点所决定，如公式 (6.11) 所示。

$$x^{(j)} = \sum_{i<j} o^{(i,j)}(x^{(i)}) \tag{6.11}$$

其中，$x^{(j)}$ 和 $x^{(i)}$ 分别表示节点 j 和节点 i 所包含的数据或潜在表征；$o^{(i,j)}$ 则表示节点 i 和节点 j 之间有向边 (i,j) 所包含的操作。在 DARTS 搜索空间的每一个 cell 当中，均包含三种类型的节点，即输入节点、中间节点、输出节点。在图 6.9所示，在一个 cell 的结构当中，共包含两个标记为绿色的输入节点 c_{k-2} 和 c_{k-1}，它们分别表示当前 cell 前面两个 cell 的输出数据。同时，一个 cell 的结构当中共包含 4 个中间节点 0、1、2、3，在图 6.9均标记为蓝色，主要包含该 cell 内部运算过程的中间结果。此外，一个 cell 的结构当中还包含一个输出节点，在图 6.9中标记为黄色，其中包含的数据为 4 个中间节点中的运算结果相加后得到的数据。

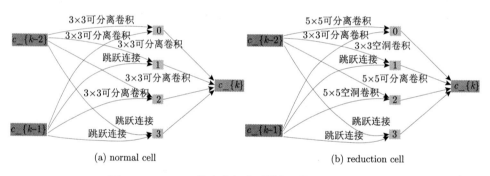

图 6.9   DARTS 搜索空间中采样得到的 cell 结构示例

对于边而言，在 DARTS 搜索空间中，除了中间节点与输出节点间的有向边之外，剩余的每条边均为混合边。具体而言，混合边由候选操作集 $\mathcal{O}$ 中各操作针对该边输入数据进行操作后的输出结果求 softmax 和构造而成的，具体的计算过程如公式 (6.12) 所示。

$$\bar{o}^{(i,j)}(x) = \sum_{o \in \mathcal{O}} \frac{\exp(\alpha_o^{(i,j)})}{\sum_{o' \in \mathcal{O}} \exp(\alpha_{o'}^{(i,j)})} o(x) \tag{6.12}$$

其中，x 表示该混合边 (i,j) 的输入数据；$\alpha_o^{(i,j)}$ 表示操作 o 在混合边 (i,j) 上的权重，即架构参数；$\mathcal{O}$ 表示所有候选操作构成的集合。通过上述连续松弛的方法，一个 cell 中的每条边上的候选操作都被赋予了一个架构参数，该参数可以在架构搜索的过程中通过梯度优化的方式进行更新，从而达到架构搜索的目的。表 6.2 给出 DARTS 搜索空间中所有候选操作以及所有可能存在的有向边的相关信息，以进一步加深理解。

表 6.2　DARTS 搜索空间中所有候选操作及所有可能存在的有向边的相关信息

候选操作集合 $\mathcal{O}$	可能存在的有向边
零操作	$(c_{k-2}, 0)$, $(c_{k-1}, 0)$
3×3 最大池化	$(c_{k-2}, 1)$, $(c_{k-1}, 1)$
3×3 平均池化	$(0, 1)$, $(c_{k-2}, 2)$
跳跃连接	$(c_{k-1}, 2)$, $(0, 2)$
3×3 可分离卷积	$(1, 2)$, $(c_{k-2}, 3)$
5×5 可分离卷积	$(c_{k-1}, 3)$, $(0, 3)$
3×3 空洞卷积	$(1, 3)$
5×5 空洞卷积	$(2, 3)$

注：有向边表示为 (输入节点, 输出节点) 的形式。

通过上述搜索空间初始化及连续松弛的相关过程，下一步即可进行架构搜索步骤。在 DARTS 算法中，架构搜索主要通过解决一个双层优化问题实现，其优化目标可以表示为公式 (6.13) 的形式：

$$\begin{cases} \min_{\alpha} \ \mathcal{L}_{\mathrm{val}}(\omega^*(\alpha), \alpha) \\ \mathrm{s.t.} \quad \omega^*(\alpha) = \arg\min_{\omega} \mathcal{L}_{\mathrm{train}}(\omega, \alpha) \end{cases} \tag{6.13}$$

其中，ω 表示超网中的可训练权重；$\mathcal{L}_{\mathrm{val}}(\cdot)$ 表示超网在验证集上的损失函数；$\mathcal{L}_{\mathrm{train}}(\cdot)$ 表示超网在训练集上的损失函数；α 表示架构参数。具体而言，架构参数 α 是由每条边上所有候选操作对应的架构参数所构成的，具体可以表示为 $\alpha = \{\alpha^{(i,j)}\}$。其中 $\alpha^{(i,j)}$ 可以进一步表示为 $\alpha^{(i,j)} = \{\alpha_{o_1}^{(i,j)}, \alpha_{o_2}^{(i,j)}, \ldots, \alpha_{o_N}^{(i,j)}\}$，其中 $o_1, o_2, \ldots, o_N \in \mathcal{O}$。通过迭代优化可训练权重 ω 和架构参数 α，即可确定最终的神经架构。具体的优化过程如算法 6 所示。

算法 6: DARTS 算法

输入: 完成初始化的搜索空间, 预先设置的 epoch 数量 N

输出: 优化后的架构参数 α

1　$i \leftarrow 0$

2　**while** $i < N$ **do**

3　　计算 $\mathcal{L}_{\mathrm{val}}(\omega^*(\alpha), \alpha)$

4　　通过 $\nabla_{\alpha} \mathcal{L}_{\mathrm{val}}(\omega^*(\alpha), \alpha)$ 更新 α

5　　计算 $\mathcal{L}_{\mathrm{train}}(\omega, \alpha)$

6　　通过 $\nabla_{\omega} \mathcal{L}_{\mathrm{train}}(\omega, \alpha)$ 更新 ω

7　　$i \leftarrow i + 1$

8　**end**

9　**return** 搜索过程结束后更新得到的架构参数 α

在算法 6 中，基于完成初始化的搜索空间，以及预先设置好的算法运行的 epoch 数量 N，通过 DARTS 算法的搜索过程，即可获得优化后的架构参数 α，用于确定最终的神经网络架构。在算法的运行过程中，算法首先将用于记录循环次数的计数器 i 的值归零（第 1 行）。然后，在共计 N 次迭代的搜索过程中，依次更新 α 和 ω。具体而言，在更新过程中，算法首先计算验证集损失 $\mathcal{L}_{\text{val}}(\omega^*(\alpha), \alpha)$（第 3 行），然后通过反向传播的方式更新架构参数 α（第 4 行）。类似地，接下来算法将计算训练集损失 $\mathcal{L}_{\text{train}}(\omega, \alpha)$（第 5 行），并通过反向传播的方式更新超网中的可训练权重 ω（第 6 行）。最后将计数器 i 的值加 1，进入下一个迭代的搜索过程。在所有的搜索过程结束后，即可确定搜索到的最优架构对应的架构参数 α。

为了获得更为精确的梯度值，进而使得架构参数 α 在反向传播之后向着更有利于精度提升的方向进行更新，DARTS 算法中提供了二阶求导的功能，以更精确地获取梯度下降的方向。然而，要利用二阶求导对梯度进行精确计算，将会引入大量的计算成本。为了解决这一计算成本的问题，DARTS 算法中提供了一种梯度近似方法。具体而言，在利用 $\nabla_\alpha \mathcal{L}_{\text{val}}(\omega^*(\alpha), \alpha)$ 更新架构参数 α 时，DARTS 采用了如公式 (6.14) 所示的近似方法。

$$\nabla_\alpha \mathcal{L}_{\text{val}}(\omega^*(\alpha), \alpha) \approx \nabla_\alpha \mathcal{L}_{\text{val}}(\omega - \xi \nabla_\omega \mathcal{L}_{\text{train}}(\omega, \alpha), \alpha) \tag{6.14}$$

其中，ξ 表示优化超网可训练参数 ω 所使用的当前学习率。这一方法使用 $\omega - \xi \nabla_\omega \mathcal{L}_{\text{train}}(\omega, \alpha)$ 对 $\omega^*(\alpha)$ 进行了近似计算。在公式 (6.14) 的基础上，DARTS 继续使用链式法则对其二阶导数进行计算，如公式 (6.15) 所示。

$$\nabla_\alpha \mathcal{L}_{\text{val}}(\omega - \xi \nabla_\omega \mathcal{L}_{\text{train}}(\omega, \alpha), \alpha) = \nabla_\alpha \mathcal{L}_{\text{val}}(\omega', \alpha) - \xi \nabla^2_{\alpha, \omega} \mathcal{L}_{\text{train}}(\omega, \alpha) \nabla_{\omega'} \mathcal{L}_{\text{val}}(\omega', \alpha)$$
$$\tag{6.15}$$

其中，$\omega' = \omega - \xi \nabla_\omega \mathcal{L}_{\text{train}}(\omega, \alpha)$。基于公式 (6.15) 即可获得 $\mathcal{L}_{\text{val}}(\omega^*(\alpha), \alpha)$ 的二阶导数。然而，在公式 (6.15) 中，第二项为较为耗时的矩阵乘法运算。为了缩短运算时间，DARTS 算法中采用了有限差分近似的方法，对该项进行近似计算，从而降低算法的整体复杂度。有限差分近似的计算过程如公式 (6.16) 所示。

$$\xi \nabla^2_{\alpha, \omega} \mathcal{L}_{\text{train}}(\omega, \alpha) \nabla_{\omega'} \mathcal{L}_{\text{val}}(\omega', \alpha) \approx \frac{\nabla_\alpha \mathcal{L}_{\text{train}}(\omega^+, \alpha) - \nabla_\alpha \mathcal{L}_{\text{train}}(\omega^-, \alpha)}{2\epsilon} \tag{6.16}$$

其中，ϵ 为一个值较小的标量，其数值设置为 $\epsilon = 0.01 / ||\nabla_{\omega'} \mathcal{L}_{\text{val}}(\omega', \alpha)||_2$。此外，$\omega^\pm$ 的值设置为 $\omega^\pm = \omega \pm \epsilon \nabla_{\omega'} \mathcal{L}_{\text{val}}(\omega', \alpha)$。基于上述近似过程，二阶求导的计算复杂度可以由 $O(|\alpha||\omega|)$ 降低至 $O(|\alpha| + |\omega|)$。

在架构的搜索过程结束后，DARTS 算法会给出经过更新过程之后所找到的最优的架构参数 α。根据得到的 α，DARTS 算法即可从超网中找到对应的神经架构，从而实现架构搜索结果的确定。具体而言，DARTS 通过寻找架构参数 α

中每条边上具有最大架构参数的操作，即可实现连续搜索空间的离散化，进而确定最终的神经架构，如公式 (6.17) 所示。

$$o^{(i,j)} = \arg \max_{o \in \mathcal{O}} \alpha_o^{(i,j)} \tag{6.17}$$

在完成上述计算过程后，cell 中的每条边 (i,j) 上均只包含一个选择得到的操作 $o^{(i,j)}$，从而完成了从连续空间到离散神经架构的离散化操作。在得到这一最终的神经架构后，通常还需要将这一架构在完整的训练集上重新进行训练，以使其在目标任务上获得最佳的性能，进而满足对应的应用需求。

6.2.1.2 DARTS 算法变体

实验表明，DARTS 算法设计出的神经架构在图像分类与自然语言处理任务上都取得了较好的表现。然而，DARTS 算法仍存在一些问题，限制了其算法性能及应用场景等。为了解决这些问题，相关研究人员提出了许多 DARTS 算法的变体，下面将针对三种经典的 DARTS 算法变体（PDARTS[170]、PCDARTS[171]、PT-DARTS[172]）展开详细介绍。

渐进式可微架构搜索（progressive differentiable architecture search，PDARTS）主要解决 DARTS 超网与最终架构深度差异较大，从而无法准确地实现性能评估，进而限制最终的架构性能的问题。具体而言，DARTS 算法为了节约计算资源，在搜索过程中仅采用了 8 个 cell 堆叠行程的超网，而在搜索结束进行架构重新训练时，采用的架构深度为 20 层。然而，8 层超网上评估得到的架构性能并不能直接代表 20 层架构的性能，从而导致了上述问题。为了解决这一问题，将 PDARTS 算法分为渐进式的超网加深，以及渐进式的操作筛选两大步骤。具体而言，在 PDARTS 的架构搜索过程当中，整个搜索过程被分为三个阶段，在每个阶段当中，reduction cell 的数量不变，normal cell 的数量按照预设的比例逐步增加，直至增加到与最终用于重新训练的架构相同的深度。然而，超网深度的增加必然伴随计算资源的大量消耗，为了解决这一问题，PDARTS 中设计了渐进式的操作筛选方法，逐步减少候选操作的数量，进而减少架构搜索过程对计算资源的需求量。具体而言，在每个优化阶段，PDARTS 仅会保留前 K 个重要程度最高的候选操作。在每一层，PDARTS 首先计算所有候选操作对于验证集损失的梯度 $\dfrac{\partial \mathcal{L}_{\mathrm{val}}(\omega^*, \alpha)}{\partial \alpha}$，然后根据这些梯度值进行排序，只保留梯度值最高的 K 个操作，将其作为下一阶段的候选操作，从而减少计算资源的消耗。

部分通道连接的可微架构搜索（partially channel connected differentiable architecture search，PCDARTS）主要解决 DARTS 算法在搜索过程中 GPU 显存占用较大，从而无法在大规模数据集上进行架构搜索。为了解决这一问题，PC-DARTS 提出了部分通道连接的策略。具体而言，以包含数据 x_i 和 $f_{i,j}^{\mathrm{PC}}$ 的节点 i

和节点 j 为例，PCDARTS 设计了一个通道掩码 $S_{i,j}$。在通道掩码 $S_{i,j}$ 中，1 代表该通道被选择，0 则代表该通道需要在搜索过程中被剔除。通道掩码将直接作用于候选操作集合 $\mathcal{O}$ 中需要指定通道的操作，例如该集合中的卷积操作。掩码中被设为 0 的通道数据无须经过 cell 中各个混合边的运算，直接传递给输出节点。在加入通道掩码之后，节点 i 和节点 j 之间混合边的运算过程表示为公式 (6.18) 的形式。

$$f_{i,j}^{\mathrm{PC}}(x_i, S_{i,j}) = \sum_{o \in \mathcal{O}} \frac{\exp\{\alpha_{i,j}^o\}}{\sum_{o' \in \mathcal{O}} \exp\{\alpha_{i,j}^{o'}\}} \cdot o(S_{i,j} * x_i) + (1 - S_{i,j}) * x_i \qquad (6.18)$$

其中，$S_{i,j} * x_i$ 表示被选择参加运算的通道；$(1 - S_{i,j}) * x_i$ 则表示未被选择参加运算的通道。在架构搜索的过程中，掩码中被剔除的通道数量记为 K。K 是一个人为指定的超参数，需要在架构搜索过程开始前进行预先设置。PCDARTS 通过其包含的部分通道连接策略，使得搜索过程中需要消耗的 GPU 显存数量大幅减少。基于此，PCDARTS 不仅可以在 CIFAR-10 一类的中等规模数据集上进行架构搜索，还可以在 ImageNet 一类的大规模数据集上进行高效的架构搜索，将 DARTS 算法的应用场景范围进一步拓宽。

　　基于扰动的可微架构搜索（perturbation-based differentiable architecture search，PT-DARTS）主要解决 DARTS 算法中由排序混乱（rank disorder）现象而导致搜索到的架构性能受限的问题。具体而言，DARTS 算法中的架构选择方法是选择架构参数 α 最大的操作来构成整个神经架构。然而，研究人员通过实验结果与理论分析证明了在架构参数 α 中，具有较大架构参数的操作并不一定对整个架构的性能贡献最大，也就是排序混乱现象。针对这一现象造成的问题，PT-DARTS 中设计了基于扰动的架构选择方法。具体而言，该方法不断地将混合边中的操作移除，然后评估超网整体准确率的变化，确定移除后使得超网准确率下降得最少的操作，作为用于组成最终架构的操作。这样一来，即可保证最终架构中包含的操作均为对整体架构性能最有利的操作，从而自然而然地克服了排序混乱现象所带来的架构性能受限的问题。实验结果表明，PT-DARTS 中基于扰动的架构选择方法对提升最终架构的性能具有积极作用，证明了 PT-DARTS 方法的有效性。

6.2.2　概率建模

　　SNAS[173]使用概率建模的方式实现了基于梯度的 NAS 算法。SNAS 的作者认为基于强化的 NAS 算法的效率和性能受到延迟奖励的限制，其在实践中无法得到大规模应用。此外，基于演化的 NAS 算法需要消耗大量的计算资源，耗时耗力且难以将深度学习中高效的反向传播运用到优化过程中。虽然 DARTS 算法摆脱了架构采样过程，使得算法的效率得到了明显的提升，但由于 DARTS 需要计算操作的确定性关注，以分析计算每一层的期望值。在父网络收敛后，DARTS 会删除关注度相对较低的操作。然而，由于神经网络中的操作很多都是非线性操作，它们为损失函数引入了无法处理的偏差。这种偏差会导致搜索得到的子网络和收敛父网络的性能不一致，因此需要对搜索到的子网络进行重新训练。针对上述问题，SNAS 被提出，它是一种更高效、更易解释、偏差更小的框架。具体来说，SNAS 具有以下特点。

（1）相比基于强化学习的算法，SNAS 通过使用更高效的一般损失函数反馈取代基于强化学习的 NAS 中由恒定奖励触发的反馈机制，具有更高效的优点。

（2）相比其他基于梯度的算法，SNAS 可以在同一轮反向传播中同时训练神经网络操作参数和架构分布参数，而无须对子网进行重新训练。

为了实现上述目标，SNAS 设计了搜索空间和架构采样方法、操作和架构的参数学习、奖励分配和资源限制 4 个组件，接下来将依次对这些组件进行描述。

6.2.2.1　搜索空间和架构采样方法

SNAS 中采用与 DARTS 类似的搜索空间，即基于 cell 的搜索空间。将多个单元堆叠起来，作为深度架构的基础模块，能够很好地平衡搜索效率和搜索性能。如图 6.10所示，该基于单元的搜索空间可以使用有向无环图（directed acyclic graph，DAG）表示。DAG 中的每个节点 x_i 代表潜在表征，在卷积网络中，它们是特征图（feature maps）。边 (i,j) 代表 x_i 和 x_j 两个节点之间的连接情况，而 $O_{i,j}$ 代表这两个节点可能选择的操作。由于候选操作中存在跳跃连接操作，节点必须是有序的，即边只能从索引较低的节点指向索引较高的节点。因此需要定义中间节点，如公式 (6.19) 所示。

$$x_j = \sum_{i<j} \hat{O}_{i,j}(x_i) \tag{6.19}$$

其中，$\hat{O}_{i,j}$ 表示边 (i,j) 上选定的操作。在搜索的过程中，SNAS 同时搜索每一个单元的操作和拓扑结构。与 DARTS 类似，SNAS 的每个单元都有两个来自前一单元的输入。

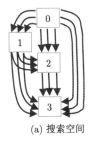

(a) 搜索空间　　　　(b) 搜索空间的矩阵表示

图 6.10　SNAS 搜索空间及其矩阵表示示例

在 SNAS 的搜索空间中，每个节点间的连接 $O_{i,j}$ 都是有限且唯一的，因此可以用概率分布 Z 表示中间节点，如公式 (6.20) 所示。

$$x_j = \sum_{i<j} \hat{O}_{i,j}(x_i) = \sum_{i<j} Z_{i,j}^T O_{i,j}(x_i) \tag{6.20}$$

其中，$Z_{i,j}^T$ 表示第 T 个架构的边 (i,j) 上的 one-hot 随机变量。

SNAS 是建立在项在确定性环境中具有完全延迟奖励的任务这一基础之上的，即反馈信号只有在整个事件完成后才会出现，而且所有的状态转换分布都是 δ 函数。基于此，SNAS 中的 $p(Z)$ 可以进行因式分解，其因式的参数为 α，该参数可以与操作的参数 θ 一起学习得到。依据 Zoph 等的研究[65]，SNAS 的目标为

$$(\alpha^*, \theta^*) = \mathbb{E}_{Z \sim p_\alpha(Z)}[R(Z)] \tag{6.21}$$

与 Zoph 等的工作[65]不同，SNAS 并未使用准确率作为奖励，而是直接使用训练或测试的损失项作为奖励，即 $R(Z) = L_\theta(Z)$，这样操作就可以与架构对应的参数在一个通用损失下进行训练优化。

$$\mathbb{E}_{Z \sim p_\alpha(Z)}[R(Z)] = \mathbb{E}_{Z \sim p_\alpha(Z)}[L_\theta(Z)] \tag{6.22}$$

SNAS 的采样流程如图 6.11所示。对于 SNAS 的目标的直观解释为，优化通过 $p(Z)$ 采样得到的架构预期性能。这使得 SNAS 有别于其他基于梯度的 NAS 方法（如 DARTS），即 SNAS 不需要对每条边上的所有操作分析它们的期望值，能够避免重新训练过程。具体来说，为了避免通过离散随机变量的采样过程和梯度反向传播过程，DARTS 在每个节点的输入端分析操作的期望，并以确定性的梯度优化松弛的损失函数。对于 DARTS 而言，这种松弛前的目标为

$$\mathbb{E}_{Z \sim p_\alpha(Z)}[L_\theta(Z_{j,l}^T O_{j,l}(Z_{i,j}^T O_{i,j}(x_i)) + Z_{j,m}^T O_{j,m}(Z_{i,j}^T O_{i,j}(x_i)))]$$
$$= \mathbb{E}_{Z \sim p_\alpha(Z)}[L_\theta(\sum_{m>j} Z_{j,m}^T O_{j,m}(Z_{i,j}^T O_{i,j}(x_i)))] \tag{6.23}$$

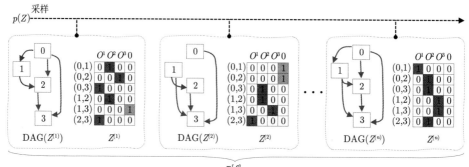

图 6.11　SNAS 采样流程

DARTS 将这个目标松弛为

$$\mathbb{E}_{Z\sim p_\alpha(Z)}[L_\theta(Z)] = L_\theta\left(\sum_{m>j}\mathbb{E}_{p_{\alpha_{j,m}}}\left[Z_{j,m}^T O_{j,m}\left(\mathbb{E}_{p_{\alpha_{i,j}}}\left[Z_{i,j}^T O_{i,j}(x_i)\right]\right)\right]\right) \quad (6.24)$$

由于在网络架构中很多子结构是非线性的, 如 ReLU-Conv-BN 这种常见于卷积神经网络中的基础架构, DARTS 的这种松弛方式会带来无边界的偏差, 即训练与最大化架构预期性能的真正目标不一致。因此在 DARTS 中需要对搜索出的网络重新进行训练, 以提升模型的性能。

6.2.2.2   操作和架构的参数学习

虽然 SNAS 的优化目标可以采用 Ranganath 等[174]提出的黑盒梯度下降法进行优化, 但它会受到似然比技巧的高方差影响, 而且无法利用 $L_\theta(Z)$ 的可微性。因此, SNAS 中使用了通过重参数化方法[175]将离散架构分布松弛为连续可微分布:

$$\begin{aligned} Z_{i,j}^k &= f_{\alpha_{i,j}}(G_{i,j}^k) \\ &= \frac{\exp((\log\alpha_{i,j}^k + G_{i,j}^k)/\lambda)}{\sum\limits_{l=0}^n \exp((\log\alpha_{i,j}^l + G_{i,j}^l)/\lambda)} \end{aligned} \quad (6.25)$$

其中, $Z_{i,j}^k$ 表示第 k 个架构的边 (i,j) 上的 one-hot 随机变量; $G_{i,j}^k = -\log(-\log(U_{i,j}^k))$ 表示第 k 个架构的 Gumbel 随机变量, $U_{i,j}^k$ 表示一个均匀随机变量; $\alpha_{i,j}^k$ 表示架构的相关参数; λ 表示在 softmax 中设定的最大温度值。

基于上述分析, SNAS 中可以采用基于梯度的方法对目标进行优化, 如公式 (6.26) 所示。

$$\begin{cases} \frac{\partial\mathcal{L}}{\partial x_j} = \sum_{m>j}\frac{\partial\mathcal{L}}{\partial x_m}Z_m^T\frac{\partial O_m(x_j)}{\partial x_j} \\ \frac{\partial\mathcal{L}}{\partial\theta_{i,j}^k} = \frac{\partial\mathcal{L}}{\partial x_j}Z_{i,j}^k\frac{\partial O_{i,j}(x_i)}{\partial\theta_{i,j}^k} \\ \frac{\partial\mathcal{L}}{\partial\alpha_{i,j}^k} = \frac{\partial\mathcal{L}}{\partial x_j}O_{i,j}^T(x_i)(\delta(k'-k) - Z_{i,j})Z_{i,j}^k\frac{1}{\lambda\alpha_{i,j}^k} \end{cases} \quad (6.26)$$

6.2.2.3   奖励分配

在以上两个小节中分别讨论了 SNAS 中的搜索空间设置, 以及如何将该搜索松弛到连续空间, 并使用概率分布对其进行优化。本小节将讨论 SNAS 中的奖励分配原则。在强化学习中, 奖励分配是指如何将一个延迟的奖励正确分配给之前的各个行动和决策。这是强化学习中的一个核心问题, 因为在很多情况下, 奖励并不是立即反馈的, 而是延迟到一系列行动之后才出现。例如, 一个机器人通过一系列动作成功避开障碍物并到达目标位置, 最终才获得奖励。那么, 在这种情况下, 如何将这个奖励分配给之前的每一个动作, 从而让机器人学会有效地进行类似的操作, 就是奖励分配问题。

由于 NAS 的奖励只有在架构确定并验证网络性能后才能获得,因此它是一项具有延迟奖励的任务。在 Pham 等[176]的研究中,近端策略优化(proximal policy optimization, PPO)被用于分配奖励。然而,这种方式会因奖励延迟而产生偏差,并且这种偏差难以被纠正(通常需要指数级时间进行纠正)。因此 SNAS 采用了依据架构决策可变的奖励函数,该奖励函数可以结合边 (i,j) 的预期梯度使用,即

$$\mathbb{E}_{Z \sim p(Z)} \left[\frac{\partial \mathcal{L}}{\partial \alpha_{i,j}^k} \right] = \mathbb{E}_{Z \sim p(Z)} \left[\nabla_{\alpha_{i,j}^k} \log p(Z_{i,j}) \left[\frac{\partial \mathcal{L}}{\partial x_j} \hat{O}_{i,j}(x_i) \right]_c \right] \tag{6.27}$$

其中,$[\cdot]_c$ 表示在梯度计算中,计算结果是常数。此外,这条边的奖励分配梯度等同于搜索梯度,如公式 (6.28) 所示。

$$R_{i,j} = -\left[\frac{\partial \mathcal{L}}{\partial x_j} \hat{O}_{i,j}(x_i) \right]_c \tag{6.28}$$

从决策的角度来看,这种奖励分配方式可以解释为使用泰勒分解法对 $\mathcal{L}$ 的贡献进行分析,该方法能够在同一层的节点之间分配重要性分数。由于 SNAS 的操作中包含跳跃连接,该操作会将多个层连接在一起,SNAS 将这些层的奖励整合在一起使用。因此,对于每一个网络架构而言,不存在延迟奖励,即分配给它的奖励从一开始就是有效的。对于每条边,奖励被分配给可能的操作并通过随机变量 $Z_{i,j}$ 进行调整。在训练开始时,$Z_{i,j}$ 是连续的,所有操作共享奖励,此时的训练主要针对操作参数。随着 λ 温度的降低,$Z_{i,j}$ 越来越接近 one-hot,奖励将分配给选定的操作,并调整它们的采样概率。

6.2.2.4　资源限制

除了训练效率和验证精度,子网的前向传播时间也是 NAS 需要考虑的一个关键问题,这对于搜索效率影响极大。在 SNAS 中,这可以作为目标中的正则因子加以考虑,如公式 (6.29) 所示。

$$\mathbb{E}_{Z \sim p_\alpha(Z)}[L_\theta(Z) + \eta C(Z)] = \mathbb{E}_{Z \sim p_\alpha(Z)}[L_\theta(Z)] + \eta \mathbb{E}_{Z \sim p_\alpha(Z)}[C(Z)] \tag{6.29}$$

其中,$\mathbb{E}$ 表示对 Z 在分布 $p_\alpha(Z)$ 下的期望;$C(Z)$ 表示与随机变量 Z 相关的子网络前向传播时间。对于前向传播时间,业界普遍采用以下三个指标来近似表示:① 参数大小(Param);② 浮点运算次数(FLOPs);③ 内存访问成本(MAC)。具体来说,对于 SNAS 的一个卷积层,H、W 和 f、k 分别对应输出空间维度(高与宽)和滤波器维度(高与宽),I、O 表示输入和输出通道数,g 表示分组卷积的组数。因此,这三个指标的计算如公式 (6.30)~公式 (6.32) 所示。

$$\text{Param} = \frac{fkIO}{g} \tag{6.30}$$

$$\text{FLOPs} = \frac{HWfkIO}{g} \tag{6.31}$$

$$\text{MAC} = HW(I+O) + \frac{fkIO}{g} \tag{6.32}$$

SNAS 中所有的操作都共享相同的输出尺寸和输入/输出通道,因此显然卷积操作的 FLOPs 与 Param 成正比。此外,MAC 和 Param 都与网络中的层数呈正相关关系,所以 MAC 和 Param 也具有正相关关系。即对于卷积操作,仅使用参数大小作为资源约束即可。对于 SNAS 中的无参数操作,如池化操作和跳跃连接操作,其资源约束计算公式如公式 (6.33) 和公式 (6.34) 所示。池化层的 FLOPs 计算公式如公式 (6.33) 所示。

$$\text{FLOPs} = HWfkIO \tag{6.33}$$

因为跳跃连接不涉及任何计算,跳跃连接的 FLOPs 为 0。池化操作和跳跃连接的 MAC 计算公式如公式 (6.34) 所示。

$$\text{MAC} = HW(I+O) \tag{6.34}$$

可以看到池化连接和跳跃连接的 MAC 是相同的,因为它们需要访问相同的输入/输出特征图。因此,为了区分池化连接和跳跃连接,需要在资源约束中包含 FLOPs 指标。此外,为了区分跳转连接和无连接（无操作）,也需要包含 MAC 指标。

然而,上述这些资源限制 $C(Z)$ 都是不可微分的,因此对于 $L_\theta(Z)$ 的可微奖励分配方式无法直接用于 $C(Z)$。SNAS 对此给出了 $C(Z)$ 与随机变量 $Z_{i,j}$ 的线性关系,如公式 (6.35) 所示。

$$C(Z) = \sum_{i,j} C(Z_{i,j}) = \sum_{i,j} Z_{i,j}^T C(O_{i,j}) \tag{6.35}$$

这种线性表示的依据是每个节点的特征图大小与架构无关,即每条边 (i,j) 上的分布都是通过局部惩罚来优化的,这是对全局开销的分解,与 SNAS 中的奖励分配原则一致。

在 SNAS 中,$p_\alpha(Z)$ 能够全因式分解,因此可以通过和积算法计算 $\mathbb{E}_{Z \sim p_\alpha}[C(Z)]$,如公式 (6.36) 所示。

$$\mathbb{E}_{Z \sim p_\alpha}[C(Z)] = \sum_{i,j} \mathbb{E}_{Z_{i,j} \sim p_\alpha}[\mathbb{E}_{Z_{i,j} \sim p_\alpha}[Z_{i,j}^T C(O_{i,j})]] \tag{6.36}$$

综上所述,SNAS 是高效的端到端 NAS 框架。SNAS 的主要贡献在于,SNAS 能够利用通用的可微分优化网络架构和操作的参数,显著提高 NAS 的效率。此外,SNAS 通过使用一个复杂的正则化项对搜索过程中的梯度进行增强,可以平衡架构性能和子网前向传播时间。通过这些改进，SNAS 将成为在大型数据集上全面使用 NAS 的有力候选方案。

6.3　基于演化计算的 NAS

根据不同的搜索策略，现有的演化神经架构搜索（ENAS）算法可以进一步分类为多种，如图 5.6所示。其中，基于遗传算法（EA）和基于群智能（SI）优化的 ENAS 算法是应用较为广泛的两类。本节将分别详细介绍基于这两大类方法的代表性工作。

6.3.1　EA 搜索策略

图 5.7展示了一个采用 EA 作为搜索策略的 ENAS 算法流程图。从图中可以看出，该 ENAS 算法主要包括种群初始化和种群更新两大部分。研究人员已经从多个角度（包括种群初始化时的搜索空间设计、种群更新时的变异算子设计、种群更新时的交叉算子设计和种群更新时的选择策略设计等角度）提出了多种先进的算法。下面将详细介绍一些代表性的工作。

6.3.1.1　面向图像分类的大规模演化方法 LargeEvo

神经网络以其独特的优势，逐渐展现出解决复杂困难问题的巨大潜力[177-179]，但优化神经网络架构的过程却是一项极其艰巨的任务[9, 10, 50]。近年来，自动发现高性能架构的技术逐渐崭露头角，并受到了广泛的关注和研究[158, 180-182]。这些技术试图通过算法来自动搜索和优化神经网络架构，从而发现具有更好性能和更高准确率的神经网络架构。其中，最早的此类"神经发现（neuro-discovery）"方法之一便是神经演化（neuro-evolution）[134, 183, 184]。这种方法通过模拟生物演化的过程，让神经网络架构在演化过程中逐渐适应和优化。在早期的浅层神经网络上，神经演化具有不错的性能，但随着网络深度和复杂程度的不断增加，深度学习界普遍认为演化算法在精确度和效率上无法与人工设计模型媲美[65, 158, 185]。LargeEvo 算法[128]的提出打破了这一传统观念。作为演化神经架构搜索的第一个工作，LargeEvo 算法展示了只要有足够的计算能力和合适的搜索策略，就能够通过演化算法发现具有竞争力的神经网络架构。这一算法的出现，为神经网络的自动发现和优化提供了新的思路和方法，也为深度学习领域的发展注入了新的活力。

LargeEvo 算法通过对已有演化算法进行改进，使得 LargeEvo 算法在面对复杂问题时，能够展现出更为卓越的求解能力。尤其是在处理图像分类等实际应用问题时，LargeEvo 算法展现出了其独特的优势。在算法设计上，LargeEvo 算法引入了一套全新的变异算子，这套算子不仅设计巧妙，而且操作简单。这种变异算子的应用，使得 LargeEvo 算法在 CIFAR-10 图像分类数据集上取得了极具竞争力的准确率。CIFAR-10 数据集以其丰富的图像内容和复杂的分类任务而闻名，通常处理这类数据集需要复杂的网络架构和高昂的计算成本。然而，LargeEvo 算法却能够在保持计算效率的同时，实现高精度的图像分类。进一步地，LargeEvo 算法不仅满足于在 CIFAR-10 数据集上的表现，它还首次尝试使用演化神经架构搜索技术来处理更为复杂的 CIFAR-100 数据集。CIFAR-100 数据集拥有更多的分类类别和更复杂的图像特征，给图像分类任务带来了更大的挑战。然而，LargeEvo 算法凭借其独特的演化机制和高效的搜索策略，成功地在 CIFAR-100 数据集上实现了较高的分类准确率。具体而言，LargeEvo 算法在 CIFAR-10 数据集上取得的最高分类准确率为 94.6%，这一成绩已经超过了当时许多依赖人工设计的图像分类算法。同时，其计算量仅为 4×10^{20} FLOPs，这在同类算法中也是相当出色的表现。更值得一提的是，LargeEvo 算法还采用了一种创新的模型组合策略。在不增加训练成本的情况下，LargeEvo 算法将每个群体中验证精度最高的两个模型进行组合，从而进一步提升了 CIFAR-10 数据集的分类准确率，使其达到了 95.6% 的优异水平。在 CIFAR-100 数据集上，LargeEvo 算法同样表现出色。它成功地克服了数据集中更复杂的图像特征和更多的分类类别所带来的挑战，实现了 77.0% 的分类准确率。同时，LargeEvo 算法在 CIFAR-100 数据集上的计算量为 2×10^{20} FLOPs，这也再次证明了其在保持高效计算的同时，能够实现高精度的图像分类。

相比其他同类算法，LargeEvo 算法最大的优点为其简便性。具体而言，LargeEvo 算法所生成的神经网络架构不仅结构简洁，而且在性能方面表现尤为出色。这一优势的关键在于，使用 LargeEvo 算法构建的网络架构无须后处理即可获得理想的性能。此外，值得一提的是，该算法的元参数，即那些未经算法优化的参数，对网络架构的最终形态影响甚微。LargeEvo 算法的另一个显著优点是其出色的演化能力。它能够从初始性能并不出色的无卷积模型出发，通过迭代和优化，逐步演化出结构复杂且性能卓越的卷积神经网络。这一演化过程得以实现在于该算法采用了一个几乎无限制的搜索空间。这个搜索空间的设计极具弹性，不仅没有固定的网络深度，而且允许任意的跳跃连接存在。更重要的是，对于网络中的各个组件，如卷积层、池化层等，其参数取值均未设任何限制，这为该算法在搜索最优网络架构时提供了极大的自由度。为了确保稳定性和可靠性，LargeEvo 算法还对实验结果的可变性进行了深入探究。通过一系列精心的实验设计，研究了该算法对于不同元参数的依赖性，从而更加全面地了解了该算法的性能表现。同时，LargeEvo 算法也详细记录了实验过程中所需的计算量，这些数据不仅为评估该算法效率提供了有力支持，也为后续的研究者提供了宝贵的参考经验。总地来说，LargeEvo 算法作为演化神经架构搜索方法的开山之作，证明了演化算法在神经网络架构搜索中的卓越性能和潜力，能够指导和推动更多关于演化神经架构搜索的研究工作。

为了使读者进一步理解 LargeEvo 算法，接下来将依次介绍该算法的关键组成部分。

1. LargeEvo 的演化算法

为了自动探寻高性能的神经网络架构，LargeEvo 构建了一个包含多样化模型的种群。在这个种群中，每一个模型（或称之为个体），都代表了一个独立训练过的神经网络架构。为了确保每个模型的性能可量化，采用验证集上的准确率作为衡量其适应度的关键指标。在演化的每一个步骤中，算法会随机从种群中挑选出两个个体进行适应度的比较。这一比较过程旨在确保只有最优秀的模型能够继续存活并繁衍。在这对模型中，表现较差的个体，即适应度较低的个体，将会被从种群中剔除，以确保种群的整体质量。表现更出色的模型，将被选定为父代，完成种群繁衍的任务。具体来说，算法会复制这个父代个体，并在此基础上进行变异操作，以创造出全新的子代模型。这种变异可能是微小的调整，也可能是更为复杂的结构变化，旨在引入新的基因，以期产生更优秀的后代。新诞生的子代会利用硬件资源进行训练。训练完成后，同样会在验证集上对其进行性能评估，以确定其适应度。一旦评估完成，这个新生的子代模型就会被重新引入种群中，子代就变"活"，即可以自由地充当父代。值得一提的是，本算法采用的这种随机配对比较和竞争机制，实际上可以视为锦标赛选择策略的一个实例。通过在小范围内进行竞争，不仅提高了效率，还保证了种群中优秀基因的快速传播。此外，选择配对比较的方式，而非对整个种群进行全局操作，这样做的好处在于能够有效避免算法中的某些组件在演化过程中陷入闲置状态，从而确保了资源的充分利用和算法的高效运行。LargeEvo 算法中演化算法具有以下特点。

（1）选择：使用锦标赛算法，每次随机选择两个个体，适应度较小的个体从种群中淘汰。

（2）交配：从种群中选择两个适应度较高的神经网络架构作为父母，产生两个子代，与父代架构一致。

（3）变异：对产生的两个子代架构进行变异操作。

（4）在硬件资源上训练新产生的子代，将其在验证集上的准确率作为衡量其适应度的指标。

依靠上述演化搜索策略可以实现神经网络架构的自动设计，该策略依赖大量硬件资源计算评估每个个体的适应度。为了满足大规模计算的需求，LargeEvo 算法精心设计了一种创新的并行计算框架。该框架允许多个演化进程在不同的计算机上独立异步运行，它们无须直接通信，而是通过一个高度优化的共享文件系统来协同工作。在这个文件系统中，每个神经网络架构（即个体）都被表示为一个目录，所有对个体的操作都通过原子命名的方式在目录上完成，从而保证了数据的一致性和操作的原子性。这种设计策略的一个显著优点是，它极大地加快了磁盘的访问速度。通过精心设计的文件名字符串，每个个体都与其关键信息紧密关联。这种表示方式不仅直观易懂，而且能够迅速定位到所需的数据，为演化搜索提供了强有力的支持。更具体地，在 LargeEvo 中，文件名不仅包含个体的状态信息（如存活、死亡、正在训练等），还通过特定的命名规则，使得不同的演化进程能够轻松地识别和处理这些个体。即使在一个演化进程正在操作某个个体时，另一个进程也试图对其进行修改，由于文件系统的原子操作特性，这种冲突也会被安全地解决。受到影响的演化进程需简单地放弃当前操作，并重新选择一个个体进行尝试，从而保证整个算法的稳定性和鲁棒性。在 LargeEvo 中，种群规模通常被设定为 1000 个个体，以确保足够多的搜索空间和多样性。同时，为了充分利用计算资源，演化进程的数目始终保持在种群规模的 1/4 左右。这种配置方式能够保证计算资源被充分利用。另外，为了应对磁盘空间有限的问题，LargeEvo 还设计了一种高效的垃圾回收机制。当某个个体因为适应度不佳或其他原因被判定为"死亡"时，其对应的目录将被标记为可回收，并在适当的时机被系统自动删除。通过这种方式，LargeEvo 能够在有限的磁盘空间内延长演化次数，从而有更大的机会找到更优的神经网络架构。

2. 基因编码

在 LargeEvo 的演化框架中，每个个体对应的神经网络架构被编码为一个图结构，这个图结构实际上充当了该架构的基因表示。具体来说，图中的每一个顶点都承载着特定的信息。它们可以代表三维张量，这些张量在卷积神经网络中扮演着核心角色。按照标准的卷积神经网络表示方法，这些张量的前两个维度通常用来表示图像的空间坐标，即高度和宽度，而第三个维度则代表图像的通道数，也就是通常所说的特征图的深度。除了三维张量之外，图中的顶点还可以表示激活函数。这些激活函数是神经网络中不可或缺的组成部分，在 LargeEvo 中，这些激活函数可以是批量归一化、ReLU 激活函数，或者是普通的线性单元。图的边则扮演着连接这些顶点的角色。它们可以表示恒等连接，即直接将一个顶点的输出连接到另一个顶点的输入；也可以表示卷积操作，这是卷积神经网络中最基本的操作之一。这些边还包含了一些定义卷积属性的可变参数，如卷积核的大小、步长、填充等。在大型复杂的架构中，一个顶点上可能会有多条边接入，这些边的输出可能在空间尺度或通道数上存在差异。因此需要将这些不同尺度和通道数的输出有效地整合在一起，特别是当顶点表示激活函数时，由于激活函数需要具有单一的空间尺度和通道数，这个问题就显得更为重要。为了解决这个问题，LargeEvo 采用了一种巧妙的策略。它首先选择其中一条输入边作为主边（通常是非跳跃连接），然后对于来自非主边的激活，如果它们的通道数与主边相同，就通过零阶插值对空间尺度进行重塑，使其与主边匹配；如果空间尺度一致但通道数不同，则通过截断（truncation）或填充（padding）的方式对通道数进行重塑。通过这种方式，输入边的差异被消除，从而有效地整合到激活函数中。除了这些与架构本身相关的图结构信息，LargeEvo 的基因编码中还存储了模型的学习率。学习率是神经网络训练中的一个重要超参数，它决定了模型在训练过程中学习新知识的速度和方向。通过将学习率也编码在基因中，LargeEvo 使得模型的学习过程也能参与到演化过程中来，进一步增强了整个算法的灵活性和适应性。

3. 变异操作

LargeEvo 通过突变操作能够生成与父代不同的子代个体，在每次演化过程中，都会从一个预先设定的变异集合中随机挑选一种变异操作，该集合包含以下变异操作。

（1）修改神经网络训练所用的学习率。

（2）保持网络结构不变。

（3）重置网络权重。

（4）在骨干网络的任意位置插入一个卷积层。

（5）随机删除骨干网络中的一个卷积层。

（6）随机调整一个卷积层步长（步长必须为 2 的幂次方）。

（7）随机调整一个卷积层通道值。

（8）随机调整一个卷积层的滤波器大小（大小必须为奇数值）。

（9）在骨干网络任意位置插入一个恒等连接。

（10）在骨干网络任意位置插入一个跳跃连接。

（11）随机移除骨干网络中的一个跳跃连接。

之所以选择上述变异操作是因为这些操作与人类专家在设计高性能神经网络架构时采用的操作类似。通过模拟专家设计方式，能够更高效地探索整个搜索空间，从而找到优异的神经网络架构。此外，每个变异操作的次数和相应的参数在 LargeEvo 算法中并没有做过多的限制（如网络深度等），因此搜索空间是无界的，能够搜索出大量可能的架构。

4. 初始化条件

LargeEvo 中的初始个体为不包含任何卷积操作的单层架构，学习率为 0.1。这样的设置意在赋予算法更大的探索空间，以便在后续的演化过程中进行自我调整。然而，值得注意的是，这些架构的性能在实验数据集上普遍表现不佳，这是由于 LargeEvo 算法中刻意选择性能较差的个体进行初始化，使得演化算法可以自己去发现性能优异的个体。在实验中，主要采用变异操作来对大型搜索空间进行划分。总之，LargeEvo 在实验中采用较差的初始条件和较大的搜索空间，旨在通过限制专家经验对实验结果的影响，来更客观地评估演化算法在架构设计中的有效性。

5. 评价指标

在 LargeEvo 算法中,为了全面评估搜索到的网络架构的性能,采用了准确率和计算开销两个关键指标。这些指标不仅能够理解模型在特定任务上的表现,还能衡量其在实际应用中的效率。首先,LargeEvo 算法会在训练集上对每个搜索到的网络架构进行详尽的训练。该过程可能会根据搜索出的模型大小而有所不同,从小模型所需的几秒到复杂模型可能花费的数小时不等。通过这一步骤,能够确保每个模型都经过了充分的训练,以便在后续的评估中展现出其真实的性能。训练完成后,LargeEvo 算法会在一个独立的验证集上对这些模型进行评估。通过在验证集上进行一次性的评估,可以得出每个模型衡量个体适应度的准确率。这个准确率指标将直接反映模型在未知数据上的表现,是评估模型性能的重要依据。除了准确率,LargeEvo 算法还关注模型的计算开销。为量化这一指标,LargeEvo 算法计算了每个模型的浮点运算次数(FLOPs),即模型在处理数据时执行的浮点运算总量。作为衡量计算量的常用指标,FLOPs 直观反映了模型的计算效率,有助于评估不同模型在计算资源上的消耗。

6. 权重继承

LargeEvo 算法的核心在于其架构演化设计过程中的网络模型训练机制。为了确保搜索到的架构在实际应用中表现优异,算法直接在演化过程中对搜索到的架构进行训练,而非在最终阶段对最佳模型进行训练和调整。这是因为如果忽视了架构演化过程中的训练步骤,会导致最后必须从头开始训练,并涉及烦琐的超参数探索过程,这会造成算法运行时间和计算成本显著增加。此外,LargeEvo 算法中设置的 25600 步的训练步数往往不足以使每个个体架构达到理想的性能水平,尤其是在面对大型模型时。大型模型的训练过程往往耗时且复杂。为了应对这一调整,LargeEvo 算法引入了权重继承的策略。这一策略的核心思想是尽可能地让子代架构继承父代架构在训练过程中学习到的权重。具体来说,如果子代架构中的某一层与父代架构中的某一层具有相同的形状,那么该层的权重就会被直接保留下来,从而避免了从零开始训练的耗时过程。在这种权重继承的机制下,不同类型的突变会产生不同的权重保留效果。一些突变,如身份突变或学习率突变,会保留所有权重,从而确保子代架构在继承父代权重的基础上能够继续优化。而另一些突变,如权重复位突变,则不会保留任何权重,为子代架构提供了全新的学习起点。大多数突变则会保留部分权重,这样既能够利用父代架构的学习成果,又能够为子代架构提供足够的探索空间。通过该策略,LargeEvo 算法能够在保证演化速度的同时,确保搜索到的架构具有优异的性能表现。

综上所述,LargeEvo 算法具有以下优点:①LargeEvo 算法可以从非常简单的网络架构(如一层网络)开始演化,得到一个在图像分类数据集上表现优异的网络模型。②LargeEvo 算法自动设计网络架构的过程（即演化过程）一旦开始，就无须专家介入。③LargeEvo 算法相比强化学习等网络架构自动设计方法具有更少的超参数，在实践中更容易得到广泛应用。基于上述优点，LargeEvo 算法作为使用演化计算自动设计深度神经网络架构的首个工作，揭示了演化计算在 NAS 领域的巨大潜力。

6.3.1.2   改进锦标赛选择的演化算法/正则化的演化算法

EA 作为一种全局优化方法，具有较强的搜索能力和适应性，但传统的 EA 在应用于 NAS 时也面临计算开销大的问题。为了在不牺牲性能的前提下提升搜索效率，Real 等在 2019 年提出了一种正则化演化（regularized evolution，RE）算法[147]。其核心思想是通过锦标赛选择机制，保持种群的多样性，从而提高搜索效率和结果的稳定性。传统的锦标赛选择中，通常会选择最佳的基因型（即架构）进行保留。然而，这种方法可能导致种群过早地收敛于局部最优解，从而限制了搜索的多样性和效率。为了解决这一问题，Real 等提出了一种新方法，将每个基因型关联一个年龄属性，并偏向选择较年轻的基因型。具体而言，在每次选择过程中，不仅要考虑基因型的性能，还要考虑其年龄，优先选择较年轻且性能较好的基因型进行保留和繁殖。这种策略有效地缓解了种群的过早收敛，促进了种群的多样性，从而提高了搜索过程的全局优化能力和稳定性。通过这种方法，RE 算法在计算开销和搜索性能之间取得了更好的平衡。

为了便于读者理解该算法，下面将对该算法的搜索空间和搜索策略展开详细介绍。

1. 搜索空间设计

Zoph 等采用专门用于图像分类器架构设计的 NASNet[154]搜索空间。该搜索空间中的模型都具有如图 6.12(a) 所示的固定外部结构：由一堆类似 Inception 模块的 cell 构成，每个 cell 接收来自前一个 cell 的直接输入及来自更前一个 cell 的跳跃输入 [图 6.12(b)]。一个 cell 结构如图 6.12(c) 所示，每个 cell 都有两个输入激活张量和一个输出。在一个模型中，第一个 cell 用于接收输入图像的两个副本，后续的 cell 输入是前两个 cell 的输出。

每个神经网络架构都使用了两种类型的 cell：normal cell 和 reduction cell。一个神经网络架构中所有的 normal cell 都相同，reduction cell 也都相同，但 normal cell 的架构独立于 reduction cell。这两种 cell 的区别是，应用 reduction cell 后要进行一个步长为 2 的操作来减小图像大小，而应用 normal cell 后则要保持图像大小不变。搜索的目标是为神经网络架构发现适合的 normal cell 和 reduction cell 结构。

normal cell 和 reduction cell 的构造都符合以下规律：两个输入张量被视为隐藏状态 “0” 和 “1”，然后通过 5 个成对组合（pairwise combinations）构造更多的隐藏状态。一个成对组合如图 6.12(c) 中的虚线圆所示，其步骤是：对一个现有隐藏状态应用一个操作，再对另一个现有隐藏状态应用另一个操作，然后将结果相加以生成新的隐藏状态。操作集包含常见的卷积操作，如卷积和池化。例如，在图 6.12(c) 中的 cell 实例中，第一对组合对隐藏状态 0 应用 3×3 平均池化操作，对隐藏状态 1 应用 3×3 最大池化操作，以生成隐藏状态 2。接下来的成对组合可以从隐藏状态 0、1 和 2 中选择，以生成隐藏状态 3（图中显示选择了 0 和 1）。以此类推，在完成 5 个成对组合后，任何未使用的隐藏状态将被连接起来，形成 cell 的输出（隐藏状态 7）。

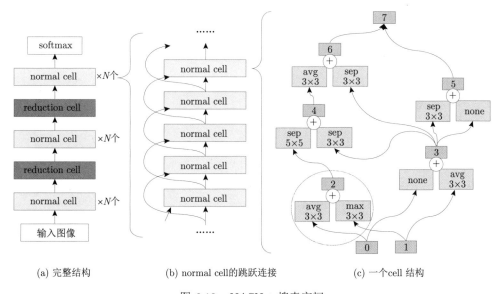

图 6.12　NASNet 搜索空间

(a) 完整结构　　　　(b) normal cell的跳跃连接　　　　(c) 一个cell 结构

　　一旦 cell 结构都确定后，模型仍然有两个可以用来调整其大小（和准确性）的自由参数：每个堆栈中的 normal cell 数量（N）和卷积操作的输出滤波器数量（F）。N 和 F 是手动确定的。

　　2. 搜索策略设计

　　整个搜索过程中，算法均始终保持一个含 P 个训练模型的种群。算法的具体流程如算法 7 所示。在种群初始化阶段，将从搜索空间中均匀地随机生成 P 个模型架构。在此之后，算法通过循环改进初始种群（while 阶段）。在每次循环中，算法都将从种群中均匀、随机、有放回地抽取 S 个模型，并将 S 个模型中验证精度最高的模型选择为父代模型。通过变异生成新架构来作为子代。一旦新生成的个体被训练、评估完后，将通过锦标赛选择来决定其是否进入下一代中。下面详细介绍变异操作和锦标赛选择。

算法 7: aging 演化算法框架

输入: 种群大小 P，循环次数 T，样本大小 S

输出: 最高准确率模型

1 种群 ← 空队列;   // 种群

2 历史记录 ← ∅;   // 将包含所有模型

   // 初始化种群

3 **while** 种群个数 $< P$ **do**

4   模型. 架构 ← 随机架构 ()

5   模型. 准确率 ← 训练并评估 (模型. 架构)

6   将模型添加至种群右端

7   将模型添加到历史记录中

8 **end**

   // 进行 T 次循环

9 **while** | 历史记录 | $< T$ **do**

10   样本 ← ∅;   // 父代候选

11   **while** 样本个数 $< S$ **do**

12   候选者 ← 从种群中随机选择元素   // 元素仍保留在种群中

13   将候选者添加到样本中

14   **end**

15   父代 ← 样本中准确率最高的模型

16   子代. 架构 ← 变异 (父代. 架构)

17   子代. 准确率 ← 训练并评估 (子代. 架构)

18   将子代添加至种群右端

19   将子代添加到历史记录中

20   从种群左端移除死亡（最老的）个体   // 最老的

21   丢弃死亡个体

22 **end**

23 **return** 历史记录中准确率最高的模型

---

1) 变异操作

主要使用隐藏状态变异和操作变异，并且每次循环仅随机使用一种变异。隐藏状态变异首先随机选择是修改 normal cell 还是 reduction cell。一旦选择了修改的 cell 类型后，算法会从该类型 cell 的 5 个成对组合中随机选择一个成对组合进行变异。一旦选择了一个成对组合后，接着从这对组合中随机选择一个元素（隐藏状态）进行变异。被选中的隐藏状态将被 cell 内的其他一个隐藏状态替换，但成功替换的前提是要保持 CNN 的前馈特性。操作变异在选择 2 种 cell 中的 1 个、5 个成对组合中的 1 对及该对组合中的 1 个元素方面，与隐藏状态变异相似。不同之处在于，它修改的是操作而不是隐藏状态，它从一个固定的操作列表中随机选择一个来替换现有的操作。图 6.13 为变异操作示例。

(a) 选择第6个隐藏状态执行隐藏状态变异前后的两个不同成对组合

(b) 执行操作变异前后的两个不同成对组合

图 6.13　两种变异操作类型的示例

2）改进的锦标赛选择

通常使用锦标赛选择的算法会在每个循环当中增加一个步骤，丢弃（或杀死）S 个样本中最差的模型，可以称之为非 aging 演化。Real 等改进了锦标赛选择方法，在每个循环当中杀死种群中最老的模型，即移除 S 个样本中最早训练的模型。这个方法被称为 aging 演化。aging 演化使得算法可以更广泛地探索搜索空间，而不是像非 aging 演化那样过早地聚焦于优秀模型。该方法的研究者对该方法的优势进行了详细讨论，总结有如下优势。

（1）优势 1：导致更多的多样性和探索。Real 等通过试验发现 aging 可能有助于应对演化神经架构搜索实验中的带噪训练。带噪训练意味着模型有时会凭借运气达到高准确性。在非 aging 演化算法（即标准锦标赛选择的演化算法）中，这种"幸运"的模型可能会在种群中保留很长时间，甚至在整个实验期间都会保留。因此，这个幸运的模型可能会繁衍出众多子代，使得算法过度"聚焦"于该模型，从而减少了探索的可能性。但在 aging 演化中，所有模型的生命周期都相对较短，因此种群会频繁更新，使得算法探索更多种新个体。

（2）优势 2：有助于应对训练噪声。在 aging 演化中，由于模型寿命较短，一个优秀的架构只能通过代代相传留在种群中。每次架构被继承时都必须重新训练。如果重新训练时生成不准确的模型，该模型不会被演化选择，架构也会从种群中消失。因此，一个架构能一直留在种群中的唯一方式是它能反复良好地重新训练。也就是说，只有在经过多次重新训练后仍然性能良好的架构才可以一直保留在种群中。对于非 aging 演化来说，第一次训练时幸运地取得较好性能的架构就能一直保留在种群中。aging 演化和非 aging 演化相比来看，aging 演化被迫更加关注架构的优劣，而非 aging 演化则更关注于架构所产生的一次性模型。这是因为 aging 的加入使得架构能够良好地训练，防止了对训练噪声的过拟合，使 aging 成为广义数学意义上的一种正则化。

6.3.1.3　Genetic CNN 算法

Genetic CNN 算法[130]是一种利用遗传算法自动生成高效卷积神经网络架构的方法。

该算法首先定义了一种编码机制，将复杂的网络架构简化为固定长度的二进制字符串，使得每个网络架构都能以一种简洁的方式被表示和操作。算法初始化时，生成一组随机的结构编码作为起始种群。随后，通过遗传算法的三个基本操作——选择、突变和交叉，对这些字符串进行迭代优化。选择操作依据个体（网络架构）在验证集上的表现（即分类准确率）进行，保证了优秀架构的遗传；突变和交叉则引入了结构多样性，促进搜索空间的更广泛探索。同时，每一代中，所有个体都会经过从头开始的训练和验证，以准确评估它们的识别能力，确保竞争中的"适者生存"。

在实际操作中，Genetic CNN 不仅考虑了节点之间的连接模式，还巧妙地引入了默认输入节点和默认输出节点的概念，确保了编码的有效性和网络结构的多样性。该算法在小规模数据集（如 MNIST 和 CIFAR10）上的实验，表明其能够找到比某些手工设计的网络结构性能更优的模型，证明了该算法的有效性。此外，有学者还将在小规模数据集（CIFAR10）上搜索到的架构迁移到了大规模数据集 ImageNet 中，也取得了相对不错的结果，一定程度上验证了该算法的可迁移性。

为了使读者进一步理解 Genetic CNN 算法，接下来将依次介绍该算法的关键组成部分。

1. 架构编码与搜索空间

Genetic CNN 提出了一种创新性的架构编码方法，用于将复杂的深度卷积神经网络（CNN）架构简化并表示为固定长度的二进制字符串，以便应用遗传算法高效地探索和优化这些架构。以下是其所提搜索空间和架构编码方法的关键细节：

在架构的整体框架方面，Genetic CNN 关注到现有的优秀神经网络架构通常由多个阶段（stage）组成，每个阶段通常由若干个卷积层链式连接而成。并且，同一阶段特征图大小和输出通道数一般保持不变，而相邻的阶段通常由池化操作连接，将特征图大小减半并将输出通道数翻倍。由于这一类架构框架在实践中展现了很好的有效性和泛用性，Genetic CNN 借用了这一设计来定义搜索空间中的架构。具体地，一个神经网络架构由 S 个阶段组成，其中任一阶段 s 包含 k_s 个节点，每个节点用 v_{s,k_s} 表示，其中 $k_s = 1, 2, \ldots, K_s$。在每个阶段中，这些节点会被排序并编号，节点间的连接只允许存在于从编号较低的节点到编号较高的节点。每个节点对应一个卷积层操作，且该卷积运算的输入为其所有输入节点（与之相连的低编号节点）求和的结果。此外，遵循深度卷积神经网络的设计惯例，每个卷积操作之后均附加上一个批标准化操作和 ReLU 激活函数。同时，在神经网络架构最后一个阶段之后应用一个全连接层，且该层不参与架构编码。

架构编码时，Genetic CNN 算法对各个阶段分别进行编码。具体地，对于每个阶段，该算法使用若干个二进制数编码内部节点之间连接的有无，由此，架构的任一阶段 s 可以被编码为 $1 + 2 + \cdots + (K_s - 1) = K_s(K_s - 1)/2$ 位（bit）的二进制字符串。其中，第一位表示 $v_{s,1}$ 与 $v_{s,2}$ 之间连接的有无，后续的两位表示 $v_{s,1}$ 与 $v_{s,3}$、$v_{s,2}$ 与 $v_{s,3}$ 之间连接的有无，以此类推，最后的 $K_s - 1$ 位表示 $v_{s,1}, v_{s,2}, \ldots, v_{s,K_s-1}$ 与 v_{s,K_s} 之间连接的有无。如果对应 $v_{s,i}$ 与 $v_{s,j}$ 之间连接的位为 1（$1 \leqslant i < j \leqslant K_s$），说明两节点之间有连接，即节点 $v_{s,i}$ 为 $v_{s,j}$ 输入的一部分，反之则说明没有连接。

通过上述方式，可将一个包含 S 个阶段的神经网络架构编码为长度为 $L = \sum_s K_s(K_s - 1)/2$ 的二进制字符串，其中 s 为阶段编号，K_s 为第 s 个阶段中包含的节点数。因此，搜索空间中总共包含 2^L 个各不相同的架构。例如，针对 CIFAR10，Genetic CNN 算法设置 $S = 3$，K_1、K_2、K_3 分别为 3、4、5，即架构编码的长度 $L = 19$，对应搜索空间中总的架构数量为 $2^L = 524288$。为了让每个二进制字符串能够正确地表示一个神经网络架构，Genetic CNN 算法规定每个阶段包含两个默认的节点，即输入节点 $v_{s,0}$ 和输出节点 v_{s,K_s+1}。默认输入节点从上一个阶段输出（对于第一个阶段，则为原始数据）并进行卷积操作，并将结果输出到没有前继的所有节点中。默认输出节点则从所有没有后继的节点中接收特征图，对其求和后进行卷积，再输入到与下一个阶段之间的池化层中。需要指出的是，两个默认节点及它们与其他节点的连接不参与架构编码。此外，为保证搜索空间中架构的灵活性，Genetic CNN 算法还规定了两种架构编码特例。首先，如果一个普通节点与任何其他普通节点都没有连接，那么该节点将会被忽略，即不会与默认输入节点或输出节点相连，从而保证能搜索节点数小于该阶段预设节点数的架构。其次，如果某一阶段不存在任何一个连接，即表示神经网络架构的二进制字符串中所有的值均为 0，那么该阶段将表示单个卷积操作。图 6.14 展示了 Genetic

CNN 算法架构编码的一个简单示例。

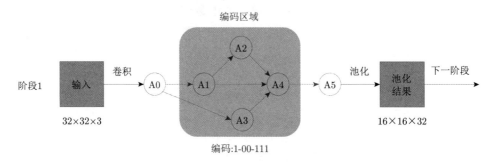

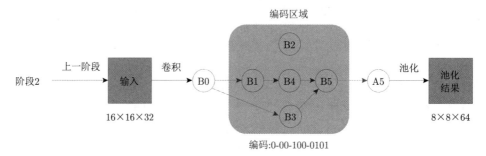

图 6.14　Genetic CNN 算法架构编码的一个示例

Genetic CNN 算法所提的编码方案可以表示许多现有的手动设计的网络架构，如 VGGNet、ResNet 或 DenseNet 的变体，其映射关系如图 6.15所示。不过，

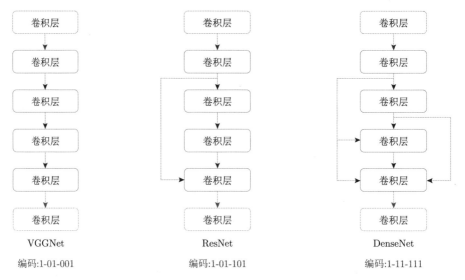

图 6.15　Genetic CNN 算法架构编码表示现有神经网络的示例

这一搜索空间和编码方案的设计也存在诸多局限：首先，这一搜索空间只考虑了卷积操作和池化操作，无法实现对非卷积模块架构的探索；其次，每个阶段中的卷积核的大小是固定的，这限制了神经网络结合不同感受野信息的能力。

2. 搜索策略

由于架构搜索空间相对庞大，要枚举所有这些结构并找出最优结构是十分费时的。为此 Genetic CNN 提出了应用遗传算法探索这一巨大的搜索空间，从而搜索到最佳的神经网络架构。Genetic CNN 提出的搜索策略遵循了遗传算法的基本流程，如算法 8所示。该策略首先初始化生成 N 个随机个体；然后进行 T 轮迭代更新种群，每轮包括三种操作，即选择、突变和交叉，同时在参考数据集上对每一代的架构个体从头开始训练，以评估其适应度函数。以下是该搜索策略的关键组成步骤和细节。

算法 8: Genetic CNN 搜索策略流程

输入: 参考数据集 $\mathcal{D}$，演化迭代次数 T，每一代种群中的架构数 N，变异和交叉概率 p_M 和 p_C，变异参数 q_M，交叉参数 q_C

输出: 最后一代种群 $\{\mathbb{M}_{T,n}\}_{n=1}^N$ 中的一系列架构和它们的分类准确率

1 初始化：生成一系列随机的个体 $\{\mathbb{M}_{0,n}\}_{n=1}^N$，并评估其分类准确率；

2 **for** $t = 1, 2, \ldots, T$ **do**

3 选择：基于轮盘赌算法从 $\mathbb{M}_{t-1,n}{}_{n=1}^N$ 中筛选出一个新的种群 $\mathbb{M}'_{t,n}{}_{n=1}^N$；

4 交叉：对于新种群中每一对个体 $\{(\mathbb{M}_{t,2n-1}, \mathbb{M}_{t,2n})\}_{n=1}^{\lfloor N/2 \rfloor}$，基于概率

5 p_C 和参数 q_C 执行交叉操作；变异：对于每个未执行交叉的个体，基

6 于概率 p_M 和参数 q_M 执行变异操作；评估：对新种群中的每一个个

7 体进行评估，得到其分类准确率

8 **end**

9 返回最终种群 $\{\mathbb{M}_{T,n}\}_{n=1}^N$ 及其中网络架构对应的分类准确率

1）初始化

Genetic CNN 算法中，初始化阶段涉及到随机生成一系列随机的架构个体 $\{\mathbb{M}_{0,n}\}_{n=1}^N$，每个架构个体为一个长度为 L 位的二进制字符串，也就是 $\mathbb{M}_{0,n}: b_{0,n} \in \{0,1\}^L$。具体来讲，每个架构个体编码的每一位通过独立地从一个伯努利分布（Bernoulli distribution）$b_{0,n}^l \sim \mathcal{B}(0.5)$ 中采样来生成，其中 $l = 1, 2, \ldots, L$。在此之后，对每个架构进行评估以获取其适应度函数。值得一提的是，不同的初始化策略并不会对 Genetic CNN 算法所提的搜索策略的性能产生太大影响。即使使用最为简单的初始化方法，即所有的个体初始均为全 0 字符串，其搜索策略依然能够通过交叉和变异等操作找到具有较高性能的架构。

2）选择

每一次迭代的开始时，需要进行选择操作筛选出一个新的种群。在生成第 t 代个体前，对上一代的每一个体均进行评估以获得其适应度函数，该适应度函数由上一代或初始化时评估得到的分类准确率来定义，其直接影响了个体在选择过程中存活的概率。Genetic CNN 算法通过一个俄罗斯轮盘赌（Russian roulette）操作来决定哪些架构个体能够存活到下一代。具体来讲，下一代种群 $\mathbb{M}_{t,k}$ 中的每一个个体均通过独立地从上一代种群 $\{\mathbb{M}_{t-1,n}\}_{n=1}^{N}$ 中采样获取。采样架构个体 $\mathbb{M}_{t-1,k}$ 的概率与 $r_{t-1,k} - r_{t-1,0}$ 正相关，其中 $r_{t-1,k}$ 为架构个体 $\mathbb{M}_{t-1,k}$ 评估得到的适应度，$r_{t-1,0}$ 为上一代种群中架构个体适应度的最小值。由此，最佳的架构个体将具有最大的被选择的可能性，而最差的架构个体则总是会被淘汰出种群。考虑到种群中架构个体的数量 N 总是保持不变，上一代种群中的架构个体可能会被选择多次。

3）交叉和变异

在遗传算法中，种群的更新通常通过应用交叉和变异算子生成新的架构个体来完成。其中，变异操作涉及对一个架构个体的若干位进行反转，具体地，Genetic CNN 算法规定架构编码的每一位均独立地以概率 q_M 参与反转。一般而言，变异概率 q_M 需要设置得相对较小，如 0.05，以防止架构个体在变异过程中改变过多。这一操作可以在保存当前存活个体优秀结构的情况下，提供探索新的优秀结构的可能性。交叉操作涉及交换两个架构个体的部分编码。不同于变异操作对架构编码的每一位进行独立处理，交叉操作的基本单元是一个阶段，以保留每个阶段内的局部结构。与变异操作类似，每对相应的阶段的交换概率为 q_C，且该概率也应相对较小。变异和交叉的实现均涉及整个算法流程（见算法 8），在更新种群的过程中，每个个体（或每对个体）执行变异和交叉的概率分别为 p_M 和 p_C。需要指出的是，交叉和变异可以通过多种不同的方法实现，Genetic CNN 算法中提出的仅是其中一种。

4）评估

在完成上述步骤后，需要对每一个架构个体进行评估以获得其适应度函数值。首先，预先定义一个参考数据集 $\mathcal{D}$，其次，基于这一数据集独立地对每个模型从头开始训练，最后，在验证集上对模型分类准确率进行评估。如果某一架构个体在先前已经被评估过了，那么它的性能也会被再次评估并与之前的求和取平均值，以在一定程度上缓解训练过程中的随机性所带来的不稳定性。

6.3.1.4 用于表征学习的演化无监督深度神经网络构建方法（EUDNN）

用于表征学习的无监督深度神经网络演化（evolving unsupervised deep neural networks for learning meaningful representations, EUDNN）算法[186]针对深度学习领域中的核心挑战（即在资源有限且标注数据昂贵的现实条件下，如何设计出能够学习到对机器学习任务有显著提升效果的表征），提出了一个创新的解决方案。该算法在无监督学习领域的重要贡献主要体现在以下几个方面。

（1）高效计算方法的引入：该算法设计了一种新颖的基因编码策略，这一策略在保证模型参数丰富性的同时，大幅降低了计算复杂度，使得在学术研究环境中，即使计算资源有限，也能有效处理高维度数据问题。这种策略不仅提升了模型的可训练性，也为模型的快速迭代和优化奠定了基础。

（2）局部搜索策略的整合：为了克服演化算法在搜索过程中可能陷入局部最优解的局限，EUDNN 算法创新性地融入了局部搜索机制。该策略在全局搜索的基础上，通过细致探索邻域空间，进一步挖掘潜在的性能提升空间，确保算法能找到更接近全局最优解的网络配置和参数设置。

（3）少量标记数据的智能利用：在无监督学习框架内，该算法巧妙地利用了少量的标记数据来指导演化过程，确保学习到的特征在实际任务中具备良好的泛化能力和语义意义。这种策略既保留了无监督学习的优势，又在一定程度上克服了无监督模型在缺乏明确指导信息时可能出现的表征模糊性问题。

实验验证了 EUDNN 算法的有效性，尤其是在 MNIST 手写数字识别任务上，EuDNN 算法取得了 1.15% 的低错误率，这一成果可与当时的顶尖无监督深度学习模型性能媲美，证实了该算法的前沿性和实用性。此外，该算法分析指出，传统超参数优化技术，例如网格搜索，在处理连续超参数空间时易导致次优解的选择，而 EUDNN 算法通过其独特的演化方案，为超参数优化提供了更为灵活和高效的方法。考虑到各类深度学习算法中，卷积神经网络 (CNN) 对大量标注数据的依赖，以及深度信念网络 (DBN)、堆叠自编码器 (SAE) 等无监督学习模型在数据稀缺场景下的适用性，EUDNN 算法为无监督学习模型提供了有力的支持，尤其是通过结合稀疏性等先验知识，提高了模型学习到的表征的质量和解释性。总体而言，EUDNN 算法的提出，为解决深度学习模型设计与优化中的难题提供了创新思路，对推动无监督学习和深度学习技术的发展具有重要意义。

综上所述，EUDNN 算法的贡献在于提供了一种有效途径，能在有限计算资源条件下，通过演化算法自动发现深度神经网络的构建模块，进而学习到对任务有实际意义的表征。实验部分通过精心设计的实验验证了该算法的有效性，不仅体现在学习到的表征能够提升分类任务的表现，而且在算法设计的各阶段均显示出其性能优化的优势。为了便于读者理解，接下来将介绍 EUDNN 算法的整体流程，并依次介绍其每个组件的具体实现方法。

1. 整体框架

EUDNN 算法的整体框架是一种两阶段的设计，旨在高效学习有意义的表征，特别适用于大数据环境下标签数据稀缺的情况，其算法实施流程如算法 9 所示。具体来讲，该框架首先致力于发现深度神经网络（DNN）的最优架构、连接权重的初始配置及激活函数，随后对这些参数进行微调以进一步提升性能。该框架设计基于分类任务场景，在该任务中，有意义的表征可以提高分类任务的性能，即提高正确分类率（CCR），这里的 CCR 既包括训练数据上的评估也涉及测试数据上的检验。此外，在这项分类任务中，给定一组数据 D，数据被划分为训练数据集 D_{train} 和测试数据集 D_{test}。训练数据集包含带有标签的数据对 $D_{\text{train}} = \{(x_1, y_1), \cdots, (x_k, y_k)\}$，其中 x_i 表示输入数据，y_i 是相应的标签，而其余数据则被视为测试数据集 D_{test}，用于检验学习到的表征是否有意义。EUDNN 算法包括两阶段的协同工作，首先通过演化过程找到合适的网络结构和参数初值，然后通过微调和局部搜索策略来精练模型，以保障在无监督学习场景下获得有意义的表示。这种方法不仅提高了处理大规模数据集的效率，而且通过结合少量标记数据的指导，确保了学习到的特征在实际任务中的有效性。

算法 9: EUDNN 算法框架

　　输入: 训练数据集 D_{train}，架构最大层数 p，分类器 $C(\cdot)$，测试数据集
　　　　　D_{test}

　　输出: 在测试数据集 D_{test} 上的预测结果

1 **for** $i = 1, 2, \ldots, p$ **do**

2 　　通过演化获得最佳连接权重和相应的激活函数 $W_j, f_j(\cdot)$

3 **end**

4 微调所有连接权重 $W_1, \ldots, W_p$；计算在测试数据集 D_{test} 上的预测结果
　　$Y_{\text{test}} = C(f_p(W_p \times \cdots f_2(W_2 \times f_1(W_1 \times D_{\text{test}}))))$

5 返回预测结果 Y_{test}

　　第一阶段为演化搜索阶段。此阶段旨在寻找神经网络的理想架构、连接权重的适宜初始值，以及激活函数。为了高效处理这一高度复杂的任务，研究者提出了一种计算效率高的基因编码策略。通过该策略，DNN 的潜在架构及其大量参数得以编码为一组个体。接着，采用演化算法利用这些个体进行搜索和优化，依据特定的适应度指标选出性能最优的个体。这一过程不仅解决了高维数据带来的大量决策变量问题，还充分利用了 EA 在非凸问题上的优势，即无需梯度信息且不易受局部最优影响。

　　第二阶段为微调阶段。鉴于深度神经网络涉及大规模全局优化问题，EUDNN 的作者认为仅使用所提的演化算法可能无法获得最优解。因此，其提出在算法中整合局部搜索策略，用于深化对已有解决方案的挖掘，确保达到期望性能。具体地，在初步找到较为优良的架构和参数初始化后，算法在第二阶段对所有连接权重的参数值进行微调，以进一步提升模型的性能。这一阶段基于上一阶段的优秀的初始化参数，利用局部搜索策略确保模型达到预期的性能水平。局部搜索有助于克服仅使用演化算法可能遇到的过早收敛或局部最优问题，特别是在面对神经

架构搜索和参数优化这类大规模全局优化问题时。

2. 演化搜索阶段

在演化搜索阶段，EUDNN 算法首先对神经网络进行编码，将网络每一层的连接权重表示为可以被演化算法优化的形式。而后，通过一系列的演化操作，逐步优化网络每一层的连接权重和激活函数，确保在无监督学习场景下，网络能够学习到对后续任务有用的有意义表示。具体地，该阶段对架构进行逐层优化，对靠近输入的层进行参数调优，当某一层的最优参数确定后，以其输出作为下一层的输入数据，重复这一过程，直至构建完整网络。

3. 基因编码策略

在执行搜索前，首先需要对每个神经网络进行编码，包括连接权重编码、激活函数编码和权重系数的表示。为此，EUDNN 算法提出了一种高计算效率的基因编码策略。首先，给定一组基向量 $S = [s_1, s_2, \ldots, s_n]$，这些基向量能构成一个 n 维空间。然后，随机指定系数 $b = [b_1, b_2, \ldots, b_n]$，用这些基向量线性组合生成向量 a_1。这一步骤通过选择特定的基向量及其权重来初步定义潜在的连接权重。接着，计算 a_1 的正交补集 $\{a_2, a_3, \ldots, a_n\}$，确保了这些向量与原始输入数据空间的一致性。编码到染色体。最后，将上述步骤中用于构造 a_1 的信息（即哪些基向量被选中，以及激活函数的选择）编码到染色体中。染色体是演化算法中用于表示解决方案的二进制字符串，这里它代表了连接权重和激活函数的配置，从而控制着网络的结构和行为。具体来讲，染色体的编码步骤如下。

（1）初始化染色体：创建一个长度为 $2n+1$ 的染色体。

（2）编码 a_1：将 $b_1, b_2, \ldots, b_n$ 的值依次复制到染色体的前 n 个位置，这些值代表向量 a_1 的系数。

（3）编码选择：随机生成 $n-1$ 个数字（0 或 1），并将它们复制到染色体的第 $n+1$ 到第 $2n-1$ 个位置。这些数字表示是否选择对应的零空间基础向量 $\{a_2, a_3, \ldots, a_n\}$ 作为连接权重的一部分。

（4）编码激活函数：随机生成一个数字（包括 1、2、3），将其转换为 2 位的二进制格式，并将它复制到染色体的最后两个位置。这些位表示选择的激活函数类型（例如，1 代表 sigmoid，2 代表 tanh，3 代表 ReLU）。

相应地，该染色体的解码步骤如下。

（1）从染色体的前 n 个位置读取 $b_1, b_2, \ldots, b_n$ 的值。

（2）根据染色体的第 $n+1$ 到第 $2n-1$ 个位置，选择对应的基础向量 $\{a_2, a_3, \ldots, a_n\}$。

（3）将选择的向量与 $b_1, b_2, \ldots, b_n$ 进行线性组合，得到最终的连接权重。

（4）从染色体的最后两个位置读取激活函数类型，并使用相应的激活函数。

通过这种编码方法，尽管原始问题中的参数数量保持不变，但编码后的参数长度显著减少。例如，对于一个拥有 10 万参数的神经网络，仅需 1000 个基因即可进行有效建模。这意味着单个基因的变化可能会影响到 100 个参数，从而在全局上影响网络的行为。

4. 演化搜索流程

演化搜索过程涉及一系列重复的子过程，用以逐步优化网络中的每一层。算法的核心是如何为单一层获得最佳的连接权重和激活函数。整个网络的优化就是通过逐层迭代搜索这一算法来完成的，其中，每层的输入数据是由前一层经过其激活函数处理后的表示。具体来讲，整个搜索流程包含初始化阶段和一个迭代的循环过程。首先是初始化种群，创建一个规模为 m 的种群 P，其中每个个体代表了一种潜在的连接权重和激活函数组合。同时，对每个个体进行随机初始化，包括连接权重系数、选择信息和激活函数类型。而后，算法将进入一个循环，直到满足停止条件为止。在每次循环中，执行以下操作。

（1）评估适度：计算种群 P 中各个个体的适应度，即使用 SVM 算法评估其在分类任务上的正确分类率，适应度反映了当前个体在解决问题上的性能。

（2）生成后代：使用二元锦标赛选择法从 P 中挑选两个父代，并以概率 ρ 通过交叉操作生成新后代 Q。

（3）变异：对 Q 中的所有后代个体以概率 μ 进行变异，以引入新的遗传多样性。

（4）精英选择：从当前种群和后代的并集 $P \cup Q$ 中选适应度最高的个体，并将其添加到新种群 S 中。

（5）更新种群：从 $P \cup Q$ 中去除已选入 S 的个体后，通过二元锦标赛选择法再选出 $m - 1$ 个个体加入 S，最终得到新的种群 P。

最后，在循环结束后，从最终的种群 P 中选出适应度最高的个体，并从中解码出最优连接权重 W 和激活函数 $f(\cdot)$，以作为算法的返回结果。

需要指出的是，算法中的交叉算子为单点交叉算子，交换两个个体的连接权重系数和选择信息部分，激活函数类型部分不参与交叉操作，以保证其稳定性；变异算法则为多项式变异算子，对连接权重系数和选择信息部分的编码进行随机扰动。选择操作中，优秀个体有更高的机会被保留并基于交叉和变异产生新的后代，而较弱的个体则可能被移除，从而不断对连接权重和激活函数进行寻优。

5. 微调阶段

在 EUDNN 算法框架中，微调阶段旨在进一步提升模型性能，这是在已经演化得到的网络架构和初始连接权重的基础上，利用局部搜索策略对连接权重进行微调来实现的。引入微调阶段的背景在于，在第一阶段，通过演化算法找到了较优的网络架构配置，包括激活函数和连接权重的初始值。然而，为了追求更优的性能，需要对这些参数进行更细致的调整。此阶段固定了网络架构和激活函数，集中精力于连接权重的微调,以更好地拟合数据。具体地,在该阶段中,EUDNN 算法使用一小部分标记数据,这不仅有助于控制计算成本,还保证了学习到的表征是有效的,因为有监督信息可以作为指导,帮助模型理解哪些特征对于分类或其他任务是重要的。该阶段算法的流程如下。

(1)架构固定与参数继承:在第一阶段结束后,已经通过演化算法找到了激活函数和连接权重的初始设定。此时,网络架构被固定下来,包括之前确定的各隐藏层顺序及激活函数的选择,初始化的连接权重值也被保留作为进一步调整的基础。

(2)构造模型链路:在第二阶段开始时,将所有隐藏层根据第一阶段确定的顺序相连,并在顶部添加一个输入层,底部连接一个分类器。这样,从输入到输出形成一个完整的前向传播路径。

(3)权重初始化:连接列表中的权重使用第一阶段确认的值进行初始化,确保第二阶段的起始点是基于先前学习到的较优配置。

(4)局部搜索策略整合:为了提升性能,采用一种称为"局部搜索"的策略来微调连接权重,特别地,EUDNN 算法选择了反向传播(back-propagation,BP)算法作为局部搜索策略。

(5)性能优化:通过 BP 算法,依据预测标签与真实标签之间的损失函数,误差被反向传播回网络,进而更新连接权重的参数值,以此来减少预测错误,提高模型在验证数据集上的分类正确率。这一过程迭代进行,直至满足停止条件(如达到预设的性能阈值或迭代次数上限)为止。

需要指出的是,尽管任何局部搜索算法都可用于局部搜索优化,但 EUDNN 算法选择了 BP 算法,原因有二:首先,BP 算法利用损失函数中的梯度信息,该信息在多数设计中都是可分析的;其次,存在多种 BP 算法库,它们利用图形处理器(GPU)加速计算,尤其是在处理高维数据时,能显著降低计算成本。此外,当选择不连续的激活函数(如 ReLU)时,按照惯例在导数不可计算的点(如 0 点)处指定一个值(通常为 0)。通过这一系列步骤,EUDNN 框架中的精细调整阶段确保了在已有良好架构和初始化参数的基础上,通过局部优化进一步挖掘模型潜力,提升模型在分类等任务上的表现。

6.3.1.5 面向图像分类的演化深度卷积神经网络 EvoCNN

卷积神经网络 CNN 已经在交通标志识别、生物图像分割和图像分类等视觉识别任务上展现出其卓越的性能。自从 1995 年 LeNet-5 网络模型被提出以来,CNN 的各种变体不断被提出。与图像分类的传统算法相比,这些变体能够显著提升分类准确率。它们能够更准确地捕捉到图像中的细微特征和空间关系,从而作出更准确的分类判断。CNN 的各种变体在架构设计上有着显著的差异。例如,一些变体引入了更深的层次结构,通过增加网络深度来提高模型的表达能力和学习能力;而另一些变体则通过引入新的卷积核或池化方式来改进特征提取和表示的效果。这些设计上的创新和优化，使得 CNN 在图像分类任务中取得了显著的性能提升。如今，设计用于图像分类的深度 CNN 架构已经成为一个前沿的研究领域。

业界利用演化算法来自动化地设计 CNN 架构，其中遗传算法（GA）作为演化算法的一种代表方法，已经在实际应用中取得了显著的成果。例如，谷歌在 2017 年提出的 LargeEvo 算法[128]便是基于遗传算法实现的。该算法在不需要交叉算子的前提下，通过高效的变异操作和搜索策略，在庞大的搜索空间中寻找最优解。LargeEvo 算法在 250 台计算服务器上训练 20 天左右，在 CIFAR-10 图像分类数据集上取得了极具竞争力的性能。此外，Xie 等[130]提出的 Genetic CNN 方法，利用标准遗传算法来设计 CNN 架构。其中每个个体采用相同长度的染色体表示不同的网络架构。在演化过程中，每个个体的染色体都会经历完整的训练过程，以便评估其性能。通过不断地选择、交叉和变异操作，Genetic CNN 方法能够逐渐演化出性能更优的网络架构。上述方法在实践运用中仍然存在以下问题。

（1）在演化过程中，每个个体（即一个 CNN 架构）的性能是未知的，需要在待求解问题的数据集上评估其性能。然而，该评估过程需要大量计算资源和很长的运行时间。此外，在基于群体的演化方法中，需要评估多个个体，评估个体性能就变得更加困难，这就需要更多的计算资源来支持性能评估过程。

（2）对于一个具体问题，CNN 架构的最佳深度是未知的，因此通常难以确定搜索空间的大小。为了解决该问题，变长编码是一个可能的解决方案，但如何为不同深度的架构设计交叉操作是一个极具挑战性的难题。

（3）权重初始化值会严重影响最终架构的性能，为了解决这个问题，需要设计良好的基因编码策略，并对大量决策变量进行优化。

EvoCNN 的目的是设计一种有效、高效的 GA 方法，在无需人工干预的情况下自动发现高性能 CNN 模型。为实现这一目标，EvoCNN 中设计了以下组件。

（1）设计了一种灵活的架构基因编码方案，该方案不对 CNN 最大深度进行限制。通过这种编码方案，演化生成的 CNN 架构能够在解决不同任务时取得优异的性能。

（2）设计连接权重编码策略，该策略能够高效地表示大量的连接权重。通用这种编码方法，CNN 中的权重连接初始化问题能够通过所提出的 GA 算法进行有效优化。

（3）针对提出的架构和连接权重的基因编码策略，设计相应的选择（包括环境选择）、交叉和突变算子。

（4）为代表不同 CNN 的个体提出一种高效的适应度评估方法，该方法不依赖大量密集型计算资源。

为了便于读者理解，接下来将介绍 EvoCNN 算法的整体流程，并依次介绍其每个组件的具体实现方法。

1. 算法概述

算法 10 概述了 EvoCNN 算法的框架。首先，根据所提出的基因编码策略对种群进行初始化（第 1 行）。然后，演化开始进行直到满足预先设定的终止标准，如最大代数（第 3～9 行）。最后，选出最佳个体并将其解码到相应的 CNN（第 10 行）进行最终训练。

算法 10: EvoCNN 算法框架

---

1   $P_0 \leftarrow$ 使用提出的基因编码策略初始化种群

2   $t \leftarrow 0$

3   **while** 未满足终止标准 **do**

4   使用提出的性能评估方法评估个体 P_t 的适应度

5      $S \leftarrow$ 使用提出的二元锦标赛选择方法选择父代个体

6      $Q_t \leftarrow$ 使用设计出的遗传算子从 S 中生成子代

7      $P_{t+1} \leftarrow$ 使用提出的选择策略从 $P_t \cup Q_t$ 中进行环境选择

8      $t \leftarrow t + 1$

9   **end**

10   从 P_t 中选择最优的个体并将其解码为对应的 CNN

具体来说，在演化过程中，所有个体首先根据所提出的高效性能评估方法进行评估，得到对应的适应度（第 4 行）。然后，通过设计的二元锦标赛选择法（第 5 行）筛选出父代个体，并使用提出的遗传算子生成新的子代（第 6 行）。接下来，从现有个体和新生成的子代中选出优秀个体，组成下一代种群，参与后续演化（第 7 行）。下面将详细叙述 EvoCNN 的关键组件。

2. 基因编码策略

EvoCNN 搜索出的架构由三个不同的基础模块组成：卷积层、池化层和全连接层。因此，应该设计一种基因编码方式将网络架构编码成为一个染色体进行演化。此外，由于在确定 CNN 架构之前，CNN 解决某一具体问题的最佳深度是未知的，因此 EvoCNN 中设计了能够很好地应对该问题的变长基因编码策略。由于 CNN 架构的深度对其性能有着显著的影响，这种可变长度的基因编码策略能够使 EvoCNN 不受限于架构搜索空间，从而更有机会找到全局最优的网络架构。

图 6.16 展示了 EvoCNN 中如何将三个不同长度的网络架构编码为染色体的实例。通常情况下，一个卷积层或全连接层中存在数十万个连接权重，而这些权重无法全部用染色体显式表示，也难以使用 GA 算法对如此大规模的权重进行有效优化。因此，EvoCNN 仅用两个实数（即连接权重的标准差和平均值）来表示众多的权重参数，能够方便地使用 GA 对其进行优化。当得到最优平均值和标准差时，连接权重就会从相应的高斯分布中进行采样。

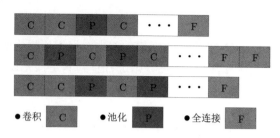

图 6.16　EvoCNN 中三个长度不同的染色体示例

3. 二元锦标赛选择方法

EvoCNN 中的二元锦标赛选择方法如算法 11所示，该选择方法被用来选择用于交叉的父代个体。具体来说，该方法首先比较个体的平均值，之后比较个体的参数量。如果无法通过上述方案选择出父代个体，则选择标准较小的个体。

算法 11: 二元锦标赛选择方法

输入: 两个用于比较的个体，平均值的阈值 α，参数量的阈值 β

输出: 选择出的一个个体

1　$s_1 \leftarrow$ 拥有更大平均值的个体

2　$s_2 \leftarrow$ 另一个个体

3　$\mu_1, \mu_2 \leftarrow s_1$ 和 s_2 的平均值

4　$\mathrm{std}_1, \mathrm{std}_2 \leftarrow s_1$ 和 s_2 的标准差

5　$c_1, c_2 \leftarrow s_1$ 和 s_2 的参数量

6　**if** $\mu_1 - \mu_2 > \alpha$ **then**

7　　Return s_1

8　**else**

9　　**if** $c_1 - c_2 > \beta$ **then**

10　　　Return s_2

11　　**else**

12　　　**if** $\mathrm{std}_1 < \mathrm{std}_2$ **then**

13　　　　Return s_1

14　　　**else if** $\mathrm{std}_1 > \mathrm{std}_2$ **then**

15　　　　Return s_2

16　　　**else**

17　　　　Return s_1, s_2 中随机的一个

18　　　**end**

19　　**end**

20 **end**

在实践中，深度 CNN 中存在大量参数，参数过大很容易导致过拟合现象。因此，当两个个体的平均值之差小于阈值 α 时，需要进一步考虑连接权重的数量。参数的微小变化不会对 CNN 的性能产生很大的影响。因此，EvoCNN 中还引入了 β 参数用于控制参数量。

4. 遗传算子

EvoCNN 中的遗传算子包括交叉算子和变异算子两种类型。其中交叉算子中的核心部分被称为单元对齐阶段，用于交叉两个染色体长度不同的个体。具体来说，在交叉操作过程中，首先要根据卷积层、池化层和全连接层这三个不同单元在染色体中的顺序，将它们收集到三个不同的列表中，这就是单元收集阶段。然后，这三个列表在顶部对齐，位置相同的单元将进行交叉。最后是单元还原阶段，即交叉操作完成后，将列表中的单元还原到相关染色体的原始位置。经过上述三个阶段，两个长度不同的染色体就能够方便地进行交叉。至于其余没有配对的单元，它们不执行交叉操作，保留在原始位置。

对于变异操作而言，它可以在一个染色体的任意单元位置上进行。对于选定的变异位置，可以添加、删除或修改一个单元。在添加单元的情况下，可以添加一个卷积层、一个池化层或一个全连接层，概率均为相等。如果突变是为了修改现有单元，那么具体如何修改取决于单元类型。经过修改后，单元中的所有编码信息都会发生变化。

5. 环境选择

环境选择如算法 12所示。在环境选择过程中，要保证下一代种群精英性和多样性的问题。具体来说，首先选择一部分平均值较高的个体，然后通过算法 11中的二元锦标赛选择方法来选择其余个体。通过上述策略，能够同时考虑精英性和多样性，从而共同提高 EvoCNN 的性能。

算法 12: 环境选择方法

输入: 精英比例 γ，当前种群 $P_t \cup Q_t$

输出: 选择出的种群 P_{t+1}

1 $a \leftarrow$ 基于精英比例 γ 和种群数目计算出精英的数目

2 $P_{t+1} \leftarrow$ 从当前种群中选择 a 个均值最高的个体

3 $P_t \cup Q_t \leftarrow P_t \cup Q_t - P_{t+1}$

4 **while** $|P_{i+1}| < N$ **do**

5      $s_1, s_2 \leftarrow$ 从 $P_t \cup Q_t$ 中随机选择两个个体

6      $s \leftarrow$ 使用算法 11从 s_1 和 s_2 中选择一个个体

7      $P_{t+1} \leftarrow P_{t+1} \cup s$

8 **end**

9 **Return** P_{t+1}

　　EvoCNN 设计了一种用于自动演化 CNN 架构和权重的方法，以解决图像分类问题。为了实现上述目标，EvoCNN 提出了网络权重初始化表示方法、网络架构变长编码方案、与变长编码方案对应的遗传算子、用于个体选择的二元锦标赛，以及用于加速演化的高效性能评估方法。在常用的 9 个图像分类数据集上，EvoCNN 的性能明显优于当时的其他同类方法。

6.3.1.6　AE-CNN

　　目前 CNN 架构设计算法的研究仍处于初级阶段，尤其是那些完全自动化、性能突出且使用有限 GPU 资源的算法。本小节将介绍一种新颖的基于 GA 的自动设计 CNN 的方法，命名为 AE-CNN，其主要特点包括：① 使用 AE-CNN 无需任何关于基础 CNN 设计、测试数据集、遗传算法、预处理、重构和后处理的先验知识；② 采用变长编码技术来评估最佳的 CNN 深度，为了探索和利用搜索空间以发现理想的 CNN 架构，实现变长编码，发明了新的交叉和变异算子，并将其纳入其中；③ 为了加速架构设计，根据残差块（residual block，RB）和稠密块（dense block，DB），设计了一种高效的编码方法，仅使用了有限的计算资源，AE-CNN 却取得了有希望的结果。值得注意的是，尽管 AE-CNN 中采用了 RB 和 DB，但用户在使用它时无须熟悉这些构建块。

　　AE-CNN 的设计主要包括三个关键部分，如算法 13所示。首先，种群被随机赋予 N 个个体（第1行）。接着，评估这些个体的适应度（第2行）。然后，在设定的最大迭代次数 T 的限制下，GA 遍历种群中的所有个体（第3~14行）。最终，基于适应度从最后一代种群中筛选出最优个体，并利用该个体解码出最优的 CNN 架构（第15行）。具体而言，在演化过程中，创建一个空的后代种群（第5行），然后通过交叉和变异操作从选定的父代生成新的后代。父代是通过二元锦标赛选择机制选出的（第6~10行）。在对产生的后代适应度进行评估（第11行）之后，使用环境选择操作从当前种群中选择新的个体，这些个体包括现存个体和新产生的后代，作为能够存活到下一代的父代解（第12行）。在第6行中，符号"|·|"表示基数运算符。接下来，本节将继续详述种群初始化、适应度评估、子代生成，以及环境选择四个关键步骤。

　　1. 种群初始化

　　在演化过程中，种群初始化阶段会生成一个由众多个体组成的基础种群。GA 中的个体通常以随机方式均匀分布初始化，每个个体代表了解决待解决问题的潜在结果。由于 GA 在算法中被用来发现最优的 CNN 架构，因此每个个体在算法中应表示一种 CNN 架构。CNN 的架构由多个池化层、卷积层和全连接层按照一定顺序组成，并附带它们的参数值。在算法中，CNN 通过利用 RB、DB 和池化层来堆叠构建，这一做法受到了 ResNet[51] 和 DenseNet[52] 卓越性能的启发，但不考虑全连接层。由于全连接层的完全连接特性，可能会很容易引起过拟合问题[187]。

为了解决这一问题，可以使用其他策略，比如 Dropout[188]。然而，这些策略将引入额外的因素，因此必须谨慎调整，以防止增加算法的计算复杂性。算法14概述了 AE-CNN 种群初始化的具体细节。

算法 13: AE-CNN 算法

    输入: 种群大小 N，最大迭代次数 T，交叉概率 μ，变异概率 v

    输出: 最优的 CNN

1 $P_0 \leftarrow$ 使用编码策略初始化大小为 N 的种群

2 评估种群 P_0 中每个个体的适应度值

3 $t \leftarrow 0$

4 **while** $t < T$ **do**

5     $Q_t \leftarrow \varnothing$

6   **while** $|Q_t| < N$ **do**

7        $p_1, p_2 \leftarrow$ 使用二元锦标赛选择策略从 P_t 中选择两个父本

8        $q_1, q_2 \leftarrow$ 根据 p_1、p_2 以交叉概率 μ 和变异概率 v 生成两个子代

9        $Q_t \leftarrow Q_t \cup q_1 \cup q_2$

10   **end**

11   评估 Q_t 中每个个体的适应度值

12    $P_{T+1} \leftarrow$ 使用环境选择策略从 $P_t \cup Q_t$ 中选择 N 个个体

13    $t \leftarrow t + 1$

14 **end**

15 从 P_t 中选择最优个体，并将其解码为对应的 CNN

由于算法 14 中第1~7行是直接且容易理解的，在此不做过多赘述，接下来将对第8~11行详细介绍。具体来说，CNN 的池化层对其输入数据执行降维操作，其中最典型的池化操作会将输入尺寸减半，正如在最新的 CNN 研究中所展示的那样[189-191]。最终，所使用的池化层不能随机选择，而必须遵循第2行计算出的池化层最大数量的限制。例如，如果输入数据是 32×32，所使用的池化层的数量不能超过 6 个，因为 6 个池化层将输入数据的维度降低到 1×1，而在 1×1 维度上，额外的池化层会产生逻辑错误。

编码提供 GA 模拟现实问题的能力，经过编码之后，这些问题可以直接由 GA 解决。相应的编码策略是使用 GA 的初始阶段，用于编码信息。不存在一种万能的编码策略可以应用于所有的问题。在 AE-CNN 中，为了有效模拟具有不同架构的 CNN，设计了一种新的编码方式。对于所有使用的 RB，根据最先进的 CNN 配置，conv2 的滤波尺寸被设置为 3×3，这也用于所有使用的 DB 中的卷积层。按照惯例，所采用的池化层的补偿被设置为 2×2，这意味着在演化的 CNN 中，

单个池化层一次将输入维度减半。最终，输入和输出的空间尺寸是 RB 中未指定的参数设置，而 DB 的参数设置则包括输入和输出的空间尺寸及参数 k。池化层的未知参数设置仅仅是它们的类型，例如，最大值和平均值。一个 DB 中的卷积层数量是可以识别的，因为它可以通过输入和输出的空间尺寸及 k 来计算得出。因此，编码策略是基于 CNN 中三种不同单元及其相对位置来进行的。这三种单元分别是残差块单元（RBU）、稠密块单元（DBU）和池化层单元（PU）。例如，一个 RBU 和 DBU 各自包含多个 RB 和 DB，而一个 PU 只包含一个池化层。其理由如下：①通过在 RBU 或 DBU 中插入多个 RB 或 DB，可以大幅调整 CNN 的深度，与逐个堆叠 RB 或 DB 相比，这可以加速算法的启发式搜索，只需简单地修改 CNN 的深度；②与仅在 PU 中使用一个池化层相比，使用多个池化层的灵活性较低，因为可以堆叠多个 PU 来实现多个连续池化层的效果。此外，为了算法实现的需要，增加了一个参数来指示单元的类型。类型、RB 的数量、输入空间尺寸和输出空间尺寸，分别用 $type$、$amount$、in 和 out 表示，构成了 RBU 的编码信息。DBU 的编码信息与 RBU 相同，只是增加了参数 k。在 PU 中，编码池化类型只需要一个参数。

算法 14: AE-CNN 种群初始化

　　输入: 种群大小 N，训练实例的维度 $d \times d$
　　输出: 初始化种群 P_0

1　$P_0 \leftarrow \varnothing$
2　$m_p \leftarrow$ 通过 $\lfloor \log_2(d) \rfloor$ 计算池化层的最大数量
3　**for** $i \leftarrow 1$ to N **do**
4　　　$k \leftarrow$ 随机初始化一个正整数
5　　　$a \leftarrow$ 初始化一个大小为 k 的空数组
6　　　**for** $j \leftarrow 1$ to k **do**
7　　　　　$u \leftarrow$ 从 {RBU, DBU, PU} 中随机选择一个
8　　　　　**if** u 是 PU 且使用 PU 的数量不少于 m_p **then**
9　　　　　　　$u \leftarrow$ 从 {RBU, DBU} 中随机选择一个
10　　　　　**end**
11　　　　　对 u 进行编码，并将编码后的信息放入 a 的第 j 个位置
12　　　**end**
13　　　$P_0 \leftarrow P_0 \cup a$
14　**end**
15　**return** P_0

图 6.17展示了一个通过该算法对包含 9 个单元的 CNN 进行编码的实例。每

个块左上角的数字代表一个 CNN 单元的位置。如果 *type* 是 1、2 或 3，该单元则分别为一个 RBU、DBU 或 PU。值得注意的是，编码方法并不限制任何个体的最大长度，算法可以利用提供的变长编码方法来适应性地确定具有正确深度的最优 CNN 架构。

图 6.17　编码策略的一个实例

2. 适应度评估

个体的适应度是根据这些个体所编码的信息和待解决的问题来计算的，它提供了一个量化的度量，以评估它们对环境的适应能力。在 AE-CNN 中，个体的适应度是根据个体编码的架构和相关的适应度评估数据决定的分类准确率。在 AE-CNN 中，每个个体被解码为相应的 CNN 进行适应度评估，然后加入分类器中作为一个传统的 CNN 进行训练。二元分类最常用的分类器是逻辑回归，而多元分类则常用 softmax 回归。在 AE-CNN 中，解码后的 CNN 在训练数据上进行训练，适应度是在 CNN 训练后，在适应度评估数据上获得的最佳分类准确率。

算法 15: AE-CNN 适应度评估

输入: 种群 P_t，训练数据 $\mathcal{D}_{\text{train}}$，适应度评估数据 $\mathcal{D}_{\text{fitness}}$

输出: 种群 P_t 的适应度值

1 **for** P_t 中的每一个个体 **do**

2 　CNN ← 将 individual 中编码的信息转换为相应的 CNN 架构

3 　初始化 CNN 的权重

4 　在 D_{train} 上训练 CNN

5 　acc ← 在 D_{fitness} 上评估训练好的 CNN 的分类精度

6 　将 acc 设置为 individual 的适应度

7 **end**

8 **return** P_t

在算法中，种群中的每个个体的适应度通过相同的方式进行评估。首先，个体的架构信息被转换为具有适当架构的 CNN（第2行），这与上述编码方法相反。接着，在用类似于手工设计的 CNN 的权重初始化（第3行）之后，使用给定的训练数据对 CNN 进行训练（第4行）。请注意，权重初始化方法和训练方法分别是广泛用于深度学习领域的 Xavier 初始化器[192]和带动量的小批量梯度下降。最后，使用适应度评估数据，对训练好的 CNN 进行评估（第5行），并利用评估得到的分类准确率来衡量个体的适应度（第6行）。

3. 子代生成

在生成子代种群之前，必须事先选择父代个体。根据 GA 的基本概念，预期产生的子代将获得比其父母更高的适应度，因为它们继承了双方父母的品质。因此，应该选择具有最佳适应度的个体作为父代个体。然而，仅选择最佳个体作为父母可能会导致种群多样性的减少，这可能会导致早期收敛现象[83, 193]，并且作为结果，由于陷入局部最小值问题[194, 195]，种群的最大性能无法达到[196, 197]。解决这个问题的一个通用方法是随机选择有希望的父母。在 AE-CNN 中，为了这个目的使用二元锦标赛选择[198]，这遵循了 GA 社区的惯例。二元锦标赛从种群中随机选出两个个体，适应度最高的个体被选为父代个体之一。这个过程重复进行以选择另一个父代个体，然后这两个父代个体执行交叉操作。注意，每次交叉操作生成两个子代，并且每一代产生 N 个子代，因此每一代中交叉操作执行 $N/2$ 次，其中 N 代表种群大小。

算法 16: AE-CNN 的交叉操作

　　输入: 两个父代个体 p_1 和 p_2，交叉概率 μ

　　输出: 生成的两个子代解

1　$r \leftarrow$ 均匀地从 $[0,1]$ 之间生成一个数字

2　**if** $r < \mu$ **then**

3　　从 p_1 和 p_2 中分别随机选择一个位置

4　　根据所选择的位置分别划分 p_1 和 p_2

5　　$q_1 \leftarrow$ 组合 p_1 的第一部分和 p_2 的第二部分

6　　$q_2 \leftarrow$ 组合 p_1 的第二部分和 p_2 的第一部分

7　**else**

8　　$q_1 \leftarrow P_1$

9　　$q_2 \leftarrow P_2$

10　**end**

11　**return** q_1, q_2

在生物学中，传统 GA 中的交叉操作是在两个长度相同的个体之间进行的。然而，在 AE-CNN 中，由于编码策略的原因，不同的个体可能具有不同的长度，这是因为相应的 CNN 具有不同的深度。在这种情况下，传统的交叉算子无法直接应用。另外，交叉算子通常与 GA 的局部搜索能力相关，它通过利用搜索空间来提高算法性能。缺少传统交叉操作可能会影响最终解决方案的表现。为了解决这一问题，AE-CNN 采用了单点交叉算子。单点交叉在遗传规划（GP）中被广泛应用，而 GP 是演化算法的另一种形式，其个体通常也具有不同的长度。算法 16 详细描述了 AE-CNN 的交叉操作。注意，其对生成的后代自动应用了某些必要的修改。例如，当前单元的输入（in）必须与前一单元的输出（out）相匹配，以及由

此变化产生的任何进一步的级联调整。图 6.18 展示了交叉操作的一个例子, 其中两个父代个体显示在图 6.18 (a) 中。如果这两个父代个体的分离位置是第 3 和第 4 个单元, 那么图 6.18 (b) 展示了产生的子代。

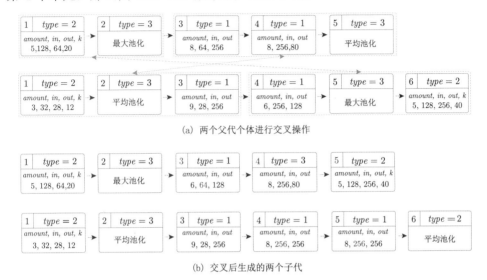

(a) 两个父代个体进行交叉操作

(b) 交叉后生成的两个子代

图 6.18 选择进行交叉操作的两个父代个体和产生的子代

在大多数情况下, 突变操作在 GA 中进行全局搜索。它以预先确定的概率和允许的突变类型作用于单个产生的子代。该编码策略用于设计可用的突变类型。算法中可能存在以下几种变异类型。

(1) 增加: 添加 RBU、添加 DBU 或添加 PU 到所选择的位置。

(2) 移除: 从所选的位置移除一个单元。

(3) 修改: 修改所选位置单元的编码信息。

算法 17 描述了变异操作的详细流程。由于所有产生的子代都采用相同的突变操作, 为了简单起见, 算法只显示了生成一个子代的过程。注意如果子代没有被修改, 它们将保持不变。此外, 正如在交叉操作中所强调的, 根据构成有效 CNN 的逻辑, 将会自动进行一系列必要的修改。为了更深入地理解变异过程, 图 6.19 提供了一个 "添加 RBU" 的示例, 其中图 6.19 (a) 展示了选择用于变异的个体及随机初始化的 RBU, 图 6.19 (b) 展示了变异后的个体。所有这些必要的调整都会在交叉和变异操作中自动执行。

4. 环境选择

一个由 N 个个体组成的种群将从当前种群中选择出来, 即 $P_t \cup Q_t$, 用于环境选择, 作为下一代的父母个体。为了避免陷入局部最小值[194, 195]和过早收敛问题[83, 193], 一个良好的种群应该同时具备收敛性和多样性[199]。实际上, 父代个体应该包括适应度最高的个体以实现收敛, 以及那些相互之间适应度差异显著的个体以实现多样性。为了达到这两个目的，将选择适应度最高的个体，以及使用二元锦标赛选择[198, 200]方法选择 $N-1$ 个个体，作为生产新种群子代的父母个体。在遗传算法中使用精英主义机制[201]明确选择最优个体作为下一代的父母，可以避免种群性能随着演化进展而恶化。

算法 17: AE-CNN 的变异操作

    输入: 子代 q_1，变异概率 v

    输出: 生成的变异子代解

1 $r \leftarrow$ 均匀地从 $[0,1]$ 之间生成一个数字

2   **if** $r < v$ **then**

3   从 q_1 随机选择一个位置

4   type ← 从{Adding, Removing, Modifying }中随机选择一个操作类型

5   **if** type 是 Adding **then**

6   mu ← 从 { 添加一个 RUB, 添加一个 DBU, 添加一个 PU} 中随机选择一个操作

7   **else if** type 是 Removing **then**

8   mu ← 移除一个单元

9   **else**

10   mu ← 修改编码信息

11   **end**

12   在所选择的位置执行 mu

13 **end**

14 **return** q_1

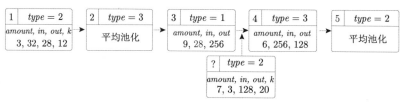

(a) 选择的突变个体和相应突变随机初始化的RBU

(b) 突变个体

图 6.19　一个"添加 RBU"突变的例子

具体而言，图（a）中的第一行和第二行表示突变个体的选择和随机初始化的 RBU，在待突变个体的第四个位置"添加一个 RBU"突变。图（b）为突变个体

算法的环境选择过程在算法 18 中有详细描述。通过二元锦标赛选择方法（见第 2～6 行），从当前种群 P_t 以及产生的后代种群 Q_t 中选择 N 个个体。然后从 P_t 和 Q_t 的联合种群中选择出适应度最高的个体 p_{best}（第 7 行），接着检查 p_{best} 是否已经被选为下一代种群 P_{t+1} 的个体。如果 P_{t+1} 中没有 p_{best}，则会用 P_{t+1} 中的一个随机个体替换它。由于二元锦标赛选择是基于适应度进行的，因此在环境选择之前，后代种群 Q_t 中的个体应该已经完成了适应度评估。

算法 18: AE-CNN 环境选择

输入: 种群 P_t，产生的后代种群 Q_t，种群大小 N

输出: 在下一代中存活下来的种群 P_{t+1}

1   $P_{t+1} \leftarrow \varnothing$

2   **for** $j \leftarrow 1$ **to** N **do**

3      $p_1, p_2 \leftarrow$ 从 $P_t \cup Q_t$ 中随机选择两个个体

4      $p \leftarrow$ 从 $\{p_1, p_2\}$ 中选择一个适应度值最高的个体

5      $P_{t+1} \leftarrow P_{t+1} \cup p$

6   **end**

7   $p_{best} \leftarrow$ 从 $P_t \cup Q_t$ 中选择一个适应度值最高的个体

8   **if** p_{best} 不在 P_{t+1} **then**

9   用 p_{best} 替代从 P_{t+1} 中随机选择的一个个体

10   **end**

11   **return** P_{t+1}

6.3.1.7   CNN-GA

本小节介绍另一种利用 GA 自动为特定图像分类任务找到最佳 CNN 架构的算法，称为 CNN-GA。CNN-GA 是一种实现 CNN 架构设计自动化的算法。框架如算法 19 所示。具体而言，通过提供种群大小、图像分类数据集、GA 的最大生成数，以及一组预定义的 CNN 构建块，CNN-GA 开始工作，最终通过一系列演化过程为给定的图像分类数据集找到最优的 CNN 架构。在演化过程中，以预定的种群大小随机初始化种群，并使用设计的编码方法对指定的构建块进行编码（第 1 行）。然后，将当前代数的计数器重置为零（第 2 行）。在演化过程中，测试每个个体的适应度，这些个体编码了特定的 CNN 架构，在给定的数据集上进行测试（第 4 行）。之后，根据它们的适应度选择将作为父母个体的个体，并通过使用诸如变异和交叉等遗传算子产生新的后代（第 5 行）。然后，环境选择将从当前种群中选择存活到下一代的种群（第 6 行）。现有的种群由两组组成：后代种群和父代种群。最后，计数器增加 1，并继续发展，直到计数器达到最大代数值。CNN-GA 遵循标准的遗传算法基本操作（第 5 行），并且算法 19 描述了选择阶段、

变异阶段和交叉阶段，以及后代种群。

算法 19: CNN-GA 算法框架

输入: 种群大小 N，一组预定义的构建块，最大代数 T，图像分类数据集

输出: CNN-GA 找到的最优 CNN 架构

1　$P_0 \leftarrow$ 利用设计的变长编码策略和给定的种群大小来初始化种群

2　$t \leftarrow 0$

3　**while** $t < T$ **do**

4　　利用所设计适应度加速组件对种群 P_t 中每一个个体进行适应度评估

5　　$Q_t \leftarrow$ 基于所选择的父本利用设计的交叉与变异操作生成后代

6　　$P_t \leftarrow$ 利用环境选择从 $P_t \cup Q_t$ 中选择下一代种群

7　　$t \leftarrow t + 1$

8　**end**

9　**return** P_t 中适应度最高的个体

由于遗传算法固有的生物学机制，它只能为求解优化问题提供一个统一的框架。在实际应用 GA 时，必须特别针对需要处理的问题创建其生物机制组件。为了保证创建 CNN 架构时的效率和有效性，CNN-GA 精心设计了加速分量、遗传算子和变长编码方法。

1. 种群初始化

CNN 由各种层组成，包括卷积层、池化层，有时甚至包括全连接层。CNN 的深度是影响其性能的关键因素，而其深度可以采用跳跃连接实现。在 CNN-GA 的编码策略中，创建了一个新的构建块，称为跳过层，在直接使用跳过连接创建 CNN 时取代卷积层。此外，设计的编码方法忽略了完全连接的层，其原因将在本节后面解释。在 CNN-GA 的编码策略中，只使用池化层和跳过层来组成 CNN。例如，一个跳跃层由一个跳跃连接层和两个卷积层组成。使用跳跃式连接，将第一卷积层的输入连接到第二层的输出。卷积层包括各种参数，如前所述，包括步长、过滤器大小、卷积操作的类型和特征映射的数量。在设计的编码策略中，步长大小、过滤器大小和卷积操作都设置为相同的值。步长大小和过滤器大小分别设置为 1×1 和 3×3，并且卷积操作只用了一次。用 $F1$ 和 $F2$ 表示的特征图数表示为两个卷积层中的跳过层编码的参数。此外，对于内核和步长，所设计的编码策略中采用的池化层为 2×2。为此，对于池化层，编码的唯一参数是池化类型，表示为 $P1$。在这一部分的后面，将讨论这种设计的原因。

种群初始化的细节如算法20所示。简而言之，使用相同的方法初始化 N 个个体，然后使用 P_0 来存储它们。在初始化个体的过程中，该个体的长度 L 是基于一个随机值（第3行）来设置的，它反映了 CNN 的相应深度。然后生成一个包含

L 个节点的链表（第 4 行）。每个节点配置完成（第 5~20 行）后，该链表存储在 P_0 中（第 21 行）。在配置每个节点期间，从 $(0,1)$ 随机生成一个数字 r（第 6 行）。如果 $r < 0.5$，则该节点的 node.type 属性设为 1，表示该节点为跳过层。否则，将 node.type 设置为 2，表示该节点为池化层。当涉及跳接层时，特征映射编号是随机生成的，然后分配给 node.$F1$ 和 node.$F2$（第 7~11 行）。否则，以在 0 和 1 之间生成随机数的方法决定池化类型。当生成的随机数小于 0.5 时，池化类型为 node.$P1$，设置为 MAX，否则设置为 AVERAGE（第 11~19 行）。

算法 20: CNN-GA 算法种群初始化

输入: 种群大小 N，一组预定义的构建块，最大代数 T，图像分类数据集
输出: 初始种群 P_0

1   $P_0 \leftarrow \varnothing$
2   **while** $|P_0| < N$ **do**
3      $L \leftarrow$ 随机生成一个大于 0 的整数
4   list $\leftarrow$ 生成一个包含 L 个节点的链表
5   **for** node $\in$ list **do**
6          $r \leftarrow$ 以均匀概率从 $(0,1)$ 中生成一个数
7   **if** $r < 0.5$ **then**
8   node.type $\leftarrow 1$
9   node.$F1 \leftarrow$ 随机生成一个大于零的整数
10   node.$F2 \leftarrow$ 随机生成一个大于零的整数
11   **else**
12   node.type $\leftarrow 2$
13              $q \leftarrow$ 以均匀概率从 $(0,1)$ 中生成一个数
14   **if** $q < 0.5$ **then**
15   node.$P1 \leftarrow$ MAX
16   **else**
17   node.$P1 \leftarrow$ AVERAGE
18   **end**
19   **end**
20   **end**
21      $P_0 \leftarrow P_0 \cup$ list
22 **end**
23 **return** P_0

图6.20是为 CNN 设计的编码策略的一个示例。这个 CNN 由两个池化层和 4

个跳跃层组成。跳跃层由一个字符串表示，其中包含同一跳跃层内所有卷积层的特征图编号，而表示池化类型的数字则代表一个池化层。一个在 $(0, 0.5)$ 的范围内的随机数表示 MAX 层，而在 $[0.5, 1)$ 的范围内的数字表示 AVERAGE 层。代表整个 CNN 的代码是一系列按顺序排列的层代码的字符串。在这个示例中，整个 CNN 的代码是 "32-64-0.2-128-256-0.8-512-256"，它表示一个深度为 8 层的 CNN，如本例所示，其中每层的编码位于各自层的上方。

图 6.20   使用 CNN-GA 中设计的编码策略来表示 CNN 的一个实例

下面讨论在 CNN-GA 中采用两个卷积层构成跳跃层、舍弃全连接层，以及池化层和跳跃层设置的原因。在 CNN 的尾部附加几个全连接层是一种常见做法。然而，由于全连接层的完全连接[188]，它很容易导致过拟合现象。Dropout[188]是通过随机消除一部分连接来减少过拟合的技术。但是，每次 Dropout 都会创建一个新的参数。只有正确指定参数才能使相关的 CNN 表现出色。同时，每个全连接层中的神经元数量和全连接层的数量是两个难以调整的特征。如果将全连接层包含在设计的编码方法中，搜索空间将显著扩大，使得寻找最优 CNN 设计更具挑战性。CNN-GA 的设计受到了 ResNet 中使用包含两个卷积层的跳跃层的设计启发，并且这种跳跃层的有效性已在相关研究[52, 188, 202, 203]中得到实证证明。然而，在 ResNet 的每个跳跃层中，特征图的大小被设置为相同。CNN-GA 所提出的编码策略允许不等的特征图大小，这更加灵活。此外，使用 1×1 的步长并将卷积操作设置为 same 保持了输入数据维度的恒定，这在自动设计中允许更大的灵活性，因为改变步长大小不会影响图像的大小。对于池化层，核和滤波器的大小及步长大小都是基于现有的手工设计的 CNN 设计的[52, 188]。提供这些选项的另一个主要原因是拥有丰富的手动修改 CNN 设计的经验。

2. 适应度评估

算法 21详细地描述了种群 P_t 中个体的适应度评估过程。给定用于寻找最优 CNN 架构的图像分类数据集，以及包含所有将被评估个体的种群 P_t。P_t 中的每个个体都以相同的方式进行评估，然后得到包含种群适应度值的个体种群 P_t。如果在初始种群 P_0 上执行适应度评估，将构建一个称为 Cache 的全局缓存系统，该系统存储具有未知架构个体的适应度（第1～4行）。如果在 Cache 中发现个体，则直接从 Cache 中获取 P_t 中该个体的适应度（第6～8行）。否则，为了评估其适应度，个体被异步地放置在可用的 GPU 上（第9～12行）。值得注意的是，基于它们的标识符在 Cache 中查询个体。只要能够识别不同设计的个体编码，理论上可以使用任何标识符。在 CNN-GA 中，使用 224 位哈希码[204]作为编码架构的相应标识符，这已被大多数编程语言采用。此外，个体以异步方式放置在可用的 GPU 上，这意味着不需要等待当前正在评估个体的适应度评估完成，就可以立即转移到下一个个体的适应度评估。

算法 21: CNN-GA 算法中种群的适应度评估策略

输入: 图像分类数据集，包含所有将被评估个体的种群 P_t

输出: 包含种群适应度值的种群 P_t

1 **if** $t == 0$ **then**

2   Cache $\leftarrow \varnothing$

3   设置 Cache 为一个全局变量

4 **end**

5 **for** individual in P_t **do**

6   **if** individual 的标识符在 Cache 中 **then**

7            $v \leftarrow$ 根据标识符从 Cache 中查询 individual 的适应度

8   将 v 设置为 individual

9   **else**

10   **while** GPU 可用 **do**

11   使用可用的 GPU 异步地评估 individual （详见算法22）

12   **end**

13   **end**

14 **end**

15 **return** P_t

算法 22展示了评估单个个体适应度的详细过程。首先，根据 individual 解码出 CNN，并根据指定的图像分类数据集为此 CNN 添加分类器（第1行）。在 CNN-GA 中采用 softmax 分类器[205]，其类别数量由所研究的图像分类数据集决定。在解码 CNN 时，卷积层的输出会加上 ReLU[206]和 BN 操作[207]，这是基于现代 CNN[51, 52]的做法。当跳跃层的空间数量与输入数据不同时，将向输入数据[51, 52]添加一个具有单位滤波器和单位步长但特定数量特征图的卷积层。然后，使用 GPU 上的 SGD[208]算法在训练数据上训练 CNN，并在适应度评估数据上评估分类准确率（第4~6行）。采用 SGD 训练方法和 softmax 分类器是基于深度学习社区的常见实践。当训练完成后，individual 的适应度被选为适应度评估数据上的最佳分类准确率（第10行）。最后，individual 的标识符和适应度被连接并存储在 Cache 中（第11行）。

算法 22: CNN-GA 算法中个体的适应度评估策略

    输入: 可用 GPU，个体 individual，训练数据集 D_{train}，全局存储器 Cache，训练次数 T，从所研究的图像分类数据集中提取用于适应度评估的数据 D_{fitness}

    输出: 个体 individual 及其适应度值

1 根据所研究的图像分类数据集和个体编码信息构造带有分类器的 CNN

2 $v_{\text{best}} \leftarrow 0$

3 $t \leftarrow 0$

4 **while** $t < T$ **do**

5   使用给定的 GPU 在 D_{train} 上训练 CNN

6 $v \leftarrow$ 在 D_{fitness} 上计算分类准确率

7   **if** $v > v_{\text{best}}$ **then**

8 $v_{\text{best}} \leftarrow v$

9   **end**

10   设置 v_{best} 为 individual 的适应度值

11   将 individual 的标识符及 v_{best} 放入 Cache 中

12 **end**

13 **return** individual

下文将讨论开发这种异步和缓存组件的原因。总之，由于架构的不同，CNN 训练可能需要从几个小时到几个月不等的时间，因此开发了异步和缓存组件以加速 CNN-GA 中的适应度评估。特别是，异步组件是一个基于 GPU 的并行计算平台。深度学习算法由于计算梯度的计算特性，经常部署在 GPU 上以加速训练过程[209]。现有的深度学习包，如 TensorFlow[210]和 PyTorch[211]，确实允许多 GPU 计算。然而，它们的并行计算是基于模型并行和数据并行的。在数据并行中，输入数据被分成许多小群组，每个群组分配给一个 GPU 进行计算。这是因为单个 GPU 的内存有限，无法一次性处理所有数据。在模型并行中，模型被划分为多个小模型，每个 GPU 持有一个小模型。原因是单个 GPU 的计算能力不足以执行整个模型，而并行设计显然不适应这两种管道中的任何一种，而是适用于它们的更高层次。因此，构建了一个异步组件以利用 GPU 的计算能力，特别是对于那些基于种群的算法。此外，当一个复杂问题可以分解为多个不同的子问题时，通常会使用异步组件。通过在不同的计算机平台上并行运行这些子问题，可以减少解决问题所需的总时间。演化算法传统上被用来处理适应度评估不耗时的问题（尽管存在一类计算成本高昂的问题，它们的适应度通常使用替代模型来估算，以避免直接的适应度评估），并且很少需要构建异步组件。偶尔，它们只使用已被采

用的编程语言的内置组件。然而，几乎所有这些内置组件都是基于 GPU 的，因为其加速平台是基于 GPU 的，因此无法成功训练深度神经网络。此外，每个个体的适应度是独立评估的，这完全适合采用这种技术。基于上述原因，CNN-GA 包含了一个异步组件。缓存组件也被用来加速适应度评估，但需要考虑以下因素：① 如果它们的架构没有改变，就不需要再次评估那些存活到下一代的个体的适应度；② 在后续代中，经过变异和交叉操作可以再生已经评估的架构。应当注意，大规模演化的权重继承不适用于第 2 点因素。

3. 子代生成

算法23分为两部分，详细展示了生成子代的过程。第一部分是交叉（第 1～18行），第二部分是变异（第 19～26行）。在交叉操作期间，将生成总共 $|P_t|$ 个子代，其中 $|\cdot|$ 表示集合的大小。具体来说，最初选择两个父代个体，每个父代个体是基于适应度更好的个体从两个随机选择的个体中选出（第 3～7行）。这里使用了二元锦标赛选择[198]，是 GA 中单目标优化的一种变体。在选择父代个体后，生成一个随机数（第 8行），以确定是否进行交叉。如果生成的随机数不低于预定义的交叉概率，则这两个父代个体被放置在 Q_t 中作为子代（第 16行）。否则，这两个父代个体将随机分成两部分，并且来自父代个体的两部分进行交换以生成子代（第 10～14行）。在变异过程中，首先生成一个随机数（第 20行），如果生成的随机数小于变异概率 p_m，则对当前个体执行变异操作（第 21～25行）。在修改个体时，从当前个体中随机选择一个位置 i，并根据 p_l 中定义的概率从指定的变异列表中选择一个变异操作 m。之后，将 m 应用于位置 i。CNN-GA 突变列表中定义的突变可用操作如下。

（1）添加一个随机设置的池化层。

（2）添加一个随机设置的跳跃层。

（3）在所选择的位置随机地修改构建块的参数值。

（4）移除所选择位置的层。

下面将解释采用概率列表中的变异操作和设计这种交叉算子的目的。首先，设计的交叉算子模仿了传统 GA 中发现的单点交叉[212]。然而，单点交叉仅用于长度相似的个体，而 CNN-GA 所设计的编码策略中得到的个体长度并不都相等。因此，CNN-GA 设计了用于不等长个体的交叉算子进行处理。尽管这种交叉算子简单，但它提高了发现 CNN 架构的性能。其次，现有算法以等概率选择特定的变异操作。在 CNN-GA 中，提供的变异操作以不同的概率被选择。"添加一个随机设置的跳跃层"的变异算子被赋予了更大的概率，这将提高 CNN 深度的概率。其他变异过程仍然使用等概率。这种设计基于这样一个观点：更深的 CNN 将更强大。尽管"添加一个随机设置的池化层"可以增加 CNN 的深度，但仅使用一个池化层将输入数据的维度减半，导致找到的 CNN 不可用。因此，不需要增加概率。

算法 23: CNN-GA 算法中的子代生成策略

　　输入: 变异概率 p_m，交叉概率 p_c，变异操作的列表 l_m，选择不同变异操作的概率 p_l，包含所有适应度评估个体的种群 P_t

　　输出: 生成的子代 Q_t

1　$Q_t \leftarrow \varnothing$

2　**while** $|Q_t| < |P_t|$ **do**

3　　$p_1 \leftarrow$ 从 P_t 中随机选择两个个体，然后从中选择适应度更好的一个

4　　$p_2 \leftarrow$ 重复第3行

5　　**while** $p_2 == p_1$ **do**

6　　　重复第4行

7　　**end**

8　　$r \leftarrow$ 从 $(0,1)$ 中生成一个随机数

9　　**if** $r < p_c$ **then**

10　　　在 p_1 中随机选择一个点并将其分为两部分

11　　　在 p_2 中随机选择一个点并将其分为两部分

12　　　$o_1 \leftarrow$ 将 p_1 第一部分和 p_2 第二部分联合起来

13　　　$o_2 \leftarrow$ 将 p_2 第一部分和 p_1 第二部分联合起来

14　　　$Q_t \leftarrow Q_t \cup o_1 \cup o_2$

15　　**else**

16　　　$Q_t \leftarrow Q_t \cup p_1 \cup p_2$

17　　**end**

18　**end**

19　**for** 个体 p in Q_t **do**

20　　$r \leftarrow$ 从 $(0,1)$ 中生成一个随机数

21　　**if** $r < p_m$ **then**

22　　　$r \leftarrow$ 在 p 上随机选择一个点

23　　　$m \leftarrow$ 根据 p_l 中的概率从 l_m 中选择一个操作

24　　　在 p 的位置 i 处执行变异操作 m

25　　**end**

26　**end**

27　**return** Q_t

---

4. 环境选择

CNN-GA 使用与 AE-CNN 相同的环境选择策略，如算法18所示。除非刻意选择适应度最好的个体进入下一代，否则算法将不会收敛。理论上，一个理想的

种群应该同时包含优秀和较差的个体，以增加多样性。在大多数情况下，为了达到这个目的，使用二元锦标赛选择策略。然而，仅依赖二元锦标赛选择策略可能会遗漏最佳个体，这将导致算法无法朝更好的演化方向发展。因此，明确地将最佳适应度的个体添加到下一代种群中是一种在 GA 中常用的精英策略。

6.3.2 SI 搜索策略

SI 是一类通过模拟自然界中群体行为和交互机制来实现优化的算法。这些方法凭借其强大的全局搜索能力和适应性，在 NAS 领域展现出了独特的优势。尤其是作为 SI 的一种典型代表，粒子群优化（PSO）已经成为 NAS 研究中的热点。PSO 在 NAS 中的应用，不仅保留了其实现简单、收敛速度快和易于并行化等优点，还通过设计适应 NAS 问题的编码策略和优化机制，显著提升了搜索效率和结果的稳定性。下面将详细介绍两种基于 PSO 的 NAS 方法设计思路。

6.3.2.1 PSOAO

传统的自编码器（AE）在处理图像数据时需要将其向量化，这种方式会改变图像的固有结构，从而影响分类性能。为解决这一问题，卷积自编码器（CAE）应运而生，其能够直接处理二维图像数据并提取有用特征，提升了图像分类的效果。尽管 CAE 及其变体在多种应用中展示了良好性能，但其在堆叠 CNN 时存在一个主要限制，即其卷积层和池化层的数量必须相同。这与当前最先进的 CNN 架构（如 ResNet 和 VGGNet）不一致，后者通常具有不同数量的卷积层和池化层。由于 CNN 的架构是影响最终性能的关键因素之一，因此有必要解除 CAE 在卷积层和池化层数量上必须相同的限制。然而，由于实践中存在不可微和非凸性质，确定卷积层和池化层的最优数量变得难以解决，这涉及神经架构搜索（NAS）。

由于粒子群优化（PSO）算法在优化过程中无须对待优化问题设定诸如凸性或可微性的条件，它被广泛应用于现实世界中的许多应用中[213-215]，包括浅层和中等规模神经网络的架构设计[216-221]。这些方法通过隐式编码技术来表示每个神经网络的连接，并利用 PSO 或其变体来寻找最佳解决方案。然而，这些方法在处理 CAE 和 CNN，甚至深度信念网络（DBN）和堆栈自编码器（SAE）时存在局限性，因为这些深度学习算法包含大量的连接权重，使得在现有的基于 PSO 的架构优化技术中实现成功优化变得昂贵[222]。特别地，如前所述，不受卷积层和池化层数量限制的 CAE 对于构建最先进的 CNN 是非常理想的。然而，在确定架构之前，这些层的绝对数量是不明确的。此外，涉及的架构类型有很多，每种架构都有不同数量的决策变量。因此，当用 PSO 解决这种问题时，需要具有不同长度的粒子。不幸的是，传统的 PSO 并未提供更新不同长度粒子速度的机制。

为解决上述问题，Sun 等[137]提出了一种基于粒子群优化的 NAS 方法（简称 PSOAO）来设计可用于图像分类的柔性卷积自动编码器。算法 24 概述了 PSOAO

算法的框架。首先，根据提出的编码策略随机初始化粒子（第1行）。随后，粒子开始演化，直到代数超过预定义的代数（第3～9行）。最后，选择 g_{Best} 粒子，通过深度训练获得最终性能以解决当前任务（第10行）。在演化过程中，首先评估每个粒子的适应度（第4行），然后根据适应度更新 p_{Best_i} 和 g_{Best}（第5行）。接下来，计算每个粒子的速度（第6行），并更新它们的位置（第7行）以进行下一代的演化。为使读者深入了解基于粒子群优化的 NAS 算法，下面详细介绍 PSOAO 的关键部分：编码策略、粒子初始化、适应度评估，以及速度计算和位置更新。

算法 24: PSOAO 算法框架

1 　$x \leftarrow$ 基于提出的编码策略初始化粒子

2 　$t \leftarrow 0$

3 　**while** $t <$ 最大迭代次数 **do**

4 　　│ 评估 x 中每个粒子的适应度

5 　　│ 更新每个粒子的 p_{Best_i} 和全局最优 g_{Best}

6 　　│ 计算每个粒子的速度

7 　　│ 更新每个粒子的位置

8 　　│ $t \leftarrow t + 1$

9 　**end**

10 　**return** g_{Best} 用于深度训练

---

1. 基于变长粒子的编码策略

通过泛化所有 CNN 中的构建 block 描述了灵活卷积自编码器（flexible convolutional autoencoder, FCAE）的定义，如定义6.1所示。当卷积层和池化层的数量均设为 1 时，CAE 显然是一种特殊类型的 FCAE。

定义 6.1　一个灵活卷积自编码器（FCAE）包含一个编码器和一个解码器。编码器由卷积层和池化层组成，这两种层不混合，并且它们的数量是灵活的。解码器部分是编码器的逆形式。

PSOAO 通过可变长度粒子设计了一种编码策略，来将一个 FCAE 的潜在架构编码成一个粒子。由于 FCAE 中的解码器部分是编码器的逆形式，为了降低计算复杂性，提出的变长编码策略的粒子只编码粒子中的编码器部分。每个粒子中的卷积层和池化层的数量各不相同。所有 PSOAO 编码的 FCAE 信息可以总结如下：卷积层的编码信息包括滤波器的宽度和高度、步长的宽度和高度、卷积类型、特征图数量和 L_2 系数；池化层的编码信息包括滤波器的宽度和高度、步长的宽度和高度及池化类型。其中权重衰减正则化项 L_2 用于避免过拟合问题。原则上，只有卷积层具有权重参数，因此只有卷积层受到此正则化项的影响。此外，因为 SAME 卷积层的输出大小不会改变输入大小，这在自动架构发现中容易控制，所以设计的编码策略不会编码卷积层的类型，而是默认为 SAME 类型，并且因为 CAE 更倾向于最大池化层，所以也不需要编码此参数。

这里使用变长编码策略的原因如下。①如果采用传统的固定长度编码策略，则需要预先指定最大长度。然而，最大长度不易设置，需要仔细调整以获得最佳性能。过小的最大长度对解决复杂问题的 FCAE 优化架构来说效率低下。过大的最大长度则会消耗更多不必要的计算资源，并且在相同的预定义演化代数内导致更差的性能。②每个粒子中存在两种类型的层，这增加了采用固定长度编码策略的难度。通过设计的可变长度编码策略，FCAE 潜在最优架构的所有信息可以在搜索过程中灵活表示，以进行开发和探索，而无须人工干预。

2. 粒子初始化

算法25展示了在给定种群规模及卷积层和池化层的最大数量的情况下粒子初始化的过程。特别地，第3~8行表示卷积层的初始化，而第9~14行则显示池化层的初始化，其中这些行中的"随机设置"是指这两种层中编码信息的随机配置。

算法 25：粒子初始化

输入：种群规模 N，卷积层的最大数量 N_c，池化层的最大数量 N_p

输出：初始化的种群 x_0

1   $x \leftarrow \varnothing$

2   **while** $|x| \leqslant N$ **do**

3   conv_list $\leftarrow \varnothing$

4     $n_c \leftarrow$ 在 $[1, N_c]$ 之间均匀生成一个整数

5   **while** $|\text{conv\_list}| \leqslant n_c$ **do**

6   conv_unit $\leftarrow$ 初始化一个带有随机设置的卷积层

7   conv_list $\leftarrow$ conv_list $\cup$ conv_unit

8   **end**

9   pool_list $\leftarrow \varnothing$

10    $n_p \leftarrow$ 在 $[1, N_p]$ 之间均匀随机生成一个整数

11   **while** $|\text{pool\_list}| \leqslant n_p$ **do**

12   pool_unit $\leftarrow$ 初始化一个带有随机设置的池化层

13   pool_list $\leftarrow$ pool_list $\cup$ pool_unit

14   **end**

15   使用 conv_list 和 pool_list 生成一个粒子 x

16    $x \leftarrow x \cup x$

17 **end**

18 **return** x

由于 FCAE 的解码器部分可以从其编码器部分显式推导出来，为了降低计算复杂度，提出的 PSOAO 算法中的每个粒子仅包含编码器部分。

3. 适应度评估

PSOAO 中的粒子适应度评估如算法26所示。训练 CAE 的目标函数是重构误差加上正则化部分的损失。然而，FCAE 中使用的正则化项损失（即 l_2 损失）受权重数量和权重值的影响很大，不同的架构有不同的权重数量和权重值。为了研究仅由粒子质量反映架构时，舍弃 l_2 损失，仅使用重构误差作为适应度。假设批量训练数据为 $\{d_1, d_2, \cdots, d_n\}$（$d_{ij}^k \in R^{w \times h}$ 表示批量训练数据中第 i 张图像在位置 (j, k) 的像素值，每张图像的尺寸为 $w \times h$），FCAE 中的权重为 $\{w_1, w_2, \cdots, w_m\}$，重构数据为 $\{\hat{d}_1, \hat{d}_2, \cdots, \hat{d}_n\}$。$l_2$ 损失由 $\sum_{i=1}^{m} w_i^2$ 计算，而重构误差由 $\frac{1}{n} \sum_{k=1}^{n} \sum_{l=1}^{w} \sum_{m=1}^{h} (\hat{d}_{kl}^{lm} - d_{kl}^{lm})^2$ 计算。

算法 26: 适应度评估

　　输入: 种群 x，训练集 D_{train}，训练轮数 N_{train}
　　输出: 带有适应度的种群 x

1 计算 x 中每个粒子编码的 FCAE 的重构误差和 l_2 损失，并用 N_{train} 轮训练权重

2 计算 D_{train} 中每个批量数据的重构误差，并将平均重构误差作为相应粒子的适应度

3 return x

为了使用基于梯度的技术来训练权重参数，一个深度学习算法所需的训练周期通常在 $10^2 \sim 10^3$ 数量级的范围内。在基于种群的算法中，这一显著的计算问题更加严重。在 PSOAO 算法中，这个数字被设定为一个相对较小的数值（例如 5 或 10）以加速训练。例如，使用 GTX1080 型号的 GPU 卡在 CIFAR-10 数据集（包含 50000 个训练样本）上训练一个轮次需要 2 分钟。如果对每个粒子进行 10^2 轮训练，并且种群大小为 50 且需要演化 50 代，这将耗时约一年，这对于一般学术研究来说是不可接受的。克服这一障碍的最常见方法是使用大量计算资源，例如谷歌在 2017 年引入的 LEIC 算法，该算法使用 250 个处理器在大约 11 天内利用遗传算法在 CIFAR-10 数据集上搜索架构。

实际上，在神经架构搜索过程中，无须通过大量的训练轮数来评估每个粒子的最终性能。相反，使用较少的训练轮数后选择一个有潜力的粒子，然后对其进行充分训练，可能是一个可行的选择。这激发了 PSOAO 方法中的粒子适应度评估使用较少训练周期的动机。g_{Best} 和 p_{Best_i} 基于评估的适应度来选择，以引导搜索到最佳结果。在演化完成后，选择 g_{Best} 并进行一次深度训练以获得最佳结果。使用这种策略，PSOAO 可以显著加速训练，并在使用较少的计算资源的同时仍

然保持优异性能。

4. 速度计算和位置更新

由于 PSOAO 中的粒子长度各不相同，无法直接应用公式 (3.24)。为了解决这个问题，PSOAO 使用了一种名为"x-参考"的方法来更新速度。在 x-参考中，g_{Best} 和 p_{Best_i} 的长度参考当前粒子 x 的长度，即 g_{Best} 和 p_{Best_i} 保持与 x 相同的长度。因为 p_{Best_i} 是从每个粒子的记忆中选择的，而 g_{Best} 是从所有粒子中选择的，所以当前粒子 x 始终与 p_{Best_i} 具有相同的长度，x-参考仅应用于公式 (3.24) 中的全局搜索部分。算法 27 展示了 x-参考速度更新方法的细节。在速度更新的全局搜索阶段，x-参考方法以相同的方式使用两次。第一次是应用于 g_{Best} 和 x 的卷积层部分（第 2~15 行），第二次是应用于池化层部分（第 16 行）。对于卷积层部分，如果 g_{Best} 中的卷积层数量 c_g 小于 x 中的卷积层数量，则在 c_g 的尾部填充用零值初始化的新卷积层；否则，从 c_g 的尾部截断多余的卷积层。在通过算法 27 得出全局搜索部分后，公式 (3.24) 中的惯性和局部搜索部分按照正常方式计算，然后计算完整的速度并通过 公式 (3.25) 更新粒子位置。

算法 27: x-参考速度更新方法

输入: 粒子 x，全局最优 g_{Best}，加速常数 c_1
输出: 速度更新的全局搜索部分

1 $r_1 \leftarrow$ 从 $[0,1]$ 之间随机采样一个数
2 $c_g \leftarrow$ 提取 g_{Best} 中的卷积层
3 $c_x \leftarrow$ 提取 x 中的卷积层
4 pos_c $\leftarrow \varnothing$
5 **if** $|c_g| < |c_x|$ **then**
6 $\quad$ $c \leftarrow$ 初始化 $|c_x| - |c_g|$ 个卷积层，并用零信息编码
7 $\quad$ 将 c 填充到 c_g 的尾部
8 **end**
9 **else**
10 $\quad$ 将 c_g 的最后 $|c_g| - |c_x|$ 个卷积层截断
11 **end**
12 **for** $i = 1$ **to** $|c_x|$ **do**
13 $\quad$ $p_{c_{gi}}, p_{x_i} \leftarrow$ 从 c_g 和 c_x 中提取第 i 个卷积层的位置
14 $\quad$ pos_c $\leftarrow$ pos_c $\cup c_1 \cdot r_1 \cdot (p_{c_{gi}} - p_{x_i})$
15 **end**
16 pos_p $\leftarrow$ 类似于第2~15行的操作，应用于 g_{Best} 和 x 的池化层
17 **return** pos_c $\cup$ pos_p

　　为了直观理解所提出的 x 参考速度更新方法，图 6.21 展示了 x-参考速度更新方法的一个示例。图 6.21(a) 展示了用于执行全局搜索阶段速度更新的 g_{Best} 和 x 变量。图 6.21(b) 中收集了 g_{Best} 和 x 的池化层和卷积层。由于 x 中的卷积层和池化层的长度分别为 2 和 4，而 g_{Best} 中的卷积层和池化层的长度为 3 和 4，因此 PSOAO 将另外两个池化层填充到 g_{Best} 的池化层组件末尾，将 g_{Best} 卷积层部分的最后一个卷积层截断。特别地，填充的池化层是以编码信息等于 0 的值创建的。图 6.21(c) 展示了 g_{Best} 和 x 的卷积层部分和池化层部分之间的更新。图 6.21(d) 展示了此更新的结果。在设计的 x 参考速度更新方法中无论是填充还是截断，其目标都是使 g_{Best} 中的卷积层和池化层长度分别与 x 相同。这种设计背后的机制如下：PSOAO 中，目标是搜索用于解决图像分类任务的 FCAE 的最优架构。种群中的粒子具有不同的长度，如果让每个粒子遵循 g_{Best} 的长度，所有粒子的长度将从第二代起与 g_{Best} 相同。因为 p_{Best_i} 是从每个粒子的记忆中选择的，g_{Best}、p_{Best_i} 和当前粒子 x 从第三代起可能都会具有相同的长度。因此所有粒子以相同的 FCAE 深度参与优化，只更改编码信息。实际上，g_{Best} 长度的变化可以视为一种探索搜索行为，而编码信息的变化则视为一种开发搜索行为。当所有粒子长度相同，g_{Best} 的长度将保持不变直到结束。因此，如果采用 g_{Best}-参考速度更新方法，探索搜索能力将丧失。此外，保持 x 在 g_{Best} 的长度也可能会被解释为多样性的损失，这很容易导致基于种群的算法中过早收敛。

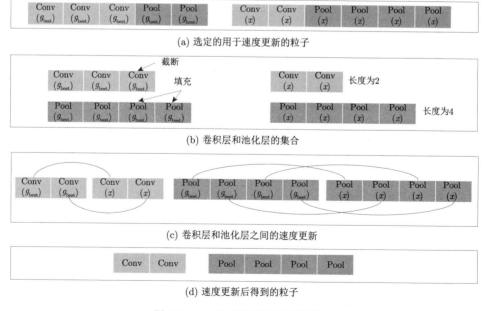

(a) 选定的用于速度更新的粒子

(b) 卷积层和池化层的集合

(c) 卷积层和池化层之间的速度更新

(d) 速度更新后得到的粒子

图 6.21　x-参考速度更新方法示例

6.3.2.2 混合 GA 与 PSO 的架构设计方法 HGAPSO

这一节将介绍一种混合演化计算（EC）方法——由遗传算法（GA）和粒子群优化（PSO）组成的 HGAPSO，用于搜索神经网络架构。该方法可以生成网络架构及其内部的快捷连接。该算法的整体框架如图 6.22 所示。数据集被分为训练数据集和测试数据集，训练数据集进一步细分为训练部分和测试部分。训练部分和测试部分被交给 EC 过程，即 HGAPSO 算法。神经网络使用训练部分进行训练，并用测试部分（与训练部分不同）计算适应度值。在架构搜索过程中采用 EC 产生最佳个体。CNN 评估技术在整个训练数据集上训练最优的 CNN 架构，最终计算训练好的 CNN 模型的分类精度，作为系统的最终输出。为了让读者更好地理解 HGAPSO 算法，下面将详细介绍该算法中的搜索架构、两级编码机制及搜索策略。

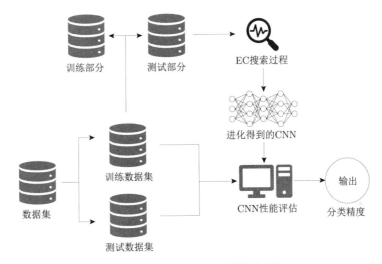

图 6.22 HGAPSO 整体框架图

1. 搜索的架构 DynamicNet

从 ResNet 和 DenseNet 的图形对比可以看出，ResNet 中的每一层最多只能与其下方的两层相连接。DenseNet 的特点是其高度互联的结构，每一后续层从其前置层接收到的连接数等于其之前所有层的层数。因此，输入层中的特征图数量等于其之前所有层的特征图数量之和，特别是靠近输出层的层，特征图数量呈指数增长。DenseNet 的策略是将整个 CNN 分为多个称为 DB 的不同块，然后在每个块上应用由卷积层和池化层组成的过渡层，这样可以将输入特征图的数量减半。卷积层的滤波器大小和步长大小分别设置为 3 和 1。池化层也使用固定的超参数，如 2×2 的核大小和 2 的步长。由于 DynamicNet 互联性很强，特征图数量可能面临同样的指数扩展问题。因此，DynamicNet 采用类似的 DBs 方法。每个块包含多个卷积层，每个卷积层的滤波器大小为 3×3，步长大小为 1。在 DenseNet

中，由于块的数量、卷积层的数量和增长率都是手动设计的，因此需要对该领域有深入的了解，并进行大量的手动实验才能找到合适的架构，而在 HGAPSO 中，这三个超参数的设计也将自动完成。

2. HGAPSO 的两级编码机制

在 DynamicNet 中，网络的多个块之间通过过渡层和快捷连接相互关联。编码机制将与架构相关的超参数分为快捷连接和架构两部分。在网络架构设计中，需要开发的超参数包括块的数量、每个块内的卷积层数量及卷积层的增长率。除了 DenseNet 中的密集连接架构，HGAPSO 还研究了不同的快捷连接拓扑，即每个块内部分快捷连接的不同组合，以保留有效特征并消除无用特征。根据设计和超参数分析的结果，编码过程可以分为两级。第一级编码处理 CNN 架构的超参数。如图 6.23所示，每个超参数对应架构编码的不同维度，其中一个维度是块的数量，另一个维度是每个块内的卷积层的数量和增长率。第二级编码将第一级编码的结果转换为二进制向量。图 6.23给出了一个包含 5 层的单个 block 的二级编码结果。具体来说，由于相邻的层始终是连接的，所以第 1 层到第 3 层的快捷连接可表示为二进制字符串 "101"，其中 1 表示连接，而 0 表示不连接。类似地，可以给出第 2 和第 3 层的快捷连接的编码结果。于是，表示整个块的快捷连接的完整编码（二级编码）是由多个彼此相同的二进制向量组成的。通过这种两级编码机制，DynamicNet 能够动态地确定 CNN 架构和快捷连接，而无须人为干预，从而在演化过程中不断优化网络的结构和性能。

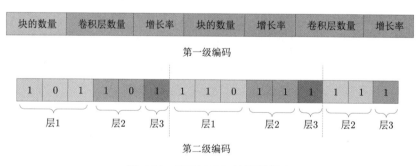

图 6.23　HGAPSO 的编码策略

3. HGAPSO 的搜索策略

如算法 28所示，HGAPSO 搜索策略基于两级编码策略，包括两个演化层次。通过第一级演化设计出第一级编码的 CNN 架构，而最佳的快捷连接组合通过第二级演化确定。将架构和快捷连接组合的演化区分开来的原因如下。首先，架构和快捷连接在演化过程中起着不同的作用，前者代表网络的容量，而后者帮助网络在训练过程中实现更好的性能。其次，将两者的超参数编码成一个向量会在搜索空间中引入噪声。尽管两级演化的计算成本较高，但其搜索空间可以有效减小。

因为第二级策略将大的搜索空间分为两个较小的搜索空间，大大减弱了大搜索空间的干扰。最后，第二级演化只依赖于第一级演化得到的网络架构，所以当第一级演化输出架构时，可以在后续的优化过程中并行处理两者，这将显著加快处理过程。下面将分别介绍这两级演化过程。

算法 28: HGAPSO 搜索策略

输入: 初始参数

输出: 最优解

1　$P \leftarrow$ 用第一级编码初始化种群

2　$P_{\text{best}}, G_{\text{best}} \leftarrow$ 清空 PSO 个体最优和全局最优

3　**while** 第一级终止准则不满足 **do**

4　　$P \leftarrow$ 使用第一级 PSO 演化更新种群

5　　**for** 种群 P 中的粒子 i **do**

6　　　$P_{\text{sub}} \leftarrow$ 用第二级编码初始化种群

7　　　**while** 第二级终止准则不满足 **do**

8　　　　$P_{\text{sub}} \leftarrow$ 使用第二级 GA 演化更新种群

9　　　　评估每个个体的适应度值

10　　　　$P_{\text{subbest}} \leftarrow$ 获取 P_{sub} 中的最优个体

11　　　**end**

12　　　**if** P_{subbest} 优于 P_{best} **then**

13　　　　更新 P_{best}

14　　　**end**

15　　**end**

16　　$G_{\text{best}} \leftarrow$ 获取种群 P 中的最优个体

17　**end**

（1）HGAPSO 的第一级 PSO 演化。第一级演化过程如算法 29 所示，即使用 PSO 搜索 CNN 架构。PSO 在使用十进制值进行优化任务中已被证明是高效且成功的，因此在第一级演化的编码向量上使用 PSO 是有意义的。由于编码向量的维度不是固定的，使用可变长度 PSO 来解决这个问题。使用 EC 算子的前提是找到两个不同个体中具有相同输入特征图的匹配块。这是因为对于每个块，输入特征图的大小不同，如果特征图的输入能匹配到特定的块，这才是最有意义的。在 HGAPSO 进行 PSO 演化阶段，目前的粒子在长度上与个人最佳和全局最佳不同，这意味着需要找到匹配个人最佳和全局最佳的块，即这些块具有相同的输出特征。向量的第一个维度对应于块的数量。CNN 架构的深度随着块数量的变化而变化，使 CNN 架构能够适应，而 PSO 种群仍保持多样

性。然而，块数量的变化会导致 CNN 架构的显著变化，如果变化太频繁，每次 CNN 架构演化可能过于短暂而无法达到良好效果，因此最好在其他超参数针对特定块数量进行优化后再进行。引入块数量变化率，该值在 $[0,1]$，以保持块数量的多样性并减少频繁变化块数量带来的干扰。因此，块数量的变化率可以根据任务的需要控制多样性或稳定性的偏好。如果块数量增加或减少，则需要任意切片或生成一定数量的块以满足第一个维度的前提条件。如果块数量从 3 个增加到 4 个，则必须使用第一级编码策略随机生成第 4 个块的超参数并附加到 3 个块的向量中。如果块数量从 4 个减少到 3 个，则移除最后一个块。在 HGAPSO 中移除块时，过程始终从最近的层开始。这是因为移除一个块不会影响剩余块所属特征图的大小。

算法 29: HGAPSO 的第一级 PSO 演化

输入: 当前粒子 ind，个体最优 P_{best}，全局最优 G_{best}，block 个数变化率 r_{cb}

1　rnd ← 生成一个随机数
2　定位粒子 ind 的匹配块
3　修改粒子 ind 匹配块的速度和位置
4　**if** rnd $< r_{\text{cb}}$ **then**
5　　　修改粒子 ind 的块数维度的速度和位置
6　　　随机切割或生成 block 以匹配 block 的数量
7　**end**

（2）HGAPSO 的第二级 GA 演化。在执行完第一级 PSO 演化后得到一个 CNN 架构，那么第二级编码的维度就会固定。此时，编码向量可以表示成一个固定长度的二进制向量。由于 GA 擅长优化二进制问题，所以选择它作为第二级演化算法。

4. HGAPSO 的适应度评估

算法28表明，适应度评估仅在第二级演化时进行，并且 GA 中的最优个体适应度值也用于表示 PSO 中最优粒子的适应度。此外，Adam 优化器[102]被用于反向传播，并训练一定数量的 epoch。训练数据测试部分的 CNN 准确性决定了个体适应度的值。用于适应度评估的两个超参数是 epoch 数量和 Adam 优化器的初始学习率。在确定了 epoch 数量后，基线网络 DenseNet 被用于确定优化指定深度和宽度的 CNN 的初始学习率，即在确定 CNN 架构后，使用完全连接的块网络在 0.9、0.1 和 0.01 之间找到最佳初始学习率。为了加快整个演化过程，部分训练数据集被用于第二级演化。这是因为第二级演化需要最高的计算资源。由于计算成本适中，整个训练数据集被用于第一级演化，目的是在给定 CNN 架构的情况下实现更稳定的性能。

6.4 自动化模型压缩与加速

目前，AutoDL 已经被广泛用于深度神经网络的设计中，设计出的神经网络也被用于各种各样的任务中，例如图像分类、目标检测任务等。然而，在实际场景中部署这些深度神经网络模型时，通常需要考虑模型部署的设备的内存和计算资源情况。例如，在将神经网络模型部署于交通摄像头当中时，因为交通摄像头的内存和计算资源有限，所以神经网络模型的模型大小不能过大，否则将无法成功地部署在交通摄像头当中。针对这一问题，相关研究人员提出了自动化的模型压缩与加速方法，使得深度神经网络模型可以更好地部署在内存和计算资源有限的边缘计算设备上。本节将从轻量化搜索空间设计、轻量化模型搜索策略，以及自动化模型压缩技术三个方面对现有的自动化模型压缩与加速方法进行介绍。

6.4.1 轻量化搜索空间设计

为了实现自动化模型压缩与加速，目前已经有研究人员从搜索空间的角度进行了相关研究，通过在搜索空间中加入轻量化的架构块来实现轻量化神经架构的自动设计。以卷积神经网络为例，本节以 CH-CNN[223]和 HZS-NAS[224]两项工作的搜索空间设计部分为例，详细介绍轻量化搜索空间设计的相关内容。

6.4.1.1 CH-CNN 搜索空间

在 CH-CNN 的搜索空间中，总共包含 5 类架构块，即卷积块、skipV0 块、skipV1 块、groupV0 块，以及 groupV1 块。这些架构块都是由卷积神经网络中常见的基本单元组合而成的，基本单元包括常见的卷积单元、跳跃连接、瓶颈结构，以及组卷积。其中，卷积块由两个 3×3 的卷积层构成，skipV0 块及 groupV0 块是在卷积块的基础上做相应调整得到的。具体而言，skipV0 块是在卷积块的基础上加入了一个跳跃连接构造而成的，groupV0 块则是将卷积块的第一层换成了组卷积得到的。此外，skipV1 块及 groupV1 块则是在 skipV0 和 groupV0 块的基础之上加入了瓶颈结构，从而达到减少 CNN 架构参数量的目的。下面将详细介绍上述 skipV0、skipV1、groupV0，以及 groupV1 架构块的具体结构。

图 6.24中详细展示了 CH-CNN 搜索空间中 skipV0 及 skipV1 两种架构块的具体结构。其中，skipV0 架构块包含两个 3×3 的卷积层，以及一个跳跃连接操作。该跳跃连接操作将架构块中第一个卷积层的输入数据，以及第二个卷积层的输出数据相连接，将两部分数据执行相加的操作，类似于经典的神经网络架构 ResNet 中跳跃连接的实现方式。同时，为了在 skipV0 架构块的基础之上进一步减小架构块所包含的参数量，CH-CNN 构建了 skipV1 架构块。具体而言，在 skipV1 架

构块中，CH-CNN 将两个连续的 3×3 卷积操作替换成了共包含 3 个卷积操作的瓶颈结构。在这一结构当中，给定一个通道数为 64 的输入数据，该数据首先需要经过一个 1×1 的卷积操作，这一卷积操作的输入通道数为 64，输出通道数为 4。在这一卷积操作之后，CH-CNN 放置了一个 3×3 的卷积操作，其输入通道数和输出通道数均为 4，用于处理上一个 1×1 卷积操作的输出。在瓶颈结构的最后，CH-CNN 放置了一个 1×1 的卷积操作，其输入通道数为 4，输出通道数为 64，用于恢复原始输入数据的通道数。此外，skipV1 架构块仍采用了与 skipV0 架构块相同的跳跃连接，将输入数据与最后一个 1×1 卷积层的输出相连接，执行相加操作。

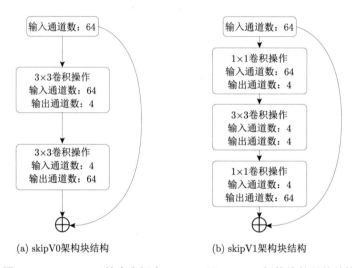

(a) skipV0架构块结构   (b) skipV1架构块结构

图 6.24   CH-CNN 搜索空间中 skipV0 及 skipV1 架构块的具体结构

在 skipV0 和 skipV1 两类架构块的基础之上，CH-CNN 进一步设计了 groupV0 和 groupV1 两类架构块，以达到进一步减少整体网络架构参数的目的。如图 6.25所示，groupV0 和 groupV1 两类架构块主要是通过将 skipV0 和 skipV1 架构块中常规的卷积操作替换为组卷积操作构建而成的。在 groupV0 架构块中，普通的 3×3 卷积操作被替换为了 3×3 组卷积操作。给定一个通道数为 64 的输入数据，这一数据首先需要经过第一个 3×3 的组卷积，输出通道数为 16，卷积的组数为 4。经过第一个组卷积处理后的数据将被送至第二个组卷积当中，输入通道数为 16，输出通道数为 64。类似地，在 groupV1 块中，相比 skipV1 块，1×1 和 3×3 的卷积操作被替换成了组卷积操作。其中，第一个 1×1 组卷积的输入通道数为 64，输出通道数为 16，卷积组数为 4。第一个 3×3 组卷积的输入通道数为 16，输出通道数也为 16，卷积组数则需要与通道数保持相同，固定为 16。此外，第二个 1×1 组卷积的输入通道数为 16，输出通道数为 64，卷积组数则固定为 4。在上述 groupV0 和 groupV1 块中，卷积组数的设定规则如下：若该组卷积的输入通道数与输出通道数相同，则将该组卷积的卷积组数设定为与通道数相同的值，否则该组卷积的卷积组数设定为 4。

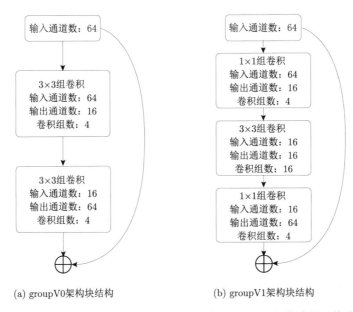

(a) groupV0架构块结构   (b) groupV1架构块结构

图 6.25   CH-CNN 搜索空间中 groupV0 及 groupV1 架构块的具体结构

为了方便读者了解 groupV0 和 groupV1 两类架构块具体的内部结构，下面针对 groupV1 块中的 3×3 组卷积及最后的 1×1 组卷积展开进一步的介绍。如图 6.26所示，假定 groupV1 架构块中的 3×3 组卷积的输入为 M 个特征图。这一 3×3 组卷积会对输入的每个特征图进行 3×3 的深度可分离卷积操作。然后，

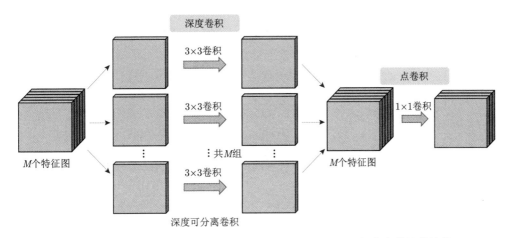

图 6.26   groupV1 架构块中 3×3 组卷积与最后的 1×1 组卷积的具体结构

经过深度可分离卷积操作的 M 个特征图将一起进行一次 1×1 的点卷积操作，即可得到 groupV1 架构块中最后一个 1×1 组卷积的输出结果。

　　基于上述 5 种架构块，CH-CNN 通过架构块堆叠的方式构建最终的神经网络架构（图 6.27）。具体而言，假设最终神经网络架构的输入数据通道数为 3，输出数据通道数为 512，中间结构包含 3 个架构块及 1 个平均池化操作块。其中架构块 1、架构块 2，以及架构块 3 的架构块种类及其中的超参数设置均需要借助 CH-CNN 中的架构搜索算法得以确定，进而最终确定满足轻量化需求的神经架构。

图 6.27　CH-CNN 搜索空间中架构块组成的神经网络模型的整体架构

6.4.1.2　HZS-NAS 搜索空间

　　HZS-NAS 的搜索空间主要是以分层的形式构建而成的。相比而言，传统的搜索空间通常通过重复地堆叠相同的 cell 或 block 结构构成整个搜索空间。这样的构造方式可以简化搜索空间中 cell 结构搜索的难度，仅需搜索一个 cell 的结构，即可堆叠形成整个神经网络架构，从而简化神经架构搜索的过程，减少搜索过程的时间开销。然而，这种传统的搜索空间构造方法虽然降低了架构搜索的难度，但是也限制了神经架构中层的多样性。神经架构中层的多样性通常对提升神经架构的准确率和轻量化程度具有较为重要的作用[225]，但是传统的搜索空间构造方法忽略了这一点。针对这一问题，HZS-NAS 算法在构造搜索空间时，选择构造了一个分层形式的搜索空间。

　　如图 6.28所示，HZS-NAS 的搜索空间具有一个固定的总体架构，共分为 6 个阶段，前 5 个阶段中分别包含 4 个层，最后一个阶段中仅包含 1 个层。其中，不同的层被分入不同的阶段中，网络的整体架构是预先设置好的，在搜索过程中不会发生改变。同时，每个阶段中所包含层的数量是恒定的。对于每个层而言，HZS-NAS 的搜索算法会搜索其对应的操作类型，不同层所包含的操作类型可能各不相

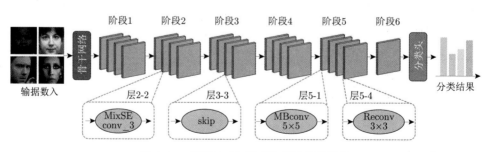

图 6.28　HZS-NAS 搜索空间的整体架构

同，例如图中所标注的层 2-2、层 3-3、层 5-1，以及层 5-4。此外，在每个阶段中，其滤波器的尺寸是预先设置好的，仅当图像分辨率发生变化的时候，每个阶段中第一个层的步长将被设置为 2，其余层的步长将被设置为 1。同时，每个层所包含的操作需要通过架构搜索进行确定，不同层所包含的操作类型可能各不相同，下面将详细介绍每个层中的候选操作类型和详细的超参数设置信息。

（1）操作类型：共包含 4 类操作，即常规的卷积操作（记作 Reconv）、移动式反转瓶颈卷积操作（mobile inverted bottleneck convolution，MBconv）、混合式深度卷积操作（mixed depthwise convolution，Mixconv），以及跳跃连接操作（记作 skip）。

（2）卷积核大小：对于 Reconv 和 MBconv 两种操作而言，候选的卷积核大小共有 3 种，即 3×3、5×5、7×7。此外，Mixconv 中共预先设置了 3 种卷积核大小的组合，分别表示为 Mixconv_2、Mixconv_3、Mixconv_4。以 Mixconv_3 为例，该操作中包含 3 个深度卷积操作，其大小分别为 3×3、5×5、7×7。

（3）滤波器数量扩张指数：$\times1$、$\times4$、$\times6$。请注意，在每个 stage 中的不同层之间，滤波器的数量保持不变。

（4）挤压和激励（squeeze-and-excitation，SE）模块：分为使用和不使用两种情况，不使用的情况记为 0，使用的情况则记为 1。

在搜索空间每个层的候选操作当中，除了常规的卷积操作，还包含了两种轻量化的卷积操作，即 MBconv 和 Mixconv。这两类卷积操作的设置可以达到降低模型复杂度的目的，此处将详细介绍这两类卷积操作的内部结构。其中，MBconv 是一类常用于轻量化卷积神经网络设计的操作，其可以大幅降低卷积神经网络的参数量，同时还可以保证较小的精度损失。如图 6.29(a) 所示，Mixconv 中整合了不同大小的卷积核，用于提取输入图像中不同尺度的特征信息。除此之外，在搜索空间中 SE 架构块与 MixSEconv 和 MBSEconv 两种类型的卷积操作进行了联合使用。在搜索过程中，要确定是否使用 SE 架构块作为一个待搜索的参数，0

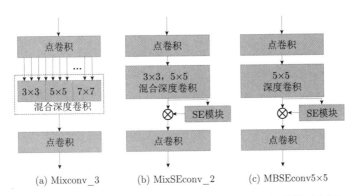

(a) Mixconv_3   (b) MixSEconv_2   (c) MBSEconv5×5

图 6.29 HZS-NAS 搜索空间中部分架构块的内部结构示意图

代表不使用 SE 架构块，相反，1 则代表使用 SE 架构块。SE 架构块与卷积块的结合方式如图 6.29(b) 和图 6.29(c) 所示。使用 SE 架构块的目的在于通过全局信息来增大有用特征的权重，从而缓解表情识别任务中特有的类间相似性显著和类内差异性较大的问题。

6.4.2　轻量化模型搜索策略

基于设计好的轻量化搜索空间，在神经架构搜索算法的第二部分——搜索策略中，需要按照一定的算法流程从构建好的轻量化搜索空间中找到满足目标应用需求的轻量化神经网络架构。本节以 NSGA-Net[149] 和 CH-CNN[223] 两项工作的搜索策略部分为例，对轻量化模型搜索策略进行详细讲解。

6.4.2.1　NSGA-Net 搜索策略

NSGA-Net 的搜索策略主要借鉴 NSGA-II[226] 的思想进行实现。在 NSGA-Net 的迭代搜索过程中，每次迭代中都会有相同数量的子代生成，然后父代和子代中的所有种群个体都会在下一次迭代中经历竞争和淘汰的过程。如图 6.30 所示，NSGA-Net 的核心步骤有 4 步，分别是架构编码、架构评估、多目标演化算法，以及贝叶斯优化算法。经过上述 4 大核心步骤，最终即可确定两个待优化目标的帕累托前沿，并获取到同时满足两部分优化目标的神经架构。其中，多目标演化算法主要包含两部分，即探索（exploration）与利用（exploitation），这两部分与贝叶斯优化算法为整个 NSGA-Net 算法搜索策略中的核心步骤，下面将针对上述这 3 部分进行详细介绍。

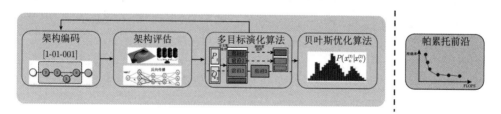

图 6.30　NSGA-Net 搜索策略的整体框架示意图

首先介绍的是 NSGA-Net 算法中的探索过程。探索过程的目的是探索神经架构中不同节点连接形成神经架构的方法。在这一过程中，交叉和变异两类演化算子是实现探索过程的有效方法，NSGA-Net 中也设计了上述两类算子以完成探索过程，下面将针对上述两类算子展开详细介绍。

1. 交叉算子

NSGA-Net 中交叉算子的特点是可以保留两个父代个体中共有的架构块，同时在子代中产生新的架构块组合方式。具体而言，NSGA-Net 在执行交叉操作时，首先在父代种群中选择两个个体作为待交叉的个体以生成子代（即新的架构个体），交叉操作主要将两个父代个体中的架构块继承到子代个体中并进行一定的重新组合。进行上述设计的目的主要在于两个方面：第一，保留两个父代个体中均具有的架构块，从而保证生成的子代架构个体至少具有两个父代架构个体的架构性能；第二，尽可能地保证两个父代架构个体与生成的子代架构个体的架构复杂度相似，避免生成的子代架构个体的架构复杂度显著上升。

为了方便读者理解，这里给出了一个关于 NSGA-Net 中交叉操作的示例，如图 6.31所示，其中父代 1 和父代 2 分别表示 VGG 和 DenseNet 架构，⊗ 表示对两个父代架构进行交叉操作，交叉操作得到的子代个体为 ResNet 个体。具体而言，按照 NSGA-Net 方法中的编码规则，VGG 架构被编码为 "1-01-001-0"，DenseNet 架构则被编码为 "1-11-111-0"。在图 6.31中，两个父代个体中共有的编码以黑色表示，VGG 架构中独有的编码以蓝色表示，DenseNet 中独有的编码则以红色表示。在执行交叉操作的过程中，两个父代个体中共有的编码将直接被继承进入子代个体中，而两个架构中独有的部分将会按照一定的概率进行选择，选中的编码才能够进入子代个体中作为子代架构的一部分。在图 6.31中，按照上述交叉过程所生成的子代个体编码为 "1-01-101-0"，恰好为 ResNet 的架构形式。说明 NSGA-Net 方法的搜索空间当中对经典的神经网络模型架构进行了有效的包含。

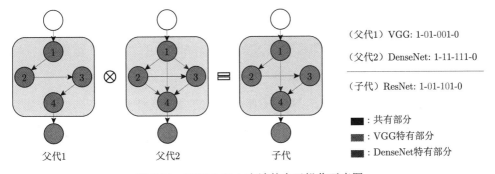

（父代1）VGG: 1-01-001-0

（父代2）DenseNet: 1-11-111-0

（子代）ResNet: 1-01-101-0

■：共有部分
■：VGG特有部分
■：DenseNet特有部分

父代1　　　父代2　　　子代

图 6.31　NSGA-Net 方法的交叉操作示意图

2. 变异算子

为了增加子代生成个体的多样性，即使得子代个体具有更加多样化的神经架构，NSGA-Net 中遵循传统演化计算中变异算子的设计方式，设计了针对神经网络架构的变异算子。变异算子可以依据现有子代个体以一定的概率生成新的子代个体，从而提升整体算法跳出局部最优解的能力。具体而言，在 NSGA-Net 的算法流程中，变异算子是通过位反转设计而成的。具体而言，以 VGG 的架构编码 "1-01-001-0" 为例，现在对其第二个 stage 中的第二位所代表的架构块进行变异操作，则架构编码变为 "1-00-001-0"，即完成变异操作的执行。在神经架构当中，一个架构块的替换会导致整体神经架构的改变，变异前和变异后的神经架构可能会具有完全不同的性能值。出于这一点考虑，NSGA-Net 中将变异操作的最大位数设定为 1。也就是说，在执行变异操作时，一个架构编码中仅有一位可以按照一定的概率进行变异。

基于上述交叉算子和变异算子，NSGA-Net 即可完成其探索过程。

NSGA-Net 的利用过程主要是通过贝叶斯优化算法实现的，下面将对其使用的贝叶斯优化算法进行详细阐述。具体而言，"利用"的目的主要在于利用和强化先前探索过程中得到的较为成功的架构模式。在 NSGA-Net 的利用过程中，方法的设计主要借鉴了贝叶斯优化算法的思想。其中，贝叶斯优化算法是针对分析优化变量之间存在的固有相关性而设计的，适合于在 NSGA-Net 方法中对先前成功的架构模式进行有效的利用。具体而言，在 NSGA-Net 中，方法将搜索空间中的神经架构分为 3 个 phase，分别记为 $x_o^{(1)}$、$x_o^{(2)}$，以及 $x_o^{(3)}$。"利用"过程的目的是根据以往成功的架构模式，分析三个 phase 之间的内在联系，从而构造可能存在的性能较为良好的架构加入种群中。为了实现这一目的，NSGA-Net 中采用了贝叶斯网络（Bayesian network，BN）来建立上述 3 个 phase 之间的关系。在建模的过程中，BN 需要根据特定的第一个 phase$x_o^{(1)}$，计算出第二个 phase$x_o^{(2)}$ 会跟随在第一个 phase 之后的概率。然后，根据计算得到的 $x_o^{(2)}$ 的相关概率信息，计算得到特定的第 3 个 phase$x_o^{(3)}$ 跟随在 $x_o^{(2)}$ 后面的概率。简而言之，BN 基于先前成功的架构模式计算得到 3 个概率分布：$p(x_o^{(1)})$、$p(x_o^{(2)} \mid x_o^{(1)})$，以及 $p(x_o^{(3)} \mid x_o^{(2)})$，并在演化过程中对上述 3 个概率分布进行实时更新，新的架构个体则通过该 BN 进行概率采样来得到。至此即可完成 NSGA-Net 方法中的"利用"过程。

6.4.2.2   CH-CNN 搜索策略

本节将针对轻量化 NAS 算法 CH-CNN 的搜索策略部分展开介绍。如算法 30所示，CH-CNN 的整体算法流程主要分为 4 个部分，即种群和变量的初始化（第 1~2 行）、种群的适应度评估以及惩罚恢复操作（第 3~9 行）、子代个体的生成（第 10 行），以及环境选择（第 11 行）。下面将针对搜索策略中的核心环节（即惩罚恢复操作）展开详细介绍。

对 CH-CNN 搜索策略中的惩罚恢复策略而言，该策略主要包含两个部分，即自适应惩罚方法和自适应恢复方法。其中，自适应惩罚方法主要和种群个体的适应度评估一起进行，其整体算法流程如算法 31所示。具体而言，自适应惩罚和个体的适应度评估主要分为三个部分，分别是变量的初始化（第 1~3 行）、CNN 架构的准确率与复杂度评估（第 4~11 行），以及自适应惩罚（第 12 行）。在第一部分中，变量 accuracy 和 complexity 分别被初始化为 0。在第二部分中，针对种群中特定的 CNN 架构，算法首先对该架构在训练数据集 D_{train} 上进行训练（第5行），然后在评估数据集 D_{eval} 上评估该架构的精度和复杂度（第 6 行），并记录当前最优的架构精度和复杂度（第 7~10 行）。在第三部分中，基于已知的架构精度 accuracy、复杂度 complexity，以及当前的约束条件 constraint，通过自适应惩罚，得到该个体的适应度值 eval_fitness（第 12 行）。

算法 30: CH-CNN 整体框架

　　输入: 预先定义的架构块、种群大小 N、最大代数 G、目标数据集
　　输出: 最优的 CNN 架构

1　$P_0 \leftarrow$ 随机初始化种群
2　$t \leftarrow 0$
3　**while** $t < G$ **do**
4　　　对种群 P_t 中的个体进行适应度评估，并通过自适应惩罚方法调整个体的适应度
5　　　**if** $t < 1/2G$ **then**
6　　　　　利用自适应恢复方法恢复可能有益的不可行个体
7　　　　　训练并评估所有的可行个体
8　　　**end**
9　**end**
10　$O_t \leftarrow$ 通过轮盘赌的方法选择父代个体，并通过提出的交叉变异操作生成子代个体
11　$P_{t+1} \leftarrow$ 通过 $P_t \cup O_t$ 进行环境选择
12　**return** 种群 P_{t+1} 中适应度最高的个体

接下来将继续介绍个体自适应惩罚函数的具体形式。具体而言，自适应惩罚函数的形式如公式 (6.37) 所示。

$$\text{fitness} = \phi \times \text{accuracy} - (1 - \phi) \times \text{CV} \tag{6.37}$$

其中，CV 表示归一化之后的个体违反约束条件的尺度；ϕ 表示种群中现有的可行解的比例，两者的具体形式如公式 (6.38) 和公式 (6.39) 所示。

$$\text{CV} = \frac{|\text{complexity}_i - C|}{|\text{complexity}_{\max} - C|} \tag{6.38}$$

$$\phi = \frac{N_f}{N} \tag{6.39}$$

其中，C 表示预先设置的约束值，用于判断 CNN 架构是否为可行解；complexity_i 表示当前架构个体的复杂度；$\text{complexity}_{\max}$ 表示当前种群中架构个体最大的复杂度值；N_f 和 N 分别表示当前种群中可行解的数量和当前种群中所包含个体的数量。

算法 31: 个体适应度评估与自适应惩罚

　　输入: 种群个体 individual、指定的 GPU、训练数量 epoch、训练数据集
　　　　　D_{train}、评估数据集 D_{eval}、预设的约束 constraint

　　输出: 个体 individual 及其精度 accuracy 和复杂度 complexity、自适应
　　　　　惩罚后得到的个体适应度 eval_fitness

1　根据种群个体的编码构建对应的 CNN 模型

2　accuracy $\leftarrow$ 0

3　complexity $\leftarrow$ 0

4　**for** $i \leftarrow 1$ to epoch **do**

5　　在 D_{train} 上训练该 CNN 架构

6　　eval_accuracy, eval_complexity $\leftarrow$ 在 D_{eval} 上评估该 CNN 的精度
　　　和复杂度

7　　**if** accuracy $<$ eval_accuracy **then**

8　　　accuracy $\leftarrow$ eval_accuracy

9　　　complexity $\leftarrow$ eval_complexity

10　　**end**

11　**end**

12　eval_fitness $\leftarrow$ 基于 accuracy、complexity，以及 constraint 通过惩罚函
　　数得到的适应度值

13　**return** eval_fitness、accuracy，以及 complexity

在完成针对种群中架构个体的自适应惩罚后，即可进行针对架构个体的自适应恢复操作，其整体算法流程如算法 32 所示。算法运行过程中有两种可能存在的不可行解的情况：超过可行域的最大值（$\text{cv}_{\text{type}} == 0$）或小于可行范围的最小值（$\text{cv}_{\text{type}} == -1$）。符号 cv_{type} 代表每个个体的不可行类型。由于恢复操作只针对不可行的个体，因此算法需要把不可行个体的适配度与阈值进行比较，阈值通常是可行个体中最优的适配度。如果种群中没有可行个体，则阈值为 0。然后，如果不可行个体的适配性更好，就会调整个体以满足架构复杂度约束（第 4~20 行）。由于架构个体的调整是随机的，因此很难立即获得最佳的恢复效果。为此，算法会尝试通过多次恢复，获得复杂度最接近约束值的最佳个体（第 22~27 行）。最后，算法将选择具有最接近约束值的架构个体来替换不可行的个体（第 29 行）。如果调整后的架构个体仍不符合约束条件，则初始不可行个体将保持不变（31 行）。至此，即可完成个体的恢复操作。

算法 32: 个体恢复

输入: 种群个体 individual 及个体的适应度 fitness、个体的不可行类型 cv_{type}、最优可行解的适应度值 $fitness_{best}$、约束值 C、可行解的接受域 $complexity_{range}$、个体调整的数量 N

输出: 恢复后的架构个体

1   $list_c \leftarrow \varnothing$

2   $list_i \leftarrow \varnothing$

3   $indi \leftarrow individual$

4   **for** i in N **do**

5   **if** $fitness > fitness_{best}$ **then**

6   **if** $cv_{type} == 0$ **then**

7   改变架构块的类型

8   将 skipV0 改为 groupV1 或 skipV1

9   将 groupV0 或 skipV1 改为 groupV1

10   将卷积操作改为 skipV1 或 groupV0 或 groupV1

11   **end**

12   **if** $cv_{type} == -1$ **then**

13   **for** individual 中的每个节点 node **do**

14   根据规则修改架构块的类型

15   **end**

16   **end**

17   **end**

18      $list_i[i] \leftarrow individual$

19      $list_c[i] \leftarrow individual$ 的复杂度

20 **end**

21 $CV_{best} \leftarrow N + 1$

22 **for** i in N **do**

23   **if** $|list_c[i] - C| < complexity_{range}$ **then**

24          $complexity_{range} \leftarrow |list_c[i] - C|$

25          $CV_{best} \leftarrow i$

26   **end**

27 **end**

28 **if** $CV_{best} \neq N + 1$ **then**

29   **return** $list_i[CV_{best}]$

30 **end**

31 **return** $indi$

6.4.3　自动化模型压缩技术

模型压缩方法能够在保持可接受性能的前提下降低模型的复杂性，从而推动深度神经网络在资源受限环境下的应用。尽管这些方法取得了巨大成功，但选择合适的压缩方法和设计压缩方案的细节是困难的，这往往需要领域专家探索较大的设计空间，在模型大小、速度和准确率之间作出权衡，而这通常是次优且耗时的，并且对于非专家用户来说并不友好。自动化模型压缩技术无须人工干预，就能自动化地找到合适的压缩策略，让更多的用户能够更容易地获得满足他们需求的模型压缩方案。本节以 AutoML 模型压缩（AutoML for model compression, AMC）算法为例，对自动化模型压缩技术展开详细介绍。此外，以 PocketFlow 为例，详细介绍用户如何使用现有开源框架进行自动化模型压缩。

1. AMC 算法

AMC[227]是由 He 等提出的一种有效的自动化模型压缩算法，其使用强化学习技术来自动采样设计空间并提高模型压缩质量。AMC 以分层的方式处理模型，对于模型的每一层，智能体接收到一层嵌入作为状态信息，编码该层的有用特征，然后输出精确的压缩比。该层根据该压缩比进行压缩后，智能体移动到下一层。在不进行模型调优的情况下，对压缩了所有层的模型验证精度进行评估。迭代上述搜索过程，对搜索得到的最好的模型进行调优，以获得最佳性能。图6.32展示了 AMC 算法流程。具体来说，AMC 将模型压缩构建成一个序列决策模型，逐层处理一个预训练网络。DDPG 智能体从 t 层接受嵌入 s_t，输出稀疏比 a_t。根据 a_t 对层进行压缩后，智能体移动到 $t+1$ 层。评估所有层经过压缩后的模型准确率。最后，奖励 R 作为准确率和 FLOP 的函数被返回到 DDPG 智能体。

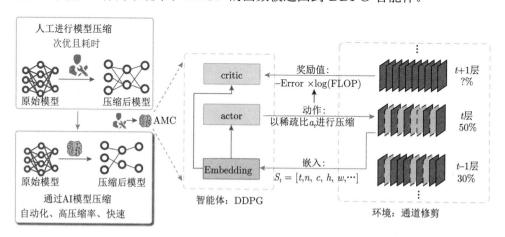

图 6.32　AMC 算法流程

接下来本节将根据强化学习框架中涉及的状态空间、动作空间、深度确定性策略梯度（deep deterministic policy gradient，DDPG）智能体及搜索协议对 AMC 进行简单介绍。

1）状态空间

AMC 使用了 11 个特征来描述模型每一层的状态，即 $S_t = [t, n, c, h, w, \text{stride}, k, \text{FLOPs}[t], \text{reduced}, \text{rest}, a_{t-1}]$，其中 t 表示层的索引号，n 表示核的数量，c 表示输入通道的数量，h 表示输入的高度，w 表示输入的宽度，stride 表示步长，k 表示卷积核的大小，FLOPs$[t]$ 表示第 t 层的浮点运算次数，reduced 表示前面各层减少浮点运算次数总和，rest 表示后面各层剩余的浮点运算次数，a_{t-1} 表示前一层的动作。注意在将这些特征输入智能体进行处理之前，需要先对它们进行归一化处理，确保特征值位于 0 到 1，这样有助于智能体更有效地学习和做出决策。

2）动作空间

在模型压缩技术的研究中，现有的多数工作采用了离散的空间来定义粗粒度的操作空间。例如，在确定模型中通道的数量时，研究者们可能会选择一组特定的数值，如 $\{64, 128, 256, 512\}$，作为可能的选项。这种粗粒度的操作空间在进行高精度模型架构搜索时可能足够适用，因为它提供了有限且相对较大的参数选择，便于研究者进行比较和选择。然而，模型压缩对于稀疏度的比例非常敏感。这意味着即使是小幅度的稀疏度变化，也可能对模型的性能产生显著影响。为了精确控制模型的稀疏度，需要一个细粒度的操作空间，允许进行更细致的调整。但是，这样做会导致可行的操作数量急剧增加，从而使得搜索最优解决方案变得更加困难和复杂。此外，使用离散空间的另一个问题是它可能会丢失某些重要的顺序信息。以稀疏度为例，10% 的稀疏度可能看起来只比 20% 的稀疏度略高一点，但实际上，这种差异在模型压缩中可能代表着一个更为激进的压缩策略。同理，20% 的稀疏度虽然只比 30% 的稀疏度多出 10%，但在实际应用中，这种差异可能会带来完全不同的压缩效果和性能折中。因此，AMC 使用联系动作空间 $a \in (0, 1]$，以得到更细粒度和准确的压缩。

3）DDPG 智能体

如图6.32所示，智能体接收一个来自环境表示层 L_t 状态 s_t 的嵌入，然后输出一个稀疏概率作为动作 a_t（四舍五入到最接近的可行分数）。这个 L_t 层根据概率 a_t 通过一个压缩算法（如通道修剪）进行压缩。然后，智能体移动到下一层 L_{t+1} 并接受状态 s_{t+1}。在完成最后一层后，在验证集上评估奖励准确性并返回给智能体。在本节，将探讨如何使用 DDPG 算法来连续控制模型压缩比。DDPG 是一种用于连续动作空间的离策略 AC 算法。算法的探索噪声过程采用了截断正态分布（truncated normal distribution），如公式（6.40）所示，这意味着噪声的取值范围被限定在一定的区间内，以确保探索过程的稳定性。

$$\mu'(s_t) \sim \text{TN}(\mu(s_t \mid \theta_t^\mu), \sigma^2, 0, 1) \tag{6.40}$$

在搜索过程中，噪声 σ 被初始化为 0.5 并呈指数衰减。在状态转移过程中，AMC 遵循 BlockQNN 算法的思想[228]，应用了贝尔曼方程的一个变体形式[229]。在模拟过程中，每个状态转移可以表示为四元组 (s_t, a_t, R, s_{t+1})，其中 R 是网络压缩之后获得的奖励。在更新的过程中，AMC 会从奖励值中减去基线奖励 b，以降低梯度估计的方差。基线奖励 b 是之前奖励的指数移动平均值，具体如公式（6.41）和公式（6.42）所示。

$$\text{Loss} = \frac{1}{N} \sum_i (y_i - Q(s_i, a_i \mid \theta^Q))^2 \tag{6.41}$$

$$y_i = r_i - b + \gamma Q(s_{i+1}, \mu(s_{i+1}) \mid \theta^Q) \tag{6.42}$$

其中，折扣因子 γ 被设置为 1 以避免过度有限考虑短期奖励。

4）搜索协议

AMC 只需要考虑资源约束压缩和准确性保障压缩。资源约束压缩通过限制动作空间（即每层的稀疏比率），使 AMC 可以精确地达到目标压缩比。AMC 采用的奖励函数如公式（6.43）所示。

$$R_{\text{err}} = -\text{Error} \tag{6.43}$$

这个奖励函数没有为模型尺寸的减小提供激励，因此 AMC 通过限制动作空间达到目标压缩比。例如，在利用细粒度剪枝进行模型尺寸减小时，AMC 在最初几层允许采取任意动作 a。当发现即使使用最激进的策略压缩了接下来的所有层，预算仍然不足时，就开始限制行动 a。AMC 并不局限于约束模型大小，它可以被其他的资源取代，例如 FLOPs 或移动设备上的实际推理时间。

5）准确性保障压缩

He 等[227]发现 Error 与 log(FLOPs) 或 log(#Param) 成反比，在此基础上，他们设计了新的奖励函数，如公式（6.44）和公式（6.45）所示。

$$R_{\text{FLOPs}} = -\text{Error} \cdot \log(\text{FLOPs}) \tag{6.44}$$

$$R_{\text{Param}} = -\text{Error} \cdot \log(\#\text{Param}) \tag{6.45}$$

上述奖励函数对 Error 比较敏感。同时，它为减少 FLOPs 或模型大小提供了一个小的激励。

2. PocketFlow 开源框架

PocketFlow 是一种自动化模型压缩和加速的开源框架，用户只需要指定需要的压缩或加速率，PocketFlow 就会自动选择合适的超参数来生成压缩模型。该框架主要包括两个部分，即学习模块和超参数优化模块，如图6.33所示。原始模型经过学习模块后使用一些随机选择的超参数来产生候选的压缩模型。候选模型的精度和计算效率作为超参数优化模块的输入，来决定下一次学习模块的超参数选择。经过多次迭代，候选模型中性能最好的模型被作为最终输出的压缩模型。

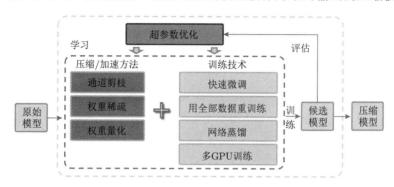

图 6.33　PocketFlow 框架的主要组成

学习模块中是一些模型压缩的方法与训练技术，其中模型压缩方法主要包括通道剪枝、权重稀疏，以及权重量化，训练技术包括快速微调、用全部训练数据重训练、网络蒸馏，以及多 GPU 训练。具体如下。

（1）通道剪枝：在 CNN 中，执行通道剪枝操作可以有效地减少模型的尺寸和计算负担，同时所得到的紧凑模型能够无缝集成到现有的深度学习架构中进行部署。以 CIFAR-10 数据集上的图像分类为例，在对 ResNet-56 架构应用通道剪枝技术后，其加速比达到 2.5 倍时，模型的分类准确率仅下降了 0.4%；而在 3.3 倍加速比下，准确率的损失也仅为 0.7%。这表明通过精心设计的剪枝策略，可以在保持高准确率的同时显著提升模型的运行效率。

（2）权重稀疏：通过在网络权重中实施稀疏性约束，可以显著减少权重中非零元素的数量，实现模型的高效压缩。这种压缩技术允许网络权重以稀疏矩阵的形式存储和传输。以 MobileNet 图像分类模型为例，在移除一半的网络权重之后，其在 ImageNet 数据集上的 Top-1 准确率仅下降了 0.6%，证明了即使在大幅度压缩后，模型仍保持了较高的性能水平。

（3）权重量化：通过实施网络权重的量化约束，可以减少表示每个权重所需的位数，进而降低模型的存储和计算需求。研究团队不仅支持两种主要的量化方法——均匀量化和非均匀量化，还确保了这些算法能够适配 ARM 和 FPGA 等硬件平台的优化特性，从而增强移动设备的计算性能。此外，这些量化技术的发展为神经网络专用芯片的软件层面提供了坚实的基础。以 ResNet-18 模型在 ImageNet 图像分类任务上的应用为例，在进行 8 位整数量化后，模型能够在不损失精度的前提下实现 4 倍的压缩率。

（4）网络蒸馏：作为一种模型优化策略，网络蒸馏通过利用完整模型的输出作为辅助训练信号，对压缩模型进行微调。这种方法能够在保持模型压缩和加速比率不变的情况下，实现对模型准确率的显著提升，具体表现为精度的提高范围为 0.5%～2.0%。

（5）多 GPU 训练：深度学习模型的训练通常需要大量的计算资源，单靠一个 GPU 很难迅速完成。为此，PocketFlow 支持全面的分布式训练解决方案，支持多台机器和多个 GPU 卡，显著加速了模型的训练过程。无论是使用 ImageNet 数据集训练的 ResNet-50 图像分类模型，还是使用 WMT14 数据集训练的 Transformer 机器翻译模型，都可以在一小时内高效完成训练。

除了上述功能之外，PocketFlow 还支持超参数优化。考虑到许多开发人员可能并不完全熟悉模型压缩技术，但超参数的选择对模型性能有显著的影响。为了帮助用户更有效地调整这些参数，PocketFlow 引入了一个超参数优化工具。这个工具集成了多种算法，包括强化学习技术，以及腾讯 AI Lab 自研发的 AutoML 自动超参数优化框架[230]。这些技术可以根据用户的具体性能目标，自动寻找最佳的超参数配置。以通道剪枝技术为例，超参数优化组件能够自动评估原始模型中每一层的冗余度，并据此为每一层确定合适的剪枝比例。这样做的目的是在满足整体压缩目标的同时，尽可能地保持或提升压缩后模型的识别精度。通过这种方式，工具不仅简化了超参数调整的过程，也提高了模型压缩的效果。通过引入超参数优化组件，不仅避免了高门槛、烦琐的人工调参工作，同时也使得 PocketFlow 在各个压缩算法上全面超过了人工调参的效果。据获悉，腾讯公司正在利用其 PocketFlow 框架为多款移动应用提供模型压缩和加速的技术支持。以手机拍照应用程序为例，其中的人脸关键点定位模型是一个关键的预处理步骤，它通过识别面部的众多特征点（例如眼角、鼻尖等）为人脸识别和智能美颜等后续功能提供关键数据。腾讯的团队利用 PocketFlow 框架对这一模型进行了优化，不仅保持了原有的定位准确性，还显著降低了计算成本。目前，PocketFlow 已经被正式开源。

第 7 章　高阶 NAS

在前面的章节中，已经介绍了一些经典的 NAS 算法。然而，随着神经网络架构复杂性的增加和应用需求的多样化，NAS 算法在计算成本和搜索效率上面临巨大挑战。因此，有必要引入高阶 NAS 算法来应对这些挑战。本章将重点介绍几种高阶 NAS 方法。首先，将介绍加速评估 NAS 的性能预测器的方法，以减少计算开销；其次，将介绍面向鲁棒神经架构的 NAS 方法，提高搜索结果的稳定性和多样性；再次，将分别介绍面向准确和轻量化鲁棒神经架构的 NAS 方法，优化网络的计算效率和资源占用；最后，将介绍一种架构驱动的持续学习方法，该方法能够在不断变化的环境中保持高效适应能力。

7.1　加速评估 NAS 的性能预测器

5.5节介绍了基于性能预测器的性能评估方法，来解决 NAS 计算开销大的问题。通常使用替代模型，如回归模型或分类模型，来近似原始复杂模型的性能。本节将详细介绍几种经典的加速评估 NAS 的性能预测器。

7.1.1　端到端性能预测器 E2EPP

在演化神经架构搜索（ENAS）中计算开销较大，通常使用代理辅助演化算法（SAEAs）来处理[231]。具体来说，这些算法使用诸如高斯过程模型[232]、径向基网络等不昂贵的近似回归和分类模型来代替昂贵的适应度评估[233]。SAEAs 在各种实际优化应用中已被证明是有效且高效的[234]。通常，这些模型使用少量带有目标适应度值的样本进行训练，然后利用训练好的模型在搜索过程中预测适应度值，从而加速优化过程[235]。根据文献 [236]，SAEAs 可以根据是否在优化阶段增加训练数据而分为在线算法和离线算法。在线算法在模型质量和性能方面表现得更好，但需要额外的训练数据，新数据的训练成本较高，因此在实践中更倾向于使用离线算法。离线算法运行非常快速，并且由于算法在数据收集和优化搜索中是独立的，因此在训练过程中无须独立收集新数据。目前，常见的离线 SAEAs 算法包含数据预处理[237]、数据挖掘[236]和集成学习[238]，这些方法可以有效解决数据不足的问题。

本节介绍一种创新且高效的基于随机森林的端到端性能预测器（end-to-end

performance predictor，E2EPP）[239]。这一方法选择了经典的代理模型——随机森林，以实现在样本数量较少的情况下仍然有效地确定 CNN 的性能。选择随机森林是因为其在少量样本上的有效性及在离散变量应用和参数调整中的稳健性[31, 240]。当 E2EPP 评估新的 CNN 架构时，它能够立即确定 CNN 的性能，从而加速 ENAS 的过程。接下来，将详细介绍 E2EPP 算法的具体内容。

7.1.1.1　算法框架

图7.1展示了 E2EPP 性能预测器及其相关的 ENAS 框架，其由三个主要模块组成：数据收集、E2EPP 和 ENAS 算法。其中，E2EPP 性能预测器是演化深度学习（evolutionary deep learning，EDL）的一部分。框架的工作流程如下。

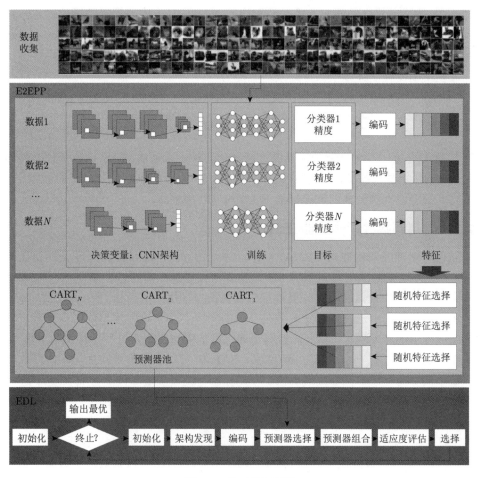

图 7.1　E2EPP 框架

（1）数据收集：首先，收集一组用于训练基于随机森林的预测器的数据。这个过程通过执行相应的 ENAS（不使用 E2EPP）来完成，每个数据样本包括 CNN 架构及其分类准确率，这些准确率是通过从头训练 CNN 获得的。训练后，获得包含架构及其相应性能的每个数据样本。

（2）E2EPP：在这一阶段，将收集到的 CNN 架构编码为离散形式（见 7.1.1.2 小节），并用于构建一个包含大量（例如 K 个）回归树（称为 CARTs）的随机森林预测池（见7.1.1.3小节）。

（3）ENAS：在每代 ENAS 优化期间，将新构建的 CNN 架构编码为随机森林的输入，并使用预测器池中的自适应 CART 组合预测其性能。优化完成后，ENAS 输出最佳网络结构。请注意，这期间没有额外的训练过程。

需要注意的是，由于 CNN 架构首先被转换为离散变量作为数据样本，而随机森林适用于离散回归任务，并且只依赖有限的标记数据[241]，因此在所提出的算法中作为性能预测器使用。此外，固定的随机森林无法保证在种群分散的局部区域中的准确性，因此在演化搜索的各代中，基于随机森林的预测器会自适应更新。接下来的部分将介绍将 CNN 架构编码为适合随机森林的格式、训练随机森林以及使用学习后的随机森林预测适应度。然后，总结 E2EPP 的优点和缺点。

7.1.1.2　架构编码

编码是在随机初始化架构的训练过的 CNN 上进行的。为了收集这些信息，使用 AE-CNN 随机构建一组有效的 CNN 架构。有效的 CNN 架构是指可以使用预定的训练过程进行训练且没有异常（例如内存不足导致的分类准确率为零）的架构。获取的训练数据如下所述。

（1）RB（残差块）和 DB（密集块）：每个生成的 CNN 架构最多包含 4 个 RB 和 4 个 DB，每个块的输出通道数范围为 [32, 512]，这一范围是基于当前先进的 CNN 设计惯例[51, 52]。

（2）PB（池化块）：每个生成的 CNN 架构最多包含 4 个池化层，有两种池化类型：最大池化（MAX）、均值池化（MEAN）。

一般来说，一个 CNN 架构通常被编码成一个包含 $3N_b + 2N_p$ 个离散变量的染色体，其中 N_b 是 RB 和 DB 的最大数量，N_p 是 PB 的最大数量。对于前 $3N_b$ 个变量，每个 RB 或 DB 被编码为一个三元组 [类型，输出通道数，数量]，其中 RB 的类型设为 1，当 k 分别为 12、20 和 40 时，DB 的类型分别设置为 12、20 或 40。值得注意的是，每个 RB/DB 的输入参数 (in) 没有被编码，因为它可以通过前一个 RB/DB 的输出通道数计算得出，而减少决策变量的数量可以在训练数据有限的情况下提高回归模型的性能[240]。对于接下来的 $2N_p$ 个变量，每个池化层被编码为一个二元组 [池化类型，层位置]，最大池化和均值池化分别用 1 和 0 表示。如果一个 CNN 架构有 b 个 RB 和 DB，以及 p 个 PB，则其第 $3b + 1$ 到 $3N_b$ 个变量被设为零，第 $3N_b + 2p + 1$ 到 $3N_b + 2N_p$ 个变量也被设为零。因

此，使用随机森林的性能预测器基于 $3N_b + 2N_p$ 个离散决策变量的输入数据，输出值为 $[0, 1]$ 的范围内的连续值。算法 33 展示了将 CNN 架构编码为可以直接用于随机森林的数据的详细过程，其中 $|\cdot|$ 为计数操作符。

算法 33: 编码一个 CNN 架构

　　输入: CNN 架构 $\mathcal{A}$, DB 和 RB 的最大数量 B_n, PB 的最大数量 N_p
　　输出: 编码后的架构信息

1 　b_list ← ∅
2 　p_list ← ∅
3 　l ← 计算 $\mathcal{A}$ 中的 block 个数
4 　**for** i ← 1 to l **do**
5 　　　block ← 获取 $\mathcal{A}$ 中的第 i 个 block
6 　　　**if** block 是 RB **then**
7 　　　　　将存入 b_list 中; 将 block 中的 out 和 amount 值存入 b_list
8 　　　**end**
9 　　　**else if** block 是一个 DB **then**
10 　　　　将 k, out 和 amount 的值放入 b_list
11 　　　**end**
12 　　　**else**
13 　　　　　**if** block 是一个最大池化层 **then**
14 　　　　　　　将 1 放入 p_list
15 　　　　　**end**
16 　　　　　**else**
17 　　　　　　　将 0 放入 p_list
18 　　　　　**end**
19 　　　　　将 i 放入 p_list
20 　　　**end**
21 　**end**
22 　将 0 放入 b_list 直到 $|\text{b\_list}| = 3N_b$
23 　将 0 放入 p_list 直到 $|\text{p\_list}| = 2N_p$
24 　返回 b_list ∪ p_list

7.1.1.3　随机森林训练

　　在预测池中可以生成大量的分类回归树（CARTs），每个 CART 使用整个训练数据和一个随机选择的特征子集（即离散变量）进行训练，为了最大化预测池的多样性，每个离散变量被赋予 0.5 的选择概率[242]。在决策空间中，CART 的每个节点代表一个矩形区域，该区域中样本的均方误差（MSE）决定了节点是否需要分裂（即 MSE 是否小于预设的阈值 T_s[30]，如果是，则该节点被标记为叶节点）。一旦 K 个 CART 训练完成，预测池即可作为预测器使用。算法 34展示了上述整个过程。

算法 34：性能预测器训练

　　输入：K 个 CARTs，编码后的训练数据 $\mathcal{D}_{\text{train}}$，特征数量 m

　　输出：K 个训练好的 CART 及其选择的特征 ID

1　$I \leftarrow \emptyset$

2　**for** $i \leftarrow 1$ to K **do**

3　　CART ← 从 CARTs 中选择第 i 个 CART

4　　$v \in \mathbb{R}^m \leftarrow$ 从 $[0,1]$ 随机生成的向量

5　　$I_i \leftarrow$ 收集 v 中大于 0.5 的元素的位置

6　　在特征 ID 属于 I_i 的特征上训练 CART

7　　$I \leftarrow I \cup I_i$

8　**end**

9　**输出：** K 个训练好的 CART 及其对应选择的特征 ID I

7.1.1.4　性能预测

由于训练单个 CNN 的计算成本非常高，难以在优化过程中为预测池提供新的数据样本，因此，在离线自适应演化算法（SAEAs）中高效地调整和评估预测器非常困难[234]。为了弥补训练预测器时数据样本的不足，最近的离线 SAEAs 中使用了大量的代理模型作为集成成员，这被证明是可行且有效的[238]。此外，在每次迭代中，这些集成成员可以自适应地组合，为当前种群提供局部信息。在这一节所介绍的方法中使用，每次迭代中随机选择 Q 个 CART 并将其平均值作为最终的适应度值，以实现调整基于随机森林的预测器。

在每一代中，所有 K 个训练好的 CART 在每一代中重新评估它们在具有最佳预测适应度值的 CNN 架构 A_b 上的性能，然后从 K 个排序后的 CART 中均匀选择 Q 个 CART。这 Q 个 CART 将被组合成一个集成性能预测器，用于评估父代和子代种群。此选择是基于现有最佳 CNN 架构 A_b 的 CART 性能多样性来做出的。随后，生成的 CNN 架构 A 将利用这 Q 个 CART 的集成预测器进行评估。因此，对于最终的适应度景观，自适应集成预测器能够平衡全局趋势和局部信息，其中 K 个 CART 用于评估全局平均景观，而其中的 Q 个 CART 则探索景观的局部信息。每一代预测过程的详细步骤见算法 35。

算法 35: 性能预测

输入: K 个训练好的 CART，每个 CART 的选择特征 ID，当前最优
　　　　CNN $\mathcal{A}^b$，最多的不同预测数量 Q，生成的待评估架构 $\mathcal{A}$

输出: $\mathcal{A}$ 的适应度值

1　$Y \leftarrow \emptyset$

2　$\mathcal{A}^b_{\text{encoded}} \leftarrow$ 根据算法33对 $\mathcal{A}^b$ 进行编码

3　**for** $i \leftarrow 1$ **to** K **do**

4　　$\mid$　CART $\leftarrow$ 从 CARTs 中选择第 i 个 CART

5　　$\mid$　$x \leftarrow$ 从 $\mathcal{A}^b_{\text{encoded}}$ 中选择 ID 是 I_i 的元素

6　　$\mid$　$y \leftarrow$ 使用 CART 预测 x 的分类准确性

7　　$\mid$　$Y \leftarrow Y \cup x$

8　**end**

9　$Y \leftarrow$ 对 Y 中的元素进行排序

10　$I^{\text{CART}}_{\text{selected}} \leftarrow$ 基于 Y 均匀选择 Q 个 CART

11　**for** $i \leftarrow 1$ **to** $|\mathcal{A}|$ **do**

12　　$\mid$　$F_i \leftarrow Q$ 个选择的 CART $(I^{\text{CART}}_{\text{selected}})$ 在 $|\mathcal{A}_i|$ 上的平均预测值

13　**end**

14　返回 F

　　目前的性能预测器存在以下几个缺点：非端到端的性质；为了使学习曲线与理想状态更一致，设定了强假设；依赖于大量的训练样本。本节中提到的 E2EPP 方法可以有效解决上述问题。E2EPP 有以下几个优点：首先，端到端的特性使得 E2EPP 在实际应用中更加便利，因为在预测每个 CNN 的性能时，无须额外准备训练数据。其次，由于不依赖于学习曲线，E2EPP 能够在预测性能上优于基于学习曲线的方法。理论上，根据通用近似原理[196]，基于学习曲线的方法仅在学习曲线平滑时才表现良好。然而，在实际应用中，学习曲线并不总是平滑的。此外，E2EPP 不需要大量的训练样本。许多现有基于深度学习的预测方法在大量训练数据的基础上才能取得成功。这些训练数据通常通过从头训练大量 CNN 获得，但即使在 GPU 上训练也非常耗时，而性能预测器的设计初衷是节省 CNN 训练的时间。如果花费大量时间来收集足够的训练数据，将违背性能预测器设计的初衷。在 E2EPP 中，随机森林被用作基本操作器来学习 CNN 架构与其性能之间的映射。随机森林能够在有限的训练数据下实现良好的性能，这在理论上和实践中都有所证明[31, 240]。然而，该方法也有一个缺点：尚不清楚实现良好性能所需的最小训练样本数量，这个最小数量因任务不同而异。在实际应用中，需要采用增量策略不断采样训练样本，直到达到预期的性能。

7.1.2 架构增广的性能预测器 HAAP

性能预测器, 作为一种回归模型, 其构建过程依赖于大量标注的"架构-性能"数据对。更重要的是, 为了构建一个高性能的性能预测器, 必须获取尽可能多的高质量、带标注的数据。事实上, 性能预测器的最大问题在于训练数据集。在实践中, 收集大量带标注的训练数据成本高昂。例如, 即便借助高性能硬件, 在 TPU v2 加速器上训练一个神经网络仍需 32 分钟, 这意味着在一天之内仅能获取 45 个架构的性能(即标注)[243]。通常情况下, 性能预测器的训练所使用的标注架构数据集规模较小, 如 Wen 等[244]在实践中仅采用了 119 个标注架构来构建其性能预测器。性能预测器性能受限的主要原因并非回归模型本身, 而是训练数据的有限性。因此, 如何在不增加计算成本的前提下, 高效利用现有的有限数据, 成为性能预测器研究中的一个重要研究方向。

针对该问题, HAAP[245]及其扩展工作 GIAug[246]通过探索神经架构的同构特性, 在神经架构空间提出了一种新颖的数据增强策略。通过增广扩增消除了层序的影响, 使性能预测器更加关注整体层类型。具体来说, 架构增强通过交换内部顺序来生成一组同质表征。此外, 为了有效表示架构的内在属性, HAAP 还提出了 one-hot 编码策略。总的来说, HAAP 及其扩展工作的贡献可以总结如下。

(1) 提出了一种用于性能预测的架构增强方法。该方法是首次从图的角度研究架构增强的工作。由于所有架构都可以用图建模表示, 因此该方法可以以较低的成本生成大量标注架构, 并有可能适用于各种类型的架构。具体来说, 所有可能的标注序列都用来生成同构图, 从而产生同源架构的各种架构表示。

(2) 提出了一种通用编码方法, 可最大限度地跨越现有 NAS 算法所采用的各种搜索空间。这使得提出的算法可以灵活地应用于不同的性能预测器, 进而提高 NAS 算法的效率。具体地, 所有架构都被视为有向无环图, 并使用邻接矩阵来表示节点连接, 利用 one-hot 策略来编码节点属性。这有助于将所提算法应用到性能预测器中。

(3) HAAP 及其扩展工作 GIAug 能够从现有数据中生成足够多的训练数据, 从而显著提高性能预测器的预测精度。具体地, 提出的算法在 CIFAR-10 和 ImageNet 数据集上进行了实验, 其搜索空间为 NAS-Bench-101、NAS-Bench-201 和 DARTS。实验结果表明, 提出的算法能够有效提高性能预测器的预测精度。

为了便于读者理解本算法, 下文将首先介绍数据增广相关背景知识, 然后介绍图同构理论, 最后依次介绍 HAAP 算法框架及其组件(同构架构增广方法和架构编码方法)。

7.1.2.1 数据增广背景知识

数据增广是一种增加训练数据规模的技术, 其核心目标在于提升相应学习算法的性能。这一方法巧妙地通过变换现有数据或基于现有数据生成全新样本来实现数据量的扩充,从而有效应对训练数据稀缺的难题。在深度学习领域,数据增强尤为重要,它能够解决因高质量标注数据不足而限制模型泛化能力的问题。从理论上讲,训练数据集的规模与深度学习模型的性能之间存在着正向关联,即可使用的训练数据量越大,相应的深度学习模型就越好。然而,在实践中,数据的收集与标注过程往往伴随着高昂的成本和复杂的挑战。以医疗图像分析任务为例,数据主要源自精密的医疗影像设备,如计算机断层扫描(CT)和磁共振成像(MRI)等。收集这些数据往往耗时耗力,并且往往非常昂贵。此外,对这些数据进行标注也是一项劳动密集型工作。

针对上述问题,计算机视觉和自然语言处理领域的研究人员提出了许多高效易用的数据增广方法。在计算机视觉领域,翻转和裁剪是最常用的数据增强技术。具体来说,翻转操作是通过水平或者竖直翻转原始图像随机生成新图像,能够增加数据集的多样性,还有助于模型学习到图像中的空间不变性特征。裁剪操作则是从图像中随机提取一个子块作为新图像,它有随机裁剪、中心裁剪等多种变体。从图像中选取不同大小、不同位置的子区域作为新的训练样本,有效促进了模型对图像局部信息的理解。在自然语言处理领域,数据增强同样扮演着至关重要的角色。反向翻译法作为一种高级的数据增强策略,不局限于简单的语言转换,融入了翻译过程中可能引入的语义变化,从而生成了既保持原意又富有新意的文本数据。另外,义词替换法则通过精心设计的替换策略,如基于词嵌入的相似度选择、考虑上下文语境的同义词替换等,确保了新生成的句子能够保留原句的核心信息,并增加了表达的多样性,有助于模型学习到更丰富的语言模式。

遗憾的是,现有方法无法应用于 HAAP 研究的神经网络架构数据增广。具体来说,计算机视觉或自然语言处理所处理的数据通常都在欧几里得空间中,相应的增强方法也是针对欧几里得数据而设计的。HAAP 中研究的增广算法面对的为非欧氏空间,因此亟待开展相关研究填补这一方面的空白。

7.1.2.2　图同构理论分析

大多数架构可视为有向属性图,其中节点对应操作,边代表节点之间的连接。对于有向属性图,图同构的定义如下。

定义 7.1 (图同构)　如果具有属性函数 L_1 的有向属性图 $G_1 = \{V_1, E_1\}$ 和具有属性函数 L_2 的有向属性图 $G_2 = \{V_2, E_2\}$ 是同构的,那么从集合 V_1 到集合 V_2 之间存在满足以下条件的双射 f。

(1) If $(u, v) \in E_1$, $(f(u), f(v)) \in E_2$ and $L_1(u) = L_2(f(u))$, $L_1(v) = L_2(f(v))$.

(2) If $(f(u), f(v)) \in E_2$, $(u, v) \in E_1$ and $L_2(f(u)) = L_1(u)$, $L_2(f(v)) = L_1(v)$.

如上所示,同构的有向属性图本质上具有相同的节点连接和节点属性,只是节点的位置不同,而节点位置对架构的性能不会产生影响。因此,同构架构具有相同的性能值。受此启发,HAAP 采用图同构来增广架构数据。

同构架构检测：一般来说，两个架构同构与否可以通过它们对应的图是否同构来进行判断，而对于两个图，可以通过以下方法判断它们是否同构：给定两个有 n 个节点的图像 G_1 和 G_2，分别给 G_1 和 G_2 的节点标注 $1, 2, \cdots, n$。如果通过重新标注的节点可以将一个图转换为另一个图，那么这两个图就是同构的。换句话说，当且仅当存在一个置换矩阵 $\boldsymbol{P}$，使得 $\boldsymbol{A}_2 = \boldsymbol{P}\boldsymbol{A}_1\boldsymbol{P}^{-1}$ 和 $\boldsymbol{L}_2 = \boldsymbol{L}_1\boldsymbol{P}^{-1}$。具体来说，$\boldsymbol{A}_1$ 和 $\boldsymbol{A}_2$ 为 G_1 和 G_2 的邻接矩阵。邻接矩阵 $\boldsymbol{A}$ 可以表示图的连接，其定义如下：

$$A_{ij} = \begin{cases} 1, & \text{edge}(i \to j) \text{ 存在} \\ 0, & \text{edge}(i \to j) \text{ 不存在} \end{cases} \tag{7.1}$$

其中，每个邻接矩阵都是根据每个节点的给定标记构建的。例如，标记为 l 的节点在第 l 行和第 l 列有索引。此外，属性向量 $\boldsymbol{L}_1$ 和 $\boldsymbol{L}_2$ 分别代表 G_1 和 G_2 中所有节点的属性。具体来说，$\boldsymbol{L}_1$ 中的第 i 个元素是标记为 i 的节点的属性类型。邻接矩阵和属性向量分别对应拓扑信息和属性信息。最后，$\boldsymbol{P}$ 代表置换矩阵，它是一个正方形二进制矩阵，每一行和每一列中都有一个元素为 1，其他位置值为 0。置换矩阵表示元素的重新标记。因此，HAAP 可以通过使用置换矩阵进行乘法来判断一个图是否可以通过重新标记转换为另一个图。

7.1.2.3 算法框架

HAAP 运行流程如图 7.2所示，首先将不同编码空间中的架构转换为表示邻接矩阵和层类型列表，该转换通过 one-hot 编码策略实现。请注意，为方便起见，图 7.2中仅展示了一个神经网络架构。然后将原始表示增强为多个同构表示形式。原始数据和增强数据都将用于训练神经预测器。如果不使用架构增强，待预测的架构将更多地参考架构 B 的准确性。

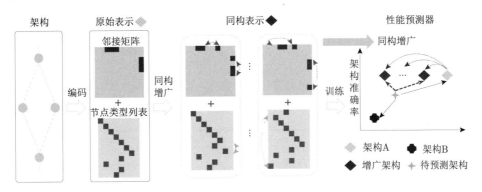

图 7.2 HAAP 流程图

算法 36展示了 HAAP 的算法框架，由于数据集 D 仅包含有限数量带标注的 DNN 架构，HAAP 对 D 中的架构逐一生效（第 2~16 行）。最后，返回一个包含所有增广后经过编码的架构数据集 D'，供性能预测器使用（第 17 行）。在处理 D 中每个架构 A 的过程中，首先通过提取拓扑和属性信息来构建架构 A 对应的图 G（第 3 行）。然后，根据随机拓扑顺序获得节点序列 V（第 4 行）。具体来说，拓扑顺序是节点的线性排序，即从 u 到 v 的每条边 (u,v) 中，节点 u 都排在节点 v 之前（第 5 行）。随后，根据 G、V 和 r 创建邻接矩阵 A 和属性向量 m（第 6 行和第 7 行）。值得注意的是，每个操作都用整数表示。接下来，通过对 r 中的元素进行置换，得到 V 的所有可能标记序列，并将序列存储到 S 中（第 8 行）。最后，根据提出的同构增广方法生成每个图 G'（第 10 行），并通过提出的编码方法将其信息编码到 E 中（第 11 行）。如果 G' 中不存在 E，则将其存储在 D' 中（第 12～14 行）。

算法 36: HAAP 算法框架

    输入: 架构数据集 D

    输出: 数据增广后的经过编码的架构数据集 D'

1 $D' \leftarrow \emptyset$

2 **for** 架构 A in D **do**

3     $G \leftarrow$ 构建架构 A 对应的图

4     $V = (v_1, v_2, \cdots, v_n) \leftarrow$ 根据随机拓扑顺序构建节点序列

5     $r = (1, 2, \cdots, n) \leftarrow$ 建立标记序列

6     $A \leftarrow$ 基于 G，V 和 r 构建邻接矩阵

7     $m \leftarrow$ 得到属性向量 V

8     $S \leftarrow$ 将 r 中的标记进行排列组合，得到所有可能的标记组合

9   **for** 标记序列 l in S **do**

10        $G' \leftarrow$ 通过提出的同构增广方法依据 A，m 和 l 得到图

11        $E \leftarrow$ 根据提出的编码方法对 G' 进行编码

12   **if** $E \notin G'$ **then**

13           $D' \leftarrow D' \cup E$

14   **end**

15   **end**

16 **end**

17 **Return** D'

7.1.2.4　同构架构增广方法

HAAP 及其扩展工作提出的增广方法是受到同构图启发，如定义 7.1 所示。同构图能够保留节点之间的关系和它们的属性，但同构图在顶点标记方面有所不同。基于此发现，能够利用图的同构性来构建 DNN 架构数据集，并进一步提升性能

预测器的能力。这是因为对于性能预测来说，拓扑和属性信息对此类任务至关重要，而节点的标记则无特殊含义。此外，从给定的架构 A 产生的所有同构图将具有相同的性能值。这种增强方法可以为性能预测器提供大量带标注的架构，而且计算成本低廉。

算法 37 展示了本节所提出的基于同构图的架构增广方法。具体来说，提出的同构增广方法由两部分组成：同构信息部分（第 1~9 行）和图形生成部分（第 10~

算法 37： 基于同构图的架构增广方法

输入： 邻接矩阵 A，属性向量 m，标记序列 l

输出： 同构图 G'

1   $N \leftarrow$ 统计节点数目

2   $P \leftarrow$ 创建一个大小为 (N, N) 的空矩阵

3   $i = 0$

4   **for** j in l **do**

5     $\big|$ $P_{ij} = 1$

6     $\big|$ $P \leftarrow i + 1$

7   **end**

8   $A' = PAP^{-1}$

9   $m' = mP^{-1}$

10   $V' \leftarrow \emptyset$

11   $E' \leftarrow \emptyset$

12   **for** $i \leftarrow l$ to N **do**

13     $\big|$ $v_i \leftarrow$ 创建具有 m_i' 属性的节点

14     $\big|$ $V' \leftarrow V' \cup v_i$

15   **end**

16   **for** $i \leftarrow l$ to N **do**

17     $\big|$ **for** $i \leftarrow l$ to N **do**

18       $\big|$ **if** $A'_{ij} == 1$ **then**

19         $\big|$ $e' \leftarrow (V_i', V_j')$

20         $\big|$ $E' \leftarrow E' \cup e'$

21   **end**

22   **end**

23   **end**

24   $G' \leftarrow \{V', E'\}$

25   **Return** G'

24行）。其中第一部分主要用于生成同构信息，即根据标记序列 l 创建置换矩阵 P，并对节点进行重新标记（第 1~7 行）。通过这种方式，能够得到待生成同构图的拓扑信息（即邻接矩阵）和属性信息（即属性向量）。第二部分旨在利用上述可用信息生成图 G'。其中，节点 V' 由邻接矩阵 A' 生成（第 12~15 行），边 E' 由属性向量 m' 生成（第 16~23 行）。最后，同构图 G' 由 V' 和 E' 生成。请注意，输入节点和输出节点的标记保持不变，因为输入和输出操作作为占位符，并不会影响 DNN 的性能。

本节所提出的架构增广方法具有以下优点。首先，它计算开销低，即不需要大量计算资源来注释增广出的 DNN 架构。这是优于图的同构性，能够将基础架构的相同标签分配给所有增广出的架构。因此，提出的增广方法无需额外的计算资源来对架构进行标记。其次，通过生成充足的带标注架构数据，可以有效地提高性能预测器的性能，进而增强相应 NAS 算法设计出的 DNN 架构的优越性。具体而言，本节所提出的增广方法有望提升性能预测器的泛化能力，从而提高对新出现架构的预测能力。

7.1.2.5　架构编码方法

经过提出的增广方法生成的架构均以图的形式表示,虽然基于图的模型（如图神经网络）可以有效处理这种数据，但当这类数据运用到性能预测器时，往往性能不佳。这是因为基于图的模型通常使用平均方法来积累图中每个节点的信息。而这些信息存在描述能力欠佳的问题[247]，导致性能预测器性能下降。正如文献 [248] 指出的，使用自然语言描述 DNN 架构更适合 NAS 背景下的性能预测问题。针对该问题，HAAP 和其扩展工作提出了一种全新的编码方法。为了使不同类型的架构与编码相互独立，需要设计出的编码方法具有通用性。而 NAS 中现有的 DNN 架构可分为操作在节点上（OON）和操作在边上（OOE）两类。具体来说，对于基于 OON 的 DNN 架构，节点代表操作（如 3×3 卷积和 3×3 最大池化），而边缘代表节点之间的连接。相比之下，在基于 OOE 的 DNN 架构中，边代表操作，节点代表操作之间的连接。此外，HAAP 和其扩展将基于 OOE 的架构转换为基于 OON 的架构。HAAP 和其扩展工作还为基于 OON 的架构提出了一种简单而高效的编码方法。

HAAP 和其扩展工作提出的编码方法既简单又高效。首先，代表架构 A 拓扑信息的图 G 的边被初始化为全零的邻接矩阵 $A \in \{0,1\}^{|V| \times |V|}$ 描述。然后，如果标记为 i 的节点和标记为 j 的节点相连，则将 M_A 第 i 行和第 j 列位置的元素值设为 1。然后，用 one-shot 方法将 G 的属性向量 m（其中第 i 个元素表示标记为 i 的节点的操作）转换为属性矩阵。最后，将矩阵 M_A 和 one-shot 属性矩阵合并作为架构 A 的编码。具体来说，最后两个步骤可以表示为

$$E(\boldsymbol{A}, \boldsymbol{m}) = \text{concat}\{\text{flatten}(\boldsymbol{A}), \text{flatten}(\text{oh}(\mathbf{m}))\} \tag{7.2}$$

其中, $\boldsymbol{m}$ 表示 G 的属性向量; oh$(-)$ 表示 one-shot 方法; flatten$(-)$ 和 concat$(-)$ 分别表示矩阵的扁平化和向量的拼接。具体来说, 邻接矩阵 $\boldsymbol{A}$ 被简化为一维向量。属性矩阵在使用单击法后也被转化为一维向量, 而拼接操作只是为了拼接两个向量串。

综上所述, HAAP 及其扩展工作是为了开发一种高效的性能预测器。这一目标是通过同构架构增广方法和架构编码方法两个核心组件实现的。具体来说, 提出的同构架构增广方法可以从有限的原始数据中构建更多的训练数据。此外, 利用 one-hot 编码策略来转换 DNN 架构, 能够显著提高性能预测器的预测精度。

7.1.3 跨域预测器 CDP

在第 7.1.2 小节中提到, 基于预测器的 NAS 算法虽然在多个任务中表现出了优异性能和极高的效率, 但用于训练性能预测器的带标注架构仍然需要从目标搜索空间中进行采样[239, 244], 如图 7.3所示, 并且这些架构需要经过充分的训练才能获取它们的实际性能。庞大的搜索空间需要大量的样本进行表示, 这成为进一步改进基于性能预测器的加速方法的瓶颈。因此, 性能预测器仍然需要大量计算成本, 该成本主要来自对采用架构进行训练获取其性能的过程 (即标注架构性能的过程)。而现有用于 NAS 研究的基准数据集, 如 NAS-Bench-101[243]、NAS-Bench-201[249]、NAS-Bench-nlp[250]、NAS-Bench-ASR[251] 等, 包含了大量已知实际性能的架构。如果能够充分利用这些数据, 就无须为性能预测器标注其他架构, NAS 的搜索成本也会大大降低。

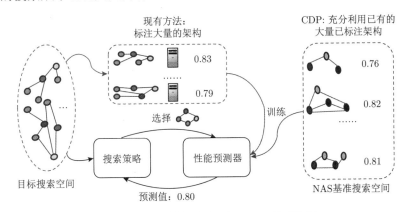

图 7.3　现有性能预测器与 CDP 的对比图

然而, 这些数据集的搜索空间普遍较小, 与 DARTS[19] 和 ProxylessNAS[252] 等在实践中广泛使用的 NAS 算法所采用的大搜索空间存在巨大差异。虽然这些架构都是由一些基础操作组成的，但其设置却大不相同，例如操作的类型和最大数量等。因此，这些带标注的基准架构不能直接用于构建预测器。

针对该问题，有学者利用现有的 NAS 基准开发了跨域预测器（简称 CDP），能够在大型搜索空间中找到高性能的神经架构。具体来说，CDP 的贡献可以总结如下。

（1）CDP 中划分了用于子空间适应的架构空间，并提出了一种渐进的子空间划分方法，能够准确利用局部信息。

（2）CDP 中设计一个辅助空间，以实现从源空间到目标空间的平滑迁移，能够消除不同搜索域之间的显著差异。

（3）CDP 的实验表明，在 ImageNet 和 CIFAR-10 上，其只需 0.1 个 GPU 天数就能搜索到高性能架构。

为了便于读者理解本算法，后文将首先介绍迁移学习和领域适应的背景知识，之后介绍 CDP 的整体流程，然后依次介绍问题定义、渐进式子空间适应和辅助架构空间，最后给出 CDP 的理论分析。

7.1.3.1　迁移学习和领域适应背景知识

迁移学习是将在原有领域中学到的知识应用到其他领域，从而减少重新收集标记数据的工作量[253]。领域适应是迁移学习的一个子类别，该类别要求源任务和目标任务是相同的，且源领域中存在标记数据，这就是 CDP 想解决的场景。如文献 [254] 所示，迁移学习可根据源域和目标域是否一致划分为两种不同的类别。即如果源域和目标域的特征空间不同，则称为异构迁移学习。否则，就是同构迁移学习。由于神经网络架构空间不同，CDP 算法遵循异构迁移学习规则[255]。然而，目前更多的研究集中在同构迁移学习中，因此 CDP 提出了一种统一编码策略，将不同架构空间统一起来，这样就可以将其视为同构迁移学习。

基于特征的转移是最普遍的 CDP 方法之一。其目的是借助一些实例减少源域和目标域之间的分布差异。其中，衡量差异的常用指标是最大平均差异（MMD）[256]，它可以通过计算从两个域采样的实例的平均距离来量化分布差异[257]。受 MMD 的启发，研究人员提出了许多 MMD 的变体和改进方法，如 MK-MMD[258]、加权 MMD[259] 和局部最大平均差异（LMMD）[260] 等。其中，LMMD 可以利用局部亲和性的优势进行更精细的适应，并能取得很好的效果。具体来说，LMMD 首先将域划分为多子空间，然后将同一类别的子空间成对排列。此外，在整个训练过程中，LMMD 使用神经网络输出的伪标签对目标数据进行分类。然而，神经网络在初始训练阶段并不能取得很好的效果，也就是说，在神经网络早期训练过程中，获得的伪标签可能与真实标签严重不符。针对该问题，CDP 提出了一种渐进式方法来缓解误分类问题。

7.1.3.2　CDP 整体流程

CDP 的整体流程如图 7.4所示，其中辅助空间上方和下方的虚线圆圈分别代表源架构空间和目标架构空间。辅助空间的大小介于源空间和目标空间之间，在早期训练中使用该空间可以实现更平滑的迁移。上述空间的架构需要经过统一编码，用邻接矩阵 M 和操作特征 O_0 表示。需要注意的是，源架构数据的真实标签和目标架构数据的伪标签，即 y^s 和 $\hat{y}^t$，需要先经过渐进子空间划分策略处理，然后用于计算 LMMD。其中渐进子空间划分策略详细图示如图 7.4 最右侧图框所示。开始时，该策略将所有架构划分到同一个空间。随着神经网络训练的进行，子空间的数量会不断增加，直到最后达到指定的最大数量。

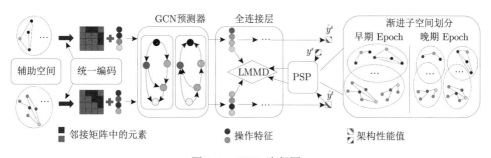

图 7.4　CDP 流程图

7.1.3.3　问题定义

假设搜索空间中的架构 $\mathcal{X}$ 为 $X = \{\boldsymbol{x}_1, \boldsymbol{x}_2, \cdots, \boldsymbol{x}_n\}$，其对应的性能在空间 $\mathcal{Y}$ 中为 $Y = \{y_1, y_2, \cdots, y_n\}$。基于此，性能预测器可以被表示为 $P : \mathcal{X} \rightarrow \mathcal{Y}$，通过对其进行训练可以预测出架构对应的性能，如公式 (7.3) 所示。

$$\min_{W} \frac{1}{n} \sum_{n=1}^{n} \mathcal{L}(P(\boldsymbol{W}, \boldsymbol{x}_n), y_n) \tag{7.3}$$

其中，$\boldsymbol{W}$ 表示性能预测器 P 的可训练权重；$\mathcal{L}$ 表示损失函数。性能预测器 P 训练完成后，将评估其他架构，例如 $\boldsymbol{x}_i$，其中 i 不在 $\{1, 2, \cdots, n\}$ 中，如公式 (7.4) 所示。

$$\hat{y}_i = P(\boldsymbol{W}, \boldsymbol{x}_i) \tag{7.4}$$

神经架构在数学上可以表示为有向图，而架构 $\boldsymbol{x}$ 的常见编码方案是使用操作特征向量 O_0 和邻接矩阵 M 来表示每个操作的类型和操作之间的联系。GCN 作为一种处理图等非欧数据的优秀技术，在表示神经架构方面具有优异性能。因此，CDP 将其作为 P 中的第一个组件来提取神经架构 G 的特征：$\boldsymbol{X} \rightarrow Z$，其中，$Z$ 为特征空间。具体来说，CDP 采用 GCN 实现性能预测器，其特征向量更新过程

如公式 (7.5) 所示。

$$O_{l+1} = \frac{1}{2}\text{ReLU}(\boldsymbol{M}\boldsymbol{O}_l\boldsymbol{W}_l^+) + \frac{1}{2}\text{ReLU}(\boldsymbol{M}^{\text{T}}\boldsymbol{O}_l\boldsymbol{W}_l^-) \tag{7.5}$$

其中，$\boldsymbol{M}^{\text{T}}$ 是 $\boldsymbol{M}$ 的转置矩阵；ReLU 是激活函数；$\boldsymbol{W}_l^+$ 和 $\boldsymbol{W}_l^-$ 是 GCN 第 l 层的两个可训练权重。具体来说，公式 (7.5) 的等号右边的两项分别允许图信息向前和向后流动，这使得它更适合处理神经架构这种有向图。此外，P 的第二个分量是假设 $h: \mathcal{Z} \to \mathcal{Y}$，由多个全连接层组成，并堆叠在 GCN 之后以得到预测的性能值。对于损失函数 $\mathcal{L}$，CDP 采用均方误差。

7.1.3.4　渐进式子空间适应

虽然神经预测器可以在很大程度上节省 NAS 的搜索成本，但其仍然存在很大的局限性。首先，由于缺乏相应 NAS 算法的已标注架构，性能预测器无法得到充分的训练，导致其预测出的架构不准确。现有许多架构数据集已经发布，这些数据集中大量带标注的架构数据能够被用来训练性能预测器。然而，这些数据的分布与在实践中常用的搜索空间中的架构分布存在着很大差距。用 $\tilde{\mathcal{D}}_S$ 和 $\tilde{\mathcal{D}}_T$ 分别表示 $\mathcal{Z}$ 上的原始分布和目标分布，渐进式子空间适应能够有效地缩小 $\tilde{\mathcal{D}}_S$ 和 $\tilde{\mathcal{D}}_T$ 之间的差距。

现有研究证明[261, 262]，深度神经网络有能力很好地学习可迁移特征。此外，许多方法[260, 263]还在目标函数中添加了差异度量指标以协同优化神经网络。在公式 (7.5) 的基础上，加入适应正则化因子后，目标函数变为

$$\min_{W} \frac{1}{n}\sum_{n=1}^{n^s} \mathcal{L}(P(W, \boldsymbol{x}_n^s), y_n^s) + \theta d(\tilde{\mathcal{D}}_S, \tilde{\mathcal{D}}_T) \tag{7.6}$$

其中，$\boldsymbol{x}_n^s$ 和 y_n^s 表示源搜索空间 $\mathcal{X}_S$ 中带有标签的架构；$\theta > 0$ 表示惩罚参数。

最大平均差异（MMD）是一种用于领域自适应的经典度量指标。用 $\mathcal{H}_k$ 表示具有特征核 k 的再生核希尔伯特空间（RKHS），而 $\tilde{\mathcal{U}}_S$ 和 $\tilde{\mathcal{U}}_T$ 分别为从 $\tilde{\mathcal{D}}_S$ 和 $\tilde{\mathcal{D}}_T$ 中采样出的大小为 n_s 和 n_t 的样本。正则化项 $d(\cdot, \cdot)$ 可以通过 MMD 实现，而 MMD 的无偏估计值由潜在表示 $\boldsymbol{z}^s$ 和 $\boldsymbol{z}^t$ 定义：

$$\hat{d}_k(\tilde{\mathcal{D}}_S, \tilde{\mathcal{D}}_T) \triangleq \|\frac{1}{n_s}\sum_{\boldsymbol{z}_i^s \in \tilde{\mathcal{U}}_S} \phi(\boldsymbol{z}_i^s) - \frac{1}{n_t}\sum_{\boldsymbol{z}_j^t \in \tilde{\mathcal{U}}_T} \phi(\boldsymbol{z}_j^t)\|_{\mathcal{H}_k}^2 \tag{7.7}$$

其中，ϕ 表示将原始空间映射到 $\mathcal{H}_k$ 的特征映射函数，它与 k 相关，$k(\boldsymbol{z}^s, \boldsymbol{z}^t) = \langle\phi(\boldsymbol{z}^s), \phi(\boldsymbol{z}^t)\rangle$，其中的 $\langle\cdot, \cdot\rangle$ 表示内积运算。

由于搜索空间之间的差异极大，仅使用 MMD 无法有效处理这些差异。此外，MMD 是一种全局域适应，往往会忽略局部关系。为了充分利用架构之间的局部信息，CDP 提出了一种渐进式子空间适应策略。首先，将源空间和目标空间划

分为多个子空间，这些子空间的数量会在训练过程中不断增加。其次，在相应的子空间之间使用 MMD 损失进行适应。具体来说，这两个空间将根据架构的性能 $Y = \{y_1, y_2, \cdots, y_n\}$ 进行划分。

CDP 中使用源空间中架构的真实标签 y，预测目标空间中架构的伪标签 $\hat{y}$ 来划分子空间。性能值 y_i 是一个标量，需要先进行分类才能成为分类标签 $\boldsymbol{y}_i$，而分类标签 $\boldsymbol{y}_i$ 是一个向量。另外，可以通过公式 (7.8) 计算出 x_i 与第 c 个子空间归属关系的权重 w_i^c：

$$w_i^c = \frac{y_i^c}{\sum\limits_{\mathbf{y}_j \in Y} y_j^c} \tag{7.8}$$

其中，y_i^c 表示标签向量 $\boldsymbol{y}_i$ 的第 c 个元素。根据权重 w_i^c 和公式 (7.7)，子空间之间的差异的无偏估计值可以表示为

$$\hat{d}_k(\tilde{\mathcal{D}}_S, \tilde{\mathcal{D}}_T) \triangleq \frac{1}{C} \sum_{c=1}^C \| \sum_{\boldsymbol{z}_i^s \in \tilde{\mathcal{U}}_S} w_i^{sc} \phi(\boldsymbol{z}_i^s) - \sum_{\boldsymbol{z}_j^t \in \tilde{\mathcal{U}}_T} w_j^{tc} \phi(\boldsymbol{z}_j^t) \|_{\mathcal{H}_k}^2 \tag{7.9}$$

这种差异被称为局部最大平均差异（LMMD），它考虑了同类子空间的相关性。通过引入核 k，公式 (7.9) 可以进行进一步修改，以便计算 LMMD：

$$\begin{aligned} \hat{d}_k(\tilde{\mathcal{D}}_S, \tilde{\mathcal{D}}_T) = & \frac{1}{C} \sum_{c=1}^C [\sum_{i=1}^{n^s} \sum_{j=1}^{n^s} w_i^{sc} w_j^{sc} k(\boldsymbol{z}_i^s, \boldsymbol{z}_j^s) \\ & + \sum_{i=1}^{n^t} \sum_{j=1}^{n^t} w_i^{tc} w_j^{tc} k(\boldsymbol{z}_i^t, \boldsymbol{z}_j^t) - 2 \sum_{i=1}^{n^s} \sum_{j=1}^{n^t} w_i^{sc} w_j^{tc} k(\boldsymbol{z}_i^s, \boldsymbol{z}_j^t)] \end{aligned} \tag{7.10}$$

然而，在实践中，一个严重的问题是伪标签 $\hat{y}$ 可能是错误的，尤其是在神经网络训练的早期阶段得到的性能不能代表架构的最终性能。这种情况将影响公式 (7.10) 的准确性。为了缓解该问题，CDP 提出了一种渐进式子空间划分策略。即在神经网络训练的早期阶段，所有架构都被划分到一个空间中，这样一来，伪标签就不会被分类到错误类别。随着神经网络训练的进行，得到的性能值会变得准确。此时，子空间的数量将会增加，并最终达到预定的最大值 K。

渐进子空间划分：假设获得一个神经网络精确性能需要 E 个 epoch，子空间的最大数量为 K，那么当训练进行到第 e 个 epoch 时，子空间类别 C_e 的数量可通过公式 (7.11) 计算得到：

$$C_e = \text{Sche}(e; E, K) \tag{7.11}$$

而且对于 $\forall i < j$，$\text{Sche}(i; E, K) < \text{Sche}(j; E, K)$。

在 CDP 中，$C_e = K - \lfloor \cos(\frac{\pi}{2E}e) \times K \rfloor$，其中 $\lfloor \cdot \rfloor$ 表示向下取整操作。此外，

CDP 还使用余弦函数来增加 C_e 值较小的 epoch 数目。这种策略能够确保在 C_e 变大之前，神经网络已经得到了充分的训练。因此，伪标签被分类到错误类别的概率将明显降低。

在确定第 e 个 epoch 的子空间类别数 C_e 后，可以使用分形来为标量标签 y 生成新的标签 y。具体地，首先需要找到标量标签的分形 $\{f_0, f_1, f_2, \cdots, f_{C_e}\}$，其中 f_{C_e} 代表最大的标签值，f_0 是最小的标签值。其次，如果 $f_{c-1} < y_i \leqslant f_c$，$y_i$ 对应的子空间类别就可以被确定为 c。再次，将 y_i 的第 c 个元素设为 1，其他元素设为 0。最后，分类向量 y_i 将用于公式 (7.8) 的计算。

7.1.3.5　辅助架构空间

由于源架构空间和目标架构空间存在很大差异，难以直接将源架构空间迁移到目标空间。针对该问题，CDP 设计了一个辅助架构空间，能够使迁移更为容易。

通常，现有带标注的架构数据集的搜索空间（即源空间）相对较小，而实际上目标架构空间（即目标空间）往往很大。以 NAS 领域两个广泛使用的搜索空间 NAS-Bench-101 和 DARTS 为例，带有标注的 NAS-Bench-101 可能的架构数量为 423K，而 DARTS 为 10^{18}。因此，辅助空间的大小应介于源空间和目标空间的大小之间。此外，其他特征也应与这两个架构空间尽可能地相似。

具体来说，CDP 根据上述原则为 NAS-Bench-101、NAS-Bench-201 和 DARTS 设计了一个辅助空间，称为 Tiny DARTS 空间。Tiny DARTS 与 DARTS 的唯一区别是前者中间节点的数量从 4 个减少为 3 个，这能够将操作次数从 8 次减少到 6 次，与 NAS-Bench-201 中设置一致。除此之外，其他任何设置都没有改变。因此，DARTS 中的特征能够得到保留。

在 CDP 的早期训练阶段，辅助空间（如 Tiny DARTS）被当作目标域。在该阶段，CDP 的目的在于缩小源空间和辅助空间之间的差距。经过多次训练后，源空间和目标空间之间的差距也会缩小。此时缩小源空间和目标空间之间的差距会更加容易。因此，迁移过程在辅助空间的作用下变得更加流畅，从而提高了预测性能。

7.1.3.6　理论分析

除了对方法和组件进行详细描述之外，CDP 中还对目标架构搜索空间的预期误差进行了理论分析。首先介绍领域适应中的基本引理，然后进一步推导出 CDP 的目标误差约束。

引理 7.1[264]　假设 $\epsilon_T(h)$ 和 $\epsilon_S(h)$ 分别是目标域和源域上的预期误差，$\mathcal{H}$ 是一个假设空间，对于 $h \in \mathcal{H}$，有

$$\epsilon_T(h) \leqslant \epsilon_S(h) + d_{\mathcal{H}}(\tilde{\mathcal{D}}_S, \tilde{\mathcal{D}}_T) + \lambda \tag{7.12}$$

其中，$\lambda = \epsilon_T(h^*) + \epsilon_S(h^*)$ 是假设的理想组合误差，$h^* = \arg\max_{h \in \mathcal{H}}(\epsilon_T(h) +$

$\epsilon_S(h)$）；$d_{\mathcal{H}}(\tilde{\mathcal{D}}_S, \tilde{\mathcal{D}}_T)$ 是 A-距离[265]的上界。

设 $\tilde{\mathcal{U}}_{S,\text{train}}$，$\tilde{\mathcal{U}}_{S,\text{valid}}$ 分别为从分布 $\mathcal{D}_S$ 中随机抽样的训练数据集和验证数据集，且 $\tilde{\mathcal{U}}_{S,\text{train}} \cup \tilde{\mathcal{U}}_{S,\text{valid}} = \emptyset$。预测器在训练数据集 $\tilde{\mathcal{U}}_{S,\text{train}}$ 上训练完成后，使用验证数据集 $\tilde{\mathcal{U}}_{S,\text{valid}}$ 进行验证。验证假设 $\mathcal{H}'$ 是 $\mathcal{H}$ 的子集，仅由 $\tilde{\mathcal{U}}_{S,\text{train}}$ 决定。定理 7.1 用 $\tilde{\mathcal{U}}_{S,\text{valid}}$ 的经验误差和 MMD $d_k(\tilde{\mathcal{D}}_S, \tilde{\mathcal{D}}_T)$ 证明了目标域的预期误差的上限。

定理 7.1 设 d' 是 $\mathcal{H}'$ 的 VC 维度，m 是 $\tilde{\mathcal{U}}_{S,\text{valid}}$ 的大小，m' 是无标签样本 $\tilde{\mathcal{U}}_S$ 和 $\tilde{\mathcal{U}}_T$ 的大小。对于 $h \in \mathcal{H}'$ 的概率为 $1 - \delta$：

$$\epsilon_T(h) \leqslant \hat{\epsilon}_{S,\text{valid}}(h) + 2d_k(\tilde{\mathcal{D}}_S, \tilde{\mathcal{D}}_T) + \frac{2(d' \log m - \log \delta)}{3m}$$
$$+ \sqrt{\frac{2(d' \log m - \log \delta)}{m}} + 4\sqrt{\frac{d' \log(2m') - \log\left(\frac{4}{\delta}\right)}{m'}} + 2 + \lambda \tag{7.13}$$

证明 该证明分为两部分，首先使用源验证数据集 $\hat{\epsilon}_{S,\text{valid}}(h)$ 的经验误差来表示源域 $\epsilon_S(h)$ 的预期误差上界：

$$\epsilon_S(h) \leqslant \hat{\epsilon}_{S,\text{valid}}(h) + \frac{2(d' \log m - \log \delta)}{3m} + \sqrt{\frac{2(d' \log m - \log \delta)}{m}} \tag{7.14}$$

接下来是使用 MMD $d_k(\tilde{\mathcal{D}}_S, \tilde{\mathcal{D}}_T)$ 限制距离 $d_{\mathcal{H}}(\tilde{\mathcal{D}}_S, \tilde{\mathcal{D}}_T)$ 的上界，即

$$d_{\mathcal{H}}(\tilde{\mathcal{D}}_S, \tilde{\mathcal{D}}_T) \leqslant 2 + 2d_k(\tilde{\mathcal{D}}_S, \tilde{\mathcal{D}}_T) + 4\sqrt{\frac{d' \log(2m') - \log\left(\frac{4}{\delta}\right)}{m'}} \tag{7.15}$$

最后，将这些不等式应用于引理 7.1，就可以得到定理 7.1。

定理 7.1表明，目标域的预期误差受到源域 $\hat{\epsilon}_{S,\text{valid}}(h)$ 的经验误差和目标函数一个项的最小化 MMD $d_k(\tilde{\mathcal{D}}_S, \tilde{\mathcal{D}}_T)$ 的约束。因此，当性能预测器在源验证数据集上表现良好时，在目标域的预期误差也是较小的。

综上所述，CDP 的目标是不需要在特定搜索空间中从头训练神经架构，而是尽可能地从有标签的现有数据集中学习知识构建高性能的预测模型。具体来说，CDP 通过渐进式子空间划分缓解伪标签不准确的问题。此外，CDP 还设计了辅助空间，以解决源域和目标域之间的巨大差异问题。值得注意的是，CDP 的训练架构收集自现有的 NAS 基准数据集，因此它无须像现有性能预测器那样花费大量计算成本来训练神经网络架构。

7.1.4 自监督学习的性能预测器 CAP

神经架构搜索（NAS）在自动设计高性能深度神经网络方面展现出巨大潜力，但其在性能评估阶段存在显著的瓶颈。具体而言，评估生成的架构所需要的高昂

计算资源成本限制了 NAS 的应用。为了解决这一问题，研究人员提出了多种方法，例如早期停止、使用代理数据集、权重共享等。尽管这些方法提高了 NAS 的搜索效率，但它们往往会导致性能下降，使得搜索到的架构在实际应用中无法保证性能。神经预测器是一种新兴的解决方案，其能够直接且相对准确地估计未知架构的性能，因而被视为极具前景的性能评估加速方法，有望显著提高 NAS 的效率。

然而，神经预测器的训练需要大量的架构-性能对，以保证其能够学习到架构与性能的准确映射关系，而获得这些数据需要对大量的架构进行训练并评估性能，因而依然需要耗费大量时间和资源。为了解决这个问题，一些研究试图在标注样本相对较少的架构数据集上训练一个高性能的预测器，例如通过半监督的方法生成一些标注数据[266]，或是通过架构数据增强策略来扩展训练数据[245]。然而，这些方法并未有效利用大量未标注架构中蕴含的丰富信息来学习架构表示并增强预测器。

在上述背景下，CAP[267]提出了一个基于上下文（context）的自监督学习神经预测器，其核心思想是利用架构的上下文信息进行学习，从而只需要少量标注过的架构进行训练。具体来讲，CAP 还提出了一种高效的学习方式，通过预训练和微调的方式训练预测器。首先，CAP 利用上下文感知自监督任务对预测器进行预训练，使其能够学习架构的内在特征。然后，CAP 遵照自监督学习中常用的微调过程，应用一个简单的回归模型将架构表示映射到实际性能。最后，CAP 利用少量标注过的架构对预测器进行微调，使其能够准确预测架构的性能。为了实现高效的预训练，CAP 设计了一个上下文感知自监督任务，该任务鼓励预测器预测架构中每个节点的上下文结构，从而学习架构的内在拓扑信息和节点特征。这种任务能够充分利用大量未标注架构中蕴含的丰富信息，并生成有意义的和泛化的架构表示。在 NAS-Bench-101 和 NAS-Bench-201 等不同的搜索空间上进行的实验结果表明，CAP 的性能优于当时最先进的性能预测器。CAP 能够准确预测架构的性能，并在 NAS 中搜索高性能的架构。CAP 的贡献可以总结如下。

（1）CAP 提出了一种基于上下文的自监督学习神经预测器，它需要更少的注释架构进行训练。与现有的性能预测器相比，CAP 即使在注释架构较少的情况下，仍然可以在搜索空间中对架构进行精确排名。

（2）CAP 设计了一个上下文感知自监督任务，用于预训练神经预测器，该任务能够在不涉及注释架构的情况下生成有意义的且泛化的架构表示。这有助于精确预测架构的性能，并在 NAS 中搜索高性能的架构。

为了便于读者理解本算法，后文将详细介绍 CAP 算法涉及的背景知识，并依次介绍 CAP 算法的框架和各个组成部分。

7.1.4.1 上下文感知自监督学习背景知识

自监督学习是一种强大的机器学习方法，它从无标签数据中学习，并通过设计预训练任务来引导模型学习有用的特征表示。与传统的监督学习相比，自监督学习不需要大量的标注数据，从而降低了数据收集和标注的成本，并提高了模型的可扩展性。自监督学习的关键在于定义合适的预训练任务，这些任务能够充分挖掘数据中的信息，并引导模型学习有用的特征表示。常见的预训练任务包括以下几种。

（1）数据增强：通过对数据进行各种变换，例如旋转、翻转、裁剪等，使模型能够学习到鲁棒的特征表示。

（2）预测任务：例如，预测图像中的遮挡部分、预测词序列中的下一个词等，这些任务能够促使模型学习到数据的内在结构和语义信息。

（3）对抗训练：通过生成与真实数据难以区分的假数据，使模型能够学习到更精细的特征表示。

上下文感知自监督学习是自监督学习的一个重要分支，它主要关注数据内部的上下文信息，并利用这些信息构建预训练任务。上下文信息是指数据中与目标对象相关的其他信息。例如，在自然语言处理中，上下文信息可能是指词所在的句子或段落；在计算机视觉中，上下文信息可能是指图像中的其他物体或场景。上下文感知自监督学习的目的是使模型更好地理解数据中的语义信息，学习到更细粒度的特征表示。常见的上下文感知自监督任务包括以下几种。

（1）预测上下文：例如，预测词序列中的下一个词，或者预测图像中物体的位置和关系。

（2）预测属性：例如，预测图像中物体的类别、属性或标签。

（3）预测结构：例如，预测句子中的语法结构，或者预测图像中的空间关系。

上下文感知自监督学习已经在自然语言处理、计算机视觉、语音识别等领域取得了显著的成果。例如，BERT 模型通过预测词的上下文实现了语言理解任务的突破；ViT 模型通过预测图像块的位置实现了图像分类任务的突破。总而言之，自监督学习和上下文感知自监督学习为机器学习提供了一种新的思路，它们能够有效地利用无标签数据，学习到对下游任务有用的特征表示。随着研究的不断深入，自监督学习和上下文感知自监督学习有望在更多领域取得突破性的成果。

7.1.4.2 CAP 算法流程

1. 算法框架

CAP 算法利用图神经网络和上下文感知自监督学习来构建预测器，从而有效地预测神经架构的性能，进而加速 NAS 过程。该算法流程主要分为三个步骤。第一步是架构编码。首先，将大量的未标注神经架构编码为图数据形式，图中的节点代表操作层，边则表示这些层之间的连接方式。接着，采用一种变体的图同构网络作为编码器，以学习并获取架构的有效表示。第二步是上下文感知自监督任务的构建。在这一步骤中，从每个架构的图数据中提取出中心子图及其对应的上下文图，并构建图对。通过预测中心子图的上下文结构，编码器能够学习到架构的内部拓扑信息和节点特征。此外，还采用对比学习的方法，最大化来自相同架构的图对之间的相似度，并利用来自不同架构的图对作为负样本进行训练。第三步是性能预测。完成预训练阶段后，首先使用一个简单的回归模型将架构表示映射到其实际性能上。然后，使用少量带有标签的架构数据对预训练的编码器进行微调，以进一步提升其性能预测的准确性。下面将对以上三个步骤分别进行详细介绍。

2. 架构编码

在 NAS 领域中，将神经架构转换为图结构并通过图神经网络进行编码是一种有效的方法。CAP 算法也采取了这一策略，将架构编码为图数据，并使用了一种变体的图同构网络 (GIN) 作为编码器来学习架构的表示。具体来讲，在 CAP 算法中，神经网络架构被视为标准图，其中节点代表架构中的各个操作层，由一个操作列表表示；边则代表操作层之间的连接方式，由邻接矩阵表示。例如，对于一个 N 层的架构 X，可以将其表示如下。

（1）操作列表 $O_N = o_1, o_2, \ldots, o_N$，其中 o_i 表示第 i 层的操作类型。

（2）邻接矩阵 $\boldsymbol{A}_{N \times N}$，矩阵中包含 $N \times N$ 个元素，这些元素表示层与层之间的连接关系，例如元素 $a_{i,j}$ 表示第 i 层和第 j 层之间有无连接。

考虑到一个架构可以被表示为不同的同构图，为了学习架构的鲁棒且具有表达力的表示，CAP 算法采用了变体的图同构网络作为编码器。图同构网络是一种图神经网络，它能够学习节点级别的特征表示，并通过聚合节点特征来获得图级别的表示。在学习过程中，图同构网络的第 k 层的更新机制可以表示为

$$\boldsymbol{h}_v^{(k)} = H_\theta \left(\left(1 + \epsilon^{(k)}\right) \cdot \boldsymbol{h}_v^{(k-1)} + \sum_{u \in \mathcal{N}(v)} \boldsymbol{h}_u^{(k-1)} \right) \tag{7.16}$$

其中，$\boldsymbol{h}_v$ 和 $\boldsymbol{h}_u$ 分别表示节点 v 和 u 的特征向量，这些特征可能包括操作层的类型、参数等；H_θ 表示一个简单的多层感知器（MLP），用于对节点特征进行非线性变换；$\mathcal{N}(v)$ 表示节点 v 的邻居节点集合，即与节点 v 直接相连的节点；ϵ 表示一个可学习的权重，用于控制聚合邻居节点特征的程度。当 $\epsilon = 0$ 时，表示仅使用节点本身的特征；当 $\epsilon > 0$ 时，则表示同时使用节点本身的特征和邻居节点的特征。

通过图同构网络编码器，每个节点都会获得一个特征表示。为了得到图级别的表示，CAP 算法使用了一个读取函数（readout function）来聚合所有节点的特

征表示。具体而言，本书使用平均池化作为读取函数，将所有节点的特征表示进行平均，得到架构的最终表示。这个图级别的表示能够捕捉架构的整体特征，例如架构的深度、宽度及连接方式等。

将架构编码为图数据可以更好地表示架构的结构和拓扑信息。图同构网络编码器能够学习到节点级别的特征表示，并通过聚合节点特征来获得图级别的表示，从而更好地捕捉架构的整体特征。架构编码为后续的上下文感知自监督任务的构建和性能预测提供了坚实的基础。通过学习到架构的鲁棒且具有表达力的表示，CAP 算法可以有效地利用未标注架构的信息，并取得优异的性能预测效果。

3. 上下文感知自监督任务的构建

为了更好地学习架构的特征，CAP 算法设计了一个上下文感知自监督任务，其构建如图 7.5所示。该任务旨在利用架构中丰富的上下文信息，使编码器能够更好地理解架构的结构和节点特征。在这一任务中，优化目标是让编码器预测架构中任意节点周围的上下文结构。具体地，对于每个架构，CAP 算法将其表示为一个图，并随机选择一个节点作为中心节点。然后，将中心节点的 K 跳邻域 (K-hop neighborhood) 和其对应的上下文图作为输入，并让编码器预测中心节点周围的上下文结构。

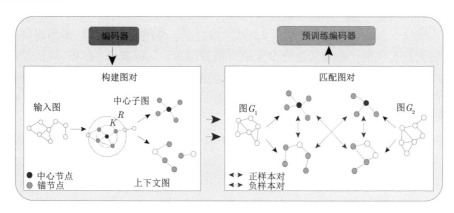

图 7.5 上下文感知自监督任务的构建示意图

具体来讲，上下文感知自监督任务的构建包含以下几个部分。

（1）上下文图的提取：为了构建上下文图，需要确定上下文图的范围。CAP 算法引入了一个距离尺度 $R(R > K)$ 作为上下文图的上界。具体来说，所有位于中心节点的 K 跳邻域和 R 跳邻域之间的子图都被视为上下文图。

（2）锚节点（anchor node）：上下文图和中心节点的 K 跳邻域之间可能存在一些共享的节点，这些节点被称为锚节点。锚节点起到了桥梁的作用，将信息从中心节点传递到上下文图。

（3）对比学习：CAP 算法使用对比学习的方式训练编码器。具体来说，将来自同一架构的中心节点 K 跳邻域和上下文图的嵌入向量作为正样本,而将来自不同架构的中心节点 K 跳邻域和上下文图的嵌入向量作为负样本。通过最大化正样本之间的相似度和最小化负样本之间的相似度,编码器可以学习到更具区分度的特征表示。

构建完上下文感知自监督任务后,其损失函数可以表示为

$$L_{\mathrm{ss}} = L_{\mathrm{CE}}\left(\vec{1}, \mathrm{sim}\left(h_v^G, c_v^G\right)\right) + L_{\mathrm{CE}}\left(\vec{0}, \mathrm{sim}\left(h_v^G, c_v^{G'}\right)\right) \tag{7.17}$$

其中,L_{CE} 表示交叉熵损失函数;$\left(h_v^G, c_v^G\right)$ 表示来自同一架构的中心节点 K 跳邻域和上下文图的嵌入向量,作为正样本;$\left(h_v^G, c_v^{G'}\right)$ 表示来自不同架构的中心节点 K 跳邻域和上下文图的嵌入向量,作为负样本;$\mathrm{sim}\left(h_v^G, c_v^G\right)$ 表示正样本之间的相似度;$\mathrm{sim}\left(h_v^G, c_v^{G'}\right)$ 表示负样本之间的相似度。

上下文感知自监督任务的意义在于其有效地利用了架构中丰富的上下文信息,使编码器能够更好地理解架构的结构和节点特征。通过预测中心节点周围的上下文结构,编码器可以学习到更具区分度的特征表示,从而更好地捕捉架构的整体特征。这种策略有助于提高编码器在后续性能预测任务中的表现。

4. 性能预测

性能预测是 CAP 算法的最终目标,旨在根据架构的表示来预测其真实性能。为了实现这一目标,CAP 算法在预训练阶段之后,使用简单的回归模型将架构表示映射到真实性能,并对其进行少量的有监督微调。具体来说,CAP 算法使用一个两层多层感知器(MLP)作为回归模型。该模型将架构表示作为输入,并输出架构的性能预测值。为了将预训练的编码器用于性能预测,CAP 算法采用了以下三种微调策略。

(1)解码器微调(decoder-only fine-tuning):在预训练阶段后,固定编码器的参数,只训练回归模型。

(2)全微调(full fine-tuning):在预训练阶段后,同时训练编码器和回归模型。

(3)部分微调(partial fine-tuning):在预训练阶段后,去除编码器中的 dropout 层和批量归一化层,并训练剩余的层和回归模型。

微调时,CAP 算法使用贝叶斯个性化排名(Bayesian personalized ranking,BPR)损失函数来进行性能预测模型的训练。BPR 损失函数重点关注架构的相对性能排名,而不是其绝对性能值。这有助于模型更好地捕捉架构之间的性能差异。具体地,BPR 损失函数可以表示为

$$L_{\mathrm{pp}} = \sum_{(A_i, A_j) \in D} \log \sigma\left(s\left(A_i\right) - s\left(A_j\right)\right) \tag{7.18}$$

其中,D 表示所有架构对 (Ai, Aj) 的集合;$s(A_i)$ 表示架构 A_i 的性能预测值;σ

表示 sigmoid 函数。

　　总的来说,性能预测是 CAP 算法的重要组成部分,它通过将架构表示映射到真实性能,实现了架构性能的快速评估。CAP 算法采用简单的回归模型、有效的微调策略,以及 BPR 损失函数,有效地提高了性能预测的准确性。通过完成性能预测部分的构建,CAP 算法最终实现了对神经架构的高效性能估计,提升了 NAS 算法的运行效率。

7.2　面向准确鲁棒神经架构的 NAS

　　在介绍本节的 NAS 算法之前,读者首先需要了解对抗攻击相关的基本知识。此外,本节和下一节中使用的鲁棒 NAS 这一名词指的是用于自动设计具有对抗鲁棒性神经架构的 NAS 算法。

7.2.1　研究背景

　　具体而言,对抗攻击是指在深度学习领域,通过精心设计的输入扰动来欺骗深度学习模型的行为。对抗攻击通常旨在生成对抗样本,这些样本在输入空间中与原始数据非常接近,但会导致模型产生显著不同甚至错误的预测。设 x 为原始的输入样本,x' 为对抗样本,则对抗样本 x' 和原始输入样本 x 的关系可以表示为公式 (7.19) 的形式。

$$x' = x + \delta \tag{7.19}$$

其中,δ 表示在原始输入样本 x 中添加的扰动。通常,添加的扰动 δ 会被限定在一定的范围 ϵ 之内,以达到使添加的对抗扰动难以被察觉的目的。图 7.6 给出了一个对抗攻击的示例。在该示例中,原始输入图像为熊猫的图片,经过深度神经网络分类后,深度神经网络给出了正确的分类结果:“熊猫”。然而,这一输入图像经过对抗攻击算法添加对抗扰动之后,将生成的对抗样本输入同一个深度神经网络当中,深度神经网络给出了错误的输出:“长臂猿”。请注意,此处为了区分原始图像和对抗样本,在对抗样本中加入了较多的噪声。在实际场景当中,对抗攻击算法添加的对抗扰动通常是难以察觉的,即原始图像和对抗样本在人眼视觉层面观察并无明显的区别。

　　对抗样本的生成可以视为一个优化问题,该优化问题可以表示为公式 (7.20) 的形式:

$$\underset{||\delta|| \leqslant \epsilon}{\arg\max}\ J(x + \delta, y) \tag{7.20}$$

其中,δ 表示将要添加到原始输入数据中的对抗扰动;ϵ 表示对抗扰动的范围;$J(\cdot, \cdot)$ 表示目标神经网络模型的输出损失;$x + \delta$ 表示对抗样本;y 表示输入数据的标签。

通过求解这一优化问题，即可确定对抗扰动并生成对应的对抗样本，实现对目标神经网络模型的对抗攻击。

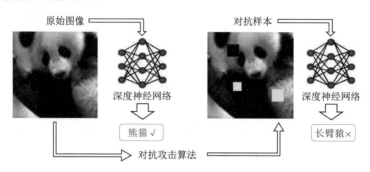

图 7.6　对抗攻击示意图

由于对抗样本的存在，深度神经网络模型的安全性面临很大的挑战。针对这一问题，目前的大部分研究是从学习角度出发，从而增强神经网络模型的鲁棒性，例如对抗训练[268]、防御性蒸馏[22]，以及对抗样本检测[269]等。在这些方法中，最为常用的方法是对抗训练，也就是将用于训练神经网络模型的原始训练数据替换为对抗样本对神经网络模型进行训练，从而使神经网络模型获得抵御对抗攻击的能力。然而，这些基于学习的方法需要依赖于预先设计好的神经网络模型及确定的神经架构。在这种情况下，神经架构设计的质量会极大地影响学习算法的结果。换句话说，一个设计不佳的神经架构，在进行对抗训练后，其对抗鲁棒性大概率会不理想。因此，与学习算法所采用的角度不同，此处从神经架构的角度出发，研究如何设计具有良好对抗鲁棒性的神经架构，同时设计相关算法，即鲁棒 NAS 算法。

7.2.2　研究动机

本小节将简要阐述现有鲁棒 NAS 工作所采用的技术路线，并对其不足与限制进行分析，从而阐明准确鲁棒神经架构搜索的研究动机。

现有的鲁棒 NAS 工作主要有 RobNet[270]、ABanditNAS[271]、NADAR[272]、RACL[273]、AdvRush[274]、DSRNA[275]等。其中，RobNet 采用 one-shot NAS 方法，对超网进行一次对抗训练，然后借助权重共享的方法在对抗攻击下评估每个子网，从而找出鲁棒性良好的子网络。ABanditNAS 引入了一种反 bandit 算法，通过逐渐丢弃不可能使架构变得更加鲁棒的操作来寻找鲁棒性良好的神经架构。NADAR 提出了一种神经架构扩张方法，从原始数据中精度较高的骨干网络开始，寻找一种扩张的神经架构，以达到最大的对抗鲁棒性提升，同时保持最小的精度下降。此外，NAS 最常用的方法是基于可微的 NAS，它通过利用一些衡量对抗鲁棒性的指标更新架构以实现鲁棒架构的搜索。这些鲁棒性指标包括 RACL 采

用的 Lipschitz 常数、AdvRush 采用的输入损失 landscape，以及 DSRNA 提出
并使用的神经架构鲁棒下界以及雅可比范数约束等。

尽管现有的鲁棒 NAS 方法在搜索鲁棒神经架构这一方面已经取得了良好的
效果，但它们仍然具有两方面的缺点。第一，现有的鲁棒 NAS 方法大多只是简单
地采用了为常规训练所设计的搜索空间。然而，适合对抗训练的架构与适合常规
训练的架构通常具有不同的结构模式，因此，现有鲁棒 NAS 方法采用的搜索空间
并不适合对抗训练以保证架构的对抗鲁棒性。第二，神经架构的准确性和对抗鲁
棒性之间存在权衡。现有的鲁棒 NAS 方法在解决这个多目标优化问题时，大多
将其转化为具有固定权重系数的单目标优化问题，并使用梯度下降法进行优化求
解。然而，优化结果的好坏在很大程度上依赖于这一权重系数的选择。同时，研
究多目标优化的学者表明，始终寻找所有目标共同的优化方向可能更有利于识别
帕累托前沿，而固定的权重系数无法实现这一点。

针对上述问题，准确鲁棒神经架构搜索（accurate and robust neural archi-
tecture search，ARNAS）[276]设计了一个面向鲁棒架构模式的搜索空间，以及一
个兼顾准确率与对抗鲁棒性的多目标优化搜索策略，以解决现有鲁棒 NAS 算法
搜索空间以及搜索策略面临的问题。

7.2.3 算法流程

ARNAS 算法的整体流程如图 7.7 所示，主要分为两个部分，即准确且鲁棒的
搜索空间和可微多目标搜索策略。在第一部分中，算法首先构建兼顾准确率和鲁
棒性的搜索空间，然后基于构建的搜索空间初始化一个超网用于后续的可微架构
搜索。在第二部分中，算法执行可微多目标搜索策略，迭代优化第一部分中构建的
超网。最后，算法即可利用可微架构搜索中常用的离散化规则获得最终架构。下
文将对 ARNAS 算法中的搜索空间和搜索策略进行详细介绍。

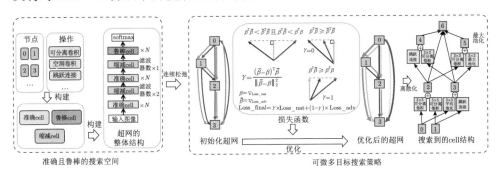

图 7.7 ARNAS 算法整体流程示意图

针对 ARNAS 中的搜索空间，本节介绍从现有鲁棒 NAS 搜索空间的不足和
ARNAS 中搜索空间的具体设计方法两个方面展开。对于现有鲁棒 NAS 搜索空

间的不足而言，现有研究表明[277]，在神经架构不同位置，深度和宽度对准确性和鲁棒性的影响是不同的。反观现有鲁棒 NAS 方法所使用的搜索空间和超网，这一基于 cell 的搜索空间只设计了两种 cell，分别称为普通 cells 和缩减 cells，分别起到提高精度和缩小数据维度以提高计算效率的作用。在此基础上，现有鲁棒 NAS 所使用的超网通过堆叠多个普通 cell 来尽可能地提高准确率，并通过缩减 cell 来降低数据维度。由此得到的架构主要由相同的普通 cells 组成，限制了整体超网在不同位置 cell 的多样性（如在输入端附近采用可分离卷积但在输出端附近采用空洞卷积的架构并不包含在这一搜索空间中），这限制了准确率和鲁棒性的提高。

　　为了解决上述问题，ARNAS 的搜索空间中保留了缩减 cell，同时用准确 cell 和鲁棒 cell 取代了单一类型的普通 cell。其中，准确 cell 和鲁棒 cell 都会返回相同维度的特征图，但可以放置在超网中不同的位置。缩减 cell 会返回一个特征图，特征图的高度和宽度相比这个 cell 的输入都缩小了一半。通过这种设计，学习到的 cell 结构也可以堆叠起来形成一个完整的网络，从而实现搜索空间的可扩展性。如图 7.8所示，缩减 cell 位于整个架构的三分之一和三分之二处。在架构的其余部分，准确 cell 位于第二个缩减 cell 之前，而鲁棒 cell 位于第二个缩减 cell 之后。同时，ARNAS 并没有沿用现有鲁棒 NAS 搜索空间的设计方法（即每当数据维度减小时就将通道数增加一倍），而是在第一个缩减 cell 中将通道数增加一倍，并在第二个缩减 cell 中保持通道数不变。

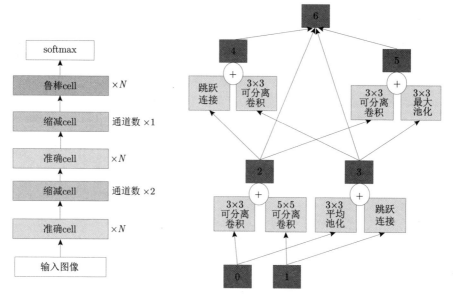

图 7.8　ARNAS 搜索空间示意图

　　基于 ARNAS 的搜索空间，ARNAS 的搜索策略即可从该搜索空间中确定最终的鲁棒神经架构，整体搜索流程可以用公式 (7.21) 所示的双极优化问题刻画：

$$
\begin{cases}
\min_{\alpha} & (\mathcal{L}_{\mathrm{val}}^{\mathrm{std}}(\omega^*(\alpha), \alpha),\ \lambda\mathcal{L}_{\mathrm{val}}^{\mathrm{adv}}(\omega^*(\alpha), \alpha)) \\
\mathrm{s.t.} & \omega^*(\alpha) = \mathrm{argmin}_{\omega}\ \mathcal{L}_{\mathrm{train}}^{\mathrm{adv}}(\omega, \alpha)
\end{cases}
\tag{7.21}
$$

其中，下层优化是指通过最小化训练集上的对抗损失 $\mathcal{L}_{\mathrm{train}}^{\mathrm{adv}}(\cdot)$ 来更新超网中的可训练权重 ω，上层优化旨在更新架构参数以最小化验证集上的自然损失 $\mathcal{L}_{\mathrm{val}}^{\mathrm{std}}(\cdot)$ 和对抗损失 $\mathcal{L}_{\mathrm{val}}^{\mathrm{adv}}(\cdot)$，$\lambda$ 表示权重系数。其中的对抗损失可以选择用其他用于衡量对抗鲁棒性的指标代替。

　　现有的鲁棒 NAS 算法通过对两个优化目标进行线性加权求和，将上层优化转化为单目标优化问题，并设置固定的权重系数，如公式 (7.22) 所示。

$$
\min_{\alpha} \mathcal{L}_{\mathrm{val}}^{\mathrm{std}}(\omega^*(\alpha), \alpha) + \lambda\mathcal{L}_{\mathrm{val}}^{\mathrm{adv}}(\omega^*(\alpha)\alpha)
\tag{7.22}
$$

　　该优化过程可以通过梯度下降的方法直接进行优化。然而，正如在前文中提到的，研究多目标优化的结果表明，如果总是可以找到一个所有优化目标共同的优化方向，对于识别帕累托前沿会更有利，而使用固定的正则化系数无法实现这一目标。为了解决这个问题，ARNAS 提出了一种基于多梯度下降算法（multiple gradient descent algorithm，MGDA）的多目标对抗训练方法。MGDA 是一种基于梯度的多目标优化算法，可以为所有目标找到一个共同的下降方向并执行梯度下降。ARNAS 首先需要动态地确定所有优化目标的权重。基于这一权重，ARNAS 即可同时优化所有目标。由于 ARNAS 需要处理两个目标，动态确定权重的过程如公式 (7.23) 所示。

$$
\gamma^* = \operatorname*{argmin}_{0 \leqslant \gamma \leqslant 1} \left\| \gamma\theta + (1-\gamma)\bar{\theta} \right\|_2^2
\tag{7.23}
$$

其中，$\theta = \nabla_{\alpha}\mathcal{L}_{\mathrm{val}}^{\mathrm{std}}(\omega^*(\alpha), \alpha)$，$\bar{\theta} = \nabla_{\alpha}\lambda\mathcal{L}_{\mathrm{val}}^{\mathrm{adv}}(\omega^*(\alpha), \alpha)$，$\nabla_{\alpha}$ 表示变量相对于 α 的梯度。公式 (7.24) 存在一个解析解，具体的求解方法如公式 (7.24) 所示。

$$
\gamma^* = \max(\min(\frac{(\bar{\theta} - \theta)^T\bar{\theta}}{\|\theta - \bar{\theta}\|_2^2}, 1), 0)
\tag{7.24}
$$

　　利用得到的 γ^*，ARNAS 即可将公式 (7.21) 中的上层优化问题转化为公式 (7.25) 的形式，从而同时保证搜索到架构的准确率和对抗鲁棒性。

$$
\min_{\alpha} \gamma^*\mathcal{L}_{\mathrm{val}}^{\mathrm{std}}(\omega^*(\alpha), \alpha) + (1-\gamma^*)\lambda\mathcal{L}_{\mathrm{val}}^{\mathrm{adv}}(\omega^*(\alpha), \alpha)
\tag{7.25}
$$

7.3　面向轻量化鲁棒神经架构的 NAS

本节主要介绍面向轻量化鲁棒神经架构的 NAS 方法（lightweight and robust neural architecture search，LRNAS）。相关介绍主要从三个方面出发，即这项研究工作的研究背景、研究动机以及算法流程。

7.3.1　研究背景

目前，鲁棒神经网络的相关研究已经取得了较大的进展。近期有文献指出，在构建一个具有良好对抗鲁棒性的模型时，需要更大的 DNN 和更多的参数[278]。例如，在 MNIST 数据集上构建一个鲁棒的 DNN 模型，这一模型所包含的参数量是普通 DNN 模型参数量的四倍左右。显然，这一现象限制了在计算资源有限且安全性要求较高的平台上（如自动驾驶芯片上）部署鲁棒的 DNN 模型。为了同时实现轻量化和对抗鲁棒性，现有研究主要将模型压缩技术融入对抗训练中。其中，模型压缩方法分为剪枝和量化两类，其中常见的剪枝方法包括权重剪枝、架构剪枝、数据剪枝以及周期剪枝，量化方法则主要通过将浮点存储转换为整数存储来实现压缩。然而，这些方法都依赖于预先设计好的神经架构，但设计高质量的神经架构极度依赖领域专业知识，且费时费力、效率较低。

7.3.2　研究动机

为了解决 7.3.1 小节研究背景中提到的架构设计的相关问题，设计出具有良好对抗鲁棒性的轻量化神经架构，相关研究人员提出了多种基于可微 NAS 和 one-shot NAS 的方法。例如，Yue 等提出了 E2RNAS[279]，通过优化自然准确率、对抗鲁棒性和模型大小三个指标进行架构搜索，并通过选择超级网络中架构参数最大的基本单元确定最终架构。此外，Xie 等和 Ning 等分别提出了基于 one-shot NAS 的 TAM-NAS[280] 和 MSRobNet[281]。具体而言，这些方法首先从零开始训练超网，然后根据超级网络中随机抽取的基本单元构建子网，并基于权重继承的形式来评估子网的自然准确率和对抗鲁棒性。最后，上述两个方法通过基于与 E2RNAS 相同的三个目标的多目标优化算法确定最佳子网。上述方法在对抗鲁棒性和轻量化两个指标之间取得了良好的平衡。

然而，尽管上述方法具有有效性，但其仍存在局限性。首先，因为这些方法对搜索空间中基本单元的贡献评估不准确，它们的搜索策略常常无法在搜索空间中找到最佳的基本单元。换句话说，上述方法最终选择的组件可能并不是对自然准确率和对抗鲁棒性最有利的组件。造成这一现象的原因可以归结为如下两点：第一，对于直接使用梯度下降的搜索策略的方法，如 E2RNAS，它们的先验假设认为权重较大的基本单元对性能更有利，但实际上，基本单元的权重与其贡献不直接相关，权重较大的基本单元甚至可能对性能有害；第二，对于使用 one-shot 方法的策略，如 TAM-NAS 和 MSRobNet，由于它们从超网继承权重评估子网性能时存在排序混乱（rank disorder）[172]现象，子网的性能评估常常不准确，导致它们选择的基本单元可能不是最优的。其次，上述方法中的架构选择方法通常无法得出轻量化的架构。造成这一现象的主要原因在于，这些方法所选择的架构中存在冗余部分。具体而言，这些方法倾向于在最终架构中包含尽可能多的组件，通常需要满足预设的最大边数和操作数，但由于存在搜索策略认为有益但其实无价值的基本单元，如图 7.9所示，这种架构选择方法可能会将大量无价值的基本单元保留在架构中，导致冗余的基本单元增加，使模型尺寸变大，但对自然准确率和对抗鲁棒性提升贡献很小。LRNAS 方法主要针对上述两方面的问题给出了对应的解决方案。

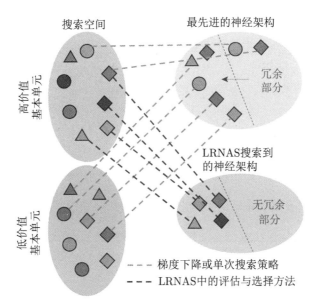

图 7.9　LRNAS 大致思路示意图

7.3.3　算法流程

本小节将从 LRNAS 方法的整体算法流程以及其中两个核心组件的具体实现方法对 LRNAS 的算法流程进行详细介绍。

如算法 38所示，LRNAS 的算法流程包括三部分：搜索空间和架构的初始化、基于 Shapley 值评估的搜索，以及基于贪心策略的架构选择。在初始化阶段，搜索 epoch_i 和架构 $\mathcal{A}$ 分别初始化为零和空集；接着，根据搜索空间 $\mathcal{S}$ 初始化包含架构参数 α 和可训练权重 ω 的超网。在搜索阶段，执行 $\mathcal{N}_w + \mathcal{N}_s$ 个 epoch 的搜索过程，其中每个 epoch 中首先更新超网的可训练权重 ω，如果当前搜索处于热身阶段 $(i < \mathcal{N}_w)$，则架构参数 α 保持不变，否则根据基于 Shapley 值的基本单

元价值评估方法评估得到的基本单元价值，进而更新架构参数 α。最后，通过基于贪心策略的架构选择方法根据第二部分得到的架构参数 α 确定最终架构。为方便读者理解，此处给出 LRNAS 的整体框架示意图，如图 7.10所示。下面将阐述算法中的两大核心组件。

算法 38: LRNAS 整体算法流程

 输入: 搜索空间 $\mathcal{S} = \{o^{(i,j)}\}_{o\in\mathcal{O},(i,j)\in\mathcal{E}}$，用于热身的 epoch 数量 $\mathcal{N}_w$，用于
    搜索的 epoch 数量 $\mathcal{N}_s$，目标数据集
 输出: 搜索得到的鲁棒轻量化 $\mathcal{A}$

1   $i \leftarrow 0, \mathcal{A} \leftarrow \emptyset$
2   基于搜索空间 $\mathcal{S}$，初始化包括架构参数 α 及可训练权重 ω 的超网
3   **while** $i < \mathcal{N}_w + \mathcal{N}_s$ **do**
4   基于训练集训练超网并更新 ω
5   **if** $i < \mathcal{N}_w$ **then**
6   continue
7   **else**
8   通过基于 Shapley 值的基本单元价值评估方法，评估得到的基本
     单元价值，并更新架构参数 α
9   **end**
10   **end**
11   $\mathcal{A} \leftarrow$ 通过基于贪心策略的架构选择方法选择得到的基本单元
12   **return** $\mathcal{A}$

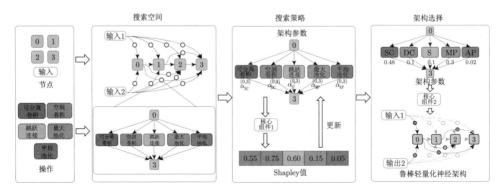

图 7.10　LRNAS 整体框架示意图

在核心组件 1——基于 Shapley 值的基本单元价值评估方法中，根据 Shapley 值的定义，LRNAS 将搜索空间中的每个基本单元 $o^{(i,j)}$ 都视为合作博弈的参与者。在基于 $\mathcal{S}$ 对超网进行初始化后，所有基本单元都会通过合作博弈使超网实现其自

然准确率 A 和对抗鲁棒性 R。此外，这两部分性能也可视为合作博弈产生的"收益"。基于此，基本单元 $o^{(i,j)}$ 的价值 $V_{o^{(i,j)}}$ 可以表示成公式 (7.26) 的形式。

$$V_{o^{(i,j)}} = \frac{1}{N!} \sum_{p \in P(\mathcal{O} \times \mathcal{E})} [\Delta A_{o^{(i,j)}}(p) + \Delta R_{o^{(i,j)}}(p)] \tag{7.26}$$

其中，$N!$ 表示排列总数；N 表示基本单元的数量；$P(\mathcal{O} \times \mathcal{E})$ 表示所有排列的集合。基于上述表示形式，该基本单元在自然准确率和对抗鲁棒性两方面的价值 ΔA 和 ΔR 可以分别表示为公式 (7.27) 和公式 (7.28) 的形式。

$$\Delta A_{o^{(i,j)}}(p) = A\left[p\left(\text{pre}(o^{(i,j)}) \cup \{o^{(i,j)}\}\right)\right] - A\left[p\left(\text{pre}(o^{(i,j)})\right)\right] \tag{7.27}$$

$$\Delta R_{o^{(i,j)}}(p) = R\left[p\left(\text{pre}(o^{(i,j)}) \cup \{o^{(i,j)}\}\right)\right] - R\left[p\left(\text{pre}(o^{(i,j)})\right)\right] \tag{7.28}$$

很显然，$N! = |P(\mathcal{O} \times \mathcal{E})| = |\mathcal{O} \times \mathcal{E}|!$。然而，搜索空间中的基本单元数 N 通常很大。要精确计算基本单元的 $V_{o^{(i,j)}}$，LRNAS 需要计算 $N!$ 次 $\Delta A + \Delta R$，这将带来一笔极其庞大的时间开销。为了解决这个问题，LRNAS 使用无偏估计量 $\hat{V}_{o^{(i,j)}}$ 来近似 $V_{o^{(i,j)}}$，如公式 (7.29) 所示。

$$\hat{V}_{o^{(i,j)}}(p_1, p_2, \ldots, p_n) = \frac{1}{n} \sum_{t=1}^{n} [\Delta A_{o^{(i,j)}}(p_t) + \Delta R_{o^{(i,j)}}(p_t)] \tag{7.29}$$

其中，$p_1, p_2, \ldots, p_n$ 表示从 $P(\mathcal{O} \times \mathcal{E})$ 中随机采样的 n 个排列。此外，为了根据公式 (7.29) 计算出的基本单元价值更新架构参数 α，LRNAS 将所有基本单元在 epoch_i 时的价值记为 V_i。然后，根据公式 (7.30) 和公式 (7.31) 中提出的更新方法，即可得到搜索 epoch_i 对应的架构参数 α_i。

$$V_i = (1 - \psi)V_{i-1} + \psi \frac{\hat{V}(\omega_i, \alpha_{i-1})}{||\hat{V}(\omega_i, \alpha_{i-1})||}, \tag{7.30}$$

$$\alpha_i = \alpha_{i-1} + \eta \frac{V_i}{||V_i||} \tag{7.31}$$

其中，ψ 表示加速收敛的动量值；η 表示步长。

基于搜索过程得到的架构参数 α，在模型大小的限制下，LRNAS 通过基于贪心策略的架构选择方法，以选择更多的高价值基本单元，从而为最终架构的自然准确性和对抗鲁棒性做出更大的贡献。

如算法 39 所示，在基于贪心策略的架构选择方法中，给定架构参数 α 和控制模型大小的阈值 λ，最终即可确定轻量化鲁棒神经架构 $\mathcal{A}$。整体方法包括三个部分：基本单元的选择、基本单元的排序，以及最终架构的构建。在第一部分中，算法首先将结果架构 $\mathcal{A}$ 和基本单元的容器 primitives 初始化为空集，然后寻找每条边 (i, j) 上 α 值最大的基本单元，选择出候选的基本单元并加入 primitives 中。

在第二部分中，为了简化后续的贪心选择过程，使其每一步选择最优解时，只需判断当前基本单元的值，LRNAS 将 primitives 集合中的基本单元按照 α 值递减进行排列。在第三部分中，对于完成排列的 primitives 中的每个基本单元，若当前模型大小未超出阈值 λ，LRNAS 则将该基本单元添加到最终架构 $\mathcal{A}$ 中作为当前步的最优解。至此，即可完成轻量化鲁棒神经架构的自动化设计。

算法 39: 基于贪心策略的架构选择方法

　　输入: 搜索过程结束后得到的架构参数 α、控制模型大小的阈值 λ

　　输出: 构造得到的鲁棒轻量化神经架构 $\mathcal{A}$

1　$\mathcal{A}$, primitives $\leftarrow \emptyset$

2　**for** edges (i,j) in α **do**

3　　　获取边 (i,j) 上的具有最大架构参数的基本单元 $o^{(i,j)}$

4　　　primitives $\leftarrow$ primitives $\cup \{o^{(i,j)}\}$

5　**end**

6　根据架构参数的大小，对 primitives 中的基本单元按照降序进行排列

7　**for** $o^{(i,j)}$ in primitives **do**

8　　　**if** ModelSize$(\mathcal{A} \cup \{o^{(i,j)}\}) < \lambda$ **then**

9　　　　　通过 $\mathcal{A} \leftarrow \mathcal{A} \cup \{o^{(i,j)}\}$ 向架构 $\mathcal{A}$ 中加入基本单元

10　　　**end**

11　**end**

12　**return** $\mathcal{A}$

7.4　架构驱动的持续学习方法

近年来，人工神经网络在图像识别、自然语言处理等领域取得了突破性的进展。然而，当应用于持续学习（continual learning，CL）场景时，神经网络面临着灾难性遗忘（catastrophic forgetting）的挑战[282]。灾难性遗忘是指神经网络在学习新任务时，会忘记之前学习的知识，导致整体性能下降。为了克服灾难性遗忘，现有的研究主要集中在开发更有效的学习算法，例如基于正则化、重放和模型扩张的方法[283]。其中，基于模型扩张的方法通过为每个新任务分配不同的增量网络架构，以最小化稳定性和可塑性之间的冲突。实验结果表明，扩张后的架构性能优于原始架构，这引发了对于现有网络基本架构是否适合持续学习的疑问。针对这一疑问，研究者[284]从架构设计的角度出发，系统地研究了网络宽度、深度及各个网络组件对持续学习性能的影响，并发现各种架构设计对持续学习性能的影响巨大，而直接使用现有的网络架构远远无法达到令人满意的性能。

基于上述观察,研究者[284]提出了一个架构驱动的持续学习方法,即 ArchCraft。它通过寻求适用于持续学习的神经网络架构,提升模型的持续学习性能。ArchCraft 通过构建一个专门针对持续学习的搜索空间,并利用遗传算法进行搜索,最终得到了两类参数数量显著减少且持续学习性能更强的架构,分别适用于任务增量学习和类别增量学习场景。实验结果表明,ArchCraft 设计的架构在参数数量显著减少的情况下实现了卓越的持续学习性能,证明了架构设计在持续学习中的重要作用。ArchCraft 的提出为持续学习领域的研究开辟了新的方向。它表明,除了学习算法,架构设计也是提升持续学习性能的关键因素。未来可以进一步研究如何利用架构设计来克服灾难性遗忘,并设计出更有效的持续学习模型。

为使读者对 ArchCraft 有比较全面的了解,下面将依次对该算法涉及的背景知识以及其算法流程进行详细介绍。

7.4.1 研究背景

尽管深度学习模型尤其是卷积神经网络(CNN)在处理静态数据集的各种视觉任务中取得了令人瞩目的成绩,如图像分类、目标检测和图像分割等,但这些模型在面对现实世界的动态变化时,其局限性逐渐显现。在这个日新月异的世界里,新数据和新知识不断涌现,这就要求我们的学习系统能够具备持续学习的能力。持续学习(continual learning)作为机器学习领域的一个新兴且重要的研究方向,其核心目标是让智能系统能够不断吸收新知识,以适应不断变化的环境。这种能力是构建能够像人类一样终身学习的智能体,实现人工智能终极目标的关键。在持续学习的过程中,模型需要在不完全遗忘旧知识的前提下,从新任务中学习新知识。这通常意味着,模型在训练新任务时,无法访问或只能有限地访问旧任务的数据。

持续学习面临的核心挑战是灾难性遗忘,即当模型被训练用于识别新类别时,它往往会忘记之前学习过的类别特征,导致在完成旧任务时性能急剧下降。为了克服灾难性遗忘,研究人员提出了各种方法来平衡新知识的学习(可塑性)和旧知识的保留(稳定性),如下所示。

(1)正则化方法:通过在模型训练时添加一个正则化项以限制网络参数或模型输出分布的变化来维持稳定性。

(2)重放方法:通过保存之前任务的少量样本,并在学习新任务时将新旧任务的数据混合起来训练模型以防止遗忘。这类方法的核心在于设计合适的采样策略来建立有限的记忆缓冲区用于重放。

(3)模型扩张方法:通过不断扩展网络,并将网络的不同部分专门用于各个任务,以此减少模型新旧任务的冲突,进而防止遗忘。

根据任务的标签在推理阶段是否可知等限制条件,持续学习可以被分为多种场景，ArchCraft 主要关注任务增量场景和类增量场景。在任务增量场景下，模型在推理阶段可以知道当前任务的具体标签。这意味着模型可以根据任务标签来选择合适的知识或参数进行推理。在类增量场景下，模型在推理阶段无法知道具体任务的标签，只能根据输入数据来预测。这比任务增量学习更具挑战性，因为模型需要在没有明确不同数据所属类别范围的情况下，从新数据中学习新类别，同时保留旧类别的知识。

7.4.2   研究动机

神经网络的性能表现主要取决于其权重和架构。权重是网络中连接不同神经元之间的参数，而架构则决定了网络的结构特点。以往的研究主要关注模型权重的优化，例如通过正则化技术限制权重变化，或者通过重放技术保留之前学习的样本。然而，这些方法往往直接采用现有的神经网络架构，并没有充分探索架构设计在缓解灾难性遗忘中的潜力。

现有神经网络架构主要针对传统的机器学习范式设计，这些架构在设计之初仅考虑了模型的可塑性，而没有考虑到持续学习需要的另一个特性——稳定性。因此，这些架构可能天生并不具备强大的持续学习能力。为此，有必要重新审视现有架构设计在持续学习中的作用，从而发掘出真正适合持续学习的架构。为了阐明神经架构在持续学习中的重要性，本节将系统地分析架构设计对持续学习的影响，包含网络组件和网络缩放两个方面。

在网络组件方面，重点关注跳跃连接、全局平均池化（global average pooling，GAP）和下采样方法。

（1）跳跃连接：跳跃连接可以连接网络的不同层，将浅层特征与深层特征进行融合，从而增强模型的性能。在两种持续学习场景中，跳跃连接都显著提高了模型的持续学习性能，这一结果展现了跳跃连接结构的泛化性。

（2）全局平均池化：GAP 是指将应用平均池化模型最后一个卷积层输出的特征图大小缩小为 1×1，从而减少参数数量，但可能会丢失一些重要的空间信息。在持续学习中，GAP 在任务增量场景和类增量场景下展现了截然不同的作用。具体而言，在任务增量场景中，去除 GAP 可以显著提升持续学习性能，而在类增量场景中，去除 GAP 则导致性能严重下降。

（3）下采样方法：下采样方法可以降低特征图的分辨率，减少参数数量，常用的下采样方法包括最大池化、平均池化和跨步卷积。在持续学习中，对于任务增量场景，使用最大池化作为下采样方法显著优于跨步卷积；而对于类增量场景，几种下采样方法的性能总体差异不大，其中最大池化略好。

在网络缩放方面，主要研究网络宽度和网络深度对持续学习性能的影响。

（1）网络宽度：网络宽度指的是网络中通道的数量。更宽的网络通常可以提取更丰富的特征，但参数数量也会相应增加。在持续学习中，网络宽度对两种场景的性能均产生较大影响，更宽的网络通常具有更好的持续学习性能。进一步实验表明，在任务增量场景中，分类器（即网络的输出层）的宽度是影响网络性能的主要因素；而在类增量场景中，网络整体宽度和分类器宽度都对网络性能有显著影响。

（2）网络深度：网络深度指的是网络中层的数量，其对持续学习性能的影响较为复杂。在任务增量场景中，虽然增加深度可以提高网络的容量，但过深的网络可能会导致性能下降；在类增量场景中，增加网络深度则不会对持续学习性能产生太大影响。

总的来说，架构对模型的持续学习有着重要的影响，而现有的架构设计并不符合持续学习的要求。此外，架构在任务增量和类增量学习中所起的作用也不完全相同。为此，有必要针对具体场景，探索专门的架构以提升模型的持续学习能力。

7.4.3 算法流程

考虑到架构对持续学习性能有着重要的影响，应用神经架构搜索（NAS）设计适合持续学习的架构是缓解灾难性遗忘的一种潜在的解决方案。NAS 可以自动搜索专用于持续学习的网络架构，并替代持续学习应用中现有的架构，从而提升持续学习的性能。

然而，传统的 NAS 方法主要针对标准学习范式设计，只考虑了模型的可塑性，而持续学习需要同时考虑稳定性和可塑性，这些方法显然并不适合应用于持续学习。为此，ArchCraft 方法通过构建一个专门针对持续学习的搜索空间，并结合遗传算法进行搜索，从而找到性能最优的网络架构。下面将详细介绍 ArchCraft 方法的三个关键要素：搜索空间设计、搜索策略和性能评估。

7.4.3.1 搜索空间设计

ArchCraft 的搜索空间中的架构以 ResNet 为基础，并进行了一系列改进，以适应持续学习的需求。在架构框架方面，每个架构由一个初始卷积层和多个卷积单元链式连接组成，这种设计借鉴了 ResNet 的架构设计经验，可以有效保证模型基本的学习能力。需要指出的是，与原始 ResNet 的卷积单元不同，ArchCraft 使用的卷积单元仅包含一个卷积层，其目的在于在网络深度较小的情况下搜索更加多样的架构。同时遵循已有的设计经验，每个卷积层均使用 3×3 卷积核，并后接批归一化和 ReLU 激活函数。而对于组件方面，由于研究中对其探索已足够充分，ArchCraft 直接针对任务增量场景和类增量场景分别选择已知最佳的配置，而不再进行搜索。具体来讲，对于两个场景，都使用跳跃连接和最大池化，对于任务增量场景，还额外去除了全局平均池化，而对类增量场景则予以保留。

尽管有些架构设计原则已经可以得到确认，但对于最优的架构设计方案，还依然需要进行探索。为此，在确定完搜索空间架构的整体框架后，ArchCraft 对以下可变元素进行搜索，以确认最优的神经网络架构。

（1）网络宽度：通过调整网络架构的初始通道数来控制。更宽的网络可以提取更丰富的特征，但参数数量也会相应增加。

（2）网络深度：通过调整架构中单元的数量来控制。更深的网络可以学习更复杂的特征，但可能会加剧灾难性遗忘等问题。

（3）下采样位置：通过指定在哪些单元之前进行下采样（即添加一个最大池化层）来控制。下采样可以降低特征图的分辨率，减少参数数量，但可能会降低模型的特征提取能力。

（4）通道数增加位置：通过指定在哪些单元中将卷积层的输出通道数进行翻倍来控制。增加通道数可以提高模型的特征提取能力，但也会增加参数数量。

为了实现架构的搜索，还需要对架构进行编码，ArchCraft 采用了长度为 12 的编码，每个编码均为一个整数，实现了候选网络架构的简洁表示。

（1）前两个编码：分别表示网络深度和宽度。

（2）后续 5 个编码：表示下采样位置，每个编码代表一个单元，如果编码的值小于单元数量，则表示在该单元之前进行下采样，如果编码的值大于单元的数量，则其无意义。

（3）最后 5 个编码：表示通道数增加位置，每个编码代表一个单元，如果编码的值小于单元数量，则表示在该单元中增加输出通道数，如果编码的值大于单元的数量，则其无意义。

7.4.3.2　搜索策略

ArchCraft 方法采用基于遗传算法的搜索策略来寻找最优的网络架构，该算法模拟了生物演化的过程，通过迭代的方式不断优化种群中的个体，最终找到适应度最高的架构。其搜索过程分为初始化阶段和迭代演化阶段。在初始化阶段，先在定义的搜索空间内随机生成一组候选架构（即个体），随后，评估每个个体的适应度，适应度高的个体其持续学习性能更优。在迭代演化阶段，循环执行以下步骤直到达到预设的迭代次数。

（1）后代生成：通过突变生成后代个体。具体而言，为了生成一个后代个体，先从种群中随机选择两个个体，并选择适应度较高的个体作为父代，再随机修改其某一位编码以作为后代个体的编码。

（2）编码调整：当表示单元数量的编码被修改时，指示下采样位置和通道数增加位置的编码也会被相应地调整，以保持相对位置不变。

（3）种群更新：对后代个体进行适应度评估并记录后，从先前种群和后代的并集中选择适应度较高的个体，以形成下一个种群。

搜索过程完成后，最终种群中适应度最高的架构将被选为最终设计。

7.4.3.3 性能评估

在面向传统机器学习的神经架构搜索中，性能评估通常通过测试模型在验证集整体上的分类准确率进行。然而，这种方法并不能很好地评估模型在持续学习任务中的性能，因为它没有考虑到模型在学习新任务时是否忘记了之前学习的知识。ArchCraft 方法采用平均增量准确率（average incremental accuracy，AIA）作为性能评估指标。AIA 表示在所有学习阶段中，每个阶段的平均分类准确率。它是反映模型在学习新任务的同时，保持对先前学习任务记忆能力的综合指标。具体来讲，评估模型性能并计算 AIA 的流程如下。

（1）将数据集划分为若干个任务，每个任务均包含同等数量的类别的数据。例如，在 CIFAR-100 数据集上，可以将 100 个类别划分为 20 个任务，每个任务包含 5 个类别。

（2）逐步学习任务：将所有任务依次引入训练过程中，例如，先学习前 5 个类别的数据，然后学习接下来的 5 个类别的数据，以此类推。

（3）评估每个任务的准确率：在每个任务学习完成后，使用当前和以往任务对应的测试集评估模型的分类准确率。例如，在学习第 2 个任务时，需要使用第 1 个任务和第 2 个任务对应的测试集来评估模型的分类准确率。

（4）计算 AIA：将每个阶段的分类准确率加起来，然后除以任务的总数，得到 AIA。AIA 的值越高，说明模型在持续学习任务中的性能越好。

通过在两种持续学习场景中分别运行神经架构搜索，ArchCraft 实现了适用于两种场景的网络架构的构建。实验结果表明，ArchCraft 设计的架构能够在保持对先前学习任务记忆能力的同时，有效地学习新任务，从而实现了稳定性和可塑性的平衡。同时，其构建的架构具有参数高效的特点，能在参数量更小的前提下，取得相较于基准模型更优的持续学习性能。总的来说，ArchCraft 方法为持续学习中的网络架构设计提供了一种新的思路，并取得了显著的成果。它证明了网络架构设计对持续学习性能的重要性，并为未来架构视角下持续学习研究指明了方向。

第 8 章　AutoML 平台

在前面的章节中，探讨了自动化机器学习（AutoML）的方法。本章将重点介绍一些现有的 AutoML 平台，帮助大家了解不同平台的特点和优势。首先，将概述当前市场上主要的 AutoML 平台，包括谷歌的 Cloud AutoML、百度的 EasyDL、阿里云的人工智能平台（platform of artificial intelligence，PAI）、第四范式的 AI Prophet AutoML 及微软的 Neural Network Intelligence（NNI）。此外，还将介绍一些重要的开源平台，如 EvoXBench 和 BenchENAS 等。最后，将简要介绍一些其他广泛使用的 AutoML 工具，如 Hyperopt、GPyOpt、SMAC 和 HpBandSter。

8.1　现有平台概述

随着人工智能技术的快速发展，特别是深度学习技术的快速进步，AI 算法的研发与部署过程正经历着前所未有的变革与挑战。为了在特定领域开发出能满足实际需求的机器学习模型，需要针对性地进行设计与微调。在传统的研发与应用模式下，从数据的精心预处理到特征工程的精细选择，再到模型选择的深思熟虑、超参数调优的反复试错，每个环节都依赖大量时间与计算资源，甚至部分环节需要依赖于极强的领域专业知识。面对这一困境，研究人员开始着手研究 AutoML 平台，给人工智能行业带来了革命性的转变。这些平台通过集成先进算法与智能化技术，实现了从数据准备到模型部署全链条的自动化处理，极大地减轻了人工负担，缩短了项目周期，降低了人工智能技术的准入门槛。企业与开发者无须再深陷于烦琐的编程与调优工作中，而是能够更专注于业务逻辑的创新与 AI 价值的挖掘。具体来说，AutoML 对人工智能产业的促进与推动作用体现在以下几个方面。

（1）降低技术门槛：AutoML 平台可以自动化处理复杂的机器学习流程，使得不具备深厚 AI 背景的技术人员甚至非技术人员也能参与到 AI 应用的开发中。这极大地降低了 AI 技术的使用门槛，促进了 AI 技术的普及。

（2）加速创新周期：传统机器学习模型的开发需要经历漫长的迭代周期，而 AutoML 平台通过自动化和智能化手段，显著缩短了这一周期。这使得企业和研究机构能够更快地试验新的想法，加速产品迭代和创新。

（3）优化资源利用：AutoML 平台能够智能地分配计算资源，自动进行模型选择和超参数调优，从而避免了不必要的资源浪费。这对于企业和研究机构来说，意味着更高的资源利用效率和更低的成本。

（4）提升模型性能：通过集成先进的算法和策略，AutoML 平台能够生成高性能的机器学习模型。这些模型在准确性、泛化能力和鲁棒性等方面通常优于手动调优的模型，从而为企业带来更大的商业价值。

（5）推动产业升级：AutoML 平台的应用不局限于科研领域，而是广泛渗透到各行各业。在制造业、医疗、金融、教育等领域，AutoML 平台正在推动产业智能化升级，提升生产效率和服务质量。

AutoML 领域的发展可以追溯到早期的一些自动化工具，如 2013 年发布的 Auto-WEKA，它标志着 AutoML 技术的初步探索。Auto-WEKA 能够自动选择机器学习模型和超参数，为初学者和经验丰富的从业者提供了极大的便利。随着技术的不断进步，AutoML 领域迎来了更加全面的发展。例如在 2017 年底，Microsoft Cognitive Services（微软认知服务）推出了自动化的 AutoML 平台 CustomVision.AI。这一平台专注于将 AutoML 运用在图像分类等视觉任务中，通过迁移学习技术，用户只需少量图像即可利用微软已有的大型多图像分类器库创建优秀的 CNN 模型。CustomVision.AI 的推出，标志着 AutoML 技术在图像识别领域的重要突破，为用户提供了便捷、高效的图像分类解决方案。此外，2018 年谷歌 Cloud 研发了 Cloud AutoML 平台，该平台同样利用迁移学习技术，为用户提供自动化的机器学习服务。Cloud AutoML 不仅支持图像分类，还涵盖了其他领域，如文本分类和语音识别等。与微软 CustomVision.AI 类似，谷歌 Cloud AutoML 也通过预构建的复杂模型，降低了用户开发 AI 应用的难度和成本。同时，Cloud AutoML 还提供了灵活的 API 接口，方便用户将训练好的模型部署到各种应用场景中。自微软和谷歌的 AutoML 平台推出以来，AutoML 领域的发展迅速。越来越多的企业和研究机构投入 AutoML 技术的研发中，推出了各种功能和性能更加优越的 AutoML 平台。例如，百度、阿里云和第四范式等公司也推出了它们的 AutoML 平台。这些平台不仅支持更加丰富的算法和模型，还提供了更加完善的自动化流程。此外，来自南方科技大学和四川大学等的科研团队也专注于对 AutoML 平台前沿技术进行探索，致力于解决 AutoML 平台所面临的模型种类繁多和评估耗时等关键技术难题。下面，将详细介绍一些经典的 AutoML 平台。

8.2 谷歌 Cloud AutoML

谷歌 Cloud AutoML[①]作为一项革命性的云服务，由谷歌 Cloud 在 2018 年初

---

① https://cloud.google.com/automl

提出。正如谷歌 Cloud 的 AI 首席科学家李飞飞介绍的：谷歌 Cloud 一直在尝试让 AI 更加"民主化"，其中最首要的目标就是降低人工智能领域的进入门槛，将 AI 技术提供给尽可能多的开发者、研究人员和公司。谷歌 Cloud AutoML 就是为这一目标而研发的。它重新定义了机器学习模型的构建与部署流程，并极大地拓宽了机器学习技术的应用边界。Cloud AutoML 的核心优势在于其强大的自动化能力，它自动化了模型构建、训练和部署的全过程，包括特征工程、超参数调优、模型评估和选择等烦琐任务，从而大幅降低了机器学习的技术门槛。通过深度集成云计算的强大资源，Cloud AutoML 能够处理海量且多样化的数据，包括高分辨率图像、高清视频流、海量文本数据及复杂的表格信息，确保无论面对何种数据类型，都能找到最适合的自动化机器学习解决方案。

　　Cloud AutoML 的核心竞争力在于其高度智能化的自动化流程，它彻底改变了传统机器学习项目中耗时费力且专业性强的环节。从数据预处理、特征提取与选择，到模型架构设计、参数调优及性能评估，Cloud AutoML 都能自动完成，无需用户具备复杂的编程技能或深入的机器学习理论知识。这一特性极大地缩短了从数据到洞察的时间周期，使得即便是非技术背景的用户也能快速上手，实现 AI 项目的快速迭代与优化。更值得注意的是，Cloud AutoML 的用户体验设计极为友好，通过直观的图形用户界面，用户能够轻松上传数据集，并实时监控模型训练进度与性能指标。系统还会根据训练结果智能地推荐最佳模型，用户可根据实际业务需求进行选择，进一步简化了决策过程。此外，Cloud AutoML 还提供了详尽的模型解释性工具，帮助用户理解模型决策背后的逻辑，增强了用户对模型可靠性的信任。在模型的部署与应用阶段，Cloud AutoML 同样展现出了极高的灵活性。除了支持在 Cloud Auto ML 平台上无缝集成与部署，用户还可以轻松将训练完成的模型导出至本地服务器、边缘设备或其他云服务提供商的环境中，确保模型能够灵活适应不同的应用场景和计算资源限制。这一特性能够提升模型的便携性和可扩展性，还满足了不同用户对数据隐私与安全的严格要求。

　　为了使读者更直观地理解 Cloud AutoML 的使用，以图像分类任务为例，给出该平台的一个使用实例。具体来说，对 Cloud AutoML 的使用可以分为以下 6 个步骤。

　　（1）准备数据：准备一个包含图像数据的逗号分隔值（comma seperated values，CSV）文件，其中每一行都包含图像的 URL 和对应的标签。

　　（2）创建 AutoML 数据集：登录到 Google Cloud Console，导航到"AI & Machine Learning"->"Vision"->"AutoML Vision"。点击"Create Dataset"并选择"Image Classification"。然后上传第一步准备好的 CSV 文件。

　　（3）训练模型：数据集创建完成后，点击"Train New Model"。选择训练数据和验证数据，并配置所需的训练参数（例如训练时间、预算等）。然后点击"Start Training"。

（4）评估模型：训练完成后，Cloud AutoML 会自动评估模型性能，并生成详细的评估报告。可以查看模型的准确性、召回率、F_1 得分等指标。

（5）部署模型：如果模型性能满足实际要求，可以使用 REST API 部署模型。点击"Deploy Model"，然后选择所需的部署选项。部署完成后，会得到一个"API"链接和 API 密钥。

（6）使用模型进行预测：使用步骤（5）生成的 API 使用模型，处理图像分类任务，其伪代码如下所示。

```python
# 设置API链接和API密钥
api_link = 'YOUR_API_LINK'
api_key = 'YOUR_API_KEY'
# 准备图像数据
image_data = YOUR_DATA
# 构建请求
headers = {'Authorization': 'Bearer' + api_key}
payload = {
        'payload': {
                'image': {
                        'imageBytes': image_data.
                                decode('base64')
                }
        }
}
# 发送请求并获取响应
response = requests.post(api_endpoint, json=payload,
    headers=headers)
predictions = response.json()
```

综上所述，谷歌 Cloud AutoML 以其自动化、模块化、可解释性和灵活性等特性，为机器学习技术的民主化做出了重要贡献。它能够降低机器学习的技术门槛和成本，并进一步提高了模型的性能和准确性，为各行各业的用户带来了便利和机遇。随着人工智能技术的不断发展和普及，Cloud AutoML 将继续发挥重要作用。

8.3　百度 EasyDL

百度 EasyDL①是基于百度自主研发的深度学习平台飞桨（PaddlePaddle）推出的一项定制化 AI 训练及服务平台。该平台的核心组件如图 8.1所示，它面向企业 AI 应用开发者（尤其是那些零算法基础或追求高效率开发的企业用户及开发者），提供了从数据管理与标注、模型训练到模型部署的一站式 AI 开发流程。EasyDL 内置了丰富的预训练模型，支持图片、文本、视频、结构化等多种类型的数据处理，能够快速生成高精度 AI 模型。无论是图像分类、物体检测、图像分割，还是文本分类、声音分类、视频分类等任务，EasyDL 都能提供便捷的解决方案。该平台还支持公有云、本地设备端、本地服务器及软硬一体方案等多种灵活的部署方式，满足不同业务场景的需求。自推出以来，EasyDL 凭借其简单易用、高效快速的特点，吸引了超过 70 万的企业用户，在工业制造、安全生产、零售快消、智能硬件、文化教育、政府政务、交通物流、互联网等多个领域实现了广泛落地。特别是在零售行业中，EasyDL 零售行业版针对货架巡检、自助结算台、无人零售柜等典型场景，提供了定制商品检测与标准商品检测两种基础服务，以及货架拼接、翻拍识别等增值服务，极大地提升了零售行业的智能化水平。此外，EasyDL 还内置了文心大模型基座，能够对多行业的产业级知识进行增强，进一步提升自动生成的模型性能。

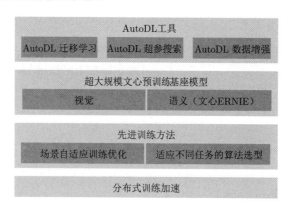

图 8.1　百度 EasyDL 核心组件

　　下面以零售行业的商品识别与货架管理为例对 EasyDL 进行介绍。在零售行业中，传统的货架管理方式依赖于人工巡检，不仅效率低下，还容易出错。随着 AI 技术的发展，许多零售商开始采用智能货架管理系统来优化库存管理和顾客体验。百度 EasyDL 能够为此类系统提供强大的技术支持。具体使用步骤如下。

---

① https://ai.baidu.com/easydl/

（1）数据准备与标注：首先，需要超市收集超市货架上的商品图片，并利用 EasyDL 的数据管理与标注工具进行快速标注。这些标注数据包括商品的位置、种类、价格等信息。

（2）模型训练：利用 EasyDL 的图形化界面，超市的 IT 团队无需深厚的算法基础，即可轻松上传标注好的数据，并选择适合的商品识别模型进行训练。EasyDL 内置了多种预训练模型，能够显著缩短训练时间并提高模型精度。

（3）模型部署：训练完成后，超市将模型部署到智能货架管理系统的硬件设备上，如摄像头或边缘计算盒子。这些设备能够实时捕捉货架上的商品图像，并通过模型进行快速识别和分析。

（4）实时监控与预警：智能货架管理系统能够实时监控商品库存情况，一旦发现缺货或错放现象，立即向管理人员发送预警信息。同时，系统还能根据销售数据预测未来需求，帮助超市进行更精准的库存管理。

（5）优化顾客体验：通过智能货架管理系统，超市还能为顾客提供更加个性化的购物体验。例如，系统可以根据顾客的购物历史和偏好，推荐相关商品或优惠信息，提高顾客满意度和购买率。

总的来说，百度 EasyDL 是一款功能强大、易于上手的 AI 开发平台，为各行各业的 AI 应用开发者提供了有力支持，推动了 AI 技术的普及和应用落地。

8.4　阿里云 PAI

阿里云 PAI 是一款集成了数据预处理、模型训练、调优、评估、部署及服务全链路的云端人工智能平台。PAI 起初是服务于阿里巴巴集团内部（例如淘宝、支付宝和高德）的机器学习平台，致力于让公司内部开发者更高效、简洁、标准地使用人工智能 AI 技术。随着 PAI 的不断发展，2018 年 PAI 平台正式商业化，目前已经积累了数万的企业客户和个人开发者，是中国云端机器学习平台之一。PAI 平台具有高度自动化和易用性等特点，极大地降低了人工智能技术的应用门槛，即便是非专业技术人员也能轻松上手，快速实现智能化的业务创新。下面将对阿里云 PAI 平台的功能特点和应用优势进行详细介绍。

8.4.1　功能特点

阿里云的 AutoML 平台 PAI，其底层架构支持多种计算框架。在此基础上，PAI 平台提供了全面的功能特性，覆盖了机器学习的整个生命周期，包括 AI 计算资源管理、智能标注、可视化建模、交互式建模、分布式训练、自动超参数优化等。下面详细介绍该平台支持的几种主要计算框架及其部分核心功能。

8.4.1.1　支持的计算框架

PAI 平台底层架构支持以下多种计算框架，以满足不同场景下的计算需求。

（1）流式计算框架 Flink：适用于实时数据处理和分析。

（2）深度学习框架 TensorFlow、PyTorch、Megatron 和 DeepSpeed：基于开源版本深度优化，适用于复杂的深度学习模型训练。

（3）大规模并行计算框架 Parameter Server：支持千亿级特征样本的计算，适用于大规模机器学习任务。

（4）业内主流开源框架 Spark、PySpark、MapReduce：适用于批处理数据的处理和分析。

8.4.1.2　可视化建模功能

PAI 平台通过工作流的方式来实现建模与模型调试。为实现 AI 开发流程的构建，用户需要先规划并创建一个工作流，再根据建模需求在工作流中排布不同组件的处理调度逻辑。工作流可以根据业务情况完全自定义，也可以基于现有模板快速搭建。在构建过程中，用户可根据建模需求在工作流中通过拖拉拽的方式排布不同组件，像搭积木一样构建 AI 开发流程。具体来讲，这些组件包括以下内容。

（1）数据预处理：包括随机采样、数据集成、数据归一化等组件。

（2）特征工程：涵盖主成分分析、特征离散化、特征编码等组件。

（3）机器学习：提供 k 近邻、随机森林、朴素贝叶斯、线性回归等多种统计机器学习方法。

此外，PAI 平台还提供了其他丰富的建模组件，并支持用户通过编写 SQL、Python、PyAlink 脚本等方式自定义组件，实现个性化需求。

8.4.1.3　自动化超参数优化

超参数优化是模型训练中的一个关键环节。受模型超参数量、每个超参的数据类型和值域范围影响，超参调优问题很容易达到很高的复杂度。在这一情况下，手动调整超参数既耗时又费力。PAI 平台的自动化超参数优化功能解决了这一问题，具有以下优点。

（1）简化调优工作：自动化工具减小了算法工程师的调参负担，节省了时间。

（2）训练更优模型：集成多种算法，有效搜索最优超参数组合，提升模型精度和效率。

（3）节省计算资源：智能评估机制避免了对所有超参数组合的全面搜索，节省了计算资源。

（4）方便应用算力：PAI 平台与 DLC、MaxCompute 等计算资源无缝衔接，用户可以灵活配置和使用算力。

8.4.2　应用优势

阿里云 PAI 平台凭借其先进的技术架构和设计理念，展现了以下几个显著的应用优势。

（1）自动化：阿里云 PAI 通过集成 AutoML 技术，实现了机器学习全生命周期的自动化管理。具体来讲，其实现了数据预处理、特征处理、模型选择、超参数优化及模型评估等关键步骤自动化，从而显著降低了用户的使用门槛。

（2）高效性：阿里云 PAI 平台内置了丰富的机器学习算法和模型，并对其进行了针对性优化，大幅提高了其处理数据的效率，尤其是在数据集规模较大时。此外，平台还提供了智能化的资源调度机制，确保计算资源的合理分配，进一步提升开发效率。

（3）易用性：阿里云 PAI 支持可视化操作方式，用户可以通过拖拽组件和配置参数来完成复杂的机器学习任务，无须编写复杂的代码。这种图形化界面使得模型训练、评估和部署的过程变得直观易懂，极大地提升了平台的易用性。

（4）安全性：平台基于阿里云安全体系，采用了包括数据加密、访问控制、审计日志等多种安全措施。这些措施可有效防止未经授权的访问和数据泄露，确保了用户数据和模型的安全性。

8.5　第四范式 AI Prophet AutoML

第四范式推出的 AI Prophet AutoML 是一款面向企业的自动机器学习平台，旨在帮助企业快速、高效地构建和应用机器学习模型。该平台通过简洁、易理解、易操作的方式覆盖了从模型调研到应用的机器学习全流程，打通了机器学习的闭环。用户无须深入理解算法原理和技术细节，只需"收集行为数据、收集反馈数据、模型训练、模型应用"4 步，即可实现全流程、端到端的 AI 平台构建。为了进一步降低使用门槛，该平台还提供了极为易用的交互界面，让用户免去编码定义建模的过程，将开发 AI 应用的周期从以半年为单位缩短至几周。下面将对该平台的核心功能特点与应用优势展开介绍。

8.5.1　功能特点

为降低 AI 技术的使用门槛，并确保模型在快速变化的业务环境中保持高性能和可靠性，从而为企业提供高效、便捷的机器学习解决方案，第四范式 AI Prophet AutoML 平台推出了一系列创新功能特点。这些功能特点包括用户友好的操作界面、全面自动化的建模流程、灵活的模型部署与应用及持续地自学习与迭代优化功能。

8.5.1.1　用户友好的操作界面

第四范式 AI Prophet AutoML 平台基于库伯学习圈（Kolb's learning cycle）理论，设计了一个直观且易于操作的用户界面。该平台将复杂的机器学习流程简化为 4 个步骤：行为、反馈、学习和应用。用户只需通过简单的配置，就能启动一个自动化的机器学习循环，实现持续的学习和预测服务。这一设计大幅降低了 AI 技术的使用门槛，即使是非技术背景的业务人员也能轻松使用 AI 产品。

8.5.1.2　全面自动化的建模流程

AI Prophet AutoML 平台提供了一站式的自动化机器学习（AutoML）服务，涵盖了从数据预处理、自动数据拼接、特征衍生、特征筛选到算法调优和模型选择的整个流程。特别是在自动数据拼接方面，平台能够自动处理多表数据，打破了传统 AutoML 与复杂业务数据之间的壁垒，将机器学习问题转换为数据准备问题，极大地提升了业务人员的工作效率。

8.5.1.3　灵活的模型部署与应用

平台支持模型的自动化部署，并提供实时和批量两种模型服务，用户可以轻松地进行一键上线或下线模型应用。此外，平台还提供了全面的模型评估报告，包括 AUC、KS、准确率、召回率及模型特征重要性等多维度的展示。同时，平台提供模型探索、批量预估服务，并具备模型自学习任务失败时的自动重试机制，确保了服务的稳定性和可靠性。

8.5.1.4　持续地自学习与迭代优化

AI Prophet AutoML 平台通过构建数据闭环，实现了基于真实业务反馈的迭代自学习。平台不仅支持全量数据的自动化机器学习，还提供了增量自学习功能，以实现模型效果的持续提升，有效防止模型性能衰退。通过增量自学习，平台能够在分钟级完成模型更新，迅速响应业务环境的变化，为企业的决策提供及时、准确的数据支持。这种迭代提升机制为模型的长期有效性提供了强有力的保障。

8.5.2　应用优势

基于库伯学习圈方法论和第四范式自主研发的 AutoML 技术，AI Prophet AutoML 平台展现了以下几个突出的优势。

（1）应用门槛低：平台遵循库伯学习圈的原理，为用户提供了从模型构建到应用的完整机器学习流程。通过简化的 4 个步骤，企业用户无需深厚的技术背景即可快速构建自己的 AI 应用。

（2）落地效率高：平台集成了自动建模、实时上线和数据闭环等多种功能，有效解决了算法实现与工程化之间的难题。这一集成化服务大幅提高了企业实施 AI 项目的效率，缩短了从理论到实践的距离。

（3）持续优化的模型效果：平台依据库伯学习圈理论，利用业务数据的实时反馈进行自学习，确保了模型效果的持续优化和提升。这种动态调整机制保证了 AI 模型能够适应不断变化的业务环境。

（4）AI 落地成本低：平台提供的全流程自动化服务，显著降低了 AI 应用落地的成本。在相同条件下，企业实施 AI 项目的时间成本从平均 5 个月减少至仅 3 周，而机器成本的增加也控制在 30% 以内。

8.6 微软 NNI

NNI 是微软在 GitHub 上用于自动化机器学习的开源工作包[①]，其可以帮助用户在不同的环境（例如本地、远程服务器和云）中执行机器学习任务。NNI 轻量且功能强大，易于使用，具有较强的可伸缩性以及灵活性。并且，NNI 是免费的，它将有助于在相当程度上加快模型的自动化设计。NNI 提供了一系列高级功能来辅助研究人员和开发人员提高深度学习模型的性能和效率，主要支撑特征工程、超参调优、架构搜索、模型压缩，如图8.2所示。以下将围绕 NNI 所支持的各功能及其使用方式展开介绍。

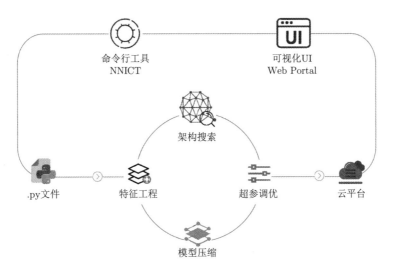

图 8.2 NNI 功能图概览

---

① https://nni.readthedocs.io/zh/stable/index.html

8.6.1   特征工程

NNI 目前主要支持梯度特征选择器（gradient feature selector）与 GBDT 特征选择器（GBDT feature selector），其中，梯度特征选择器通过梯度信息来评估特征的重要性，并据此进行特征选择，GBDT 特征选择器利用梯度提升决策树模型来识别最优影响的特征。注意，这些选择器适用于表格数据 (这意味着它不适用于图像、语音和文本数据)，并且这些选择器仅用于特征选择过程，如果用户想要生成高阶组合特征，或者利用分布式资源，可以通过 NNI 的一个自动化特征工程实例来实现。

当用户要使用这些选择器时，首先需要输入一个特征选择器并初始化它。用户可以通过选择器中的 fit 函数将数据传递给选择器。然后，使用 get_seleteced_features 去得到重要的特征。在不同的选择器中函数的参数可能是不同的，所以，在使用文档之前需要检查文档。以 GBDTSelector 为例，具体的特征工程应用如下：

```
# 从 nni.algorithms.feature_engineering.gbdt_selector 中
    导入 GBDTSelector
# 加载数据
...
X_train, X_test, y_train, y_test = train_test_split(X,
    y, test_size=0.33, random_state=42)
# 初始化一个 selector
fgs = FeatureGradientSelector(...)
# 传入数据
fgs.fit(X_train, y_train)
# 获取重要特征，并返回重要特征的索引
print(fgs.get_selected_features(...))
```

8.6.2   超参调优

NNI 主要通过调优算法来更快地找到最优超参组合,这些算法被称为"tuner"（调参器）。这些算法会决定需要运行/评估哪些超参数组合，以及应该以何种顺序评估超参数组合。NNI 包括很多流行算法，例如网格搜索、随机搜索、贝叶斯优化（如 TPE 和 SMAC），以及强化学习算法（如 PPO）。NNI 不仅支持单机运行，还提供了与分布式训练平台的集成，允许用户利用更多的计算资源来加速超参数调优。无论是简单的 SSH 服务器还是可扩展的 Kubernetes 集群，NNI 都能提供支持。NNI 还基于网络门户（Web Portal）提供了一个直观的网页控制台,使用户能够实时监控超参数调优实验的进度。该控制台具备多项功能，包括实验进度的实时显示、超参数性能的可视化、手动调整超参数，以及同时管理多个实验等。通过 NNI 的网页控制台，用户可以轻松地跟踪实验状态，对比不同超参数组合的性能，及时调整策略，以期达到最佳的调优效果。尽管 NNI 提供了自动化的调优过程，用户仍然可以根据需要进行手动干预，实现自动化与自定义调优策略的有机结合。

以网格搜索为例，下述介绍一个使用 NNI 进行朴素的超参调优实例，以固定顺序评估所有可能的超参数组合，无视了超参的评估结果。

```python
best_hyperparameters = None
best_accuracy = 0

for learning_rate in [0.1, 0.01, 0.001, 0.001]:
    for momentum in [i / 10 for i in range(10)]:
        for activation_type in ['relu', 'tahn', 'sigmoid']:
            model = build_model(activation_type)
            train_model(model, learning_rate, momentum)
            accuracy = evaluate_model(model)

            if accuracy > beat_accuracy:
                beat_accuracy = accuracy
                best_hyperparameters = (learning_rate,
                    momentum, activation_type)
print('最优超参：', best_hyperparameters)
```

8.6.3 架构搜索

目前 NNI 中的 NAS 架构是由 Retiarii 的研究提供支持的训练框架[①]。根据 NAS 的三个关键组件，即搜索空间、搜索策略，以及性能评估，NNI 在解决 NAS 时具有以下三个特点。首先，NNI 提供了一系列强大的 API，使用户能够根据任务需求灵活设计搜索空间，同时结合先验知识来缩小搜索范围并简化搜索过程。这些 API 既支持高级的定制化以整合人类专业知识，又提供低级的操作原语来逐层构建网络架构。通过这种方式，NNI 不仅降低了搜索空间设计的入门难度，还减少了因人类偏见而遗漏创新架构的可能性，同时提高了自动化机器学习流程的效率和

[①] https://www.usenix.org/system/files/osdi20-zhang_quanlu.pdf

效果。其次，NNI 提供了一系列搜索策略，这些策略不仅包括强大但耗时的高级方法，也包括虽非最优但效率极高的快速策略，以应对巨大的搜索空间并解决探索与利用之间的经典权衡问题。通过统一的接口实现，用户可以轻松地根据特定场景的需求，通过试错找到最合适的策略，避免了频繁切换不同代码基础的策略所带来的麻烦，从而在避免过早收敛的同时快速发现高性能架构。最后，NNI 使用标准化的性能评估过程，这一过程通过评估器（evaluator）实现，它负责准确估计模型在未见过的数据上的表现。NNI 内置了多种评估器支持，从简单的标准训练和验证到复杂的配置和实现，都能满足其评估需求。评估器在试验（trials）中运行，而这些试验可以通过 NNI 强大的训练服务在分布式平台上并行生成和管理，从而解决了性能评估的可扩展性问题，使得用户能够在保持高效性的同时，探索并找到具有高预测性能的架构。本节以多实验 NAS（multi-trial NAS）为例概述如何构建和探索一个模型空间，更多详细设计可参看说明文档[①]。

```
# 定义模型的搜索空间
-     self.conv2 = nn.Conv2d(32, 64, 3, 1)
+     self.conv2 = nn.LayerChoice([
+         nn.Conv2d(32, 64, 3, 1),
+         DepthwiseSeparableConv(32, 64)
+     ])
# 搜索策略 + 评估
strategy = RegularizedEvolution()
evaluator = FunctionalEvaluator(
    train_eval_fn)


# 进行实验
RetiariiExperiment(model_space,
    evaluator, strategy).run()
```

8.6.4 模型压缩

NNI 为模型压缩方面的设计提供了一个全面而先进的框架，它在 3.0 版本中经过了彻底的重新设计，无缝集成了剪枝、量化和蒸馏等多种压缩方法。此外，NNI 还提供了更细粒度的模型压缩配置选项，包括压缩粒度、输入/输出压缩配置及自定义模块压缩，这些都极大地增强了用户在模型压缩方面的灵活性

---

① https://nni.readthedocs.io/zh/stable/tutorials/hello_nas.html

和控制能力。NNI 提供了一个易于使用的工具包来帮助用户设计和使用模型修剪和量化算法。用户要压缩模型，只需要在代码中添加几行即可。NNI 中内置了一些流行的模型压缩算法。此外，用户可以使用 NNI 的接口轻松定制他们的新压缩算法。同时，借助基于 torch.fx 的图分析方案，NNI 在剪枝加速部分支持了更多操作类型的稀疏传播，以及自定义特殊操作的稀疏传播方法和替换逻辑，进一步提升了模型加速的通用性和鲁棒性。尽管新版本的文档可能尚未完善，但用户无须担心，因为新优化主要集中在底层框架和实现上，而用户界面变化不大，反而在原有配置的基础上做了扩展和兼容，确保了使用的连贯性和易用性。以模型剪枝为例，下述为一个使用 NNI 进行模型压缩的概述：

```python
# 定义一个 config_list
config = [{
        'sparsity': 0.8,
        'op_types': ['Conv2d']
}]

# 生成一个 mask 模拟剪枝
wrapped_model, masks = \
    L1NormPruner(model, config). \
    compress()

# 使用 mask 来加速
ModelSpeedup(unwrapped_model, input, masks). \
    speedup_model()
```

8.7 EvoXBench

EvoXBench[285]是一个为 NAS 领域中的演化多目标优化（evolutionary multi-objective optimization，EMO）算法提供即时基准测试的平台，它通过一个精心设计的 API 层来实现与这些算法之间的无缝通信。这个 API 层负责处理两个主要任务。首先是接收由 EMO 算法生成的候选决策向量，其次是以 EvoXBench 评估的适应度值提供反馈，如图 8.3所示。具体来说，首先，候选决策向量会通过搜索空间模块，该模块负责根据决策向量创建对应的架构。然后，生成的架构将被适应度评估模块处理，以计算其性能指标。最后，这些优化目标将被路由回 API 层，以便作为输出提供给 EMO 算法。为了支持那些用非 Python 编程语言实现的 EMO 算法（例如 Matlab 或 Java），EvoXBench 通过一个额外的远程过程调用（remote procedure call，RPC）模块来实现通信，该模块建立在广泛使用的传输控制协议（transmission control protocol，TCP）之上。EvoXBench 的设计允许它与多种 EMO 算法进行交互，无论这些算法是使用哪种编程语言编写的。这种灵活性和可扩展性使得 EvoXBench 成为一个强大的工具，适用于评估和比较不同 EMO 算法在各种问题上的性能。通过这种方式，研究人员和实践者可以更深入地了解不同算法的优缺点，并为特定的优化问题选择或设计最合适的算法。

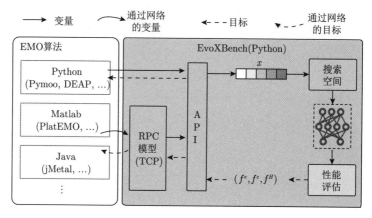

图 8.3   EvoXBench 的整体过程

EvoXBench 包含了广泛的测试套件，覆盖了多种不同的数据集（如 CIFAR-10、ImageNet、Cityscapes 等）、搜索空间（如 NASBench101、NASBench201、NATS、DARTS、ResNet50、Transformer、MNV3、MoSegNAS 等）及硬件设备（如 Eyeriss、GPU、Samsung Note10 等）。此外，EvoXBench 提供了一个多功能的接口，与多种编程语言（包括 Java、Matlab、Python 等）兼容。根据这些特点，EvoXBench 为研究人员和开发人员提供了一个高效、灵活且易于访问的平台，以在 NAS 领域中测试和比较不同 EMO 算法的性能，进一步推动了神经网络架构优化技术的发展。

为了使用这个平台，用户首先要通过 Google Drive[①②]和百度网盘[③④]下载数据集，并通过 pip install evobench 获取 benchmark。目前 EvoXBench 已经成功应用于单目标优化、多目标演化，以及神经演化等多个领域。下面以一个单目标优

[①] https://drive.google.com/file/d/11bQ1paHEWHDnnTPtxs2OyVY_Re-38DiO/view

[②] https://drive.google.com/file/d/1rOiSCq1gLFs5xnmp1MDiqcqxNcY5q6Hp/view?usp=sharing

[③] https://pan.baidu.com/s/1PwWloA543-81O-GFkA7GKg

[④] https://pan.baidu.com/s/17dUpiIosSCZoSgKXwSBlVg

化为例，简要介绍 EvoXBench 的使用，更多实例可访问其主页①。

```
from evo improt algorithms, problems, workflows, monitors
import jax
import jax.numpy as jnp

algorithm = algorithms.CSO(
    lb=jnp.full(shape=(2,), fill_value=-32),
    ub=jnp.full(shape=(2,), fill_value=32),
    pop_size=20,
problem = problems.numerical.Ackley()
monitor = monitors.PopMonitor()
# 创建一个工作流
workflow = workflows.StdWorkflow(
    algorithm,
    problem,
    monitors=[monitor],
)
# 初始化这个工作流
key = jax.random.PRNGKey(1234)
state = workflow.init(key)
# 执行这个工作流
for i in range(80):
    state = workflow.step(state)
# 可视化
fig = monitor.plot()
fig.show()
)
```

8.8 BenchENAS

随着演化神经架构搜索（ENAS）的研究不断深入，越来越多的 ENAS 算法被提出。为了验证其有效性，需要与类似方法进行广泛的比较。然而，由于不同

---

① https://evox.group/

方法使用不同的搜索空间和训练方法，完全公平地比较不同 ENAS 算法通常很难实现。为了解决这一问题，Xie 等推出了一个名为 BenchENAS 的流行基准平台[286]，为 ENAS 研究人员提供了一个相对公平地比较不同 ENAS 算法的有价值工具。BenchENAS 的总体框架如图8.4所示，其包括 5 个主要组件：ENAS 算法（顶部部分）、数据设置（左侧部分）、训练器设置（右侧部分）、运行器（中间部分）和比较器（底部部分）。

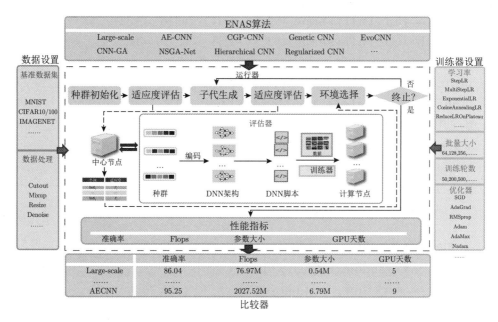

图 8.4   BenchENAS 框架图

在 BenchENAS 框架中，用户首先选择一个 ENAS 算法，与数据设置和训练器设置一起运行。随后，通过运行器和比较器组件，可以获得相对公平的比较结果。在 ENAS 算法组件中，用户可以选择 BenchENAS 提供的一个 ENAS 算法或实现自己的算法。数据设置组件允许用户选择候选数据集，如 MNIST、CIFAR-10、CIFAR-100 和 ImageNet，这些都是流行的图像分类基准数据集。此外，用户可以在训练器设置组件中配置学习率调度器、批量大小和训练轮数的设置及优化器的类型。一旦所有设置确定后，运行器组件将执行所选的 ENAS 算法。特别是在运行器组件中，整个算法由中心节点启动并运行。然后，一个设计良好的评估器用于评估群体中每个个体的适应度。在算法执行结束时，比较器组件获得包括准确率、浮点运算次数（flops）、参数大小和 GPU 天数在内的指标。在获得这些指标后，用户可以相对公平地比较不同的 ENAS 算法。

为了便于读者了解如何使用 BenchENAS 平台，下面将对该框架中的 3 个主要组件进行详细介绍。

8.8.1 运行器

运行器用于执行 ENAS 算法以获取结果。ENAS 算法在实现过程中保持了较高的一致性,除了细节上的一些小差异,基本过程相同。为了提高平台的稳定性和可靠性,BenchENAS 设计了一种基于日志的故障恢复策略,使得 BenchENAS 在意外关闭时能够通过日志进行重新启动。接下来,将详细介绍带有故障恢复策略的运行器的操作过程。

带有故障恢复策略的运行器的伪代码如算法40所示。具体来说,对于故障恢复策略,在运行器中增加了一个名为 is_running 的参数。is_running == 0 表示运行器尚未运行或上次运行已经完成;is_running == 1 表示上次运行器的操作被中断。当运行器开始运行时,如果 is_running 等于 0,则初始化种群 P_0,并将 is_running 设置为 1(第1~4行)。否则,获取最新的种群计数 t,并根据获取的

算法 40: BenchENAS 的运行器

输入: 算法所需的参数、种群大小、最大生成代数、用于分类的图像数据集、is_running

输出: 发现的最佳 DNN 架构

1 **if** is_running == 0 **then**
2     $t \leftarrow 0$
3     $P_t \leftarrow$ 初始化种群
4   is_running $\leftarrow 1$
5 **else**
6     $t \leftarrow$ 获取最新的生成代数
7     $P_t \leftarrow$ 加载种群
8 **end**
9 使用评估器评估 P_t 中每个个体的适应度
10 保存种群 P_t
11 **while** $t <$ 最大生成代数 **do**
12     $Q_t \leftarrow$ 生成后代
13   使用评估器评估 P_t 中每个个体的适应度
14     $P_{t+1} \leftarrow$ 对 $P_t \cup Q_t$ 执行环境选择
15   保存种群 P_{t+1}
16     $t \leftarrow t + 1$
17 **end**
18 is_running $\leftarrow 0$
19 **return** P_t

种群编号加载种群 P_t（第 5～8 行）。然后，通过评估器在给定数据集上评估每个个体的适应度（第 9 行）。在演化过程中，根据适应度选择父代个体，然后通过演化操作（包括交叉和变异操作）生成新的后代（第 12 行）。之后，使用评估器评估每个个体的适应度（第 13 行）。然后，从当前种群中通过环境选择选择存活到下一代的个体（第 14 行）。接下来，保存种群（第 15 行）。最后，计数器增加 1，演化继续进行，直到计数器超过预定义的最大代数。当演化完成时，将 is_running 设置为 0（第 18 行）。接下来，将描述如何加载种群信息（第 7 行）。从算法40中可以看出，种群信息在适应度评估阶段后保存（第 10 行和第 15 行）。具体而言，BenchENAS 将种群 P_t 保存在名为 begin_t.txt 的文件中。文件 begin_t.txt 包含种群中每个个体的名称、编码信息、标识符和适应度值。当 is_running 不等于 0 时，将加载最新写入的种群文件，并获取种群中每个个体的信息以重建种群 P_t。故障恢复策略使得基于日志的故障恢复成为可能，这使得 BenchENAS 具有持久性和稳定性。当因电力中断或操作错误导致停机时，保存的日志文件用于将平台恢复到停机前的工作状态，从而避免从头开始训练所浪费的计算资源。下一节将详细介绍评估器的实现，该评估器经过精心设计，以节省计算资源和评估时间。

8.8.2　评估器

如前所述，由于训练深度神经网络（DNN）非常耗时，可能需要数小时甚至数个月，具体时间取决于神经网络架构，BenchENAS 中的评估器设计用于加速适应度评估阶段。评估器通过种群记忆（population memory）策略和并行策略来减少评估时间和计算资源的消耗。具体而言，种群记忆策略用于存储已评估过的每个 DNN 的适应度。它通过重用之前出现的 DNN 的适应度来节省时间。并行策略则通过在多个 GPU 上同时评估多个个体来工作。接下来，将详细描述评估器如何使用这两种策略。

评估器的详细实现见算法41，其包括了种群记忆策略的细节。具体而言，对于包含所有个体的种群 P_t，评估器以相同的方式评估每个个体的适应度，并最终返回包含已评估适应度个体的 P_t。具体地，对于种群中的每个个体，评估器首先将个体解码为 DNN，并生成 DNN 的 Python 脚本（第2行和第 3 行）。如果缓存不存在，评估器将创建一个空的全局缓存系统（记为 Cache），用于存储架构未见过的个体的适应度（第 4～7 行）。然后，如果个体在 Cache 中已存在，则直接从 Cache 中获取其适应度（第 8～10 行）。否则，使用并行策略异步评估个体，以获取其适应度（第 12 和第 13 行）。个体的标识符和适应度值将存储到 Cache 中（第 14 行）。

对于种群记忆策略，从 Cache 中查询个体是基于个体的标识符。理论上，只要标识符能区分不同架构的个体，就可以使用任意标识符。在 BenchENAS 中，使用了 224 位哈希码[154]作为相应的标识符，这种哈希码在大多数编程语言中已经实现。由于 ENAS 算法通常只评估数千个个体，冲突问题几乎不会发生。此外，BenchENAS 使用的 224 位哈希码生成的标识符长度为 32 字节，符号 "=" 长度为 1 字节，适应度值长度为 4 字节。因此，每条记录的长度为 37 字节，使用 UTF-8 文件编码，即使有数万个记录，也占用不到 1 MB 的磁盘空间。因此，不需要担心种群记忆策略的大小。

算法 41: 评估器

　　输入: 待评估的种群 P_t

　　输出: 带有适应度值的种群 P_t

1　**foreach** 个体 x in P_t **do**

2　　　将个体解码为 DNN

3　　　为 DNN 生成 Python 脚本

4　　　**if** 缓存不存在　**then**

5　　　　　缓存 $\leftarrow \emptyset$

6　　　　　将缓存设为全局变量

7　　　**end**

8　　　**if** 缓存中包含个体 x 的标识符　**then**

9　　　　　$v \leftarrow$ 通过标识符从缓存中查询对应的适应度

10　　　　　将 v 设为个体 x 的适应度

11　　　**else**

12　　　　　$v \leftarrow$ 通过并行策略评估个体

13　　　　　将 v 设为个体 x 的适应度

14　　　　　将个体 x 的标识符和适应度存入缓存

15　　　**end**

16　**end**

17　**return** P_t

　　并行策略是基于 GPU 的并行计算平台实现，如算法 42所示，当个体的标识符不在 Cache 中时，评估器将通过并行策略评估个体。该策略是为 ENAS 算法设计的，因为演化计算（EC）算法是基于种群的。在这种策略中，一个 GPU 用于评估一个 DNN。假设有 N 个 GPU，所有计算节点共用，在 ENAS 的适应度评估阶段，N 个个体将同时被评估。具体而言，中心节点从 SQL 数据库获取 GPU 的使用情况。当 ENAS 算法开始运行时，SQL 数据库会创建，其中包含每个 GPU 的状态（即使用情况）。中心节点会定期并行地查询所有计算节点的 GPU 使用

情况。需要注意的是，中心节点使用 NVIDIA GPU 驱动程序提供的命令来获取 GPU 的使用情况，这对 GPU 类型是透明的。当需要获得个体的适应度时，评估器将使用并行策略评估该个体，如算法42所示。具体而言，当通过查询 SQL 数据库找到可用的 GPU 时，中心节点首先获取计算节点（例如 $node_j$）和 GPU 的标识符（例如 GPU_k）。然后，中心节点在 SQL 数据库中将 GPU_k 的状态设置为忙碌。接下来，中心节点将 DNN 脚本发送到 $node_j$，并远程命令 $node_j$ 使用 GPU_k 训练 DNN 脚本。最后，当 DNN 脚本的训练完成后，将获得 DNN 脚本的适应度值，并在 SQL 数据库中更新 GPU_k 的状态。

算法 42: 并行策略

　　输入: 需要评估的个体 $indi_i$

　　输出: 个体 $indi_i$ 的适应度值

1　**while** SQL 数据库中有可用的 GPU **do**

2　　　$node_j \leftarrow$ 获取 GPU 所在的计算节点

3　　　$GPU_k \leftarrow$ 获取 GPU 的 ID

4　　　在 SQL 数据库中将 GPU_k 设为忙碌状态

5　　　将 $indi_i$ 对应的 DNN 的脚本发送到 $node_j$

6　　　$Fitness_i \leftarrow$ 远程命令 $node_j$ 使用 GPU_k 训练 DNN 脚本

7　　　在 SQL 数据库中将 GPU_k 设为空闲状态

8　**end**

9　**return** $Fitness_i$

　　设计这种并行策略的原因如下：由于训练深度神经网络（DNN）可能需要很长时间，实验室用户通常会使用多个 GPU 来运行 ENAS 算法，以加快评估速度。然而，如相关工作中讨论的，现有的多 GPU 运行方法（如内部分布式并行方法和分布式 NAS 工具包）并不适合实验室用户的需求，这推动了并行策略的设计，并行策略利用并行计算技术进行设计。在并行计算中，大型问题通常可以被分解为多个独立的子问题，并可以同时解决。通过在不同计算平台上并行处理这些子问题，可以显著缩短整体处理时间。在 ENAS 的适应度评估阶段，由于算法的种群特性，通常需要同时评估多个个体。此外，每个个体的适应度评估是独立的，这使得并行计算技术成为一个理想的解决方案。在并行策略中，个体会被同时分配到可用的 GPU 上，这意味着无须等待当前个体的适应度评估完成后再开始评估下一个个体，而是可以立即将下一个个体分配到可用的 GPU 上进行评估。这样，BenchENAS 能够显著减少适应度评估所需的时间。

8.8.3　比较器

在对不同 ENAS 算法进行比较实验时，使用相同的数据设置、训练器设置及函数评估次数，可以对这些算法的特性和性能进行分析。具体来说，可以获得算法搜索出的最佳 DNN 的准确率、参数规模和 GPU 使用天数。准确率衡量算法的性能，参数规模衡量网络的大小，而 GPU 天数衡量算法的时间复杂度。然而，这些比较不仅是数值上的比较，因为研究人员通常会在准确率、网络规模和GPU 天数之间进行权衡。例如，多目标 ENAS 算法（如 NSGA-Net）在准确率和网络规模之间进行权衡，以获得更小的网络规模，从而使 DNN 能够在某些移动设备上运行。One-shot 学习方法和基于预测的方法（即代理 ENAS）则在时间复杂度和 ENAS 算法的性能之间进行权衡，从而大幅提高评估效率。总体而言，BenchENAS 提供了一个公平比较的平台，旨在为 ENAS 领域的研究人员提供对各种 ENAS 算法的更客观和公平的评估，并突出提出算法的优势。这对 ENAS 领域的发展具有积极的意义。

尽管 BenchENAS 在实现 ENAS 算法的公平比较方面迈出了重要一步，但仍需妥善解决一些问题。首先，目前 BenchENAS 中包含的 ENAS 算法有限，未来的平台应致力于纳入更多多样且具有代表性的已实现 ENAS 算法。其次，尽管BenchENAS 中的高效评估器已经显著降低了计算资源预算，但它并没有从根本上解决 ENAS 算法的高计算资源消耗问题。为了解决这个问题，必须纳入更高效的评估方法，这也是一个需要在未来进行研究的挑战。

8.9　其他 AutoML 工具

8.9.1　Hyperopt

Hyperopt[①]是由 James Bergstra 等人联合开发的一个用于超参数优化的开源库，其大致流程如图8.5所示。在这个流程中，Hyperopt 可以利用多种先进的搜索算法，例如传统的随机搜索方法、高效的树结构 Parzen 估计（TPE）算法，以及自适应 TPE（ATPE）算法。通过智能地调整机器学习模型的超参数，Hyperopt旨在优化目标函数，无论是其最大化还是最小化，进而获取最优的超参数组合以显著提高模型的性能表现。

Hyperopt 作为一种先进的超参数调优工具，拥有一些显著的优势，同时也面临一些挑战。具体来说，Hyperopt 利用贝叶斯优化技术，这一智能搜索方法比传统的网格搜索和随机搜索更高效，能够迅速定位到接近全局最优的超参数组

---

① https://hyperopt.github.io/hyperopt/

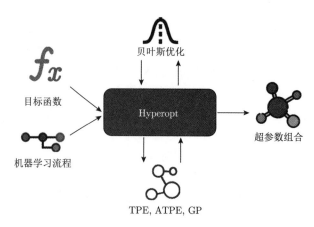

图 8.5   Hyperopt 的大致流程

合。同时，它的自适应特性允许 Hyperopt 根据先前迭代的结果不断调整搜索策略，优化搜索过程，更精细地探索超参数空间。并且，Hyperopt 支持并行处理，可以同时在多个处理器或分布式系统上执行搜索任务，显著加快了调优速度。但是，Hyperopt 的效果在一定程度上依赖于正确的初始化配置，不当的初始化设置可能会影响最终的搜索效果。此外，当面对复杂的高维超参数空间时，Hyperopt 可能面临适应性不足的问题，贝叶斯优化在这种情况下可能不会像在低维空间中那样表现出色。总的来说，Hyperopt 是一个强大的超参数优化库，尤其适合于需要智能搜索策略的场景，但用户需要注意合理配置初始化参数，并意识到在高维空间中可能需要额外的策略来提高其效能。

为了成功使用 Hyperopt，新用户首先需要通过 pip install hyperopt 安装 Hyperopt。为了通过 Hyperopt 获取最优的超参数组合需要经过 3 个关键步骤：首先，定义超参数搜索范围，即使用 hyperopt.choice，hyperopt.uniform 等函数定义超参数的类型和取值范围。其次，编写目标函数，即模型评估的指标，作为贝叶斯优化的目标。这个函数的输入是超参数组合，输出是模型在验证集上的性能指标。最后，使用 fmin 函数运行 Hyperopt 优化过程以获取最优超参数。该过程的具体代码如下所示。

```python
from hyperopt import hp
from hyperopt import fmin, tpe, Trials
# 1. 构建超参数空间
space = {
    'learning_rate': hp.uniform('learning_rate',
0.01, 0.1),
    'n_estimators': hp.choice('n_estimators',[50,
```

```
        100, 150]),
        'max_depth': hp.choice('max_depth',[5, 10, 15]),
        ... # 添加其他超参数
}

# 2. 根据定义目标函数计算目标值
obj = objective(params):
trials = Trials()
best = fmin(fn=obj,
            space=space,
            algo=tpe.suggest,
            max_evals=50,
            trials=trials)
print('Best_Hyperparameters:', best)
```

8.9.2 GPyOpt

GPyOpt[①]是由谢菲尔德大学机器学习小组开发的一个开源 Python 库,专注于贝叶斯优化并基于一个高斯过程框架 GPy[②]进行高斯过程建模。利用 GPyOpt,用户能够自动配置模型和机器学习算法,设计实验以节省时间和成本,并执行并行实验设计、应用成本模型及在设计中混合使用不同类型的变量。这一强大的工具已被广泛用于研究领域,帮助研究人员和实践者在各种优化问题中发现最佳解决方案。

为了确保 GPyOpt 和 GPy 能够正常运行,需要最新版本的 SciPy 库(0.16版本及其后版本)。用户可以通过 Python 的包管理工具 pip 来安装 GPyOpt,同时,如果用户在安装 GPyOpt 时遇到问题可以尝试通过源代码安装,如下所示。

```
$ git clone https://github.com/SheffieldML/GPyOpt.git
$ cd GPyOpt
$ git checkout devel
$ nosetests GPyOpt/testing
```

GPyOpt 是一个非常易于使用的库,它被设计成既适合贝叶斯优化的新手也适合专家用户。它有两个主要的接口,可以通过 Python 控制台直接使用,或者通过加载配置文件来解决问题。考虑到 Python 庞大的用户群体,下面是使用 Python

---

① https://sheffieldml.github.io/GPyOpt/
② https://sheffieldml.github.io/GPy/

控制台的 GPyOpt 使用示例，更多应用案例可参看其主页①。

```
# —— 加载 GPyOpt
from GPyOpt.methods import BayesianOptimization
import numpy as np

# —— 定义问题
def f(x): return (6*x−2)**2*np.sin(12*x−4)
domain = [{'name': 'var_1', 'type': 'continuous', '
    domain': (0,1)}]

# —— 通过 GPyOpt 解决问题
myBopt = BayesianOptimization(f=f, domain=domain)
myBopt.run_optimization(max_iter=15)
myBopt.plot_acquisition()
```

8.9.3　SMAC

　　SMAC 是一个强大的算法配置工具，它通过结合先进的贝叶斯优化技术和一种高效的竞赛机制，能够自动化地调整并优化各种算法的参数设置[287]，详见4.3.2小节。这种配置过程特别适用于机器学习领域中对模型超参数的调优，有助于提升模型的性能和准确性。SMAC3 作为该工具的最新版本，完全用 Python3 重写，确保了与当前主流 Python 环境的兼容性，特别是与 Python 3.8、Python 3.9 和 Python 3.10 版本的无缝协作。值得注意的是，SMAC3 中的随机森林组件采用了 C++ 编写，进一步提高了计算效率和运行速度。本小节将详细阐述 SMAC3 的主要使用方法。同时，为了避免疑惑，将 SMAC 与 SMAC3 均统一表示为 SMAC。

　　SMAC 需要 4 个核心组件，即配置空间（configuration space）、目标函数（objective function）、场景（scenario）、外观（facade）。其中，配置空间定义了超参数优化问题中所有可能的超参数及其取值范围。它的目的是提供一个形式化的超参数集合，包括不同类型的超参数，如分类、连续、有条件的超参数等，从而为算法配置提供一个搜索空间。目标函数是优化过程中需要最小化或最大化的函数，通常是基于算法性能的度量（例如模型的准确率、运行时间等）。它的目的是用来评估不同超参数配置下算法的性能，并指导搜索最优配置。场景用于定义优化过程中的具体条件和约束，如特定的算法实例、数据集、资源限制等。它的目

的是确保优化过程能够模拟真实世界的应用情况，并考虑到可能的约束条件。外观是一个高级接口，用于启动和运行优化过程。它将用户定义的配置空间、目标函数和场景整合到一起，并提供与 SMAC 优化算法交互的接口。它的目的是简化用户与优化过程的交互，并提供一个易于使用的入口点。本节以在 iris 数据集上优化支持向量机为例，简要介绍 SMAC 的使用过程，其具体实现如下：

```python
from ConfigSpace import Configuration, ConfigurationSpace
import numpy as np
from smac import HyperparameterOptimizationFacade, Scenario
from sklearn import datasets
from sklearn.svm import SVC
from sklearn.model_selection import cross_val_score


iris = datasets.load_iris()


def train(config: Configuration, seed: int = 0) -> float:
    classifier = SVC(C=config["C"], random_state=seed)
    scores = cross_val_score(classifier, iris.data,
        iris.target, cv=5)
return 1 - np.mean(scores)


configspace = ConfigurationSpace({"C": (0.100, 1000.0)})

# 指定优化环境的场景对象
scenario = Scenario(configspace, deterministic=True, n_trials=200)

# 使用SMAC去搜索最优的配置或超参数
smac = HyperparameterOptimizationFacade(scenario, train)
incumbent = smac.optimize()
```

　　总而言之，SMAC 是一款高效的贝叶斯优化框架，专门设计用于自动化和优化算法的超参数配置。它通过灵活的配置空间支持多种类型的超参数，并采用全局优化策略以样本高效的方式寻找最优解。SMAC 能够处理黑盒函数优化问题，只依赖于输入输出数据，对函数内部实现一无所知。此外，它支持多目标优化，允许用户根据多个性能指标进行权衡，并通过多保真度优化技术在不同预算下快速筛选出高效配置。SMAC 还提供了命令行界面，使其能够跨语言优化各种算法实现。基于此，SMAC 以其强大的功能和灵活性，成为机器学习和数据科学领域中算法配置和超参数调优的有力工具，其更多应用实例可见其说明文档[①]。

8.9.4　HpBandSter

HpBandSter[②]是一个功能强大的超参数优化工具，专为机器学习算法的超参数调优而设计。它在不同运行环境下显示出了高扩展性：从在本地机器上顺序执行到在分布式系统中并行运行，使其适用于从小规模实验到大规模、复杂的优化任务。HpBandSter 结合了贝叶斯优化和 HyperBand 的复杂算法，特别适用于高效地搜索表现良好的配置。HpBandSter 在超参数空间中寻找最优设置的方面具有出色的能力，具有很高的样本效率，这在计算资源可能受限的机器学习领域尤为重要。通过结合贝叶斯优化和 HyperBand 的优势，HpBandSter 成为优化机器学习算法性能的强大工具，为研究人员和实践者提供了提升模型性能的有力手段。

HpBandSter 只支持 Python 3，因此，用户在安装使用其之前必须保证他们的系统已经安装了 Python 3，同时，HpBandSter 可以通过 python3 的 pip 进行安装。无论用户是喜欢在本地机器上还是在集群上使用 HpBandSter，基本设置总是相同的。本小节将专注于将优化器应用于新问题所需的基本设置，包括实现一个 Worker，设置搜索空间，以及选择预算和迭代次数。

（1）Worker 在超参数优化过程中扮演着评估特定超参数配置并返回与之相关联的损失值的关键角色，我们希望最小化该损失值。要将新问题编码到这个框架中，需要从基类派生并实现 __init__ 和 compute 两个方法。__init__ 方法用于在 Worker 启动时执行初始计算，例如加载数据集；而 compute 方法在优化过程中被重复调用，用以评估给定配置并产生相应的损失值。下面的例子展示了这一概念，它实现了一个简单的玩具问题，其中配置中只有一个参数 x，目标是最小化这个参数。函数评估受到一些高斯噪声的影响，这种噪声随着预算的增加而减少，这模拟了在实际场景中，随着计算资源的增加，损失估计的准确性也会提高的情况。通过这种方式，Worker 不仅展示了其基本的工作机制，也体现了超参数优化中考虑资源分配对性能评估影响的重要性。

```
from ConfigSpace import Configuration, ConfigurationSpace
import numpy
import time
import ConfigSpace as CS
from hpbandster.core.worker import Worker
```

```
class MyWork(Worker):
    def __init__(self, *args, sleep_interval=0, **kwargs):
        super().__init__(*args, **kwargs)
            self.sleep_interval = sleep_interval

    def compute(self, config, budget, **kwargs):
        res = numpy.clip(config['x'] + numpy.random.randn
            ()/budget, config['x']/2, 1.5*config['x'])
        time.sleep(self.sleep_interval)

        return({
                'loss':float(res),  # 必填字段
                'info':res  # 可用于任何用户定义的信息
            })

@staticmethod
def get_configspace():
    config_space = CS.ConfigurationSpace()
```

（2）在 HpBandSter 中，每个问题都需要一个完整的搜索空间描述才能定义问题。搜索空间通过 ConfigurationSpace 对象来定义，它规定了所有超参数、它们的取值范围及它们之间可能存在的依赖关系。在示例中，搜索空间由一个单一的连续参数 x 组成，其取值范围为 0 到 1。为了方便，将配置空间的定义作为一个静态方法附加到 Worker 上。这样，Worker 的 compute 函数及其参数就被整洁地组合在了一起。下述为定义搜索空间的一个例子：

```
class MyWork(Worker):
    @staticmethod
    def get_configspace():
        config_space = CS.ConfigurationSpace()
        config\_space.add\_hyperpameter(CS.UniformFloatHyparameter
            ('x', lower=0, upper=1))
        return(config_space)
```

（3）在执行 Worker 以利用低保真的近似评估时，关键在于确保即使在预算低于最大预算的情况下，这些评估也能提供有意义的信息。由于不同的预算可能

代表不同的含义（例如训练神经网络的轮数、用于训练模型的数据点数量或交叉验证的折数等），这些预算需要由用户指定。这通过两个参数来实现，即所有优化器的 min_budget（最小预算）和 max_budget（最大预算）。为了获得更好的加速效果，较低的预算应尽可能小，同时仍具有信息量。所谓"有信息量"，意味着在较低预算下的性能是在较高预算下损失的一个合理的指标。对于一般情况，很难给出更具体的建议。这两个预算取决于问题本身，并依赖一些领域知识。迭代次数通常是一个更简单的参数。根据优化器的不同，一次迭代可能需要在最大预算下进行几次函数评估的计算预算。通常，迭代次数越多越好，但当多个 Worker 并行运行时，情况会变得更加复杂。目前，迭代次数简单地控制了要评估的配置数量。

参 考 文 献

[1] Fisher R A. The use of multiple measurements in taxonomic problems[J]. Annals of Eugenics, 1936, 7(2): 179-188.

[2] Cortes C, Vapnik V. Support-vector networks[J]. Machine Learning, 1995, 20(3): 273-297.

[3] Breiman L. Random forests[J]. Machine Learning, 2001, 45(1): 5-32.

[4] Quinlan J R. Induction of decision trees[J]. Machine Learning, 1986, 1(1): 81-106.

[5] Rumelhart D E, Hinton G E, Williams R J. Learning representations by back-propagating errors[J]. Nature, 1986, 323(6088): 533-536.

[6] LeCun Y, Boser B, Denker J S, et al. Backpropagation applied to handwritten zip code recognition[J]. Neural Computation, 1989, 1(4): 541-551.

[7] Hochreiter S, Schmidhuber J. Long short-term memory[J]. Neural Computation, 1997, 9(8): 1735-1780.

[8] Hinton G E, Osindero S, Teh Y W. A fast learning algorithm for deep belief nets[J]. Neural Computation, 2006, 18(7): 1527-1554.

[9] Krizhevsky A, Sutskever I, Hinton G E. ImageNet classification with deep convolutional neural networks[J]. Advances in Neural Information Processing Systems, 2012, 60(6): 84-90.

[10] Goodfellow I, Pouget-Abadie J, Mirza M, et al. Generative adversarial nets[J]. Advances in Neural Information Processing Systems, 2014, 27(2): 2672-2680.

[11] Szegedy C, Liu W, Jia Y Q, et al. Going deeper with convolutions[C]//2015 IEEE Conference on Computer Vision and Pattern Recognition (CVPR). Boston, MA, USA. IEEE, 2015: 1-9.

[12] Vaswani A. Attention is all you need[J]. Advances in Neural Information Processing Systems, 2017: 6000-6010.

[13] Dosovitskiy A, Beyer L , Kolesnikov A, et al. An image is worth 16×16 words: transformers for image recognition at scale[EB/OL]. (2020-10-212)[2024-09-01]. https://arxiv.org/abs/2010.11929.

[14] 李航. 统计学习方法[M]. 2 版. 北京: 清华大学出版社, 2019.

[15] Elsken T, Metzen J H, Hutter F. Neural architecture search: a survey[J]. Journal of Machine Learning Research, 2019, 20(55): 1-21.

[16] Lv Z Q, Song X T, Feng Y Q, et al. Evolutionary neural network architecture search[M]// Handbook of Evolutionary Machine Learning. Singapore: Springer, 2023: 247-281.

[17] Zoph B. Neural architecture search with reinforcement learning[EB/OL]. (2017-02-15)[2024-09-01]. http//arxiv.org/pdf/1611.01578.

[18] Sun Y, Xue B, Zhang M, et al. Automatically designing CNN architectures using the genetic algorithm for image classification[J]. IEEE Transactions on Cybernetics, 2020, 50(9): 3840-3854.

[19] Liu H, Simonyan K, Yang Y. Darts: differentiable architecture search[EB/OL]. (2019-04-23) [2024-09-01]. https//arxiv.org/abs/1806.09055.

[20] Reed R. Pruning algorithms: a survey[J]. IEEE Transactions on Neural Networks, 1993, 4(5): 740-747.

[21] Gray R M, Neuhoff D L. Quantization[J]. IEEE Transactions on Information Theory, 1998, 44(6): 2325-2383.

[22] Papernot N, McDaniel P, Wu X, et al. Distillation as a defense to adversarial perturbations against deep neural networks[C]//2016 IEEE Symposium on Security and Privacy(SP). May 22-26, 2016, San Jose, CA, USA. IEEE, 2016: 582-597.

[23] Lin C F, Wang S D. Fuzzy support vector machines[J]. IEEE Transactions on Neural Networks, 2002, 13(2): 464-471.

[24] Suykens J A K, Vandewalle J. Least squares support vector machine classifiers[J]. Neural Processing Letters, 1999, 9: 293-300.

[25] Yang X L, Song Q, Cao A. Weighted support vector machine for data classification[C]// Proceedings of 2005 IEEE International Joint Conference on Neural Networks. July 31-August 4, 2005, Montreal, QC, Canada. IEEE, 2005: 859-864.

[26] Tong S, Chang E. Support vector machine active learning for image retrieval[C]//Proceedings of the Ninth ACM International Conference on Multimedia-MULTIMEDIA '01. September 30-October 5, 2001. Ottawa, Canada. ACM, 2001: 107-118.

[27] Wang X M, Zhang X, Gao C. Evaluation method and application based on rough set-support vector regression model[C]//2009 International Conference on Computer Engineering and Technology. January 22-24, 2009, Singapore. IEEE, 2009: 331-335.

[28] Mulay S A, Devale P R, Garje G V. Decision tree based support vector machine for intrusion detection[C]//2010 International Conference on Networking and Information Technology. June 11-12, 2010, Manila, Philippines. IEEE, 2010: 59-63.

[29] Zhong W, Chow R, Stolz R, et al. Hierarchical clustering support vector machines for classifying type-2 diabetes patients[C]//Lecture Notes in Computer Science. Heidelberg: Springer, 2008: 379-389.

[30] Breiman L, Friedman J, Olshen R, et al. Classification and regression trees[M]. New York: CRC, 1984.

[31] Ho T K. Random decision forests[C]//Proceedings of 3rd International Conference on Document Analysis and Recognition. IEEE, 1995, 1: 278-282.

[32] Freund Y, Schapire R E. A desicion-theoretic generalization of online learning and an application to boosting[C]//Lecture Notes in Computer Science. Heidelberg: Springer, 1995: 23-37.

[33] Bourlard H, Kamp Y. Auto-association by multilayer perceptrons and singular value decomposition[J]. Biological Cybernetics, 1988, 59(4): 291-294.

[34] Hinton G E, Zemel Rs. Autoencoders, minimum description length and Helmholtz free energy[J]. Advances in Neural Information Processing Systems, 1993, 6: 3-10.

[35] Bengio Y, Lamblin P, Popovici D, et al. Greedy layer-wise training of deep networks[J]. Advances in Neural Information Processing Systems, 2006, 19: 153-160.

[36] Bengio Y. Learning deep architectures for AI[J]. Foundations and Trends® in Machine Learning, 2009, 2(1) :1-127.

[37] Vincent P, Larochelle H, Bengio Y, et al. Extracting and composing robust features with denoising autoencoders[C]//Proceedings of the 25th International Conference on Machine Learning, 2008: 1096-1103.

[38] Kingma D P, Welling M. Auto-encoding variational Bayes[EB/OL].(2013-12-20)[2024-09-01]. https://arxiv.org/abs/1312.6114.

[39] Smolensky P. Information Processing in Dynamical Systems: Foundations of Harmony Theory[M]. MIT Press, 1986, 1: 194-281.

[40] Neal R M. Bayesian Learning for Neural Networks[M]. Berlin: Springer Science & Business Media, 2012.

[41] Hubel D H, Wiesel T N. Receptive fields, binocular interaction and functional architecture in the cat's visual cortex[J]. The Journal of Physiology, 1962, 160(1): 106-154.

[42] Fukushima K, Miyake S, Ito T. Neocognitron: a neural network model for a mechanism of visual pattern recognition[J]. IEEE Transactions on Systems, Man, and Cybernetics, 1983, 13(5): 826-834.

[43] LeCun Y, Bottou L, Bengio Y, et al. Gradient-based learning applied to document recognition[J]. Proceedings of the IEEE, 1998, 86(11): 2278-2324.

[44] Schmidhuber J. New millennium AI and the convergence of history[M]//Studies in Computational Intelligence. Heidelberg: Springer, 2007: 15-35.

[45] Glorot X, Bengio Y. Understanding the difficulty of training deep feedforward neural neural network[J]. Journal of Machine Learning Research, 2010, 9: 249-256.

[46] Wu J X. Introduction to convolutional neural networks[R]. National Key Lab for Novel Software Technology. Nanjing University. China, 2017, 5(23): 495.

[47] Lee C Y, Gallagher P W, Tu Z. Generalizing pooling functions in convolutional neural networks: mixed, gated, and tree[C]//Artificial Intelligence and Statistics. PMLR, 2016: 464-472.

[48] LeCun Y, Jackel L, Bottou L, et al. Comparison of learning algorithms for handwritten digit recognition[C]//International Conference on Artificial Neural Networks, 1995, 60(1): 53-60.

[49] Krizhevsky A, Sutskever I, Hinton G E. Image Net classification with deep convolutional neural networks[J]. Advances in Neural Information Processing Systems, 2017, 60(6): 84-90.

[50] Simonyan K, Zisserman A. Very deep convolutional networks for large scale image recognition [EB/OL].(2015-04-10)[2024-09-01]. https://arxiv.org/abs/1409.1556v6.

[51] He K M, Zhang X Y, Ren S Q, et al. Deep residual learning for image recognition[EB/OL] (2015-12-10)[2024-09-01]. https://arxiv.org/abs/1512.03385.

[52] Huang G, Liu Z, Van Der Maaten L, et al. Densely connected convolutional networks[C]// 2017 IEEE Conference on Computer Vision and Pattern Recognition (CVPR). Honolulu, HI, USA. IEEE, 2017: 2261-2269.

[53] Kipf T N, Welling M. Semi-supervised classification with graph convolutional networks[EB/OL].(2017-02-22)[2024-09-01]. https://arxiv.org/abs/1609.02907.

[54] Velickovic P, Cucurull G, Casanova A, et al. Graph attention networks[C]//6th International Conference on Learning Representations, ICLR 2018. Vancourver, BC, Canada, 2018.

[55] Hamilton W L, Ying R, Leskovec J. Inductive representation learning on large graphs[J]. Advances in Neural Information Processing Systems, 2017, 30: 1025-1035.

[56] Xu K, Hu W, Leskovec J, et al. How powerful are graph neural networks?[EB/OL]. (2018-10-01)[2024-09-01]. https://arxiv.org/abs/1810.00826.

[57] Hopfield J J. Neural networks and physical systems with emergent collective computational abilities[J].Proceedings of the National Academy of Sciences, 1982, 79(8): 2554-2558.

[58] Elman J L. Finding structure in time[J]. Cognitive Science, 1990, 14(2): 179-211.

[59] Cho K, van Merrienboer B, Gulcehre C, et al. Learning phrase representations using RNN encoder-decoder for statistical machine translation[EB/OL]. (2014-09-03)[2024-09-01]. https://arxiv.org/abs/1406.1078v3.

[60] Liu Z, Lin Y, Cao Y, et al. Swin transformer: hierarchical vision transformer using shifted windows[C]//Proceedings of the IEEE/CVF International Conference on Computer Vision, 2021: 10012-10022.

[61] Feurer M, Klein A, Eggensperger K, et al. Efficient and robust automated machine learning[J]. Advances in Neural Information Processing Systems, 2015, 28(2): 2755-2763.

[62] Thornton C, Hutter F, Hoos H H, et al. Auto-WEKA: combined selection and hyperparameter optimization of classification algorithms[C]//Proceedings of the 19th ACM SIGKDD International Conference on Knowledge Discovery and Data Mining. Chicago Illinois USA. ACM, 2013: 847-855.

[63] Hall M, Frank E, Holmes G, et al. The WEKA data mining software: an update[J]. ACM SIGKDD Explorations Newsletter, 2009, 11(1): 10-18.

[64] Bergstra J, Bardenet R, Bengio Y, et al. Algorithms for hyper-parameter optimization[J]. Advances in Neural Information Processing Systems, 2011, 24: 2546-2554.

[65] Zoph B, Le Q V, Mathur V, et al. Neural architecture search with reinforcement learning [EB/OL].(2017-02-15)[2024-09-01]. https://arxiv.org/abs/1611.01578v2.

[66] Liu Y Q, Sun Y N, Xue B, et al. A survey on evolutionary neural architecture search[J]. IEEE Transactions on Neural Networks and Learning Systems, 2023, 34(2): 550-570.

[67] Rasmussen C E. Gaussian Processes in Machine Learning[M]. Heidelberg: Springer, 2004: 63-71.

[68] Sutton R S, Barto A G. Reinforcement Learning: An Introduction[M]. Massachusetts: The MIT Press, 1992.

[69] Sutton R S, McAllester D, Singh S, et al. Policy gradient methods for reinforcement learning with function approximation[J]. Advances in Neural Information Processing Systems,

1999, 12: 1057-1063.

[70] Rummery G A, Niranjan M. On-line Q-learning Using Connectionist Systems[M]. Cambridge: University of Cambridge, 1994.

[71] Schulman J, Moritz P, Levine S, et al. High-dimensional continuous control using generalized advantage estimation[EB/OL].(2018-10-20)[2024-09-01]. https://arxiv.org/abs/1506.02438v6.

[72] Fogel D B. Unearthing a fossil from the history of evolutionary computation[J]. Fundamenta Informaticae, 1998, 35(1-4): 1-16.

[73] Fogel L J, Owens A J, Walsh M J. Artificial Intelligence Through Simulated Evolution[M]. Hoboken: John Wiley & Sons,1966.

[74] De Jong K A. An analysis of the behavior of a class of genetic adaptive systems[D]. Ann Arbor: University of Michigan, 1975.

[75] Holland J H. Genetic algorithms and the optimal allocation of trials[J]. SIAM Journal on Computing, 1973, 2(2): 88-105.

[76] Sampson J R. Adaptation in natural and artificial systems (John H. Holland)[J]. SIAM Review, 1976,18(3): 529-530.

[77] Rechenberg I. Evolutionsstrategie: Optimierung Technischer Systeme Nach Prinzipien Derbiologischen Evolution[M]. Stuttgart: Frommann-Holzboog Verlag, 1973.

[78] Schwefel H P. Evolution and optimum seeking[M]. Hoboken: John Wiley & sons, 1993.

[79] Bäck T. Evolutionary Algorithms in Theory and Practice: Evolution Strategies, Evolutionary Programming, Genetic Algorithms[M]. Oxford: Oxford University Press, 1996.

[80] Bäck T, Fogel D B, Michalewicz Z. Evolutionary Computation 1: Basic Algorithms and Operators[M]. Bristol: CRC Press, 2000.

[81] Bäck T, Fogel D B, Michalewicz Z. Evolutionary Computation 2: Advanced Algorithms and Operators[M]. Bristol: CRC Press, 2000.

[82] Eiben A E MichalewiczZ. Evolutionary Computation[M]. Netherlands: IOS Press, 1998.

[83] Michalewicz Z. Genetic Algorithms + Data Structures = Evolution Programs[M]. Heidelberg Springer, 1996.

[84] Eiben A E, Smith J E. Introduction to Evolutionary Computing[M]. Berlin: Springer, 2015.

[85] De Jong K A. Evolutionary Computation: A unified Approach[M]. Cambridge: MIT Press, 2006.

[86] Ashlock D. Evolutionary Computation for Modeling and Optimization[M]. New York: Springer, 2006.

[87] Banzhaf W, Nordin P, Keller R E, et al. Genetic Programming: An Introduction on the Automatic Evolution of Computer Programs and Its Applications[M]. Cambridge: Morgan Kaufmann Publishers Inc., 1998.

[88] Koza J R. Genetic Programming II: Automatic Discovery of Reusable Programs[M]. Cambridge: MIT Press, 1994.

[89] Rooker T. Genetic algorithms in search, optimization, and machine learning[J]. AI Magazine, 1991, 12(1): 102-103.

[90] Baker J E. Reducing bias and inefficiency in the selection algorithm[J]. Proceedings of the

Second International Conference on Genetic Algorithms, 1987, 206: 14-21.

[91] Syswerda G. Uniform crossover in genetic algorithms[J]. ICGA, 1989, 3: 2-9.

[92] Beyer H G, Schwefel H P. Evolution strategies: a comprehensive introduction[J]. Natural Computing, 2002, 1(1): 3-52.

[93] Koza J R. Genetic programming as a means for programming computers by natural selection[J]. Statistics and Computing, 1994, 4(2): 87-112.

[94] Angeline P J. Subtree crossover: building block engine or macromutation[J]. Genetic Programming, 1997, 97: 9-17.

[95] Luke S, Spector L. A comparison of crossover and mutation in genetic programming[J]. Genetic Programming, 1997, 97: 240-248.

[96] Luke S. Modification point depth and genome growth in genetic programming[J]. Evolutionary Computation, 2003, 11(1): 67-106.

[97] Deb K. Genetic and Evolutionary Computation-GECCO 2004[M]. Berlin: Springer, 2004.

[98] De Jong E D, Watson R A, Pollack J B. Reducing bloat and promoting diversity using multi-objective methods[C]//Proceedings of the 3rd Annual Conference on Genetic and Evolutionary Computation. 2001: 11-18.

[99] Kennedy J, Eberhart R. Particle swarm optimization[C]//Proceedings of ICNN'95 - International Conference on Neural Networks. Perth, WA, Australia. IEEE, 1995: 1942-1948.

[100] Eberhart R, Kennedy J. A new optimizer using particle swarm theory[C]//MHS'95. Proceedings of the Sixth International Symposium on Micro Machine and Human Science. IEEE, 1995: 39-43.

[101] Sutskever I, Martens J, Dahl G, et al. On the importance of initialization and momentum in deep learning[C]//International Conference on Machine Learning. PMLR, 2013: 1139-1147.

[102] Kingma D P, Ba J, Hammad M M. Adam: a method for stochastic optimization[EB/OL]. (2014-12-22)[2024-07-01]. https://arxiv.org/abs/1412.6980v9.

[103] Heydon A, Najork M. Mercator: a scalable, extensible web crawler[J]. World Wide Web, 1999, 2(4): 219-229.

[104] Nayak N V, Nan Y Y, Trost A, et al. Learning to generate instruction tuning datasets for zero-shot task adaptation[EB/OL].(2024-09-11)[2024-12-01]. https://arxiv.org/abs/2402. 18334v3.

[105] Lew A K, Agrawal M, Sontag D, et al. PClean: Bayesian data cleaning at scale with domain-specific probabilistic programming[EB/OL].(2022-11-19)[2024-09-01]. https:// arxiv.org/abs/2007.11838v5.

[106] Cubuk E D, Zoph B, Mané D, et al. AutoAugment: learning augmentation strategies from data[C]//2019 IEEE/CVF Conference on Computer Vision and Pattern Recognition (CVPR). June 15-20, 2019, Long Beach, CA, USA. IEEE, 2019: 113-123.

[107] Kanter J M, Veeramachaneni K. Deep feature synthesis: towards automating data science endeavors[C]//2015 IEEE International Conference on Data Science and Advanced Analytics (DSAA). October 19-21, 2015, Paris, France. IEEE, 2015: 1-10.

[108] Kursa M B, Rudnicki W R. Feature selection with the Boruta package[J]. Journal of

Statistical Software, 2010, 36: 1-13.

[109] Christ M, Braun N, Neuffer J, et al. Time series feature extraction on basis of scalable hypothesis tests (tsfresh–a python package)[J]. Neurocomputing, 2018, 307: 72-77.

[110] Schreck B, Veeramachaneni K. What would a data scientist ask? automatically formulating and solving predictive problems[C]//2016 IEEE International Conference on Data Science and Advanced Analytics (DSAA). October 17-19, 2016, Montreal, QC, Canada. IEEE, 2016: 440-451.

[111] Pedregosa F, Varoquaux G, Gramfort A, et al. Scikit-learn: machine learning in python[J]. Journal of Machine Learning Research, 2011, 12: 2825-2830.

[112] Hutter F, Hoos H H, Leyton-Brown K. Sequential model-based optimization for general algorithm configuration[C]//Learning and Intelligent Optimization: 5th International Conference, LION 5, Rome, Italy, January 17-21, 2011. Selected Papers 5. Springer Berlin Heidelberg, 2011: 507-523.

[113] Jones D R, Schonlau M, Welch W J. Efficient global optimization of expensive black-box functions[J]. Journal of Global optimization, 1998, 13: 455-492.

[114] Lindauer M, Eggensperger K, Feurer M, et al. SMAC3: a versatile Bayesian optimization package for hyperparameter optimization[J]. Journal of Machine Learning Research, 2022, 23(54): 1-9.

[115] Hansen N. The CMA evolution strategy: a comparing review[J]. Studies in Fuzziness and Soft Computing, 2006: 75-102.

[116] Kotthoff L, Thornton C, Hoos H H, et al. Auto-WEKA 2.0: automatic model selection and hyperparameter optimization in WEKA[J]. Journal of Machine Learning Research, 2017, 18(25): 1-5.

[117] Feurer M, Klein A, Eggensperger K, et al. Efficient and robust automated machine learning[J]. Advances in Neural Information Processing Systems, 2015, 2: 2755-2763.

[118] Brazdil P, Giraud-Carrier C, Soares C, et al. Metalearning: Applications to Data Mining[M]. Heidelberg Springer, 2009.

[119] Vanschoren J, van Rijn J N, Bischl B, et al. OpenML: networked science in machine learning [EB/OL].(2014-08-01)[2024-09-01]. https://arxiv.org/abs/1407.7722v2.

[120] Caruana R, Niculescu-Mizil A, Crew G, et al. Ensemble selection from libraries of models[C]//Twenty-First International Conference on Machine Learning. Banff, Alberta, Canada. ACM, 2004: 18.

[121] Michie D, Spiegelhalter D J, Taylor C C, et al. Machine Learning, Neural and Statistical Classification[M]. New York: Ellis Horwood, 1995.

[122] Kalousis A. Algorithm selection via meta-learning[D]. Geneva: University of Geneve, 2002.

[123] Feurer M, Eggensperger K, Falkner S, et al. Auto-sklearn 2.0: hands-free AutoML via meta-learning [EB/OL].(2020-07-08)[2024-09-01]. https://arxiv.org/abs/2007.04074v3.

[124] Olson R S, Bartley N, Urbanowicz R J, et al. Evaluation of a tree-based pipeline optimization tool for automating data science[C]//Proceedings of the Genetic and Evolutionary Computation Conference 2016. 2016: 485-492.

[125] Olson R S, Urbanowicz R J, Andrews P C, et al. Automating biomedical data science through tree-based pipeline optimization[C]//Applications of Evolutionary Computation: 19th European Conference, EvoApplications 2016, Porto, Portugal, Springer International Publishing, 2016: 123-137.

[126] LeDell E, Poirier S. H2O automl: scalable automatic machine learning[EB/OL]. (2017-06-06)[2024-09-01]. https://h2o-release.s3.amazonaws.com/h2o/rel-vapnik/1/docs-website/h2o-docs/automl, html.

[127] H2O.ai, H2O AutoML, 2021, H2O version 3.32.1.2. [EB/OL]. (2021-11-02)[2024-12-01]. http://docs.h2o.ai/h2o/latest-stable/h2o-docs/automl.html

[128] Real E, Moore S, Selle A, et al. Large-scale evolution of image classifiers[C]//International Conference on Machine Learning. PMLR, 2017: 2902-2911.

[129] Sun Y N, Xue B, Zhang M J, et al. Completely automated CNN architecture design based on blocks[J]. IEEE Transactions on Neural Networks and Learning Systems, 2020, 31(4): 1242-1254.

[130] Xie L, Yuille A. Genetic CNN[C]//Proceedings of the IEEE International Conference on Computer Vision, 2017: 1379-1388.

[131] Zhang MJ. Evolutionary deep learning for image analysis[C]//Talk at World Congress on Computational Intelligence (WCCI), 2018.

[132] Yao X. Evolving artificial neural networks[J]. Proceedings of the IEEE, 1999, 87(9): 1423-1447.

[133] Floreano D, Dürr P, Mattiussi C. Neuroevolution: from architectures to learning[J]. Evolutionary Intelligence, 2008, 1(1): 47-62.

[134] Stanley K O, Miikkulainen R. Evolving neural networks through augmenting topologies[J]. Evolutionary Computation, 2002, 10(2): 99-127.

[135] Stanley K O, Bryant B D, Miikkulainen R. Real-time neuroevolution in the NERO video game[J]. IEEE Transactions on Evolutionary Computation, 2005, 9(6): 653-668.

[136] Stanley K O, D'Ambrosio D B, Gauci J. A hypercube-based encoding for evolving large-scale neural networks[J]. Artificial Life, 2009, 15(2): 185-212.

[137] Sun Y N, Xue B, Zhang M J, et al. A particle swarm optimization-based flexible convolutional autoencoder for image classification[J]. IEEE Transactions on Neural Networks and Learning Systems, 2019, 30(8): 2295-2309.

[138] Krizhevsky A, Hinton G. Learning multiple layers of features from tiny images[R]. Handbook of Systemic Autoimmune, 2009.

[139] Loni M, Sinaei S, Zoljodi A, et al. DeepMaker: a multi-objective optimization framework for deep neural networks in embedded systems[J]. Microprocessors and Microsystems, 2020, 73: 102989.

[140] Sun Y N, Xue B, Zhang M J, et al. Evolving deep convolutional neural networks for image classification[J]. IEEE Transactions on Evolutionary Computation, 2020, 24(2): 394-407.

[141] Fujino S, Mori N, Matsumoto K. Deep convolutional networks for human sketches by means of the evolutionary deep learning[C]//2017 Joint 17th World Congress of

International Fuzzy Systems Association and 9th International Conference on Soft Computing and Intelligent Systems (IFSA-SCIS). June 27-30, 2017, Otsu, Japan. IEEE, 2017: 1-5.

[142] Hu Y M, Sun S Y, Li J Q, et al. A novel channel pruning method for deep neural network compression[EB/OL].(2018-05-29)[2024-09-01]. https://arxiv.org/abs/1805.11394v1.

[143] Tian H, Chen S C, Shyu M L, et al. Automated neural network construction with similarity sensitive evolutionary algorithms[C]//2019 IEEE 20th International Conference on Information Reuse and Integration for Data Science (IRI). IEEE, 2019: 283-290.

[144] Suganuma M, Ozay M, Okatani T. Exploiting the potential of standard convolutional autoencoders for image restoration by evolutionary search[C]//International Conference on Machine Learning. PMLR, 2018: 4771-4780.

[145] Kang D, Ahn C W. Efficient neural network space with genetic search[C]//Bio-inspired Computing: Theories and Applications. 14th International Conference, BIC-TA 2019, Zhengzhou, China, November 22–25, 2019, Revised Selected Papers, Part II 14. Springer Singapore, 2020: 638-646.

[146] Elsken T, Metzen J H, Hutter F. Simple and efficient architecture search for convolutional neural networks[EB/OL].(2017-11-13)[2024-09-01]. https://arxiv.org/abs/1711.04528v1.

[147] Real E, Aggarwal A, Huang Y, et al. Regularized evolution for image classifier architecture search[C]//Proceedings of the AAAI Conference on Artificial Intelligence. 2019, 33(1): 4780-4789.

[148] Zhu H, An Z L, Yang C G, et al. EENA: efficient evolution of neural architecture[C]//2019 IEEE/CVF International Conference on Computer Vision Workshop (ICCVW). October 27-28, 2019, Seoul, Korea (South). IEEE, 2019: 1891-1899.

[149] Lu Z, Whalen I, Boddeti V, et al. Nsga-net: neural architecture search using multi-objective genetic algorithm[C]//Proceedings of the Genetic and Evolutionary Computation Conference, 2019: 419-427.

[150] Lu Z C, Deb K, Goodman E, et al. NSGANetV2: Evolutionary Multi-Objective Surrogate-Assisted Neural Architecture Search[M] Berlin: Springer, 2020: 35-51.

[151] Liu P, El Basha M D, Li Y, et al. Deep evolutionary networks with expedited genetic algorithms for medical image denoising[J]. Medical Image Analysis, 2019, 54: 306-315.

[152] Park M. Data proxy generation for fast and efficient neural architecture search[EB/OL].(2019-11-21)[2024-09-01]. https://arxiv.org/abs/1911.09322.

[153] Na B, Mok J, Choe H, et al. Accelerating neural architecture search via proxy data[EB/OL]. (2021-06-07)[2024-09-01]. https://arxiv.org/abs/2106.04784.

[154] Zoph B, Vasudevan V, Shlens J, et al. Learning transferable architectures for scalable image recognition[C]//2018 IEEE/CVF Conference on Computer Vision and Pattern Recognition. June 18-23, 2018, Salt Lake City, UT, USA. IEEE, 2018: 8697-8710.

[155] So D, Le Q, Liang C. The evolved transformer[C]//International Conference on Machine Learning. PMLR, 2019: 5877-5886.

[156] Wei T, Wang C, Rui Y, et al. Network morphism[C]//International Conference on Machine

Learning. PMLR, 2016: 564-572.

[157] Zhong Z, Yan J J, Wu W, et al. Practical block-wise neural network architecture generation[C]//2018 IEEE/CVF Conference on Computer Vision and Pattern Recognition. June 18-23, 2018, Salt Lake City, UT, USA. IEEE, 2018: 2423-2432.

[158] Baker B, Gupta O, Naik N, et al. Designing neural network architectures using reinforcement learning[C]//5th International Conference on Learning Representations, ICLR 2017, Toulon, France, 2017.

[159] Ng A Y, Harada D, Russell S. Policy invariance under reward transformations: theory and application to reward shaping[J]. International Conference on Machine Learning, 1999, 99: 278-287.

[160] He K M, Sun J. Convolutional neural networks at constrained time cost[C]//2015 IEEE Conference on Computer Vision and Pattern Recognition (CVPR). June 7-12, 2015, Boston, MA, USA. IEEE, 2015: 5353-5360.

[161] Mnih V, Kavukcuoglu K, Silver D, et al. Human-level control through deep reinforcement learning[J]. Nature, 2015, 518(7540): 529-533.

[162] Zhong Z, Yang Z, Deng B, et al. Blockqnn: efficient block-wise neural network architecture generation[J]. IEEE Transactions on Pattern Analysis and Machine Intelligence, 2020, 43(7): 2314-2328.

[163] Lin L J. Reinforcement Learning for Robots Using Neural Networks[M]. Pittsburgh: Carnegie Mellon University, 1992.

[164] Dean J, Corrado G, Monga R, et al. Large scale distributed deep networks[J]. Advances in Neural Information Processing Systems, 2012, 25: 1223-1231.

[165] Li M, Zhou L, Yang Z, et al. Parameter server for distributed machine learning[C]//Big Learning NIPS Workshop, 2013, 6(2): 2.

[166] Balaprakash P, Egele R, Salim M, et al. Scalable reinforcement-learning-based neural architecture search for cancer deep learning research[C]//Proceedings of the International Conference for High Performance Computing, Networking, Storage and Analysis, 2019: 1-33.

[167] Grondman I, Busoniu L, Lopes G A D, et al. A survey of actor-critic reinforcement learning: standard and natural policy gradients[J]. IEEE Transactions on Systems, Man, and Cybernetics, Part C (Applications and Reviews), 2012, 42(6): 1291-1307.

[168] Zela A, Klein A, Falkner S, et al. Towards automated deep learning: efficient joint neural architecture and hyperparameter search[EB/OL].(2018-07-18)[2024-09-01]. https://arxiv.org/abs/1807.06906v1.

[169] Klein A, Falkner S, Springenberg J T, et al. Learning curve prediction with Bayesian neural networks[C]//International Conference on Learning Representations, 2022.

[170] Chen X, Xie L X, Wu J, et al. Progressive differentiable architecture search: bridging the depth gap between search and evaluation[C]//2019 IEEE/CVF International Conference on Computer Vision (ICCV). October 27-November 2, 2019, Seoul, Korea (South). IEEE, 2019: 1294-1303.

[171] Xu Y H, Xie L X, Zhang X P, et al. PC-DARTS: partial channel connections for memory-efficient architecture search[EB/OL].(2019-04-07)[2024-09-01]. https://arxiv.org/abs/1907.05737v4.

[172] Wang R C, Cheng M H, Chen X N, et al. Rethinking architecture selection in differentiable NAS[EB/OL].(2021-08-10)[2024-09-01]. https://arxiv.org/abs/2108.04392v1.

[173] Xie S R, Zheng H H, Liu C X, et al. SNAS: stochastic neural architecture search[EB/OL].(2018-12-24)[2024-09-01]. https://arxiv.org/abs/1812.09926v3.

[174] Ranganath R, Gerrish S, Blei D. Black box variational inference[C]//Artificial Intelligence and Statistics. PMLR, 2014: 814-822.

[175] Maddison C J, Mnih A, Teh Y W. The concrete distribution: a continuous relaxation of discrete random variables[EB/OL].(2016-11-02)[2024-09-01]. https://arxiv.org/abs/1611.00712v3.

[176] Pham H, Guan M, Zoph B, et al. Efficient neural architecture search via parameters sharing[C]//International Conference on Machine Learning. PMLR, 2018: 4095-4104.

[177] He K M, Zhang X Y, Ren S Q, et al. Delving deep into rectifiers: surpassing human-level performanceon ImageNet classification[C]//2015 IEEE International Conference on Computer Vision (ICCV). December 7-13, 2015, Santiago, Chile. IEEE, 2015: 1026-1034.

[178] Weyand T, Kostrikov I, Philbin J. PlaNet-Photo Geolocation with Convolutional Neural Networks[M]. Berlin: Springer, 2016: 37-55.

[179] Silver D, Huang A, Maddison C J, et al. Mastering the game of Go with deep neural networks and tree search[J]. Nature, 2016, 529(7587): 484-489.

[180] Bergstra J, Bengio Y. Random search for hyper-parameter optimization[J]. Journal of Machine Learning Research, 2012, 13(2): 281-305.

[181] Snoek J, Larochelle H, Adams R P. Practical Bayesian optimization of machine learning algorithms[EB/OL].(2012-08-29)[2024-09-01]. https://arxiv.org/abs/1206.2944v2.

[182] Han S, Pool J, Tran J, et al. Learning both weights and connections for efficient neural network[J]. Advances in Neural Information Processing Systems, 2015, 28:1135-1143.

[183] Miller G F, Todd P M, Hegde S U. Designing neural networks using genetic algorithms[J]. ICGA, 1989, 89: 379-384.

[184] Bayer J, Wierstra D, Togelius J, et al. Evolving memory cell structures for sequence learning[C]//Artificial Neural Networks–ICANN 2009: 19th International Conference, Limassol, Cyprus, September 14-17, 2009, Proceedings, Part II 19. Springer Berlin Heidelberg, 2009: 755-764.

[185] Verbancsics P, Harguess J. Generative neuroevolution for deep learning[EB/OL]. (2013-12-18) [2024-09-01]. https://arxiv.org/abs/1312.5355v1.

[186] Sun Y N, Yen G G, Yi Z. Evolving unsupervised deep neural networks for learning meaningful representations[J]. IEEE Transactions on Evolutionary Computation, 2019, 23(1): 89-103.

[187] Cawley G C, Talbot N L C. On over-fitting in model selection and subsequent selection bias in performance evaluation[J]. The Journal of Machine Learning Research, 2010, 11:

2079-2107.

[188] Srivastava N, Hinton G, Krizhevsky A, et al. Dropout: a simple way to prevent neural networks from overfitting[J]. The Journal of Machine Learning Research, 2014, 15(1): 1929-1958.

[189] Sainath T N, Kingsbury B, Mohamed A, et al. Improvements to deep convolutional neural networks for LVCSR[C]//2013 IEEE Workshop on Automatic Speech Recognition and Understanding. IEEE, 2013: 315-320.

[190] Sutskever I. Sequence to sequence learning with neural networks[EB/OL].(2014-12-14) [2024-09-01]. https://arxiv.org/abs/1409.3215.

[191] Clark C, Storkey A. Training deep convolutional neural networks to play go[C]//International Conference on Machine Learning. PMLR, 2015: 1766-1774.

[192] Glorot X, Bengio Y. Understanding the difficulty of training deep feedforward neural networks[C]//Proceedings of the Thirteenth International Conference on Artificial Intelligence and Statistics. JMLR Workshop and Conference Proceedings, 2010: 249-256.

[193] Leung Y, Gao Y, Xu Z B. Degree of population diversity: a perspective on premature convergence in genetic algorithms and its Markov chain analysis[J]. IEEE Transactions on Neural Networks, 1997, 8(5): 1165-1176.

[194] Davis L. Handbook of genetic algorithms[M]. New York: Van Nostrand Reinhold, 1991.

[195] Grefenstette J J. Genetic algorithms and machine learning[C]//Proceedings of the Sixth Annual Conference on Computational Learning Theory - COLT '93. July 26-28, 1993. Santa Cruz, California, USA. ACM, 1993: 3-4.

[196] Sun Y N, Yen G G, Yi Z. Improved regularity model-based EDA for many-objective optimization[J]. IEEE Transactions on Evolutionary Computation, 2018, 22(5): 662-678.

[197] Sun Y N, Yen G G, Yi Z. Reference line-based estimation of distribution algorithm for many-objective optimization[J]. Knowledge-Based Systems, 2017, 132: 129-143.

[198] Miller B L, Goldberg D E. Genetic algorithms, tournament selection, and the effects of noise[J]. Complex Systems, 1995, 9(3): 193-212.

[199] Holland J H. Adaptation in Natural and Artificial Systems: An Introductory Analysis with Applications to Biology, Control, and Artificial Intelligence[M]. Cambridge: MIT Press, 1992.

[200] Zhang G X, Gu Y J, Hu L Z, et al. A novel genetic algorithm and its application to digital filter design[C]//Proceedings of the 2003 IEEE International Conference on Intelligent Transportation Systems. October 12-15, 2003, Shanghai, China. IEEE, 2003: 1600-1605.

[201] Vasconcelos J A, Ramirez J A, Takahashi R H C, et al. Improvements in genetic algorithms[J]. IEEE Transactions on Magnetics, 2001, 37(5): 3414-3417.

[202] He K, Zhang X, Ren S, et al. Identity mappings in deep residual networks[C]//Computer Vision–ECCV 2016: 14th European Conference, Amsterdam, the Netherlands, October 11–14, 2016, Proceedings, Part IV 14. Springer International Publishing, 2016: 630-645.

[203] Liu H X, Simonyan K, Vinyals O, et al. Hierarchical representations for efficient architecture search[EB/OL].(2017-11-01)[2024-09-01]. https://arxiv.org/abs/1711.00436v2.

[204] Housley R. A 224-bit one-way hash function: SHA-224[R]. IETF, RFC, 2004.

[205] Bishop C M, Nasrabadi N M. Pattern Recognition and Machine Learning[M]. New York: Springer, 2006.

[206] Glorot X, Bordes A, Bengio Y. Deep sparse rectifier neural networks[C]//Proceedings of the Fourteenth International Conference on Artificial Intelligence and Statistics. JMLR Workshop and Conference Proceedings, 2011: 315-323.

[207] Ioffe S. Batch renormalization: towards reducing minibatch dependence in batch-normalized models[C]//Advances in Neural Information Processing Systems30, NIPS 2017.

[208] Bottou L. Stochastic Gradient Descent Tricks[M]. Berlin: Springer, 2012.

[209] Helfenstein R, Koko J. Parallel preconditioned conjugate gradient algorithm on GPU[J]. Journal of Computational and Applied Mathematics, 2012, 236(15): 3584-3590.

[210] Abadi M, Barham P, Chen J, et al. TensorFlow: a system for Large-Scale machine learning[C]//12th USENIX Symposium on Operating Systems Design and Implementation (OSDI 16). 2016: 265-283.

[211] Paszke A, Gross S, Chintala S, et al. Automatic differentiation in pytorch[J]. Deep Learning with Python, 2017: 133-145.

[212] Srinivas M, Patnaik L M. Genetic algorithms: a survey[J]. Computer, 1994, 27(6): 17-26.

[213] Xue B, Zhang M J, Browne W N. Particle swarm optimization for feature selection in classification: a multi-objective approach[J]. IEEE Transactions on Cybernetics, 2013, 43(6): 1656-1671.

[214] Mohemmed A W, Zhang M J, Johnston M. Particle swarm optimization based adaboost for face detection[C]//2009 IEEE Congress on Evolutionary Computation. May 18-21, 2009, Trondheim, Norway. IEEE, 2009: 2494-2501.

[215] Setayesh M, Zhang M, Johnston M. A novel particle swarm optimisation approach to detecting continuous, thin and smooth edges in noisy images[J]. Information Sciences, 2013, 246: 28-51.

[216] Yu J, Wang S, Xi L. Evolving artificial neural networks using an improved PSO and DPSO[J]. Neurocomputing, 2008, 71(4-6): 1054-1060.

[217] Settles M, Rodebaugh B, Soule T. Comparison of Genetic Algorithm and Particle Swarm Optimizer When Evolving A Recurrent Neural Network[M]. Berlin: Springer, 2003.

[218] Da Y, Xiurun G. An improved PSO-based ANN with simulated annealing technique[J]. Neurocomputing, 2005, 63: 527-533.

[219] Juang C F. A hybrid of genetic algorithm and particle swarm optimization for recurrent network design[J]. IEEE Transactions on Systems, Man, and Cybernetics, Part B (Cybernetics), 2004, 34(2): 997-1006.

[220] Lu W Z, Fan H Y, Lo S M. Application of evolutionary neural network method in predicting pollutant levels in downtown area of Hong Kong[J]. Neurocomputing, 2003, 51: 387-400.

[221] Salerno J. Using the particle swarm optimization technique to train a recurrent neural model[C]//Proceedings Ninth IEEE International Conference on Tools with Artificial

Intelligence. November 3-8, 1997, Newport Beach, CA, USA. IEEE, 1997: 45-49.

[222] Omidvar M N, Li X D, Mei Y, et al. Cooperative co-evolution with differential grouping for large scale optimization[J]. IEEE Transactions on Evolutionary Computation, 2014, 18(3): 378-393.

[223] Li S Y, Sun Y N, Yen G G, et al. Automatic design of convolutional neural network architectures under resource constraints[J]. IEEE Transactions on Neural Networks and Learning Systems, 2023, 34(8): 3832-3846.

[224] Yang X, Liu Y, Liu J Y, et al. HZS-NAS: neural architecture search with hybrid zero-shot proxy for facial expression recognition[C]//2024 International Joint Conference on Neural Networks (IJCNN). June 30 - July 5, 2024, Yokohama, Japan. IEEE, 2024: 1-8.

[225] Tan M, Chen B, Pang R, et al. Mnasnet: platform-aware neural architecture search for mobile[C]//Proceedings of the IEEE/CVF Conference on Computer Vision and Pattern Recognition. 2019: 2820-2828.

[226] Deb K, Pratap A, Agarwal S, et al. A fast and elitist multiobjective genetic algorithm: NSGA-II[J]. IEEE Transactions on Evolutionary Computation, 2002, 6(2): 182-197.

[227] He Y H, Lin J, Liu Z J, et al. AMC: AutoML for Model Compression and Acceleration on Mobile Devices[M]. Berlin: Springer, 2018.

[228] Zhong Z B, Yan J J, Liu C L. Practical network blocks design with Q-learning[EB/OL]. (2017-09-18)[2024-09-01]. https://arxiv.org/abs/1708.05552.

[229] Watkins C J C H. Learning from delayed rewards[D]. Cambridge: Cambridge United Kingdom, 1989.

[230] Zhuang Z, Tan M, Zhuang B, et al. Discrimination-aware channel pruning for deep neural networks[J]. Advances in Neural Information Processing Systems, 2018, 31: 883-894.

[231] Jin Y C. Surrogate-assisted evolutionary computation: recent advances and future challenges[J]. Swarm and Evolutionary Computation, 2011, 1(2): 61-70.

[232] Jeong S, Murayama M, Yamamoto K. Efficient optimization design method using Kriging model[J]. Journal of Aircraft, 2005, 42(2): 413-420.

[233] Wang H, Jin Y, Doherty J. Committee-based active learning for surrogate-assisted particle swarm optimization of expensive problems[J]. IEEE Transactions on Cybernetics, 2017, 47(9): 2664-2677.

[234] Jin Y, Wang H, Chugh T, et al. Data-driven evolutionary optimization: an overview and case studies[J]. IEEE Transactions on Evolutionary Computation, 2018, 23(3): 442-458.

[235] Zhou Z, Ong Y S, Nair P B, et al. Combining global and local surrogate models to accelerate evolutionary optimization[J]. IEEE Transactions on Systems, Man, and Cybernetics, Part C (Applications and Reviews), 2006, 37(1): 66-76.

[236] Wang H, Jin Y, Jansen J O. Data-driven surrogate-assisted multiobjective evolutionary optimization of a trauma system[J]. IEEE Transactions on Evolutionary Computation, 2016, 20(6): 939-952.

[237] Chugh T, Chakraborti N, Sindhya K, et al. A data-driven surrogate-assisted evolutionary algorithm applied to a many-objective blast furnace optimization problem[J]. Materials

and Manufacturing Processes, 2017, 32(10): 1172-1178.

[238] Wang H, Jin Y, Sun C, et al. Offline data-driven evolutionary optimization using selective surrogate ensembles[J]. IEEE Transactions on Evolutionary Computation, 2018, 23(2): 203-216.

[239] Sun Y, Wang H, Xue B, et al. Surrogate-assisted evolutionary deep learning using an end-to-end random forest-based performance predictor[J]. IEEE Transactions on Evolutionary Computation, 2019, 24(2): 350-364.

[240] Liaw A. Classification and regression by randomForest[J]. R News, 2002, 2(3):18-22.

[241] Wang H, Jin Y. A random forest-assisted evolutionary algorithm for data-driven constrained multiobjective combinatorial optimization of trauma systems[J]. IEEE Transactions on Cybernetics, 2018, 50(2): 536-549.

[242] Martínez-Muñoz G, Suárez A. Out-of-bag estimation of the optimal sample size in bagging[J]. Pattern Recognition, 2010, 43(1): 143-152.

[243] Ying C, Klein A, Christiansen E, et al. Nas-bench-101: towards reproducible neural architecture search[C]//International Conference on Machine Learning. PMLR, 2019: 7105-7114.

[244] Wen W, Liu H X, Chen Y R, et al. Neural Predictor for Neural Architecture Search[M]. Berlin: Springer, 2020.

[245] Liu Y Q, Tang Y H, Sun Y N. Homogeneous architecture augmentation for neural predictor[C]//2021 IEEE/CVF International Conference on Computer Vision (ICCV). October 10-17, 2021, Montreal, QC, Canada. IEEE, 2021: 12229-12238.

[246] Xie X N, Sun Y N, Liu Y Q, et al. Architecture augmentation for performance predictor *via* graph isomorphism[J]. IEEE Transactions on Cybernetics, 2024, 54(3): 1828-1840.

[247] Wu Z H, Pan S R, Chen F W, et al. A comprehensive survey on graph neural networks[J]. IEEE Transactions on Neural Networks and Learning Systems, 2021, 32(1): 4-24.

[248] Sun Y, Yen G G, Xue B, et al. Arctext: a unified text approach to describing convolutional neural network architectures[J]. IEEE Transactions on Artificial Intelligence, 2021, 3(4): 526-540.

[249] Dong X Y, Yang Y, Dong X Y, et al. NAS-bench-201: extending the scope of reproducible neural architecture search[EB/OL].(2020-01-15)[2024-09-01]. https://arxiv.org/abs/2001. 00326v2.

[250] Klyuchnikov N, Trofimov I, Artemova E, et al. NAS-bench-NLP: neural architecture search benchmark for natural language processing[J]. IEEE Access, 2022, 10: 45736-45747.

[251] Mehrotra A, Ramos A G C P, Bhattacharya S, et al. Nas-bench-asr: reproducible neural architecture search for speech recognition[C]//International Conference on Learning Representations, 2021.

[252] Cai H, Zhu L, Han S. Proxylessnas: direct neural architecture search on target task and hardware[EB/OL]. (2018-12-02)[2024-09-01]. https://arxiv.org/abs/1812.00332.

[253] Liu Y, Tang Y, Lv Z, et al. Bridge the gap between architecture space via a cvoss-domain

predictor[C]//Advances in Neural Information Processing Systems, 2022, 35: 13355-13366.

[254] Pan S J, Yang Q. A survey on transfer learning[J]. IEEE Transactions on Knowledge and Data Engineering, 2009, 22(10): 1345-1359.

[255] Zhuang F Z, Qi Z Y, Duan K Y, et al. A comprehensive survey on transfer learning[J]. Proceedings of the IEEE, 2021, 109(1): 43-76.

[256] Day O, Khoshgoftaar T M. A survey on heterogeneous transfer learning[J]. Journal of Big Data, 2017, 4(1): 1-42.

[257] Gretton A, Borgwardt K M, Rasch M J, et al. A kernel two-sample test[J]. The Journal of Machine Learning Research, 2012, 13(1): 723-773.

[258] Gretton A, Sejdinovic D, Strathmann H, et al. Optimal kernel choice for large-scale two-sample tests[J]. Advances in Neural Information Processing Systems, 2012, 1(25): 1205-1213.

[259] Yan H L, Ding Y K, Li P H, et al. Mind the class weight bias: weighted maximum mean discrepancy for unsupervised domain adaptation[C]//2017 IEEE Conference on Computer Vision and Pattern Recognition (CVPR). July 21-26, 2017, Honolulu, HI, USA. IEEE, 2017: 945-954.

[260] Zhu Y, Zhuang F, Wang J, et al. Deep subdomain adaptation network for image classification[J]. IEEE Transactions on Neural Networks and Learning Systems, 2020, 32(4): 1713-1722.

[261] Yosinski J, Clune J, Bengio Y, et al. How transferable are features in deep neural networks?[J]. Advances in Neural Information Processing Systems, 2014, 2(27): 3320-3328.

[262] Oquab M, Bottou L, Laptev I, et al. Learning and transferring mid-level image representations using convolutional neural networks[C]//Proceedings of the IEEE Conference on Computer Vision and Pattern Recognition, 2014: 1717-1724.

[263] Long M, Cao Y, Wang J, et al. Learning transferable features with deep adaptation networks[C]//International Conference on Machine Learning. PMLR, 2015: 97-105.

[264] Ben-David S, Blitzer J, Crammer K, et al. Analysis of representations for domain adaptation[J]. Advances in Neural Information Processing Systems, 2006, 19: 137-144.

[265] Kifer D, Ben-David S, Gehrke J. Detecting change in data streams[J]. Proceedings 2004 VLDB Conference. Amsterdam: Elsevier, 2004: 180-191.

[266] Luo R, Tan X, Wang R, et al. Semi-supervised neural architecture search[J]. Advances in Neural Information Processing Systems, 2020, 33: 10547-10557.

[267] Ji H, Feng Y Q, Sun Y N. CAP: a context-aware neural predictor for NAS[EB/OL]. (2024-06-04)[2024-09-01]. https://arxiv.org/abs/2406.02056v1.

[268] Mądry A, Makelov A, Schmidt L, et al. Towards deep learning models resistant to adversarial attacks[EB/OL]. (2017-06-19)[2024-09-01]. https://openreview.net/forum?id= rJzIBfZAb.

[269] Tian S X, Yang G L, Cai Y. Detecting adversarial examples through image transformation[J]. Proceedings of the AAAI Conference on Artificial Intelligence, 2018, 32(1): 4139-4146.

[270] Guo M H, Yang Y Z, Xu R, et al. When NAS meets robustness: in search of robust architectures against adversarial attacks[C]//2020 IEEE/CVF Conference on Computer

Vision and Pattern Recognition (CVPR). June 13-19, 2020, Seattle, WA, USA. IEEE, 2020: 628-637.

[271] Chen H L, Zhang B C, Xue S, et al. Anti-bandit Neural Architecture Search for Model Defense[M]. Berlin: Springer, 2020.

[272] Li Y, Yang Z, Wang Y, et al. Neural architecture dilation for adversarial robustness[J]. Advances in Neural Information Processing Systems, 2021, 34: 29578-29589.

[273] Dong M J, Li Y X, Wang Y H, et al. Adversarially robust neural architectures[EB/OL]. (2020-09-02)[2024-09-01]. https://arxiv.org/abs/2009.00902v2.

[274] Mok J, Na B, Choe H, et al. AdvRush: searching for adversarially robust neural architectures[C]//2021 IEEE/CVF International Conference on Computer Vision (ICCV). October 10-17, 2021, Montreal, QC, Canada. IEEE, 2021: 12302-12312.

[275] Hosseini R, Yang X Y, Xie P T. DSRNA: differentiable search of robust neural architectures[C]//2021 IEEE/CVF Conference on Computer Vision and Pattern Recognition (CVPR). June 20-25, 2021, Nashville, TN, USA. IEEE, 2021: 6192-6201.

[276] Ou Y, Feng Y, Sun Y. Towards accurate and robust architectures via neural architecture search[C]//Proceedings of the IEEE/CVF Conference on Computer Vision and Pattern Recognition, 2024: 5967-5976.

[277] Huang H X, Wang Y S, Erfani S M, et al. Exploring architectural ingredients of adversarially robust deep neural networks[EB/OL].(2021-10-07)[2024-09-01]. https://arxiv.org/abs/2110.03825v5.

[278] Ye S K, Xu K D, Liu S J, et al. Adversarial robustness *vs.* model compression, or both? [C]//2019 IEEE/CVF International Conference on Computer Vision (ICCV). October 27 - November 2, 2019, Seoul, Korea (South). IEEE, 2019: 111-120.

[279] Yue Z X, Lin B J, Zhang Y, et al. Effective, efficient and robust neural architecture search[C]//2022 International Joint Conference on Neural Networks (IJCNN). July 18-23, 2022, Padua, Italy. IEEE, 2022: 1-8.

[280] Xie G, Wang J, Yu G, et al. Tiny adversarial multi-objective one-shot neural architecture search[J]. Complex & Intelligent Systems, 2023, 9(6): 6117-6138.

[281] Ning X F, Zhao J B, Li W S, et al. Discovering robust convolutional architecture at targeted capacity: a multi-shot approach[EB/OL].(2020-12-22)[2024-09-01]. https://arxiv.org/abs/2012.11835v3.

[282] Goodfellow I J, Mirza M, Xiao D, et al. An empirical investigation of catastrophic forgetting in gradient-based neural networks[EB/OL].(2013-12-21)[2024-09-01]. https://arxiv.org/abs/1312.6211v3.

[283] Wang L, Zhang X, Su H, et al. A comprehensive survey of continual learning: theory, method and application[J]. IEEE Transactions on Pattern Analysis and Machine Intelligence, 2024, 46(8): 5362-5383.

[284] Lu A J, Feng T, Yuan H J, et al. Revisiting neural networks for continual learning: an architectural perspective[EB/OL].(2024-04-28)[2024-09-01]. https://arxiv.org/abs/2404.14829v3.

[285] Lu Z, Cheng R, Jin Y, et al. Neural architecture search as multiobjective optimization benchmarks: problem formulation and performance assessment[J]. IEEE Transactions on Evolutionary Computation, 2023, 28(2): 323-337.

[286] Xie X N, Liu Y Q, Sun Y N, et al. BenchENAS: a benchmarking platform for evolutionary neural architecture search[J]. IEEE Transactions on Evolutionary Computation, 2022, 26(6): 1473-1485.

[287] Lindauer M, Eggensperger K, Feurer M, et al. SMAC3: a versatile bayesian optimization package for hyperparameter optimization[J]. Journal of Machine Learning Research, 2022, 23(54): 1-9.

后　　记

随着本书的深入探讨，我们对自动化机器学习（AutoML）的理解和应用有了比较全面的认识。从基础理论到高级技术，从传统机器学习方法到深度学习策略，再到各种 AutoML 平台的实践应用，我们见证了 AutoML 领域的快速发展和巨大潜力。

AutoML 作为推动人工智能发展的关键技术，已经显著提高了机器学习模型开发效率，优化了模型性能，并增强了研究的可重复性。然而，AutoML 的发展仍面临诸多挑战。2025 年举办的自动化机器学习香农会议中提出了目前 AutoML 面临的以下 4 大挑战，鼓励研究学者突破。

（1）如何使 AutoML 适用于最大的模型（特别是基础模型，如大型语言模型和多模态模型）？尽管近年来 AutoML 的效率已经大幅提高，但仍然没有可行的解决方案来应用 AutoML 于那些需要在数百个 GPU 上运行数周，并且只能负担很少几次——在最坏的情况下，只能负担一次的模型训练。

（2）AutoML 如何为应对气候危机的威胁做出贡献？一方面，AutoML 有潜力使非领域专家能够使用 AI，为可持续性应用做出贡献。另一方面，AutoML 本身需要大量的计算资源，因此需要开发更多计算效率更高的方法。

（3）如何使 AutoML 更具交互性，而不仅是提供一个黑盒系统？通常，AutoML 方法的解决方案并不完全符合数据科学家的预期，但目前的 AutoML 系统并没有明显的方式来解决这个问题。数据科学家不得不重新从头开始运行系统，以他们认为能够给出更好解决方案的方式调整问题表述，而不是能够直接与系统交互。同样地，用户几乎没有机会监控 AutoML 系统的运行并在运行中将其推向不同的方向。

（4）如何帮助 AutoML 系统的用户制定他们要解决的机器学习问题？使用机器学习和 AutoML 的第一个障碍是明确问题，这通常比看起来更困难。用户可能不熟悉机器学习能做什么和不能做什么，如何设置适合机器学习的数据，以及可能需要哪些类型和数量的数据。虽然 AutoML 在使最先进的机器学习更加易于获取方面取得了巨大进步，但很少有研究关注帮助用户明确他们的问题。

总的来说，AutoML 是一个充满活力且不断发展的领域。随着技术的不断进步，我们有理由相信，AutoML 将继续作为人工智能研究和实践的催化剂，推动我们走向更加智能和自动化的未来。让我们共同期待并为 AutoML 的未来发展贡献力量。